W0254770

ALLE ZEIT WACH
S
1842

Burkhard Helpap

Pathologie der ableitenden Harnwege und der Prostata

Mit 374 überwiegend farbigen Abbildungen

Springer-Verlag
Berlin Heidelberg New York
London Paris Tokyo

Professor Dr. med. Burkhard Helpap
Städtisches Krankenhaus
Institut für Pathologie
Virchowstraße 10
D-7700 Singen (Hohentwiel)

CIP Kurztitelaufnahme der Deutschen Bibliothek
Helpap, Burkhard:
Pathologie der ableitenden Harnwege und der Prostata. – Berlin; Heidelberg; New York; London; Paris; Tokyo: Springer, 1989
ISBN-13: 978-3-642-73895-1 e-ISBN-13: 978-3-642-73894-4
DOI: 10.1007/978-3-642-73894-4

Softcover reprint of the hardcover 1st edition 1989

Satz: Brühlsche Universitätsdruckerei, Gießen;

2122/3020-543210 – Gedruckt auf säurefreiem Papier

Vorwort

Die technischen Fortschritte in der klinischen Diagnostik von Erkrankungen der ableitenden Harnwege und der Prostata haben die Pathologie herausgefordert. Nicht am „großen" Operationspräparat, sondern vor allem an transurethral gewonnenem Resektionsgewebe und an Stanzbiopsien wird die tägliche Routinediagnose durchgeführt. Eine weitere Herausforderung ist die urologische Zytologie. Vor allem die Prostataaspirationszytologie, aber auch die Urin-, Blasen-, Ureter- und Nierenbeckenspülzytologie sind ein fester Bestandteil der klinisch-morphologischen Diagnostik. Der Hang zur Klassifikation und Subklassifikation degenerativer, entzündlicher und tumoröser Erkrankungen hat dazu geführt, daß am histologischen und zytologischen Untersuchungsmaterial nicht nur die Routinemethoden mit Einsatz der Elektronenmikroskopie und der DNA-Zytophotometrie, sondern vor allem in jüngster Zeit die immunhistochemischen und -zytochemischen Methoden angewandt werden. Das Ergebnis dieser Studien hat z. T. zu einem Wandel, vor allem aber zu einer Verbesserung in der Erkenntnis biologischer Wertigkeiten von Erkrankungen der ableitenden Harnwege und der Prostata geführt. Der Einsatz der Immunhistochemie und Zytochemie wird vor allem auch in der Differentialdiagnose zunächst nicht eindeutig klassifizierbarer Tumoren gefordert. Verbunden hiermit sind entscheidende Konsequenzen in der Therapie, so z. T. durch die Unterscheidung undifferenzierter, urothelialer oder prostatischer Tumoren. Mit den modernen morphologischen Methoden sind auch pathogenetische Probleme gelöst worden, so die eindeutige Ableitung gewöhnlicher Prostatakarzinome vom sekretorischen Epithel.

Die Vielfalt der Krankheitsbilder in der Urologie schließt nicht nur den urologischen Spezialisten ein, sondern strahlt in fast alle anderen medizinischen Disziplinen hinein. Um Verständnis für die Grundlagen vieler urologischer Erkrankungen mit Allgemeinsymptomatik zu wecken, sind die wesentlichen pathologisch-anatomischen Erkrankungen im Bereich der ableitenden Harnwege und der Prostata zusammengestellt worden. Das Buch soll daher Ratgeber und Nachschlagewerk zugleich für die morphologischen Grundlagen der urologischen Diagnostik und Therapie sein. Die dargestellten Ergebnisse stützen sich auf langjährige experimentielle und klinisch-pathologische Analysen.

Für die hierbei erbrachte engagierte Befundassistenz danke ich allen ärztlichen und medizinisch-technischen Mitarbeitern des Institutes für Pathologie in Singen, vor allem Frau Michaela Bechtold und Frau Renate Kunze für die Schreibarbeiten sowie meiner früheren medizinisch-technischen Mitarbeiterin Frau Inge Heim in Bonn für die Anfertigung der Zeichnungen. Da die Abbildungen vor allem histopathologisches Interesse ansprechen sollen, wurde der Farbdruck gewählt. Die Realisierung dieses Vorhabens war jedoch nur durch die großzügige Unterstützung folgender Firmen möglich: Kanoldt, Höchstädt; Hoyer, Neuss; MSD-Sharp und Dohme, München; Schering, Berlin; Stroschein, Hamburg; Dianova, Hamburg; Merieux, Hamburg; Fresenius, Oberursel; Dakopatts, Hamburg; Hetterich, Fürth; Klein, Zell am Harmersbach. Hierfür gebührt mein großer Dank.

Ferner bin ich für die Überlassung von Tabellen und Abbildungen bzw. Präparate Herrn Dr. Dworak, Bonn (Abb. 169a, b), Herrn Prof. Dr. H. Kastendieck, Hamburg (Abb. 212, 256, 257, 320), Herrn Prof. Dr. S. Peter, Düsseldorf (Abb. 14–18), Herrn PD Dr. J. Vogel, Bonn (Abb. 262b, 265b, 297–307, 324, 325, 326), Herrn PD Dr. N. Wernert, Homburg/Saar (Abb. 216a, b, 234, 235, 250, Tab. 29, 46, 66), Herrn Prof. Dr. A. Böcking, Aachen (Tab. 96a) und den Herausgebern und Autoren von „Urologie in der Praxis“ (VCH Weinheim) und „Urologie für die Praxis“ (Bergmann Verlag, München) sowie Herrn Prof. C. Thomas für die jeweils gekennzeichneten Abbildungen und Tabellen (Schattauer, Stuttgart) sehr dankbar.

Dem Springer-Verlag danke ich für die schnelle und problemlose Drucklegung.

Singen — Burkhard Helpap

Inhaltsverzeichnis

Teil 2 Prostata

Einleitung

Die Erkennung und Behandlung von Infekten im Bereich der ableitenden Harnwege und der Prostata haben durch neuere Untersuchungsergebnisse auf dem Gebiet der Bakteriologie, der Immunologie und der Pathologie erhebliche Fortschritte erbracht und zu exakten Gliederungen der Krankheitsbilder und der Pathogenese geführt.

Eingeschlossen sind hierin die vielfach auslösenden Ursachen im Rahmen degenerativer Veränderungen und Entwicklungsstörungen. Die Folgen liegen in einer differenzierteren Therapie. Probleme des Urethralsyndroms, der Reizblase und der interstitiellen Zystitis sowie der chronischen rezidivierenden Prostatitis sind Anlaß für eine Vielzahl von Symposien, die überwiegend den Bakteriologen und Urologen aber auch den Morphologen zur Diskussion herausfordern (Bichler u. Altwein 1985; Weidner et al. 1986; Helpap et al. 1983, 1985, 1988).

Kreislaufstörungen und entzündliche Veränderungen werden als Begleitsymptome, z. T. auch als auslösende Faktoren für hyperplastische Prozesse in den Wandungen ableitender Harnwege, vor allem bei der Prostata diskutiert. Die Begleitprostatitis bei paraurethraler, nodulärer Hyperplasie und die Prostatakongestion stellen für den Urologen schwierige klinische Probleme dar (Helpap et al. 1983, 1985, 1988).

Die Zunahme iatrogener Eingriffe am System der ableitenden Harnwege und der Prostata, vor allem durch die Technik der transurethralen Resektion, haben in jüngster Zeit die Bedeutung der sog. TUR-bedingten Urozystitis und Prostatitis herausgestellt, eingeschlossen die Differentialdiagnose gegenüber spezifischen Prozessen (Weidner et al. 1986).

Da in die diagnostischen Verfahren die Zytologie von Urin oder Spülflüssigkeiten aus den ableitenden Harnwegen und Prostataaspiraten fest eingebunden ist, reicht die differentialdiagnostische Palette, bedingt durch zelluläre Atypien und Dysplasien auf dem Boden chronisch-rezidivierender Entzündungen, in das Gebiet der Tumorpathologie hinein (Koss et al. 1987; Guinan u. Rubenstein 1987).

Die Fortschritte in der Frühdiagnose mit Einsatz von biologischen Markern (Lange u. Winfield 1987) und in der operativen Behandlung von Tumoren der ableitenden Harnwege, vor allem die transurethrale Operationstechnik des Harnblasenkarzinoms sowie die Verbesserung der radikalen Prostatektomie, haben die Indikationsstellung zur operativen Behandlung von urothelialen Karzinomen und Prostatakarzinomen erheblich ausgeweitet (Walsh u. Lepor 1987). Das Prostatakarzinom ist in der Bundesrepublik Deutschland die dritthäufigste, bei Männern über 70 Jahren sogar die führende Krebstodesursache. Die Inzidenz des Prostatakarzinoms steigt bei Männern über 50 Jahren schneller als jede andere Krebsform (Schultze et al. 1988; s. a. Devesa et al. 1987). Das Urothelkarzinom vor allem der Harnblase zeigt ebenfalls eine ansteigende Inzidenz (Malone et al. 1987). In den Vereinigten Staaten ist das Urothelkarzinom nach dem Prostatakarzinom mit 22% der zweithäufigste urologische Tumor. Ätiologie und Pathogenese sind durch sehr intensive epidemiologische Studien sowie durch den Einsatz immunhistochemischer Methoden in den letzten Jahren vorangetrieben worden (Jacobi u. Hohenfellner 1982; Bichler u. Harzmann 1984; Zingg u. Wallace 1985; Morrison 1987). Der Schwerpunkt liegt nach wie vor jedoch in der Früherkennung der Karzinome. Vor allem die Zytologie hat hier wegweisende Fortschritte gebracht. In jüngster Zeit sind zahlreiche Berichte über Vorstufen des Prostatakarzinoms erstellt worden. Die atypische Prostatahyperplasie bzw. die intraduktale Dysplasie oder auch die intraepitheliale prostatische Neoplasie sind Prozesse, die in der Entwicklung des Zentralen Prostatakarzinoms offenbar eine bedeutsame Rolle spielen (Bostwick u. Brawer 1987; Kastendieck 1987; Schultze u. Isaacs 1986; Morrison 1987; Helpap 1988; Schultze et al. 1988). Für die Entwicklung des Urothelkarzinoms sind die verschiedenen Grade einer urothelialen Atypie (Dysplasie) und das Carcinoma in situ wichtig. Auch hier haben moderne Untersuchungsmethoden wie Zellkinetik und Immunhistochemie auch unter dem Einsatz von Proliferationsmarkern pathogenetische Brücken geschlagen (Helpap 1986). In der klinischen Urologie steht sicherlich bei der Therapieplanung eines Tumors der ableitenden Harnwege oder der Prostata das klinische Stadium mit Tumorausbreitung und Lymphknotenstatus sowie das Verhalten der biologischen Marker im Vordergrund (Catalona 1987; Grayhack et al. 1987; Guinan u. Rubenstein 1987; Lange u. Winfield 1987; Walsh u. Lepor 1987). Prognosestudien haben jedoch gezeigt, daß dem Tumorgrading nach wie vor eine bedeutsame Rolle zukommt (Grayhack et al. 1987; Shipley et al. 1987). Auch hier haben moderne Untersuchungsmethoden zu einer Verfeinerung des Gradings geführt, wobei Korrelationen zu einer Vielzahl von biologischen Markern aufgezeigt werden konnten (Lange u. Winfield 1987).

Das Ziel des Buches ist es, den gegenwärtigen Stand dieser klinischen und experimentellen Studien über die Erkrankungen der ableitenden Harnwege und der Prostata unter dem Blickwinkel der Morphologie anhand eines reichhaltigen Bildmaterials herauszustellen und für die Früherkennung, Diagnostik und Therapieplanung Anregungen zu vermitteln.

Teil I Ableitende Harnwege

1 Entwicklung der ableitenden Harnwege

Die Entwicklung und Anatomie der urologischen Organe mit der Aufgabe der Harnbildung und der Harnableitung sind eng miteinander verknüpft (Bandhauer 1986). Zusätzlich verbunden ist diese Entwicklung auch mit der Embryologie der Genitalorgane (Clemens et al. 1986).

Das embryonale Wachstum des Urogenitalsystems beginnt in der 3. Embryonalwoche und ist im 3. Monat abgeschlossen. Die Entwicklung der Nierenkelche, des Nierenbeckens und der Ureteren basiert auf der embryologischen Grundstruktur des Urnierenganges oder Wolff'schen Ganges. Dieser Urnierengang enthält kurz vor seiner Einmündung in die Kloake eine Ausstülpung, die Ureterknospe. Aus dieser entstehen Ureter, Nierenbecken und Nierenkelche sowie die Sammelrohre der Niere (Abb. 1, 2).

Die Entwicklung der Harnblase ist eng mit dem Sinus urogenitalis gekoppelt. Das Septum urorectale wächst auf die Kloakenmembran zu und unterteilt die ursprünglich einheitliche Kloake in einen hinteren und einen vorderen Abschnitt. Der vordere Abschnitt entspricht dem primitiven Sinus urogenitalis, der hintere Abschnitt dem Analkanal. Aus dem primitiven Sinus urogenitalis entwickelt sich der Allantoisgang, die Harnblasenanlage und der definitive Sinus urogenitalis. Der Allantoisgang oder auch Urachusgang obliteriert. Es bleibt lediglich eine fibröse Verbindung zwischen Nabel und dem Blasenapex erhalten.

Die entodermale Kloake als gemeinsamer Endabschnitt des Enddarmes und der Allantois wird durch die Kloakenmembran in einen ventralen und dorsalen Anteil unterteilt. Aus dem ventralen Anteil, dem primitiven Sinus urogenitalis, entsteht die Harnblase, die primäre Urethra, beim Mann bis zum Colliculus seminalis und bei der Frau die gesamte Harnröhre und der definitive Sinus urogenitalis. Aus dem dorsalen Kloakenrest geht das Rektum hervor.

In dem ventralen Kloakenabschnitt münden die Wolff'schen Gänge, aus denen sich die Ureterknospen entwickeln. Später kommt es zu einer Trennung der Ureteren und der samenableitenden Wege in diesem Kloakenabschnitt. Die Wolff'schen Gänge verlagern sich nach distal, in den Bereich der Urethra als Ductus ejaculatorii, und münden in den Müller'schen Hügel, d.h. in den Colliculus seminalis. Die Uretermündungen liegen proximal davon. Bei Störungen dieses Trennungsprozesses können die Ureteren in die samenableitenden Wege einmünden. Die Harnblase wandert nach der Geburt nach distal. Sie ändert ihre spindelige Form in eine runde durch Wachstum zur Breite hin. Wenn bei einem Mesenchymdefekt die vordere Bauchwand fehlt, kommt es zu einem Durchbruch der dünnen Kloakenmembran und zur Ausbildung einer Spaltblase. Bei Verdoppelung der Ureterknospe resultiert ein Ureter fissus (s.u.).

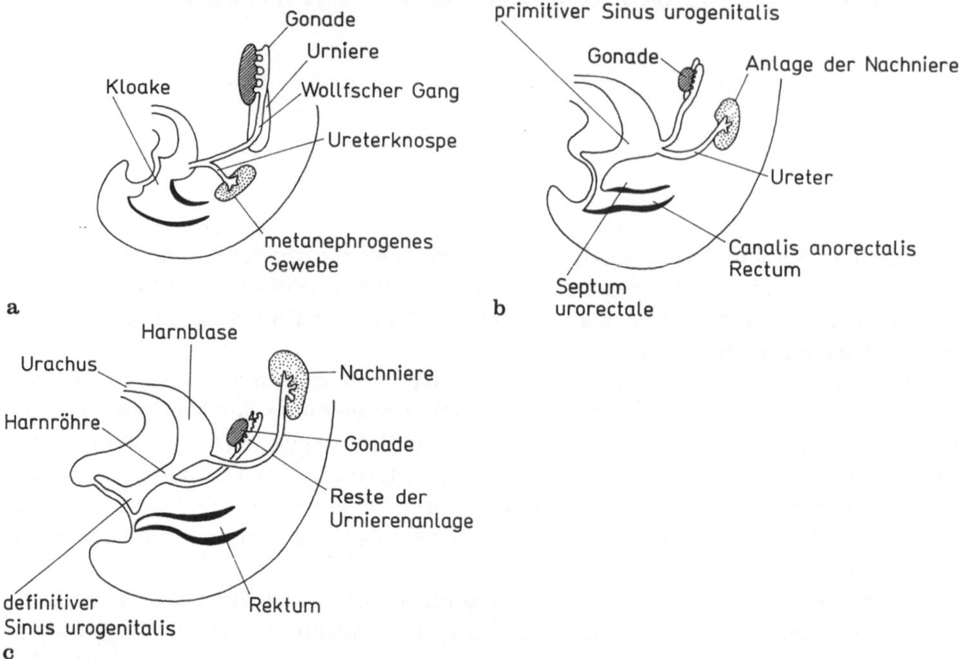

Abb. 1. Entwicklung der ableitenden Harnwege. 1. Schritt: Trennung der Kloake in Sinus urogenitalis und Rektum mit Aussprossung der Ureterknospe aus dem Wolff'schen Gang. 2. Schritt: Trennung von Wolff'schem Gang und Ureter. Aszensus der Niere. Der Wolff'sche Gang differenziert zum Ausführungsgang der Gonade, anschließend Deszensus der Gonade. Auf Sagittalschnitten der Entwicklungsstatus a) Ende der 5. Woche, b) 7. Woche, c) 8. Woche. (Nach Langman 1970, aus Hofstetter u. Eisenberger 1986)

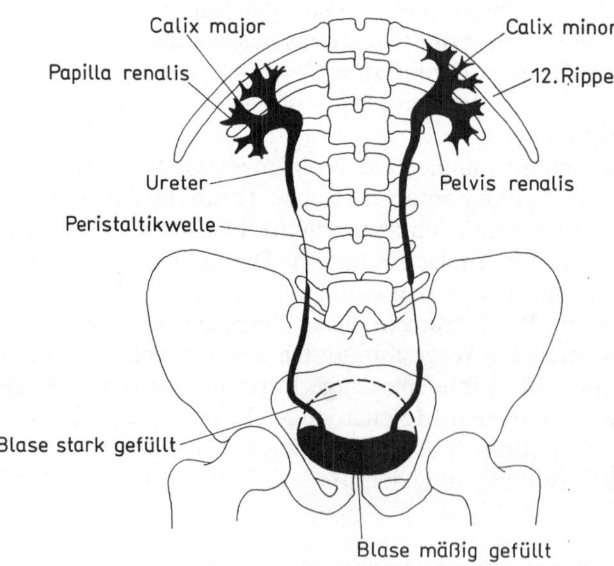

Abb. 2. Schematische Darstellung von Nieren, Ureteren und Harnblase mit unterschiedlichen Füllungsstadien der Harnblase. (Nach Faller 1980, aus Hofstetter u. Eisenberger 1986)

2 Anatomie der ableitenden Harnwege

Nierenkelche, Nierenbecken und Ureteren werden an der Außenseite von fibrösem Bindegewebe, daran anschließend von glatter Muskulatur und auf der Innenseite von Submukosa und Urothel gebildet. Die Muskelschichten in den Ureteren sind deutlicher ausgebildet als im Nierenbecken (Abb. 2).

2.1 Nierenbecken

Das Nierenbecken stellt die 1. Harnsammelstelle dar. Der Harn wird aus dem Nierenbecken durch die von einem Reizleitungszentrum ausgehende Peristaltik in den Ureter ausgetrieben. Das Nierenbecken besteht aus der Ampulle, die in 2–3 Kelche übergeht. Diese verzweigen sich in durchschnittlich 8 kleine Nierenkelche mit Nierenpapillen. Die Nierenkelche werden unter der Schleimhaut von glatten Muskelfasern begrenzt mit Ausbildung eines Levators und Sphinkters fornicis sowie eines Sphinkters am Kelchhals. Diese Sphinkteren sind von Bedeutung bei der Harnentleerung.

2.2 Ureteren

Die Ureteren stellen die Verbindung zwischen dem Nierenbecken und der Harnblase dar. Die Ureteren sind durchschnittlich 30 cm lang und haben einen Durchmesser von ca. 4–6 mm. Sie bilden eine funktionelle Einheit mit dem Nierenbecken, charakterisiert durch den Muskelmantel, dessen Fasern in den proximalen Anteilen einen zirkulären, in den distalen Abschnitten einen Längsverlauf aufweisen. Die Ureteren liegen retroperitoneal und überkreuzen die Iliakalgefäße ventral. Im kleinen Becken treten die Harnleiter beim Mann mit den Vasa deferentia und mit den Samenbläschen in enge Beziehung. Bei der Frau durchsetzen die Ureteren das Parametrium in Höhe des vorderen Scheidengewölbes und gelangen dann an die Blasenhinterwand. Die Ureteren verlaufen S-förmig und besitzen 3 physiologische Einengungen bzw. Knickungen.

Die 1. Enge findet sich am Abgang aus dem Nierenbecken. Bei unphysiologischer, d.h. pathologischer Verengung kann es hier zur Erweiterung des Nierenbeckens kommen.

Die 2. physiologische Enge findet sich an der Kreuzung der Iliakalarterie.

Die 3. physiologische Enge besteht beim Durchtritt durch die Blasenwand. Die Ureteren werden ausgiebig von Ästen der Arteria renalis, im mittleren Drittel aus

Ästen der Aorta, der Iliakalarterien, der Arteria mesenterica inferior, Arteria spermatica oder der Arteria ovarica, im unteren Drittel aus Ästen der Arteria vesicalis und vasalis versorgt. Es kommt zu einem Anastomosengeflecht (Poisel u. Maurer 1982).

Durchblutungsstörungen an den Ureteren sind weitgehend unbekannt. Die nervöse Versorgung erfolgt über den Plexus renalis und den Plexus aorticus abdominalis. Sensible Fasern verlaufen in den Nervi splanchnici.

Die Wand der Ureteren besteht aus der Tunica mucosa, der Tunica muscularis und der Tunica adventitia. Das Übergangsepithel kleidet die Nierenkelche, die Ureteren und die Harnblase aus. Das Urothel ist verformbar und trennt den hypertonen Harn vom Gewebe.

Die Lamina propria besteht aus lockerem Bindegewebe. Die Tunica muscularis setzt sich aus glatter Muskulatur mit dazwischen eingelagertem Bindegewebe zusammen. Die Muskelfasern verlaufen spiralig, längs und zirkulär. Dadurch können Kontraktionswellen über den Ureter laufen, die den Urin tropfenweise zur Harnblase transportieren. Am Übergang von den Nierenkelchen in das Nierenbecken und am Beginn des Harnleiters ist die Muscularis sphinkterartig verstärkt und bildet hier die erste Ureterenge. Die Außenschicht oder Tunica adventitia besteht aus Bindegewebe mit Blutgefäßen und stellt die Verbindung der Ureteren mit der Umgebung dar.

2.3 Harnblase

Die Harnblase ist ein muskulöses Hohlorgan, das sehr variabel in seiner Kapazität ist, den Harn aus den Ureteren aufnimmt, sammelt und durch die Harnröhre nach außen abgibt. Die Harnblase liegt hinter der Symphyse und den Schambeinen im kleinen Becken auf dem Beckenboden.

Die Harnblase wird unterteilt in einen Blasenhals mit Übergang zur Urethra mit Trigonum, Uretermündungen und Blasenausgang sowie in den Blasenfundus, den Blasenscheitel und die lateralen und anterioren Regionen. Die Harnblase ist im Bereich des Blasenscheitels und in einem Teil der Hinterwand von Peritoneum überzogen. Das suprasymphysäre Spatium Retzii ist ausgespart. Die ventrale Fläche der Harnblase besitzt keinen peritonealen Überzug. Hier ist die Harnblasenwand durch lockeres Bindegewebe mit der vorderen Beckenwand verbunden. Dadurch ist die Verschieblichkeit der Harnblase je nach Füllungszustand über die Symphyse nach oben möglich. An der Spitze der Harnblase in Richtung Nabel verlaufen die Reste des Urachus, bzw. die Reste der obliterierten Nabelarterien (Abb. 1). Das Fassungsvermögen der Harnblase ist unterschiedlich. Üblicherweise entsteht Harndrang bei einem Blaseninhalt um 400 ml (Abb. 3).

Die Gefäßversorgung erfolgt durch die Arteriae vesicales superiores und inferiores. Sie entspringen aus der Arteria iliaca interna. Bei der Frau wird die Harnblasenwand zusätzlich durch Nebenäste der Arteria uterina versorgt. Am Blasengrund bilden die Venen den Plexus venosus vesicalis. Das Blut wird hier in die Vena iliaca interna abgegeben. Im Blasengrund und im Bereich des Trigonum vesicae ist ein dichtes Lymphgefäßsystem entwickelt. Die Drainage geht zu Lymphknoten im Bereich

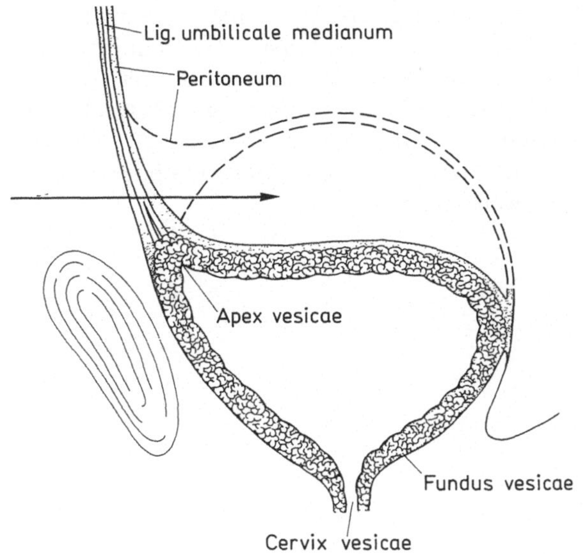

Abb. 3. Verschiedene Füllungszustände der Harnblase mit Darstellung der suprapubischen Blasenpunktion bei gefüllter Harnblase. (Nach Faller 1980, aus Hofstetter u. Eisenberger 1986)

der iliaca interna. Die nervale Versorgung läuft parasymphatisch über die Nervi splanchnici pelvini und symphatisch über die Nervi splanchnici lumbales.

Die Wand der Harnblase setzt sich wie die der Ureteren aus Mukosa, Tunica submucosa, Tunica muscularis und Adventitia zusammen. Die Tunica mucosa besteht aus dem Übergangsepithel, die Submukosa aus lockerem Bindegewebe als Verschiebeschicht. Die Tunica muscularis besteht aus 4 Anteilen (Abb. 4). Der Musculus detrusor vesicae stellt die eigentliche Harnblasenwandmuskulatur mit einer inneren und äußeren Längsfaserschicht und einer mittleren Ringmuskelschicht dar. Der Musculus pubovesicalis entspricht Muskelzügen, die von der Symphyse zum Blasenhals ziehen. Die Längsmuskulatur des Musculus rectovesicalis verläuft vom Rektum seitlich zum Blasengrund. Der Musculus rectourethralis entspricht einer Längsmuskulatur mit Muskelzügen vom Rektum zur männlichen Harnröhre.

Die Adventitia wiederum besteht aus lockerem Bindegewebe als Verbindung zur Umgebung.

Das Trigonum vesicae ist ein dreieckiges Feld an der inneren Hinterwand der Harnblase, zwischen den Einmündungen der beiden Harnleiter und dem Abgang der Harnröhre gelegen. Die Schleimhaut ist hier mit der Unterlage fest verwachsen. Sie ist nicht verschieblich und weist keine Faltenbildungen auf. Am Blasengrund geht die Harnblase unter trichterförmiger Verengung in das Ostium urethrae über. Im Bereich des Trigonum, d. h. zwischen den Uretereinmündungen und dem Blasenauslaß findet sich ein besonderes Schlingensystem der Blasenmuskulatur. Dieses Schlingensystem verschließt während der Miktion die Uretereinmündungen und öffnet den Blasenausgang. In diesem muskulären Schlingensystem wird der innere und der äußere Sphinkter unterschieden. Diese Verflechtungsstellen sind von großer Bedeutung für die Aufrechterhaltung der Harnkontinenz. Bei fehlerhaftem Verflechtungswerk kann es zur Inkontinenz kommen (Abb. 5).

Voraussetzung für die normale Miktion ist ein normaler Durchtrittswinkel der Ureteren durch die Blasenwand. Liegen Störungen im muskulären Geflecht bzw. im Bereich der Durchtrittswinkel der Ureteren vor, kann es vor allem in der frühen Kindheitsperiode zum vesikoureteralen Reflux mit Hydronephrose und Parenchymläsion bis zur Schrumpfniere hin kommen (Abb. 6).

Im Trigonum sind in 80% bei Frauen und etwa 25% der Männer in höherem Lebensalter Plattenepithelmetaplasien nachweisbar.

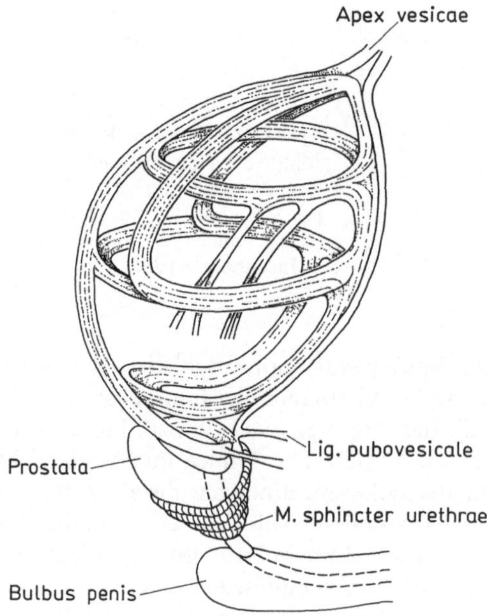

Abb. 4. Strukturanlage der Harnblasenmuskulatur. (Nach Heiss 1928, aus Hofstetter u. Eisenberger 1986)

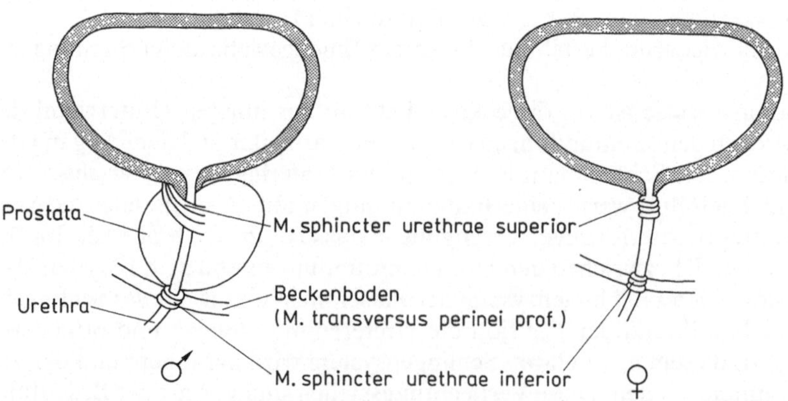

Abb. 5. Innere und äußere Sphinkteren bei Männern und Frauen. (Nach Faller 1980, aus Hofstetter u. Eisenberger 1986)

2.3.1 Urothel

Das ableitende Harnwegssystem wird von einem aus durchschnittlich 3 bis 7 Zellagen bestehenden und etwa 1 mm breiten Urothel ausgekleidet (Abb. 7). In Nierenbecken und Ureteren sind die Schichten dünner (etwa 2–3 Lagen) als in der Blase (ca. 3–7 Zellagen) (Abb. 8–12). Das Urothel schützt die darunterliegenden Gefäße und die Muskulatur vor dem hypertonen und zelltoxischen Urin.

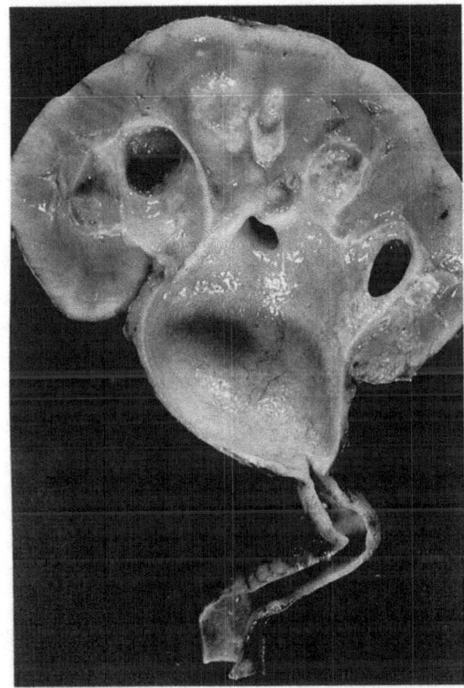

Abb. 6. Kindliche Hydronephrose mit interstitieller Nephritis und Pyelitis bei atypischem Durchtrittswinkel der Ureteren durch die Harnblasenwand

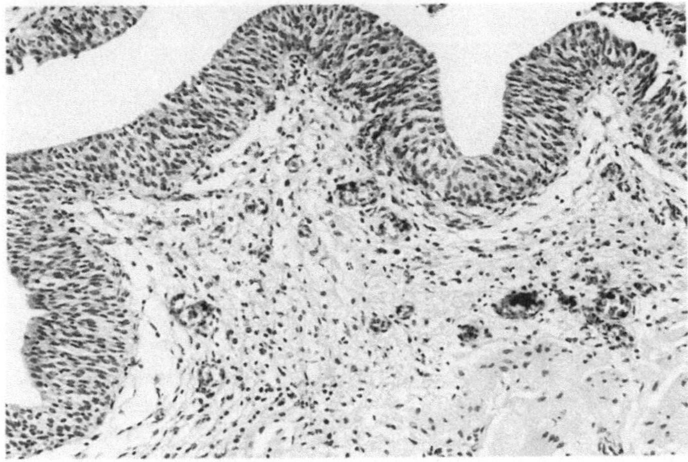

Abb. 7. Mehrschichtiges Harnblasenurothel. Hämatoxylin-Eosin

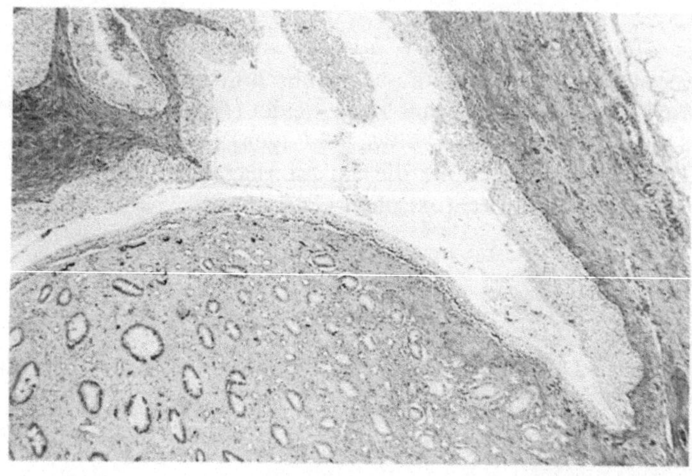

Abb. 8. Flaches Urothel im Nierenbecken. Übersicht. Azan-Färbung

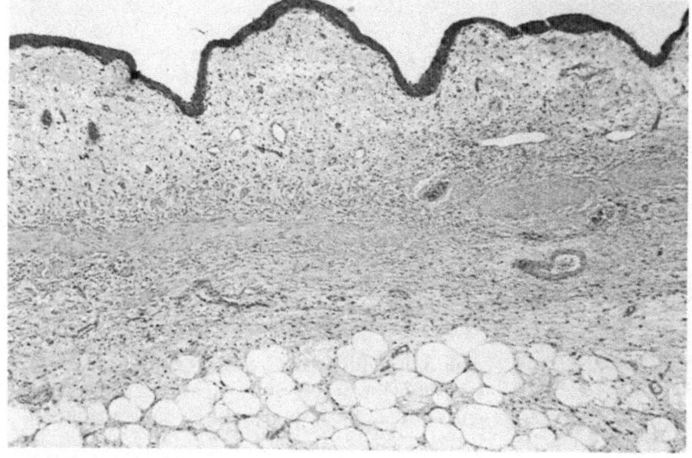

Abb. 9. Abgeflachtes Urothel im Nierenbecken-Ureter-Übergang (Hämatoxylin-Eosin)

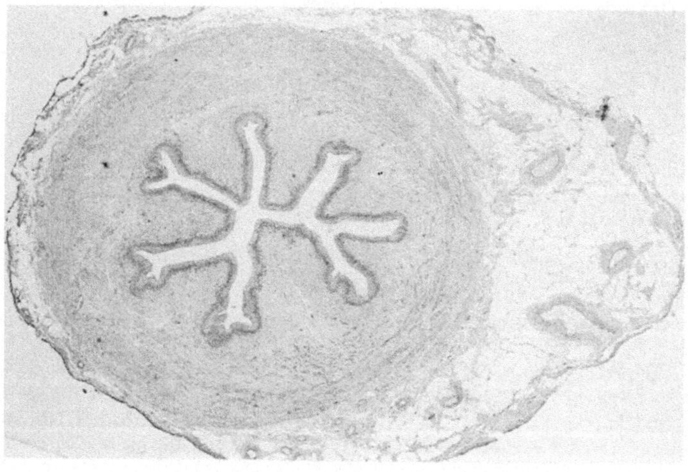

Abb. 10. Querschnitt eines Ureters mit gefaltetem, mehrschichtigem Urothel. Hämatoxylin-Eosin

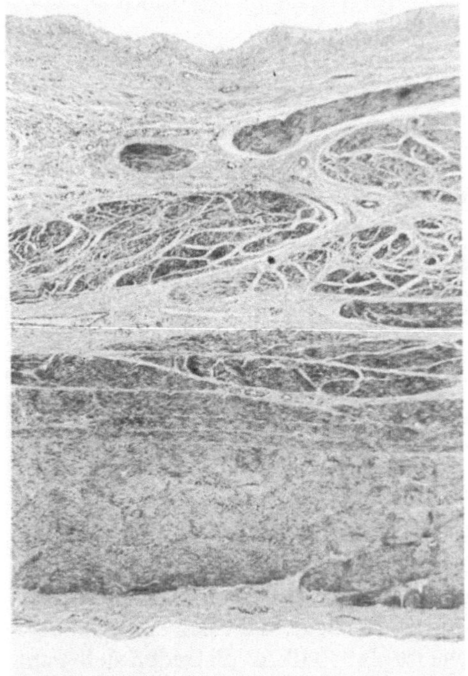

Abb. 11. Harnblasenwand mit bedeckendem, mehrschichtigem Urothel, Submukosa sowie inneren und äußeren Muskelschichten. Azan-Färbung

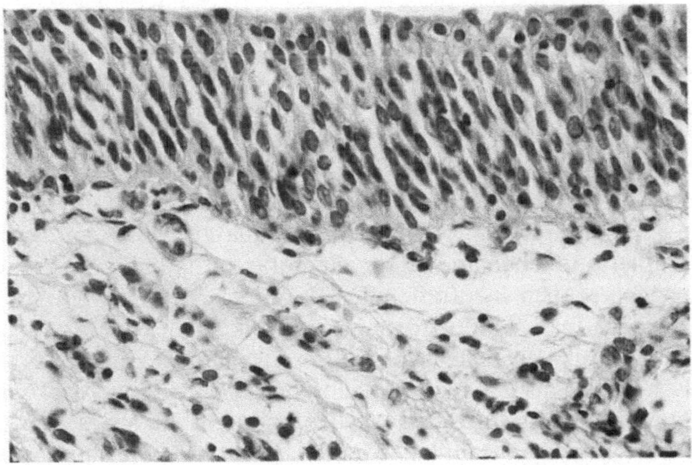

Abb. 12. Urothel der Harnblase mit apikalen, mittleren und basalen Zellschichten. Hämatoxylin-Eosin

Es besteht jedoch keine vollständige Undurchlässigkeit wie früher angenommen, offenbar findet ein transepithelialer Ionentransport statt (Peter 1984). Die Zellen im Urothel passen sich den verschiedenen Füllungszuständen durch eine dehnungsabhängige Transformationsfähigkeit an.

Es werden 3 Zellzonen unterschieden: Eine apikale, eine mittlere und eine basale Zellschicht. Darunter liegt die Lamina propria, die sich aus Fibrozyten und kollagenem Bindegewebe zusammensetzt.

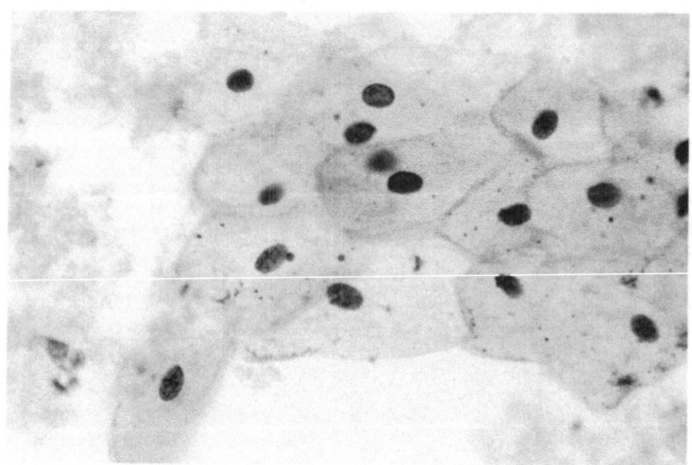

Abb. 13. Oberflächenurothelien (Umbrellazellen). Hämatoxylin-Eosin

Die oberflächlichen Zellen liegen wie ein Regenschirm über den anderen Urothelien und werden zytologisch als Umbrellazellen bezeichnet (Abb. 13). Die apikale bzw. luminale Zellmembran, die zum Blasenlumen hin liegt, setzt sich aus konkaven Doppelmembranen zusammen. Die Oberfläche ist glatt. Mikrovilli finden sich nicht. Ein charakteristisches Merkmal sind die spindelförmigen Vakuolen im Zytoplasma der apikalen Zellen, die als Reservemembranen angesehen werden. Diese Doppelmembran setzt sich aus einzelnen konkaven Doppelmembranplatten zusammen, die scharnierartig zusammengehalten werden. Dadurch entsteht ein ziehharmonikaähnliches Gefüge. Die regenschirmförmigen Urothelien werden von einer sialinsäurehaltigen Mukopolysaccharidschicht bedeckt (Cornish et al. 1987).

Mit speziellen elektronenmikroskopischen Methoden, wie der Gefrierbruchtechnik, konnte nachgewiesen werden, daß die Innenseite der luminalen Membranen der äußeren Membranplatte eine Anhäufung von kleinen Granula aufweist. An diese schließen sich wieder granulierte Flächen an. Dieser Membranaufbau ist nur in den dem Lumen zugewandten Membranen anzutreffen. Die darunterliegenden Membranen haben keinen doppelten Aufbau. Die Begrenzung der luminalen Membran zu den lateralen Membranen der apikalen Zelle ist durch die sogenannte Verschlußleiste gewährleistet. Diese besteht aus der Zonula occludens, der Zonula adhaerens und der Makula adhaerens. Nur zwischen den apikalen Zellen sind tight junctions. Diese tight junctions umziehen gürtelförmig alle apikalen Zellen und grenzen das luminale Kompartiment der Harnblase von dem interzellulären Kompartiment des Epithelverbandes ab. Im Bereich einer tight junction berühren sich benachbarte Zellen so eng, daß auch im elektronenmikroskopischen Bild ein Zwischenraum zwischen den benachbarten Schichten nicht mehr erkennbar ist. Desmosomen verbinden die Zellen aller Schichten untereinander. Wie in anderen Zellsystemen wird durch die Haftpunkte der Desmosomen die mechanische Koppelung einer Zelle zur Nachbarzelle unterhalten. Die in den Zellen verlaufenden, fibrillären Strukturen sind an Desmosomen verankert. Sie bilden somit ein Zytoskelett.

Gap junctions sind zellverbindende Kanäle. Sie halten die elektrischen und metabolischen Koppelungen im Epithelzellverband aufrecht. Die Röhren oder zellverbindenden Kanäle sind das morphologische Korrelat der transzellulären Kanälchen, die einen Transport von Stoffen bis zu einem Molekulargewicht von 800 Dalton erlauben. Damit ist der interzelluläre Austausch von Aminosäuren, Nukleotiden und Zuckern möglich (Peter 1984, 1986).

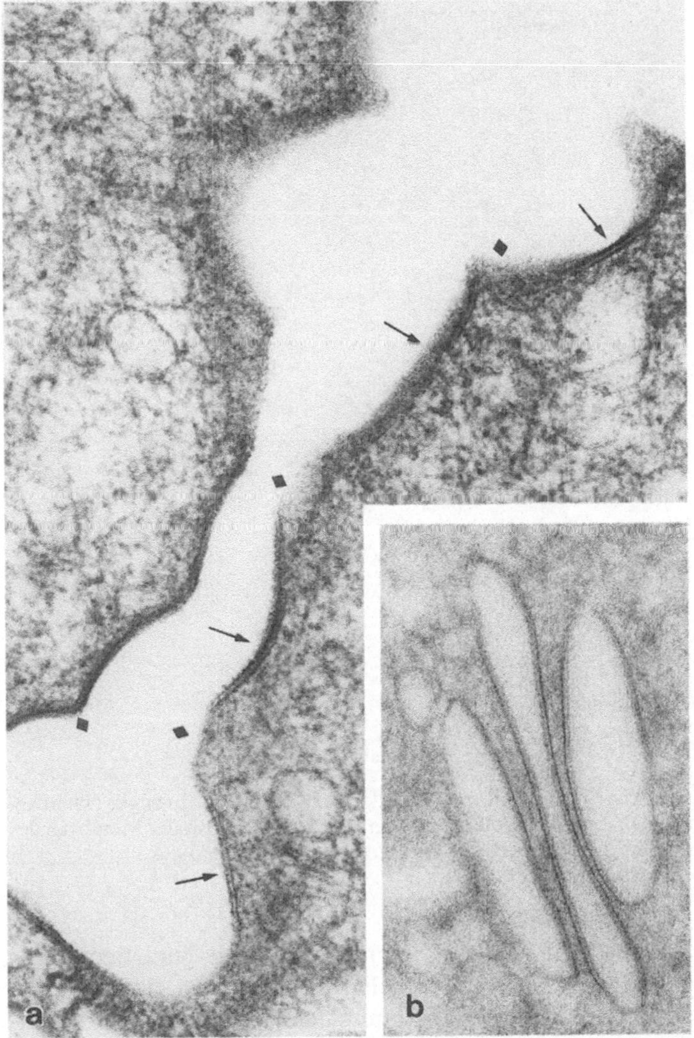

Abb. 14. a Luminale Zellmembran mit zweischichtigem Aufbau der konkaven Membranstruktur (Pfeile). Membranbrücken ohne Zweischichtung (Rauten). **b** Zweischichtiger Membranaufbau von spindelförmigen Vakuolen (Vergr. ×150000). Aus Peter: Die Ultrastruktur der Membran des Urothels und des Urothelkarzinoms. In: „Das Harnblasenkarzinom“, Springer 1984

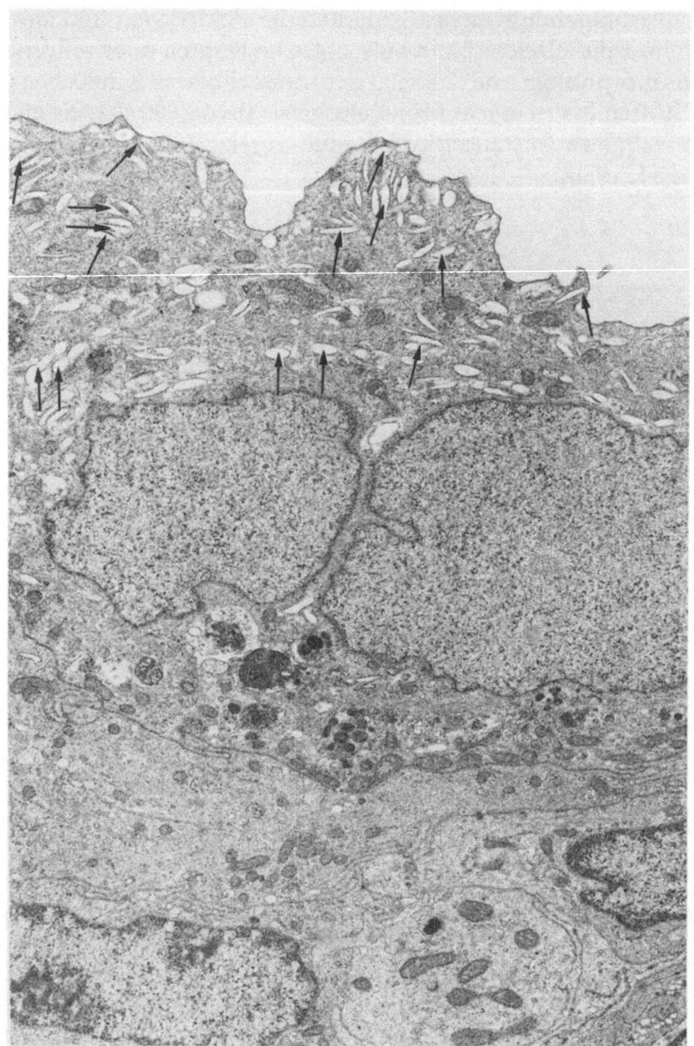

Abb. 15. Luminale Zellen mit zahlreichen spindelförmigen Vakuolen (Pfeile) z. T. in enger Nachbarschaft zur luminalen Zellmembran (Vergr. × 11 000). Aus Peter: Die Ultrastruktur der Membran des Urothels und des Urothelkarzinoms. In: „Das Harnblasenkarzinom", Springer 1984

Der morphologische Unterschied zwischen den normalen, d. h. gutartigen Urothelzellen und den maligne transformierten Urothelien besteht darin, daß – wie im Experiment gezeigt – bei letzteren ein Verlust der luminalen Doppelmembranen eintritt und sich stummelartige, lumenwärts gerichtete Zellfortsätze ausbilden, die sog. Mikrovilli. Spindelförmige Vakuolen sind in dem Zytoplasma nicht mehr anzutreffen.

Mit dem Verlust der luminalen Doppelmembran geht auch der Verlust der late-

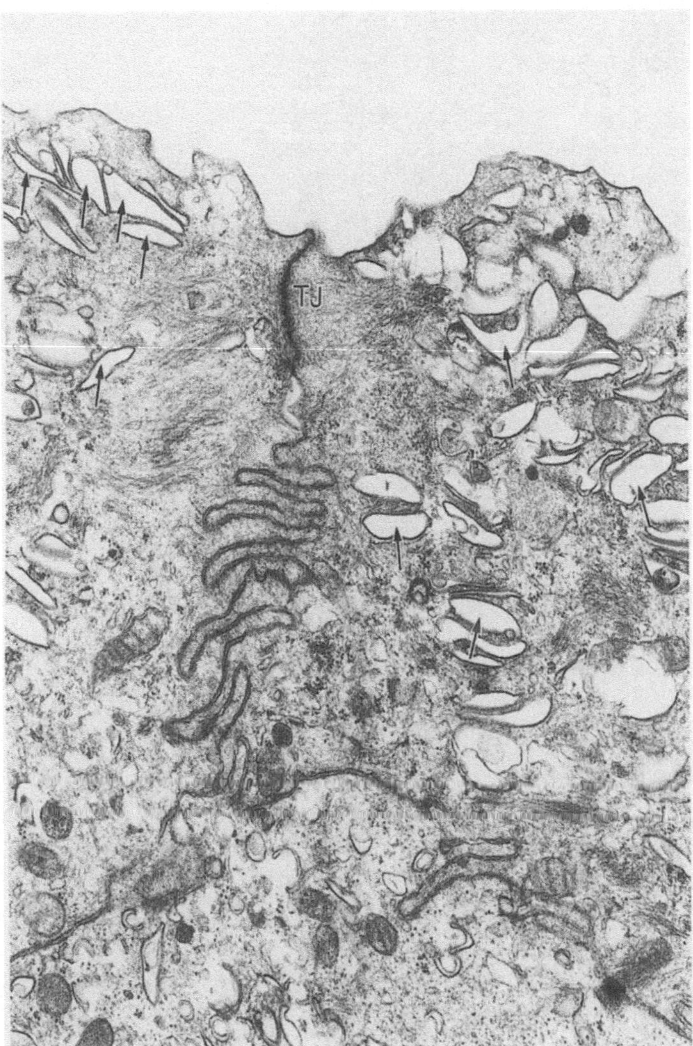

Abb. 16. Angrenzende Zellen der luminalen Schicht. Zahlreiche spindelförmige Vakuolen (Pfeile). Interdigitierte Zellmembranen unter den Tight Junctions (TJ) (Vergr. ×28000). Aus Peter: Die Ultrastruktur der Membran des Urothels und des Urothelkarzinoms. In: „Das Harnblasenkarzinom", Springer 1984

ralen Abdichtungen der tight junctions einher. Damit geben die apikalen Zellen einen freien Passageraum zu den darunterliegenden Zellschichten frei (Peter 1986).

Je mehr die maligne Transformation, d.h. die Entdifferenzierung fortschreitet, desto mehr gehen auch die gap junctions verloren. Damit wird auch die metabolische Koppelung und der Informationsaustausch zwischen den Zellen aufgehoben. Die Zellen weichen auseinander. Die Spalten zwischen den Tumorzellen werden größer. Es schwinden die mechanischen Haftpunkte, d.h. die Desmosomen. Die Entkoppe-

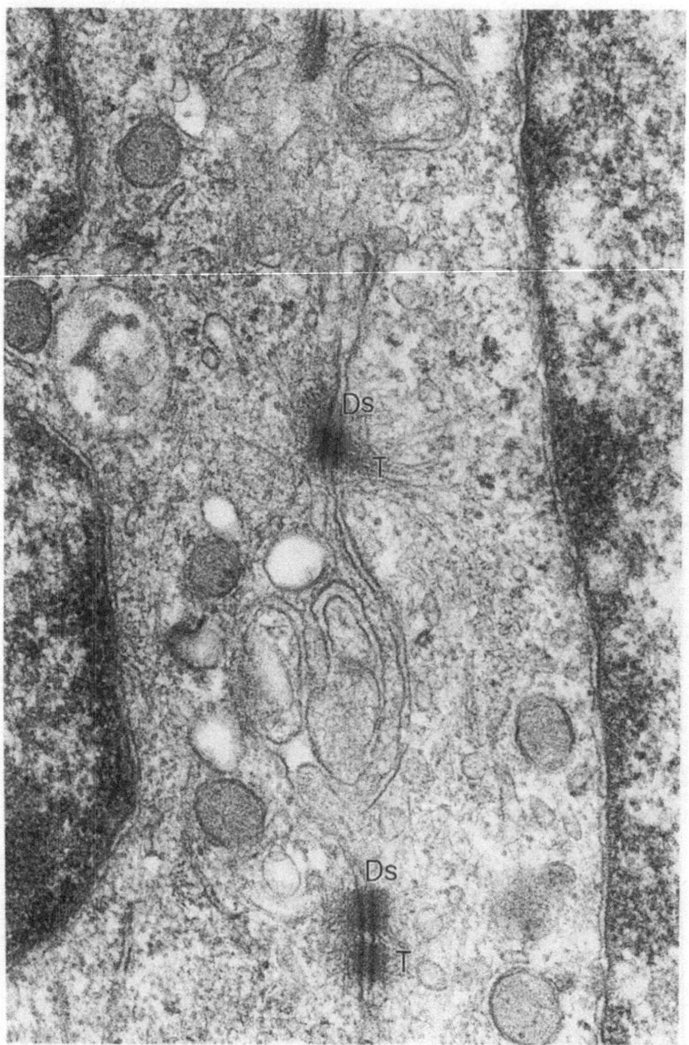

Abb. 17. Einstrahlende Tonofibrillen (T) in Desmosomen (DS) entsprechend mechanischen Haftpunkten. Aus Peter: Die Ultrastruktur der Membran des Urothels und des Urothelkarzinoms. In: „Das Harnblasenkarzinom", Springer 1984

lung der Zellen führt zu einem ungeordneten und invasiven Wachstum. Rasterelektronenmikroskopisch ist erkennbar, daß bei maligner Transformation auch das oberflächliche Netzwerk prominenter Kammlinien verloren geht (Peter 1984; Anderström et al. 1983; Kakudo et al. 1984).

Das Zellwachstum des auskleidenden Urothels ist wie in anderen Geweben einer funktionellen Steuerung unterworfen. Dadurch werden physiologische Zellverluste durch neugebildete Zellen balanciert ausgeglichen. Die Gewebs- und Organmasse

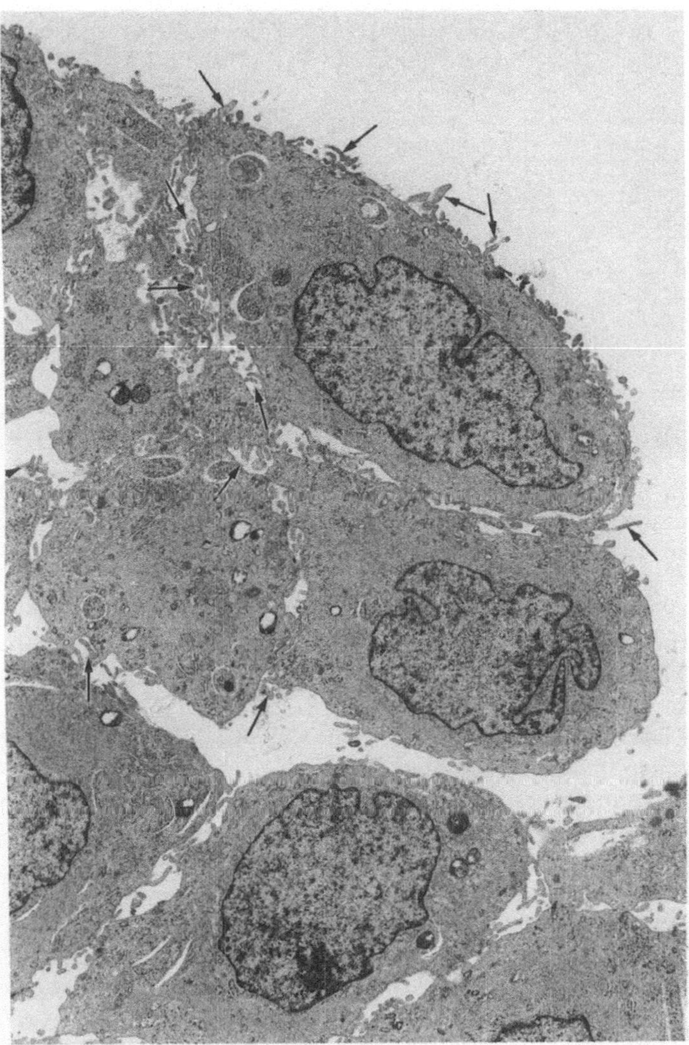

Abb. 18. Zellen eines Urothelkarzinoms mit einzelnen Haftpunkten und Mikrovilli (Pfeile). Aus Peter: Die Ultrastruktur der Membran des Urothels und des Urothelkarzinoms. In: „Das Harnblasenkarzinom", Springer 1984

wird dadurch konstant gehalten. Der Verlust von gap junctions und das damit verbundene entkoppelte und ungeordnet invasive Wachstum bietet eine Erklärung für das multilokuläre Wachstum von urothelialen Karzinomen. Durch die metabolische Koppelung des gesamten Harnblasenepithels ist es denkbar, daß auch genetische Fehlinformationen in Form von mRNA über den Zellverband verteilt wird. Eine kanzerisierte Zelle könnte demnach über den Verlust von gap junctions im größeren Epithelverband ungeordnetes Wachstum initiieren (Peter 1986) (Abb. 14–18).

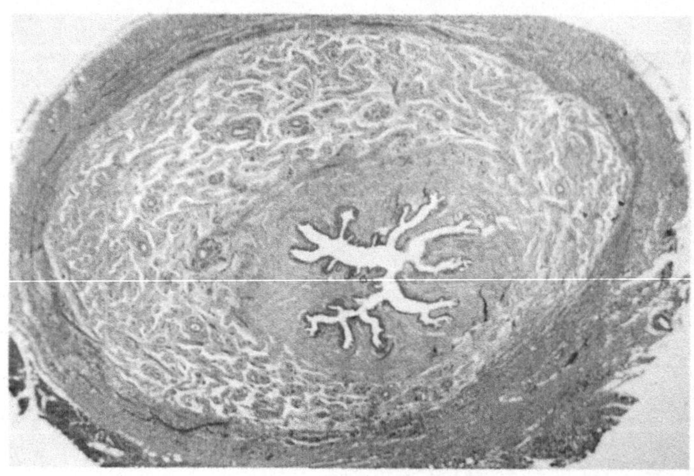

Abb. 19. Querschnitt durch einen Penis mit gefaltetem Urothel der Urethra. Azan-Färbung.

2.4 Urethra

Die Urethra hat bei der Frau eine durchschnittliche Länge von 2,5–4 cm. Sie verläuft von der Harnblase nach kaudal und ventralwärts. Sie ist mit der ventralen Fläche der Vagina fest verbunden. Die äußere Öffnung befindet sich 2–3 cm unterhalb der Klitoris. Die Schleimhaut ist stark gefaltet und besitzt in Harnblasennähe Urothel. Am Ende findet sich Plattenepithel vom vaginalen Typ.

Im höheren Lebensalter kann die gesamte Urethra bis zum Trigonum von metaplastischem Plattenepithel vom vaginalen Typ ausgekleidet werden.

Die männliche Harnröhre hat eine durchschnittliche Länge von 20–25 cm. Es wird ein intramuraler, in der Harnblasenwand gelegener Anteil, von der prostatischen Harnröhre, der Pars membranacea, im Diaphragma urogenitale und der Pars spongiosa urethrae unterschieden. Im distalen Abschnitt wird auch hier die Urethra von Plattenepithel, im mittleren und proximalen Anteil von Urothel ausgekleidet. Die membranöse Harnröhre ist die Stelle, die bei Beckenfrakturen am häufigsten ein- oder abreißt (Abb. 19).

3 Funktionelle Morphologie der ableitenden Harnwege

Die Zusammensetzung des Harnes ist nach Austritt desselben aus den Sammelrohren durch die Papillen in die Nierenkelche abgeschlossen. In den harnableitenden Wegen werden dem Urin abgeschilferte Epithelien und durchgewanderte polymorphkernige Leukozyten, evtl. auch Erythrozyten sowie Bakterien, Viren, Clamydien oder Trichomonaden beigemischt.

Der Harntransport von Nierenbecken bis zur Urethra ist ein aktiver Vorgang und wird durch verschieden konstruierte Muskelmäntel bewerkstelligt. Diese Muskelmäntel, die aus verschieden angeordneten und unterschiedlich innervierten Muskelfasern bestehen, sind eine funktionelle Einheit. Sie sind für den unwillkürlichen und willkürlichen Harntransport bzw. für die Harnentleerung verantwortlich. Der primäre Stimulus für die Kontraktion des Systems ist der Flüssigkeitsgehalt in den Lumina. Die glatten Muskelfasern im Bereich der Nierenkelche haben die höchste Kontraktionsfrequenz. Diese geht über in die Ureterperistaltik und reicht bis an den ureterovesikalen Übergang. Wie oben erwähnt, werden unter neurogener Steuerung im Ureter Kontraktionswellen ausgelöst, bedingt durch sympathische und parasympathische Nerven in allen Wandschichten. Die Ureterfunktion antwortet auf die zunehmende Blasenfüllung mit einer gesteigerten Kontraktionsfrequenz. Ist die Harnblase jedoch über längere Zeit überfüllt, erschöpft sich diese Aktivität, und das Ureterlumen kann sich erweitern. Über einem bestehenden Abflußhindernis steigt auch der Druck im Nierenbecken an. Hierdurch wird wiederum im Nierenbecken die Kontraktionsfrequenz gesteigert, wobei sich jedoch schließlich in den Harnleiterabschnitten eine unvollständige Peristaltik einstellt und bei chronischer Obstruktion der Druckanstieg im Nierenbecken auf das tubuläre System der Niere weitergegeben wird (Abb. 6).

Wie unten ausgeführt, werden durch Harnleiterdilatationen aufsteigende entzündliche Infekte gefördert, die bei chronischer Obstruktion schließlich durch Fibrosierungen und Elastizitätsverlust mit einer Transportinsuffizienz einhergehen.

Der Harntransport über das ableitende Harnwegssystem, das abwechselnd aus weiten Hohlräumen und engen Röhrensystemen besteht, wird durch eine spezielle Anordnung der Muskulatur unterhalten. Trichterformen beim Übergang von weiten Hohlorganen in enge Röhren fördern den Flüssigkeitstransport am besten. Nur so ist verständlich, daß Störungen dieser Trichterbildungen, z. B. bei Mißbildungen bzw. fehlerhaften Anordnungen von Muskelfasern oder Veränderungen durch chronische Entzündung wie Fibrosierungen oder tumoröse Neubildungen, funktionelle Harnabflußstörungen verursachen. Die wichtigste Störung ist der Harnrückfluß, der, wie unter der Harnblase ausgeführt, bei physiologischen Bedingungen nicht stattfindet; bei Störungen, vor allem am Übergang der Muskelfasern vom Ureter in die oberflächliche Trigonalmuskulatur jedoch zum vesikoureteralen bzw. vesikorenalen Reflux mit chronisch-rezidivierenden Pyelonephritiden und zunehmenden Nierenfunktionseinschränkungen führt.

Die Funktion der Harnblase besteht einerseits im Urinreservoir, andererseits in der vollständigen Harnentleerung. Die spezielle Anordnung der Harnblasenmuskulatur aus 3 Schichten, einer inneren und äußeren Längsschicht und einer mittleren zirkulären Schicht, die sich funktionell wiederum in die muskulären Faserschichten der übrigen harnableitenden Systeme als Einheit einpaßt, führt zu Kontraktionen und zu Erweiterungen der Harnblasenwand. Die Trichterform des Blasenhalses ist vor allem durch die Trigonummuskulatur verursacht. Die Muskelbündel der Blasenwand des Trigonums stehen mit der paraurethralen Muskulatur der hinteren Harnröhre als mantelförmige Umscheidung in enger Beziehung und gewährleisten die Miktion bzw. halten die Kontinenz aufrecht (Abb. 4).

Die Miktion kommt durch gleichzeitige Kontraktion des Detrusors und Relaxation der proximalen Harnröhre und der Beckenbodenmuskulatur zustande. Dadurch wird die hintere Harnröhre zu einem Trichter umgeformt. Die Miktion wird reflektorisch über das Miktionszentrum im Hirnstamm gesteuert (Bandhauer 1986; Rassweiler u. Miller 1986).

4 Fehlbildungen der ableitenden Harnwege

Form-, Lage- oder numerische Anomalien sind überwiegend dadurch gekennzeichnet, daß sie ohne Korrektur Ursache für rezidivierende Infekte, Steinbildungen oder Harnabflußstörungen sind. Wenn möglich, sollten sie chirurgisch korrigiert werden (Ackermann 1986 b; Clemens et al. 1986).

4.1 **Formanomalien** (Übersicht Tab. 1)

Nierenbecken, Ureter (Tab. 1 a)

Im Bereich der Nierenbecken und Ureteren können singuläre, äußerst selten auch multiple *Kelchdivertikel* auftreten.

Hier handelt es sich um eine fehlerhafte Regression von Kelchsprossen, die sich aus dem Wolff'schen Gangsystem ableiten. Ursache kann weiterhin eine Obstruktion am Kelchhals sein. Morphologisch finden sie sich vor allem am oberen Nierenpol (ca. 70%). Sie werden durch Ausscheidungsurogramme diagnostiziert. Eine Alters- oder Geschlechtsdisposition besteht nicht.

In der Mehrzahl der Fälle werden sie zwischen dem 20. und 50. Lebensjahr diagnostiziert. Die Größe variiert zwischen wenigen Millimetern und 3–7 cm. Die echten Ureterdivertikel sind eine Rarität. Zumeist handelt es sich um falsche singuläre Divertikel.

Hydrokalykosen oder *Megakalykosen* sind äußerst selten. Es liegen zystische Erweiterungen eines Hauptkelches mit Verbindung zum Nierenbecken vor. Diese Ektasien sind von Urothel ausgekleidet. Infolge von Mißbildungen des Papillensystems kann es ebenfalls zur Vergrößerung der Kelche kommen. Das Nierenbecken ist hierbei normal gestaltet. In beiden Fällen können klinisch Harnstau und rezidivierende Entzündungen, bzw. Steinbildungen auftreten. Die kongenitale Hydronephrose, bedingt durch Einengung des uretero-pelvinen Überganges, ist Ursache für rezidivierende Pyelonephritiden. Es kommt dabei nur zu einer leichten bis mäßiggradigen Erweiterung des Nierenbeckens und der Kelche (Abb. 6).

Ein *Megaureter* kann fast in einem Viertel der Fälle bilateral vorliegen. Es besteht eine hochgradige Erweiterung des Ureterlumens, wobei mitunter der Durchmesser eines Dünndarmes übertroffen sein kann. Am distalen Abschnitt findet sich ein regelhafter Ureterwandaufbau ohne Ektasie. Lediglich die Muskelfasern sind unregelmäßig entwickelt. Kollagenes Bindegewebe findet sich vermehrt. Nierenbecken und Kelchsystem können normal bis leicht erweitert sein. Der Megaureter gibt Anlaß zu chronisch-rezidivierenden Ureteritiden. Das männliche Geschlecht ist häufiger betroffen als das weibliche. Unter den Formen des Megaureters werden solche mit Reflux und ohne Reflux unterschieden.

Tabelle 1a. Fehlbildungen der Nierenbecken und Ureteren. (Nach Clemens, Schubert u. Baumüller, aus Hofstetter u. Eisenberger 1986)

Fehlbildung	Epidemiologie	Ätiologie und Pathogenese	Morphologie	Komplikationen
Formanomalien				
Kelchdivertikel	4,5:1000 Ausscheidungsurogramme keine Alters- oder Geschlechtsdisposition	a) Fehlerhafte Regression der Kelchsprossen 3.–4. Ordnung aus Wolff'schem Gang beim 5 mm langen Embryo, anschließende Ektasie b) Obstruktion am Kelchhals	Zystische Gebilde im Hilusgebiet der Kelche, stehen durch dünnen Gang mit Kelch in Verbindung. Prädilektion: unterer und oberer Nierenpol	Rezidivierende Infekte, Steinbildungen in 39%
Hydrokalykose	Selten	Angeborene oder erworbene Obstruktion, z. B. durch Vernarbung des Infundibulums	Zystische Erweiterung eines Hauptkelches mit Verbindung zum Nierenbecken, von Urothel ausgekleidet	Infektionen bei starkem Harnstau
Megakalykose	Selten	Primäre kongenitale Hypoplasie juxtamedullärer Nephren? Störungen der Ureterknospen-Verzweigung? Fehlbildungen der Kelch- und Nierenbeckenmuskulatur?	Nicht-obstruktive Vergrößerung der Kelche infolge von Mißbildungen der Nierenpapillen bei normalem Nierenbecken	Leichte Konzentrationsschwäche des Urins, sonst meist asymptomatisch, bei allgemeinem Harnstau, Infektionen, Nephrolithiasis, Hämaturie
Kongenitale Hydronephrose	Selten	Einengung des ureteropelvinen Überganges, in einigen Fällen durch abnormen Arterienverlauf bedingt	Meist nur leichte bis mäßige Erweiterung des Nierenbeckens und der Kelche, nur selten mit Dysplasie der Nieren kombiniert, selten Riesenhydronephrose	Pyelonephritis
Megaureter (Megaloureter) mit Reflux (obstructed megaureter)	♂:♀=3–5:1 li.:re.=2–3:1, 14–25% der Betroffenen bilateral	Peristaltikstörung im kaudalen Ende, deren Ursache unklar ist	Hochgradige Erweiterung des Ureterlumens, kann Lumen des Dünndarmes übertreffen, vielfach gewunden. Übergang in 0,5–4,0 cm langes undilatiertes kaudales Ende, in dem die Peristaltik fehlt. Keine echte Stenose oder Obliteration, Muskulatur hier oft unregelmäßig entwickelt. Kollagen vermehrt. Freier vesikoureteraler Reflux. Nierenbecken oder -kelche meist normal oder nur leicht erweitert	Chron. rezidivierende Ureteritis

ohne Reflux (idiopathischer Megaureter)	Selten, li. häufiger als re.	Unbekannt	Ureterformen wie mit Reflux	Wie mit Reflux
Bauchdecken-Aplasie-Syndrom (Obrinsky-Syndrom, Prune-belly-Syndrom)	250 Fälle bis 1980 veröffentlicht, wahrscheinlich häufiger, fast ausschließlich ♂	Ungeklärt, dominant erbliche Neumutation? Kann mit Trisomie auftreten, Entwicklungsdefekte der Bauchmuskeln (2.–3. Embryonalwoche) und Störungen des Urogenitaltraktes sind wahrscheinlich koordiniert	Aplasie oder hochgradige Hypoplasie der vorderen Bauchwandmuskulatur mit schlaff vorgewölbter Bauchwand. Kryptorchismus, Harnwegsanomalien mit Nierendysplasien, membranöse Urethralatresie, hochgradige Ektasie der Blase, beidseitiger Megaureter, Hydroureter mit vesikoureteralem Reflux, Hydronephrose	20% tot geboren oder sterben im 1. Lebensmonat, Pneumonien, Pyelonephritiden
Hypogenesie des Ureters (Hypoplasie, Atresie)		Meist mit Nierenfehlbildungen, vor allem Hypoplasie kombiniert	Ureter vollständig oder partiell nur noch als schmaler Strang vorhanden	
Ureterabgangsfalten	Bei 16% der Neugeborenen leicht ausgebildet, verschwindet meist mit Längenwachstum	Mißverhältnis der Wachstumsgeschwindigkeit innerer Ureterwandschichten zum Gesamtlängenwachstum mit Überschußbildung im Schleimhautbereich; Knickung durch untere Nierenpolgefäße oder Bindegewebsstränge, die Ureter von außen komprimieren	Faltenbildung mit leichter Abknickung der Ureterwand	Pyelitis, Hydronephrose, Nephrolithiasis
Ureteropelvine Obstruktion	♂:♀=2:1, 25% vor Abschluß des 1. Lebensjahres festgestellt	Ungeklärt	Zirkuläre Muskulatur am Übergang zwischen Nierenbecken und Ureter, unregelmäßige Überschußbildung kollagener Fasern	Hydronephrose, Pyelonephritis, Nephrolithiasis
Lageanomalien				
Fehlerhafte Lage des Nierenbeckens			→ Niere, Fehlrotation	

Tabelle 1a (Fortsetzung)

Fehlbildung	Epidemiologie	Ätiologie und Pathogenese	Morphologie	Komplikationen
Heterotope Uretermündung	1:1900 Nierenautopsien, 80% mit Doppelureter oder Doppelniere ♂:♀=1:1,9	Trennung der Ureterknospe von Wolff'schem Gang gestört	Mündung des kaudalen Ureterendes in verschiedenste Bereiche des Urogenitaltraktes: • Dystope Mündung: Im Trigonum, bei ♀ meist Blasenhals oder Urethra. Bei ♂ bis Pars prostatica urethrae. • Ektope Mündung: In Abkömmlinge des Wolff'schen Ganges, Mann: → Ductus ejaculatorius (5%), Samenblasen (33%), Vas deferens (5%); Frau: → Gartner'scher Gang (<1%), Verschmelzung von Gartner'schem und Müller'schem Gang → Vagina (25%), Uterus (5%), bei ♂ Colliculus seminalis. Außerdem Männer: posteriore Urethra (47%), Utriculus prostaticus (10%). Frauen: Urethra (35%), Vestibulum vaginae (34%), Urethraldivertikel (<1%). Sehr selten im Rektum	Inkontinenz bei Frauen, Dysurie und Pyurie bei Männern, Harnwegsinfektion
Retrokavaler Ureter (präureterale V. cava, zirkumkavaler Ureter)	1:1500 Autopsien ♂:♀=3:1	Fehlerhafte Anlage oder Rückbildung des unteren Hohlvenensystems	Rechter Ureter verläuft hinter der V. cava inf., Nierenbecken und kranialer Ureter in J-Form verändert	Hydroureter, Hydronephrose
Ovarial-Venen-Syndrom	2,5:1000 Routineurogramme nur bei ♀, vorwiegend während der Schwangerschaft	Ungeklärt	Verschiedene Variationen des Verlaufes der re. V. ovarica. Am häufigsten gemeinsamer Verlauf der re. V. ovarica und des re. mittleren Ureters in einer Bindegewebsscheide, extrem selten auch li.	Hyperämie der Venen oder Thrombosen und Thrombophlebitiden während der Schwangerschaft oder postpartal führen zu Ureterstenosen oder Obstruktionen Hydroureter, Ureteritis

Numerische Anomalien				
Doppeltes Nierenbecken	10% aller Personen	Störungen der Ureterknospenteilung	Nierenbecken teilt sich bei Eintritt in die Niere und bildet zwei Hauptkelche	Keine, sollte als normale Variante angesehen werden
Ureter duplex und fissus	0,8% aller Personen ♂:♀=1:1,6	Wahrscheinlich autosomal dominant mit unvollständiger Penetranz vererbt. • U. duplex = Primäre Doppelbindung der Ureterknospe • U. fissus = Vorzeitige Gabelung der Nierenbeckenentwicklung	U. duplex: Von Nierenbecken bis Blase gedoppelter Ureter mit zwei Ureterostien in der Blase. U. fissus/sive bifidus (partielle Verdoppelung): Nach kranial offene Gabelung; 4–8mal häufiger einseitig mit Doppelniere bzw. doppeltem Nierenbecken kombiniert. Der zum kranialen Nierenanteil gehörende Ureter mündet in der Regel kaudal vom anderen. Oberer Ureter und oberes Nierenbecken drainieren etwa $^1/_3$, unterer Ureter $^2/_3$ des Nierenparenchyms. Ektopische Uretermündungen in 3%	Häufig vesikoureteraler Reflux des kranial in die Blase mündenden, den unteren Nierenanteil drainierenden Ureters infolge des kürzeren Verlaufes in der Blasenwand. Hydronephrose des kaudalen Nierenbeckens, Pyelonephritis
Blind endende Duplikation des Ureters	70 Fälle publiziert, wahrscheinlich häufiger ♂:♀=1:3	Fehlender Kontakt der betr. Ureterknospe mit metanephrogenem Blastem	Ureter fissus mit fehlendem Nierengewebe am blinden Ende des einen Zweiges, Gabelung überwiegend im mittleren oder kaudalen Bereich, re.:li.=2:1	Selten ureteroureteraler Reflux mit Dilatation des blinden Endes; gelegentlich Infektion und Steinbildung
Bilaterale Agenesie der Ureteren	s. Agenesie der Nieren		Zusammen mit bilateraler Nierenagenesie oft kombiniert mit monströsen Mißbildungen	

Tabelle 1a (Fortsetzung)

Fehlbildung	Epidemiologie	Ätiologie und Pathogenese	Morphologie	Komplikationen
Unilaterale Agenesie eines Ureters	Agenesie einer Niere		Niere und Ureter einer Seite fehlen, Blasentrigonum dieser Seite nicht angelegt	
Sonstige Anomalien				
Ureterozele	3:10000 Autopsien	Stenose des Ureterostiums, Schwäche der fibromuskulären Hülle der Ureterenden	Sackartige Vorstülpung des erweiterten Ureterendes in das Blasenlumen von 1–2 cm Durchmesser bis zu die gesamte Blase ausfüllenden zystenartigen Gebilden. Einfache (adulte) Ureterozelen sind meist kleiner und insgesamt in der Blase gelegen, ektope Ureterozelen erstrecken sich bis in den Blasenhals oder die Urethra mit ektoper Uretermündung, meist in einem Ureter duplex	Kann Blasenostium verlegen und sich bei Frauen bis zur äußeren Urethralöffnung vorwölben („geboren werden"). Hydronephrose, Dysplasien oder Hypoplasien der gleichseitigen Nieren, Pyelonephritiden
Ureterdivertikel	15 Fälle bis 1977 publiziert	Nebensprosse des Wolff'schen Ganges	Sackförmiges Gebilde mit allen Wandelementen eines Ureters (abzugrenzen von häufigen Pseudodivertikeln oder rudimentären Doppeluretern)	Hydroureter, Hydronephrose, Pyelonephritiden
Ureterklappen		Nicht rückgebildete transversale Schleimhautfalten, die bei 5% aller Neugeborenen vorhanden sind und sich mit normalem Längenwachstum zurückbilden	Transversale, exzentrische Schleimhautfalten mit glatter Muskulatur, tassenförmig konkav nach kranial, annuläre diaphragmatische Klappen sind seltener	

Vesikoureteraler Reflux	20–70% der Kinder mit rezidivierenden Harnwegsinfekten. Vorwiegend Neugeborene und Kleinkinder, später z.T. spontane Rückbildung	Durchtrittswinkel des Ureters durch die Blasenwand ist zu groß, der intramural verlaufende Ureteranteil dadurch zu kurz → fehlender Verschluß des Ureterostiums bei der Miktion	Klaffende Uretermündung bei schweren Formen (=Golflochostium). 4 Grade: 1 und 2 = Funktionsstörung ohne gröbere Strukturanomalien, 3 und 4 = mit Hydroureter und Hydronephrose. Reflux in Papillen mit runden Sammelrohrmündungen (meist Doppelpapillen), die sich im Gegensatz zu Sammelrohren mit spaltförmigen Mündungen bei Erhöhung des Nierenbeckendruckes nicht verschließen	Aufsteigende Harnwegsinfektionen, Refluxnephropathie mit Pyelonephritis (30%), Schrumpfnieren

Tabelle 1b. Fehlbildungen der Harnblase. (Nach Clemens, Schubert u. Baumüller, aus Hofstetter u. Eisenberger 1986)

Fehlbildung	Epidemiologie	Ätiologie und Pathogenese	Morphologie	Komplikationen
Formanomalien				
Hyperplasie (Vesica gigantea)	Extrem selten, fast nur ♂	Unbekannt	Nur Fälle, bei denen weder mechanisches noch funktionelles Abflußhindernis besteht, keine Wandhypertrophie	
Kloakenblase (Kloakenpersistenz)	Bis 1966 6 Fälle	Ungenügendes Vordringen des Septum urorektale während der 3. Embryonalwoche, Unterteilung in Sinus urogenitalis mit Blase und in Rektum unterbleibt oder ist unvollständig	Verbindung zwischen Rektum und Blase mit allen Übergängen von nur sondendurchgängiger Fistel zwischen Urethra und Rektum bis nach außen offener Kloake mit gemeinsamer Einmündung von Darm, Harn- und Genitalsystem	Verschlußbildung mit hochgradiger Ausfüllung und Vorwölbung des Abdomens
Urachusfistel	Selten	Unvollkommene Rückbildung des Urachus	Vollständig offener Gang zwischen Nabel und Blasenfundus, offenbleibender Teil an der Blasenspitze (vesikomurales Divertikel) oder im Nabelbereich (umbilikale Zyste)	Infektionen des Ganges, Urachuskarzinome (=Adenokarzinome) im Blasendach

Tabelle 1b (Fortsetzung)

Fehlbildung	Epidemiologie	Ätiologie und Pathogenese	Morphologie	Komplikationen
Sanduhrblase (Vesica isthmica)	Selten		Blase durch transversale Faltenbildung eingeengt	
Kongenitale Blasendivertikel	1:100 Autopsien	Kongenitale Wandschwäche mit sekundärer Divertikelbildung	Meist 2–5 cm große, vereinzelt maximal 5,5 l fassende Ausbuchtungen, in denen alle Blasenwandschichten enthalten sind, meist in der Nähe der Ostien, $^1/_3$ der Fälle multipel	Divertikulitis, Konkremente, Tumoren, meist Urothelkarzinome
Lageanomalien				
Blasenekstrophie (Ecstrophia vesicae, Spaltblase)	1–5:50000 Neugeborene ♂:♀=2:1	Gestörte Entwicklung der vorderen Kloakenmembran	Blasenschleimhaut nach außen verlagert, Ureteren münden frei, oft mit Fehlbildungen der Genitalorgane kombiniert, Schambeinfuge offen	Stets Entzündungen mit Plattenepithel- und Zylinderepithelmetaplasien des Urothels, Karzinome bis zu 95% der Fälle, meist Adenokarzinome >60%, Pyelonephritis, Hydroureteronephrose
Kloakenekstrophie (vesikointestinale Fissur)	1:200000 Lebendgeburten		Zwei ekstrophe Blasenhälften, zwischen denen ein Darmabschnitt (meist Zökum) ekstrophiert liegt. Äußeres Genitale in der Regel erheblich mißgebildet. V. cava inferior meist doppelt	
Posteriore Urethralklappen	Häufigste Ursache der Blasenausflußstörung bei ♂	Inkomplette Rückbildung distaler Anteile der Wolff'schen Gänge	Schleimhautfalten unterhalb des distalen Colliculus seminalis, meist 2 ventral verschmolzene Klappen. Abzugrenzen von seltenen Formen kongenitaler Obstruktionen wie Fibroelastose des Blasenhalses (=M. Bodian), myogener Blasenhalshypertrophie (=M. Marion)	Ballonartige Dilatation der proximalen Urethra während der Miktion, Balkenblase, Hydroureteronephrose

Kongenitale Urethralmembran	Selten, nur ♂	Persistenz der Kloakenmembranen in diesem Bereich	Transversale obstruierende Membran distal des Colliculus seminalis	Wie Urethralschleimhautfalten
Urethraldivertikel Divertikel der anterioren Urethra („anteriore Urethralklappen“)	Relativ selten	Inkomplette Ausbildung der Urethra aus spongiösen Vorstadien während der Embryonalentwicklung oder zystische Dilatation von Cowper-Drüsen. Bei ♀ von Wolff'schem Gang ausgehend?	Meist sackförmiges ovales Divertikel im proximalen Teil der Urethra. Ventrale Wand der Urethra verdünnt	Harnabflußstörung infolge Ventilfunktion mit Kompression des Urethrallumens durch das gefüllte Divertikel bei Miktion
Andere Divertikel	Selten	Sehr unterschiedlich und unklar	Divertikel mit engem Halsbereich (“narrow necked diverticula”) im Bulbus urethrae, entzündlich bedingte D. bei Dauerkatheterträgern und erworbene D. durch unvollkommene Exzision rektourethraler Fisteln	
Kongenitale Zysten	Selten	Hervorgehend aus Urethralwandausstülpungen, Cowper- oder Littré-Drüsen, aus Utriculus seminalis oder Ductus ejaculatorius	Zysten von Urothel oder Plattenepithel ausgekleidet, meist im Bereich des Colliculus seminalis	Harnstauung mit Hydroureteronephrose im Kindesalter. Steinbildung
Hypertrophie des Colliculus seminalis	7% der Kinder mit Hydronephrosen	Ungeklärt	Colliculus seminalis wölbt sich stärker ins Urethrallumen vor. Drüsengänge und/oder Bindegewebe des Colliculus seminalis vermehrt	Balkenblase, Hydroureteronephrose
Numerische Anomalien				
Agenesie	25 Fälle in der Weltliteratur	Urorektales Septum bildet sich bei Blasenentwicklung nicht aus, Kloake persistiert	Vollständiges Fehlen der Blase, Ureteren münden in Rektum, Vagina oder Uterus	
Vesica bipartita (Vesica duplex, V. multilocularis)	20 Fälle bis 1940 publiziert	Agenesie, Aplasie oder Hypoplasie der Harnblase angenommen, dilatierte kaudale Ureterenden entsprechen Blasenhälften	Scheidenwandbildung in der Sagittalebene der Blase; abzugrenzen von großen Ureterozelen, Urethralektasien oder paraurethralen Divertikeln. 50% der Fälle mit Verdopplungen des unteren Gastrointestinaltraktes	

Tabelle 1c. Fehlbildungen der Urethra. (Nach Clemens, Schubert u. Baumüller, aus Hofstetter u. Eisenberger 1986)

Fehlbildung	Epidemiologie	Ätiologie und Pathogenese	Morphologie	Komplikationen
Form- und Lageanomalien				
Hypospadie	1:300 lebend geborene Knaben familiäre Häufung bekannt	Vorzeitiger umschriebener Verschluß der fetal zunächst nach unten offenen Urethralrinne. Vererbung nicht bekannt. Orale Kontrazeptiva oder Progesteroneffekt bei der Mutter?	Bei ♂ dystope Mündung der Urethra an der Unterseite des Penis. Je nach Lokalisation unterschieden: Glanduläre Hypospadie im Glansbereich, penile Hypospadie, skrotale Hypospadie, perineale Hypospadie (80% der Penis-Skrotum-Grenze). Bei ♀ Mündung in der Vagina	Da oft zusätzliche Meatusstenose → Harnstauung
Epispadie	1:100000 Hospitalaufnahmen ♂:♀=5:1	Störung der ventralen Kloakenmembran, analog der Blasenekstrophie	Dystope Urethralmündung auf dem Dorsum penis oder clitoridis. Penis meist verkürzt oder gekrümmt. 3 Formen: Glanduläre Epispadie im Glansbereich, penile Epispadie, penopubische Epispadie (ist häufigste Form); bei ♀ subsymphysäre Epispadie	Penopubische E. stets mit Inkontinenz
Kongenitale Urethralstenosen	Meist ♂	Zu starker Schluß der Urethralrinne, bei Bauchdeckenaplasiesyndrom fast regelmäßig. Mehrzahl der Stenosen im distalen Bereich bei ♂ ist traumatisch bedingt	Stenose in der proximalen Pars membranacea urethrae	Balkenblase, Hydroureteronephrose, kindliche Harnwegsinfekte, oft mit Nierendysplasie

Urethralatresie	Selten, meist ♂	Lumenbildung aus Urethralrinne bleibt aus	Meist einige mm starke Membran im Bereich des meatus externus bei ♂, seltener proximaler Verschluß mit längerem strangförmigen Gebilde	
Megalourethra	Selten, besonders bei Bauchdeckenaplasie-syndrom	Defekt des Corpus spongiosum (skaphoide Megalourethra) oder des Corpus spongiosum und der Corpora cavernosa (fusiforme Megalourethra) infolge fehlerhafter Mesodermentwicklung in der Urethralfalte	Bootförmige (skaphoide Megalourethra) oder spindelförmige (fusiforme Megalourethra) Erweiterung der Urethra bei Miktion	
Sonstige Anomalien				
Urethralschleimhautfalten —Urethralklappen)	2:1000 kinderurologische Fälle (wahrscheinlich häufiger), meist ♂	Faltenbildung bei Urethralrinnenschluß	Falten verschiedenster Form, meist in proximaler Urethra	Harnabflußstörungen, Pyurien

Die Hypoplasie oder Atresie von Nierenbecken und Ureteren sind zumeist kombiniert mit Nierenfehlbildungen, vor allem mit hypoplastischen Nieren. Der Ureter kann mitunter nur noch als schmaler Strang vorhanden sein.

Eine z.T. deutliche Hydronephrose, auch kombiniert mit Nephrolithiasis, kann durch *Ureterabgangsfalten* verursacht sein. Derartige Falten, die in bis zu 20% beim Neugeborenen vorhanden sein können, bilden sich mit Zunahme des Längenwachstums von Nierenbecken und Ureter zurück. Bei Persistenz sind unbedingt chirurgische Maßnahmen angebracht.

Ein ähnliches Bild kann auch durch *ureteropelvine Obstruktion*, verursacht durch einen zirkulären Muskulaturstrang am Übergang zwischen Nierenbecken und Ureter, bedingt sein. Histologisch sind hier gebündelte kollagene Fasern nachweisbar.

Prune-belly Syndrom

Es handelt sich um eine in der 6.–8. Schwangerschaftswoche entstehende, primäre Entwicklungsstörung des kaudalen Körperendes bei männlichen Feten. Prostata und Samenblase sind nicht angelegt. Ösophagus, Duodenum und Anus sind atretisch. Ferner besteht eine Urethralstenose bzw. membranöse Urethralatresie. Durch den sich entwickelnden Harnstau kommt es zu einer hochgradigen Ektasie der Harnblase (Riesenharnblase) mit kleeblattartiger Wanduntergliederung (Abb. 20, 23), beidseitigen Megauretern, Hydroureter und vesikoureteralem Reflux mit Hydronephrose. Durch die Ektasie der Harnblase wölbt sich das Abdomen vor. Früher wurden eine Aplasie und hochgradige Hypoplasie der vorderen Bauchwandmuskulatur, kombiniert mit Kryptorchismus und Nierendysplasie, beim Prune-belly Syndrom diskutiert. Histologisch sind jedoch Muskelbündel sowohl in der Harnblasenwand als auch in der Bauchwand nachweisbar (Abb. 24). Das Oligo- oder Anhydramnion führt zusätzlich zu einer Potter-Sequenz mit Extremitätenmißbildungen und Lungenhypoplasie (Abb. 25). In Einzelfällen können bei milder Ausprägung Prune-belly Träger bei frühzeitiger chirurgischer Korrektur das Erwachsenenalter erreichen (Hoagland u. Hutchins 1987).

Harnblase (Tab. 1b)

Die *Kloakenharnblase* wird verursacht durch eine Persistenz im Vordringen des Septum urorectale. Dadurch kommt es nicht zu einer Unterteilung des Sinus urogenitalis mit Blase und Rektum. In der Makromorphologie zeigt sich eine gemeinsame Einmündung von Darm, Harn- und Genitalsystem in die offene Kloake mit fistelartigen Verbindungen zwischen Rektum und Blase bzw. Urethra und Rektum. Die Mißbildung besteht jedoch äußerst selten.

Häufiger wird die *Urachusfistel* angetroffen. Bei Persistenz des offenen Gangsystems zwischen Nabel und Blasenfundus sind im Erwachsenenalter drüsenbildende Karzinome, von Urachusgang ausgehend, nachzuweisen (Abb. 144, 145, s. S. 128, 131). Unter den *Blasendivertikeln* sind auch angeborene einzuordnen. Komplikationen treten durch begleitende Entzündungen (Divertikulitis), Steinbildungen, aber auch durch Entwicklung von Karzinomen auf (Shirai et al. 1984). Mehr als 200 Fälle, vornehmlich Urothel-, aber auch Plattenepithel- und Adenokarzinome sind bislang beschrieben worden (Petersen 1986) (Abb. 26).

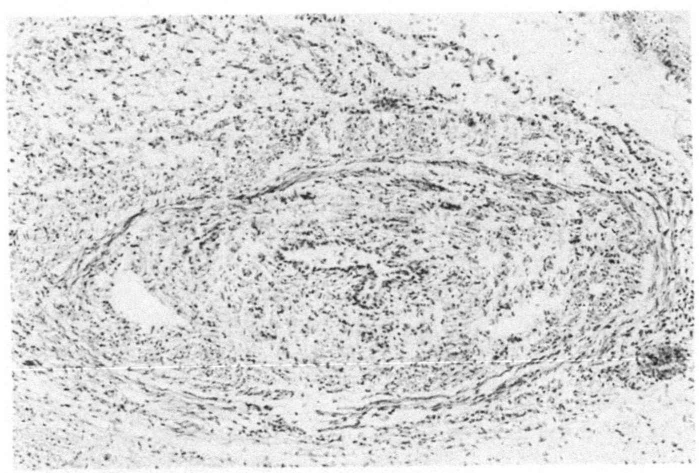

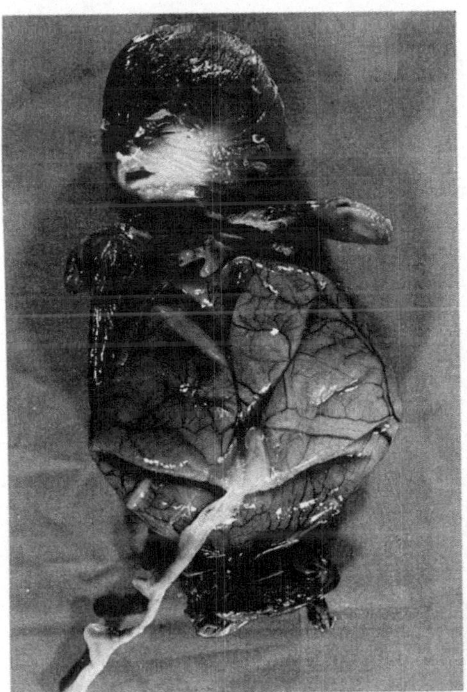

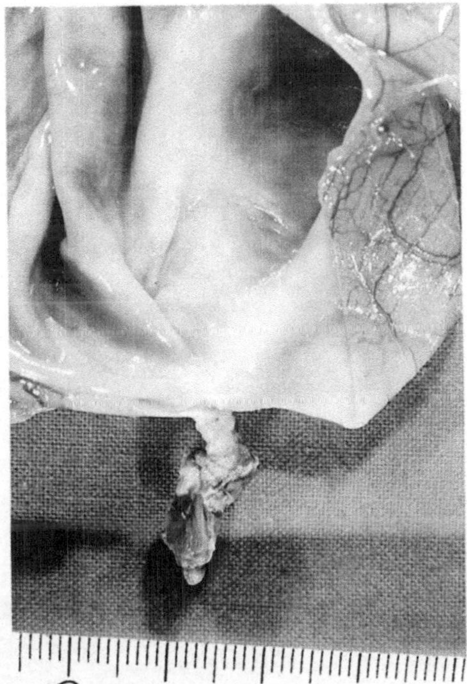

Abb. 20. Membranöse Urethralatresie bei Prune-Belly-Syndrom. Hämatoxylin-Eosin

Abb. 21. Prune-Belly-Syndrom mit Riesenharnblase

Abb. 22. Kleeblattartige Wanduntergliederung der Harnblase

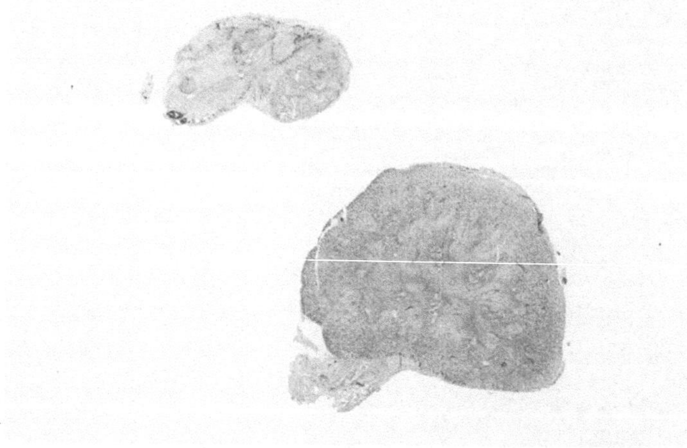

Abb. 23. Nierendysplasie bei Prune-Belly-Syndrom. Hämatoxylin-Eosin

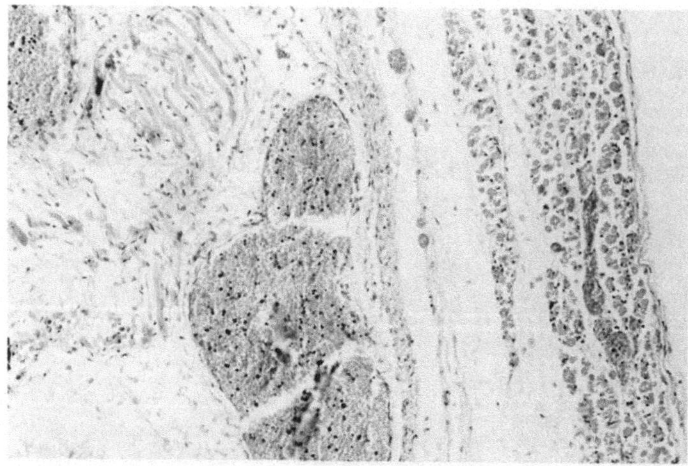

Abb. 24. Quergestreifte Muskelbündel in der Bauchwand. Hämatoxylin-Eosin

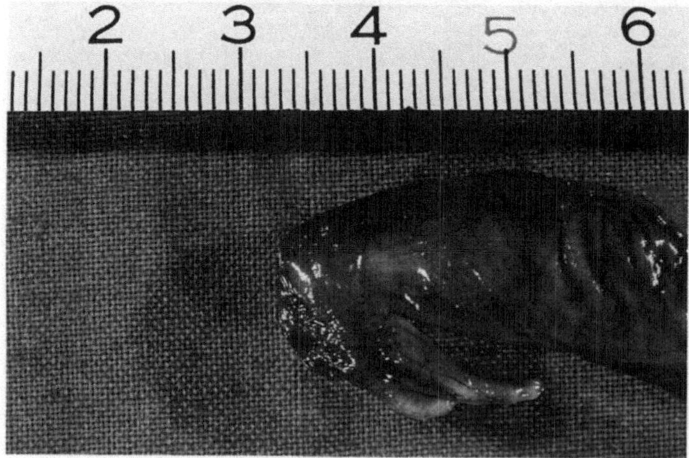

Abb. 25. Potter-Sequenz mit Extremitätenmißbildungen bei Prune-Belly-Syndrom

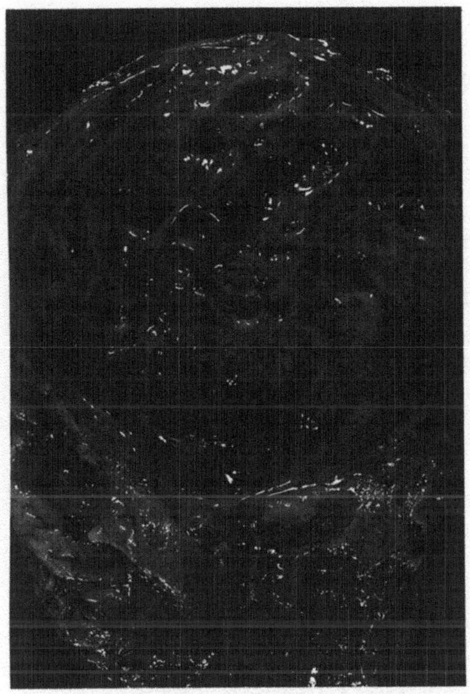

Abb. 26. Mehrere Harnblasendivertikel

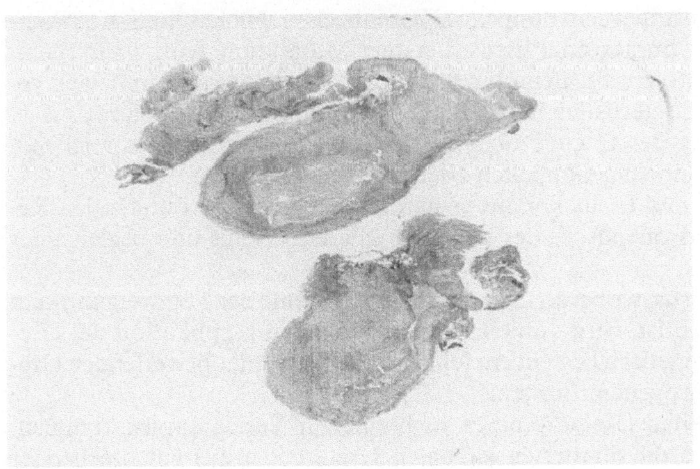

Abb. 27. Harnröhrendivertikel

Wird das Harnblasenlumen durch eine transversale Faltenbildung eingeengt, liegt die Vesica isthmica vor. Auch diese Formanomalie ist äußerst selten.

Urethra (Tabelle 1c)

Unter den Fehlbildungen der Urethra steht an 1. Stelle die Hypospadie. Bei ihr ist eine familiäre Häufung bekannt. Die Frequenz beträgt 1:300. Es kommt zu einem vorzeitigen Verschluß der zunächst nach unten offenen Urethralrinne. Dadurch resultiert eine fehlerhafte Mündung an der Unterseite des Penis, entweder im Glans-Bereich, perianal oder distal der Penis-Skrotumgrenze. Letzteres ist am häufigsten, in etwa 80%, anzutreffen.

Beim Mädchen kann die Urethra in die Vagina münden. Bei Knaben ist hingegen eine Meatusstenose nicht selten. Die Folgen können Harnstauungserscheinungen sein.

Bei der Epispadie findet sich eine dystope Urethralmündung auf der Dorsalseite des Penis bzw. im Bereich der Klitoris. Der Penis ist verkürzt oder verkrümmt. Auch hier ist das männliche Geschlecht bevorzugt. Pathogenetisch liegt eine Störung der ventralen Kloakenmembran wie bei Blasenexstrophie vor.

Ferner werden kongenitale Urethralstenosen oder Urethralatresien und Membranbildungen beobachtet. Diese führen zum klinischen Bild der Balkenharnblase oder Hydroureternephrose. Nicht selten sind sie mit Nierendysplasien kombiniert. Urethrale Divertikel sind nicht selten Ausgangspunkt für Karzinome (Abb. 27).

4.2 Numerische und Lageanomalien (Übersicht Tab. 1)

Nierenbecken, Ureter (Tab. 1 a)

Durch Störungen der Ureterknospenteilung kann sich das Nierenbecken in 2 Hauptkelche teilen. Dadurch resultiert ein doppeltes Nierenbecken. Nicht selten ist es kombiniert mit einem Ureter duplex oder fissus. Letztere Mißbildung wird wahrscheinlich autosomal dominant vererbt. Beim Ureter duplex handelt es sich um einen gedoppelten Ureter mit 2 Ureterostien in der Blase (Abb. 28, 29). Der Ureter fissus ist eine partielle Doppelung des Ureters über 1 oder 2 Drittel des Ureters reichend, kombiniert zumeist mit einem gedoppelten Nierenbecken (Abb. 30).

Beim Ureter duplex und fissus kommt es häufig zu einem vesikoureteralen Reflux, ferner zu einer Hydronephrose des kaudalen Nierenbeckens und begleitender Pyelonephritis.

Besteht ein Ureter fissus, wobei an dem einen blinden Ende der Verzweigung kein Nierengewebe vorhanden ist, wird von einer blind endenden Duplikation des Ureters gesprochen. Pathogenetisch besteht ein fehlender Kontakt der betreffenden Ureterknospe mit metanephrogenem Blastem.

Neben dem gedoppelten Ureter kann es auch zu einer Vesica duplex kommen. Wahrscheinlich imitieren die dilatierten kaudalen Ureterenden bei entsprechender Agenesie bzw. Aplasie oder Hypoplasie der Harnblase die entsprechenden Blasenhälften. Morphologisch besteht eine Scheidenwandbildung in der Sagittalebene der Blase. Solche Veränderungen sind zusätzlich kombiniert mit Verdoppelungen des unteren Gastrointestinaltraktes.

Agenesien der Ureteren bilateral oder unilateral sowie die Agenesie der Harnblase können mit entsprechender Agenesie der Nieren einhergehen.

Unter den Lageanomalien stehen, kombiniert mit Doppelureter oder Doppelniere, die heterotopen Uretermündungen im Vordergrund. Die Ursache ist eine gestörte

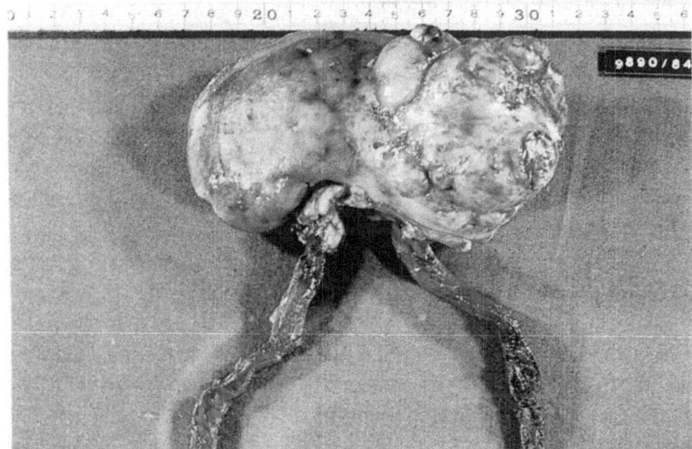

Abb. 28. Ureter duplex

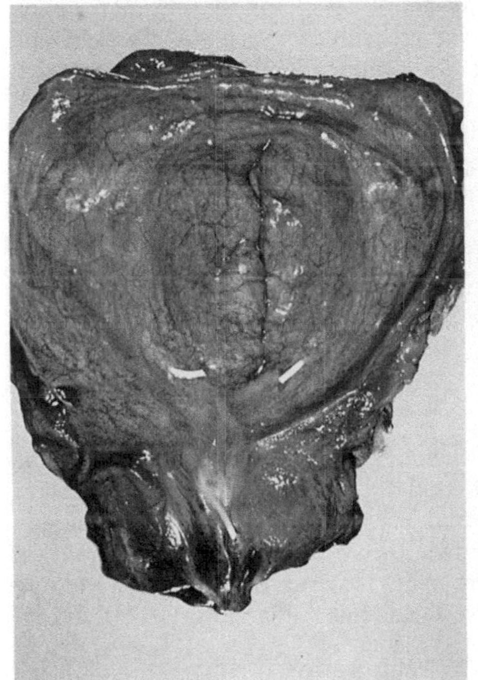

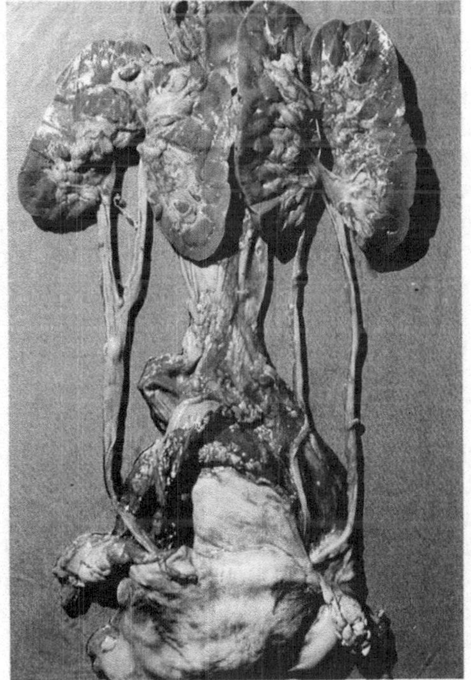

Abb. 29. 3 Ureterostien in der Harnblase bei gedoppeltem Ureter

Abb. 30. Ureter duplex und fissus

Trennung der Ureterknospe vom Wolff'schen Gang. Hier kann eine dystope Mündung des Ureters im Trigonum, im Blasenhals oder in der Urethra, bei Männern auch in der Pars prostatica urethrae vorliegen. Ektope Mündungen können in den Samenbläschen, im Ductus ejaculatorius und in den Vasa deferentia gefunden werden. Beim weiblichen Geschlecht können die Ureteren in die Vagina oder in den Uterus münden. Ferner können sich auch Mündungen in den Urethraldivertikeln und sehr selten im Rektum nachweisen lassen. Die Folgen sind eine Inkontinenz bei Frauen; eine Dysurie oder Pyurie bei Männern.

Wenn der rechte Ureter hinter der Vena cava caudalis verläuft, wird von einem retrokavalen Ureter gesprochen. Die Folgen können Hydroureter oder Hydronephrose sein.

Der unterschiedliche Verlauf der re. Vena ovarica bei Frauen kann zu Lageanomalien des Ureters führen im Sinne eines Ovarialvenensyndroms. Auch hierdurch können Ureterstenosen oder Obstruktionen mit Hydroureter verursacht werden.

Liegen sackartige Vorstülpungen des Ureterendes in das Blasenlumen vor, wobei mitunter fast zystenartig die gesamte Blase ausgefüllt sein kann, spricht man von einer Ureterozele. Solche Ureterozelen sind wahrscheinlich durch eine Schwächung des umgebenden fibromuskulären Gewebes der Ureterenden bedingt. Ureterozelen als sackartige Ausstülpung des erweiterten Ureterendes in das Blasenlumen können die Blasenostien verlegen und dadurch sekundär eine Hydronephrose oder aufsteigende Entzündung im Sinne einer Pyelonephritis verursachen. Es sind auch Fälle von Ureterozelen beschrieben worden, die sich in den Blasenhals oder in die Urethra mit ektoper Uretermündung in einen Ureter duplex erstrecken.

Ureterdivertikel können ebenfalls verantwortlich für einen Hydroureter, eine Hydronephrose oder Pyelonephritiden sein. Hier handelt es sich um sackförmige Gebilde mit allen Wandschichten eines Ureters. Echte Ureterdivertikel sind jedoch ausgesprochen selten.

Vesiko-ureteraler Reflux

Physiologischerweise erfolgt die Harnausscheidung durch einen aktiven, in eine Richtung gehenden Harntransport vom Nierenhohlsystem zur Blase. Der Ablauf dieses Vorganges ist bereits ausführlich geschildert. Der Verlauf der intramuralen Ureterabschnitte in der Harnblasenwand sowie die Möglichkeit der Kontraktion der Trigonummuskulatur und Ausbildung einer trichterförmigen Erweiterung des Blasenhalses sind für einen Rückfluß des Urins mit Aufstau im Ureter und im Nierenbecken von Wichtigkeit.

Fehlentwicklungen des Trigonums, neurogene Störungen sowie entzündliche Veränderungen mit subvesikalen obstruktiven Anomalien können bewirken, daß der Verschlußdruck im intramuralen Uretersegment nicht ausreichend ist und ein vesikoureteraler Reflux eintreten kann (Ackermann 1986b) (Tab. 2).

Primärer vesikoureteraler Reflux

Beim primären Reflux liegt eine Fehlanlage des Trigonums vor. Die Muskulatur ist nur gering ausgebildet. Es kommt zu einer pathologischen Konfiguration des Ureterostiums oder zu einer Verlagerung des Ostiums.

Tabelle 2. Vesikoureteraler Reflux

Primärer Reflux
Trigonuminsuffizienz
Anomalie der Harnleitermündung (Doppelureter, Ureterozele, Mündungsdivertikel)

Sekundärer Reflux
Neurogene Blasenentleerungsstörung
(spastische Blase, atonische Blase, Detrusor-Sphinkter-Dyssynergie)
Infravesikale Obstruktion
(Meatusstenose, Harnröhrenklappe, Blasenhalsstenose, Prostatahyperplasie)
Harnwegsinfekt (periureterales Ödem)
Verletzung des Ostiums (Ostiumdachinzision, TUR, Harnleiterimplantation, Ureterorenoskopie)

Das Ureterostium wird durch die Längsmuskulatur des Ureters gebildet und ist normalerweise schlitzförmig angelegt. Ist die Muskulatur in diesem Bereich nicht vollständig ausgebildet, kommt es zu pathologischen Ostiumbildungen, die den Harnreflux unterhalten, wodurch bei hohem Blasendruck der Urin in den Ureter und das Nierenhohlsystem und bei entsprechender Papillenbildung bis in die Sammelrohre hochgedrückt werden kann. Bei diesem Vorgang können dann auch pathogene Bakterien in den oberen Harntrakt vordringen.

Ähnlich wie in der Urethra können sich auch im Verlauf des Ureters Klappen entwickeln. Hierbei handelt es sich um persistierende Schleimhautfalten, die sich bei Längenwachstum zurückbilden können. Die insuffiziente vesikoureterale Klappe kann einen *vesiko-ureteralen Reflux* begünstigen. Zumeist ist der vesikoureterale Reflux pathogenetisch durch einen zu großen Durchtrittswinkel des Ureters durch die Blasenwand zu erklären. Der Verschluß des Ureterostiums bei der Miktion ist fehlerhaft, da der intramural verlaufende Ureteranteil durch diesen fehlerhaften Durchtrittswinkel zu kurz ist. Der vesiko-ureterale Reflux ist verantwortlich für die sog. Refluxnephropathie, die sehr häufig rezidivierende interstitielle Nephritiden mit Narbenbildung und Parenchymschwund verursacht und damit zu Schrumpfnieren führen kann (Abb. 31–34). Durch den Reflux kann der Harn in verschiedene Areale des Nierengewebes und perirenalen Gefäß- und Fettgewebes gelangen. Die Folge sind fibrosierende, entzündliche Prozesse, evtl. mit Gefäßthromben. In 15–20% ist die Refluxnephropathie Ursache für eine kindliche Niereninsuffizienz. In bis zu 50% der Fälle ist sie auch ursächlich verantwortlich für renal bedingte Hypertonien im Kindesalter. Die Prognose wird deutlich verschlechtert, wenn zusätzlich noch eine bakterielle Besiedlung auftritt (Hohenfellner u. Walz 1982a, b; Bloom u. Bennet 1986; Hoover 1986; Marek u. Dvoracek 1986; Übersicht Laberke 1987).

Harnblase (Tab. 1b)

Die Lageanomalien der Harnblase schließen die *Blasen- und Kloakenexstrophie* ein. Pathogenetisch besteht eine gestörte Entwicklung der vorderen Kloakenmembran. Morphologisch ist die Blasenschleimhaut nach außen verlagert. Die Ureteren münden frei, nicht selten liegen noch weitere Fehlbildungen der Genitalorgane vor.

Bei der *Kloakenexstrophie (Spaltblase)* finden sich 2 Blasenhälften, zwischen denen ein Darmabschnitt exstrophiert nachzuweisen ist. Auch das äußere Genitale ist

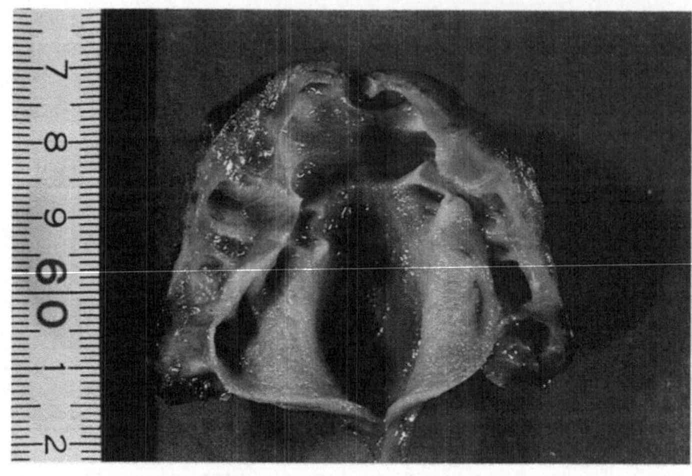

Abb. 31. Hydronephrotische Schrumpfniere bei vesiko-ureteralem Reflux

Abb. 32. Eingeengtes Lumen des Ureters bei vesiko-ureteralem Reflux. Hämatoxylin-Eosin

Abb. 33. Ureterektasie bei vesiko-ureteralem Reflux. Hämatoxylin-Eosin

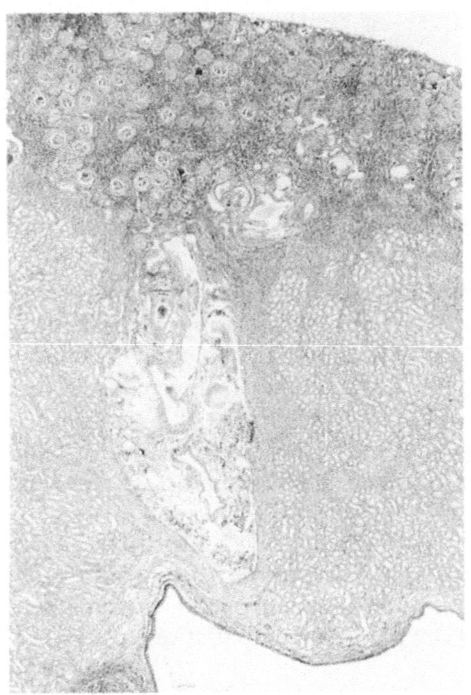

Abb. 34. Parenchymreduktion (Schrumpfniere) bei Hydronephrose und vesiko-ureteralem Reflux. Hämatoxylin-Eosin

in der Regel in seiner Entwicklung und Ausbildung gestört. Bei der Blasenexstrophie liegen ausgedehnte Plattenepithel- und glanduläre Epithelmetaplasien vor. Dadurch kann der Entwicklung von Karzinomen (überwiegend Adenokarzinomen) und rezidivierenden Pyelonephritiden Vorschub geleistet werden (Harzmann et al. 1984).

Die Blasenexstrophie wird in bis zu 0,2% bei männlichen Neugeborenen gefunden.

Urethra (Tab. 1c)

Im Bereich der Urethra sind Urethralschleimhautfalten und Klappen sowie Membranbildungen und Divertikel bekannt. Sie verursachen ebenfalls Harnabflußstörungen mit begleitenden aufsteigenden Entzündungen.

Die kongenitale Faltenbildung in der hinteren Urethra, auch als infrakollikuläre Urethralstenose bezeichnet, ist eine der häufigsten Ursachen von Hydronephrosen im frühen Kindesalter. Die erworbene narbige Klappen- bzw. Faltenbildung findet sich dagegen in der vorderen Urethralwand. Vor allem die Divertikel, aber auch Membranbildungen können bei Katheterisierungen Hindernisse darstellen, bei Perforationen zu erheblichen Blutungen führen, aber auch einer Via falsa Vorschub leisten. Pathogenetisch stehen Faltenbildungen bei Urethralrinnenverschluß, Persistenzen von Anteilen des Wolff'schen Ganges oder Kloakenmembranen bei kongenitalen Urethralmembranen im Vordergrund. Vor allem die Membranbildung, aber auch Divertikel sind ein dankbares Objekt für plastisch-chirurgische Maßnahmen (Marberger 1982a).

5 Traumafolgen

Im Rahmen von Verkehrsunfällen, zumeist mit Beckenringfrakturen verbunden, treten Nierenparenchym- und Nierenbeckenrupturen, Abrißverletzungen von Ureter und Urethra sowie Rupturen der Harnblase auf. Nierenparenchym und Nierenbekken können auch durch Schußverletzungen oder Kathetereinwirkungen geschädigt werden (Lutzeyer u. Hannappel 1982).

Ureterverletzungen sind nicht selten Folge chirurgischer Eingriffe, vor allem im Retroperitoneum und Becken. Ureterläsionen können zudem bei einer ausgedehnten Uterus-Adnex-Entfernung beobachtet werden.

Rupturen an den ableitenden Harnwegen manifestieren sich zumeist durch eine Hämaturie. Bei schweren Blutungen vor allem nach Blasenverletzungen kann auch ein Schock auftreten. Häufig entwickeln sich jedoch vor allem nach Ureterabrissen Urinphlegmonen. Vor der antibiotischen Ära waren diese Komplikationen mit einer hohen Letalität verbunden.

Die frühzeitige klinische Diagnose mit rascher chirurgischer Korrektur hat zudem die Komplikationsrate deutlich gesenkt (Hofstetter u. Landauer 1986; Jakse 1986).

6 Lumenveränderungen

6.1 Nierenbecken, Ureter

6.1.1 Hydronephrose

Bei der Hydronephrose handelt es sich um eine abnorme Erweiterung des Nierenbeckens und der Kelchsysteme als Folge einer distalen Lumenobstruktion. Verbunden damit kann es zu einer obstruktiven Nephropathie kommen mit funktionellen morphologischen Veränderungen des Nierenparenchyms (Abb. 35).

Die Obstruktionen können sich in allen Zonen des ableitenden Harntraktes finden, d. h. vom Kelchsystem bis zur Urethra. Die Häufigkeit beträgt bei Erwachsenen 3,5–4,0%.

6.1.2 Ätiologie und Pathogenese

Der vesikoureterale Reflux, Ureterozelen, Stenosen und Strikturen am Ureter, wie z. B. versehentliche Ureterunterbindungen bzw. Strikturen am Ureterostium können zu erheblichen Erweiterungen des Nierenbeckens führen. Ebenso verursachen Steinleiden, vor allem jedoch Tumoren, die von außen die Ureteren oder Uretermündungen einengen, und urotheliale Tumoren von Ureteren und Harnblase eine Hydronephrose (Maar u. Hümmerich 1983). Unter den mesenchymalen Prozessen spielt die retroperitoneale Fibrose (Morbus Ormond) und die Strahlenfibrose, vor allem als Folge der Radiotherapie von Korpuskarzinomen des Uterus, eine wichtige Rolle (Abb. 36).

Vernarbende und stenosierende Entzündungen infolge von parasitären Erkrankungen oder Steinleiden, aber auch nach chirurgischen Korrekturen und Eingriffen sowie angeborene Wulst- und Faltenbildungen bzw. Klappenbildungen können Lichtungseinengungen verursachen und damit einer Hydronephrose Vorschub leisten, bzw. einem Hydroureter bei distaler Lage. Ferner sind Webmusterstörungen im Aufbau der Ureterwandung Ursachen für einen Harnrückstau mit Entwicklung von Hydroureter und Hydronephrose (Al Shukri u. Alwan 1983).

Eine der häufigsten Ursachen für einen Harnrückstau beim Mann ist die paraurethrale Prostatahyperplasie. Prostatakarzinome spielen eine geringe Rolle (Abb. 37).

Neuromuskuläre Störungen, nicht selten als Folge von Rückenmarksverletzungen nach Verkehrsunfällen beobachtet, aber auch multiple Sklerose gehen mit Obstruktionen und Hydronephrosen einher.

Vorübergehende, d. h. reversible Erweiterungen von Ureteren und Nierenbecken treten während der letzten Schwangerschaftsmonate bei Frauen auf. Hier handelt es

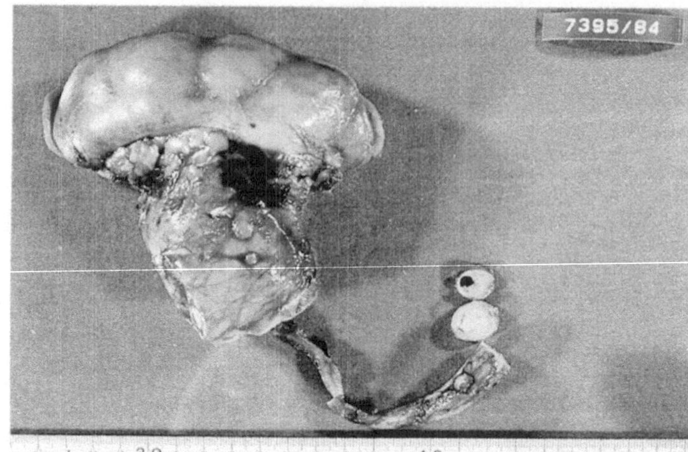

Abb. 35. Harnleiterstenose mit ausgeprägter Hydronephrose

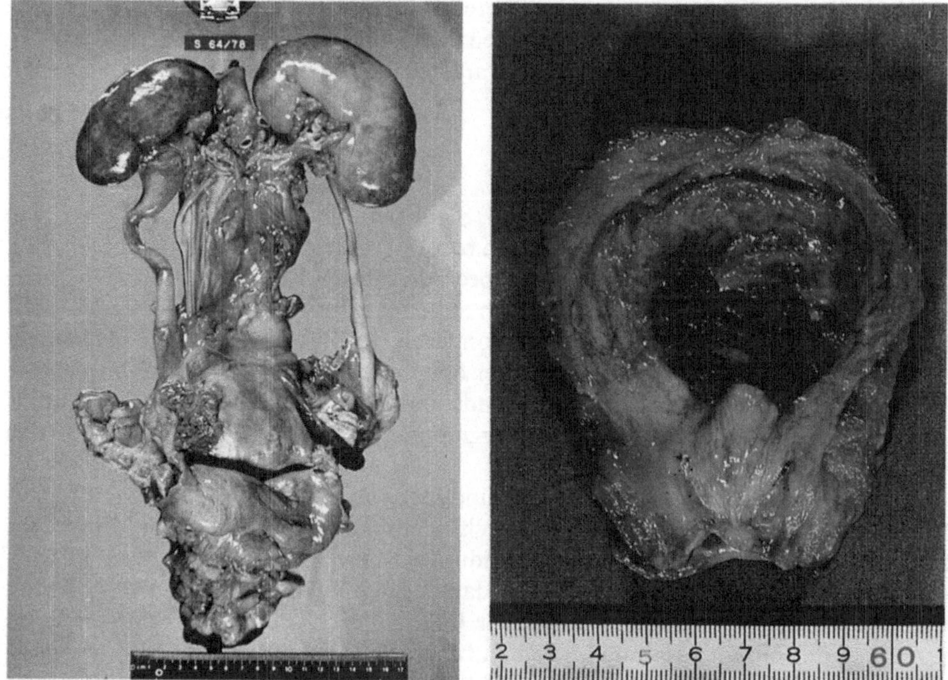

Abb. 36. Gestauter Ureter und Hydronephrose bei Kollumkarzinom

Abb. 37. Mittellappenhyperplasie der Prostata und zahlreiche Harnblasenkonkremente als häufigste Ursache für einen Harnrückstau mit Hydroureter und Hydronephrose beim Mann

sich überwiegend um mechanische Kompressionen durch den vergrößerten Uterus und durch eine Verminderung der Ureterperistaltik.

Morphologisch wird die *intrarenale* von der *extrarenalen Hydronephrose* unterschieden. Die intrarenale Hydronephrose entwickelt sich bei Kindern zumeist als Folge von Mißbildungen. Bei der extrarenalen Hydronephrose ist das Nierenbecken vom Hilus hin nach außen erweitert. Diese Form findet sich im Erwachsenenalter. Die Hydrokalix entspricht einer Erweiterung des Nierenkelchsystems.

Unter einem akut einsetzenden Verschluß des ableitenden Harnsystems füllt sich das Nierenbecken zunächst prall mit Urin und wird ausgedehnt. Auch die Niere vergrößert sich. Sie wirkt ödematös und abgeblaßt. In einer 2. Phase kommt es dann zur Ektasie der Kelchnischen. Die Papillen sind abgeplattet. Das Parenchym, das zunächst – wie proliferationskinetisch/autoradiographisch nachgewiesen – einen Anstieg des Prozentsatzes DNA-synthetisierender Tubulusepithelien aufweist, fällt jetzt einer Atrophie anheim. In der nächsten Phase wird die Reduktion des Nierenparenchyms augenscheinlich. Im Endstadium liegt eine sackförmige Nierenveränderung vor, die mitunter mehrere Liter Flüssigkeit enthält (bis 36 l), sog. Riesenhydronephrosen (Abb. 38).

Histologisch ist das Parenchym im Interstitium fibrosiert. Die Muskelfasern in der Nierenbeckenwand, zunächst hypertroph, werden von Bindegewebe ersetzt. Z. T. kann eine Vermehrung der elastischen Fasern nachgewiesen werden. Erstaunlicherweise ist der glomeruläre Apparat, wenn überhaupt, dann erst spät geringfügig geschädigt. Bei akut einsetzenden Stauungen können durch Schleimhauteinrisse erhebliche Blutungen ausgelöst werden. Wenn jedoch die hydronephrotische Sackbildung vorliegt, erkennt man in den schmalen Parenchymsäumen nur noch einzelne erhaltene, überwiegend jedoch sklerosierte Glomerula. Das Restparenchym ist fibrosiert und weist reaktive Rundzellinfiltrate auf. Der Gefäßapparat ist perivaskulär fibrosiert. Arteriell liegen reaktive Intimafibrosen vor. Die Venen lassen in der Regel eine schwere muskuläre Wandhypertrophie erkennen, z. T. mit sekundären Thrombenbildungen. Die Rückbildung einer Hydronephrose im akuten und subakuten Stadium kann zu weitgehender funktioneller Normalisierung führen.

Zumeist sind die hydronephrotisch veränderten Nieren jedoch durch interstitielle Entzündungen bzw. Pyelonephritiden überlagert, vor allem dann, wenn Steinleiden die Ursache für die Harnstauungsniere sind. Nach radiologischen und autoptischen Befunden finden sich etwa in 50% doppelseitige Hydronephrosen.

Die pathogenetischen Ursachen für den Hydroureter sind gleichartig. Im Frühstadium der Erweiterung kommt es hier zunächst zu einer muskulären Hypertrophie, bis sich dann unter der massiven Erweiterung eine Wandatrophie entwickelt.

Die Komplikationen bei Hydronephrose und Hydroureter sind vor allem Entzündungen. Auf ihrem Boden wird der Steinbildung Vorschub geleistet.

6.2 Harnblase

Bei distaler Harnabflußstörung, vor allem bei Hyperplasie des Mittellappens der Prostata, hypertrophieren die Muskelfaserbündel. Unter dem Bild der Balkenharnblase finden sich strangförmige muskuläre Vorwölbungen (Abb. 39). Bei länger be-

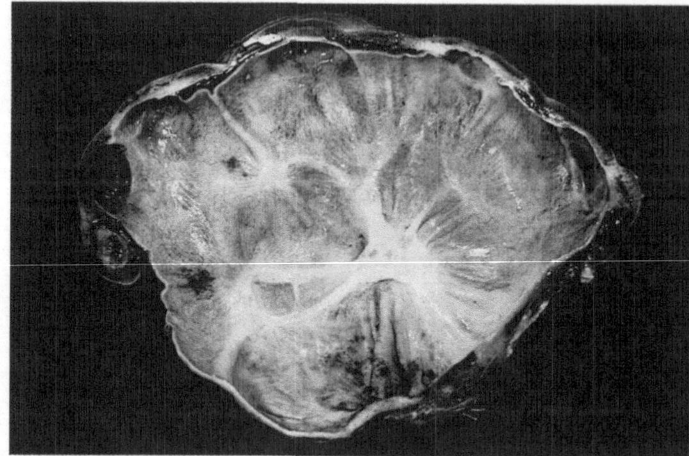

Abb. 38. Sackniere

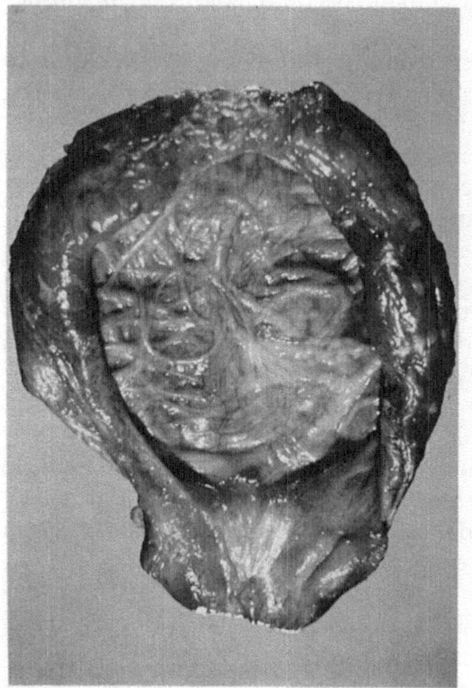

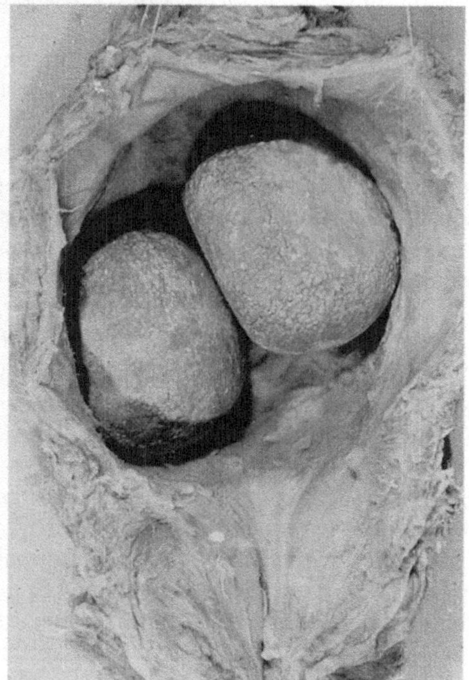

Abb. 39. Balkenharnblase

Abb. 40. 2 große Konkremente in tiefen Harnblasendivertikeln

stehender Stauung kann sich die Wand der Harnblase so ausdünnen, daß bei geringer mechanischer Einwirkung von außen die Wand rupturieren kann. Die Ursachen einer Harnblasenektasie können weiterhin entzündlich bedingte Urethrastenosen, vor allem nach gonorrhoischen Infekten, aber auch nach traumatischen Läsionen sein. Auch die sog. Sphinktersklerosen mit Barrenbildung im Bereich des Blasenhalses sind ähnlich wie paraurethrale Prostatahyperplasien Ursachen für eine Harnblasenerweiterung.

Nicht selten werden Erweiterungen der ableitenden Harnwege, vor allem eine Harnblasenektasie, bei Hirnverletzten mit zentralen Dysregulationen oder bei neurologischen Erkrankungen beobachtet. Eine extreme Harnblasenerweiterung liegt beim Prune-belly Syndrom vor (Abb. 21, 22).

6.2.1 Divertikel

Bei umschriebenen Erweiterungen bzw. Ausstülpungen von Ureter-, Blasen- oder Urethraabschnitten, in denen alle Gewebsschichten des normalen Organs enthalten sind, liegen echte Divertikel vor. Pseudodivertikel bestehen in der Regel aus Ausstülpungen der Schleimhaut mit umgebendem Bindegewebe. Muskellagen fehlen.

Unter den echten Divertikeln sind die Blasendivertikel am häufigsten (Abb. 26). Überwiegend handelt es sich jedoch im Ureter-Blasen-Urethra-Bereich um Pseudodivertikel. In der Harnblase finden sich diese Divertikel zwischen hypertrophierten muskulären Trabekeln einer Balkenharnblase. In der Urethra kann es zu Divertikelbildungen nach Katheter- oder anderen traumatischen Verletzungen kommen (Abb. 27).

Divertikel des ableitenden Harnwegsystems sind ähnlich wie im Dickdarmbereich Ursachen für Entzündungen.

Dabei können sich Plattenepithelmetaplasien, mitunter auch epitheliale Atypien bzw. Dysplasien entwickeln. Ferner wird der Steinbildung Vorschub geleistet (Abb. 40).

7 Steinleiden

Bei der Urolithiasis handelt es sich um Konkrementbildungen von Harnbestandteilen in den verschiedenen Abschnitten der ableitenden Harnwege inklusive pathologischer Ektasien bzw. Blindsäcken.

Die Erkrankung bevorzugt das männliche Geschlecht, wobei eine stetige Häufigkeitszunahme bis zum 40. Lebensjahr zu beobachten ist. Der Altersgipfel liegt zwischen dem 3. und 5. Lebensjahrzehnt. 2–3% der Steinträger sind Kinder. In Regionen mit heißem Klima und hoher Schweißabsonderung ist die Urolithiasis häufiger anzutreffen als in Regionen mit gemäßigtem bzw. kühlem Klima. Die weiße Bevölkerung neigt mehr zu Steinbildung als die schwarze. In der Bundesrepublik leiden etwa 5% der Bevölkerung, in Nordamerika ca. 12% an einer Urolithiasis.

Bei autoptischer Klärung werden in etwa 1% Harnsteine diagnostiziert. Bis zu 20% sind sie doppelseitig.

7.1 Ätiologie

Harnsteine sind als Symptom einer Systemerkrankung aufzufassen. Für ihre Entstehung wird ein multifaktorielles Geschehen verantwortlich gemacht, das nur z. T. ätiologisch bekannt ist (Miller u. Eisenberger 1986; v. Toggenburg 1986).

7.1.1 Risikofaktoren

Als Risikofaktoren sind Überernährung, d. h. vor allem Zufuhr von tierischem Eiweiß, geringe körperliche Betätigung, Übergewicht und geringe Flüssigkeitszufuhr als begünstigende Faktoren bekannt. Eine genbedingte Disposition im Rahmen von Vererbung und Konstitution konnte bisher nicht nachgewiesen werden. Wohl ist gehäuftes Vorkommen von Harnsteinerkrankungen in einzelnen Familien bekannt (Tab. 3).

7.1.2 Stoffwechselstörungen

Der Störung des Kalzium-Phosphatstoffwechsels kommt eine entscheidende Bedeutung zu.

5–10% aller Patienten mit einer Urolithiasis leiden an einem Hyperparathyreoidismus. Eine Vitamin-D-Überdosierung durch Multivitaminpräparate kann eine verstärkte intestinale Resorption von Kalzium bewirken. Dadurch kann vermehrt

Tabelle 3. Ätiologische Klassifikation der Nephrolithiasis. (Nach Rappado 1986, aus Hofstetter u. Eisenberger 1986)

Bekannte Ursache	n	%
Harnsäure	260	13,0
Hyperkalziurie	213	11,1
Harnwegsinfekt	191	9,9
Mißbildung des Harntraktes	87	4,4
Gesteigerte Alkalizufuhr	57	2,9
Hyperparathyreoidismus	54	2,7
Zystinurie	21	1,1
Knochenmetaplasie	19	1,0
Hyperoxalurie	8	0,4
Tubuläre Azidose	6	0,3
Xanthinurie	1	–
Idiopathische Lithiasis	1029	53,2

Kalziums im Skelettsystem abgebaut werden. Die resultierende Hyperkalziämie führt zu einer Hyperkalziurie und fördert die Steinbildung.

Die idiopatische Hyperkalziurie, vor allem durch die renale Form, ist ein Förderungsmechanismus der Steinbildung. Hyperkalziurie, die in etwa 60% aller Steinträger besteht, führt zu einer Urolithiasis durch Kalziumphosphat- oder Kalziumoxalatsteine.

Bei Störungen des Säure-Basen-Stoffwechsels durch renale tubuläre Azidose kann es prompt zu erhöhtem Kalziumabbau aus dem Skelettsystem, zu Hyperkalziämie und Hyperkalziurie kommen. 70% der Patienten mit renaler tubulärer Azidose leiden an einer Nephrokalzinose.

Seltener kommt es zu Steinbildung bei primärer oder sekundärer Hyperoxalurie. Nicht selten können sich als Grundkrankheit bei diesen Patienten ein Morbus Crohn oder eine Colitis ulcerosa bzw. eine chronische, rezidivierende Pankreatitis nachweisen lassen.

In 70% der Störungen des Harnsäurestoffwechsels kommt es zu einer Urolithiasis. Entscheidend für die Bildung von Harnsäuresteinen ist der niedrige Urin-pH, da Harnsäurekristalle im sauren Urinmilieu schlechter löslich sind. Leukämiekranke unter Behandlung mit Abbau von Nukleoproteiden weisen sehr häufig eine Urolithiasis auf. Äußerst selten kann eine Zystinurie zu einer Urolithiasis führen. Hier liegt eine angeborene tubuläre Transportstörung mit exzessiver Ausscheidung von Zystin, Lysin, Arginin oder Ornithin der Urolithiasis zugrunde.

Neben gastrointestinalen Erkrankungen, die durch Dehydratation die Konzentration der im Urin gelösten Salze steigern, die Bildung vor allem kalziumreicher Konkremente sowie Kalziumoxalat-, Kalziumphosphat- und teilweise auch Kalziumkarbonatsteinen induzieren, können auch Entzündungen in den ableitenden Harnwegen die Bildung von Magnesium-Ammoniumphosphat- und Kalziumphosphatsteinen fördern. Bestimmte Bakterien können durch eine gesteigerte Ureaseaktivität zu einer Alkalisierung des Urins führen. Die schwere Löslichkeit von Phosphat im alkalischen Milieu kann eine Steinbildung begünstigen.

Harnabflußstörungen durch funktionelle oder mechanische Ursachen führen zu Bildung von Harnsteinen. Ureterabgangsstenosen sind nicht selten mit Konkrementen kombiniert. Häufig werden Blasensteine bei Patienten mit Blasenentleerungsstörungen bei Prostatahyperplasien oder Karzinomen, Harnröhrenstrikturen oder neurogenen Störungen der Blase beobachtet. In 50–70% liegt eine idiopathische Uronephrolithiasis vor ohne erklärbare Ätiologie.

7.2 Pathogenese

Für die Entstehung von Harnsteinen sind eine Reihe von Faktoren wichtig wie die Konzentration der uringelösten Salze, das Vorhandensein von Komplexbildnern, der Mangel an Steinbildungsinhibitoren, Kristallisationskerne und der pH-Wert des Urins (Vahlensieck 1979; Vahlensieck u. Gasser 1981–1984, 1987; Gasser u. Vahlensieck 1979, 1982, 1985; Schneider 1985, 1986).

Eine wesentliche Rolle bei der Entstehung von Konkrementen kommt dem Mangel an Steinbildungsinhibitoren zu. Sie sind bei Patienten mit einer Urolithiasis in der Regel vermindert. Als anorganische Inhibitoren wirken Pyrophosphat, Magnesium und Zink. Organische Inhibitoren sind Zitrat und Peptide (Tab. 4).

Tabelle 4. Inhibitoren der Steinbildung. (Nach von Toggenburg, aus Bandhauer u. Frohmüller 1986)

Hemmkörper der Kristallbildung	Zitrat Pyrophosphat Mg-Salze Zinksalze
Hemmkörper der Kristallaggregation	Pyrophosphat Proteoglykane (Mukopolysaccharide) Zitrat

Zwei Theorien werden bei der Steinentstehung formalpathogenetisch diskutiert (Abb. 41, 42).

1. *Die Kristallisationstheorie,* die sich in vier Phasen einteilen läßt.

   1. Phase: In der Kondensations- oder Nukleationsphase kommt es zur Bildung von Kristallsalzen bis zu einer Partikelgröße von 5 μm in einem an steinbildenden Substanzen übersättigten Urin.

   2. Phase: Auf dem Boden dieser Nukleation kommt es zu weiterem Kristallwachstum mit Kristallpartikeln bis zu einer Größe von 200 μm.

   3. Phase: Hier bilden sich durch Kristallaggregation Mikrolithen. Diese Kristallaggregate sind Vorstufen der endgültigen Harnsteine. Diese kommen wahrscheinlich deshalb zustande, weil Inhibitoren dem Urin von Steinpatienten fehlen.

   4. Phase: In dieser letzten Phase entwickelt sich dann das endgültige Konkrement.

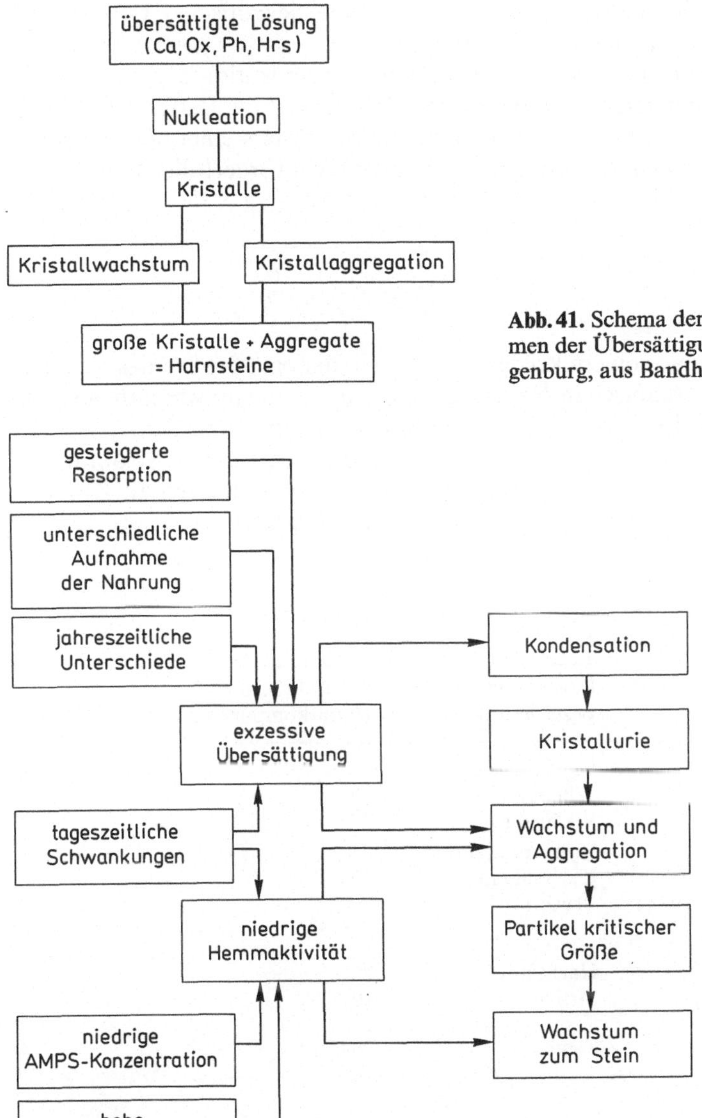

Abb. 41. Schema der Harnsteinbildung im Rahmen der Übersättigungstheorie. (Nach v. Toggenburg, aus Bandhauer u. Frohmüller 1986)

Abb. 42. Phasen der Steinbildung im Rahmen der Kristallisationstheorie. (Nach Robertson 1976, aus Hofstetter u. Eisenberger 1986)

2. Durch die *Übersättigungstheorie* sind die Infekt-, Harnsäure- und System-Konkremente erklärbar. In den meisten Fällen kommt es jedoch zu Überschneidungen der Kristallisations- und Übersättigungstheorie. Die Änderung des Uromukoids, das normalerweise an den Oberflächen gelagert ist und eine Kristallisation hemmt, fördert die Konkrementbildung, wenn vermehrt Sulfhydrylgruppen vor-

liegen. Es wirkt als Kristallisationskern ebenso wie nekrotisches Gewebe bei Papillensequestern, Blutkoageln und Bakterien.

Der pH-Wert des Urins hat ebenfalls neben der Konzentration der im Urin gelösten Salze einen entscheidenden Einfluß auf die Löslichkeit der Salze. Alkalischer Urin fördert die Bildung von Phosphat- und Kalziumphosphatsteinen sowie magnesium- und ammoniumreichen Konkrementen. Saurer Urin fördert die Bildung von Uratsteinen.

7.3 Steinarten

Die Harnsteine bestehen aus einem kristallinen Anteil, der ca. 95–98% des Gewichtes entspricht, in einem organischen Netzwerk, der Matrix, die im wesentlichen aus Mukoproteinen besteht. Da zwischen der organischen Matrix und den Kristallen enge Verbindungen bestehen, zeigen die Konkremente eine geordnete Struktur. Sie sind recht unterschiedlich zusammengesetzt (Tab. 5). In 75% enthalten die Konkremente ein Kalziumsalz. Die meisten Steine sind Mischkonkremente.

Tabelle 5. Häufigkeitsverteilung verschiedener Harnsteine. (Nach Altwein 1979, aus Hofstetter u. Eisenberger 1986)

	Kristallographische Bezeichnung	% Häufigkeit als Hauptkomponente
Kalziumsteine		
Oxalatmonohydrat	Whewellit	60
Oxalatdihydrat	Weddellit	
Phosphat	Hydroxylapatit	10
	Karbonatapatit	
seltener:	Brushit	
Kalziumfreie Steine		
Harnsäure	Harnsäure	20
Magnesiumammoniumphosphat (Tripelphosphat)	Struvit	10
Zystin	Zystin	0,5–1

7.4 Lokalisation

Neben Konkrementen im Parenchym der Niere bei Nephrokalzinose werden Nierenkelchsteine, Nierenbeckensteine, Nierenbeckenkelchausgußsteine, Ureterkonkremente und Blasenkonkremente gefunden. Die häufigste Lokalisation ist der Ureter. In 70% werden bei Männern, in 60% bei Frauen Harnleiterkonkremente festgestellt. In etwa 10% liegen Blasenkonkremente beim männlichen Geschlecht, in etwa 3% beim weiblichen Geschlecht vor (Abb. 43).

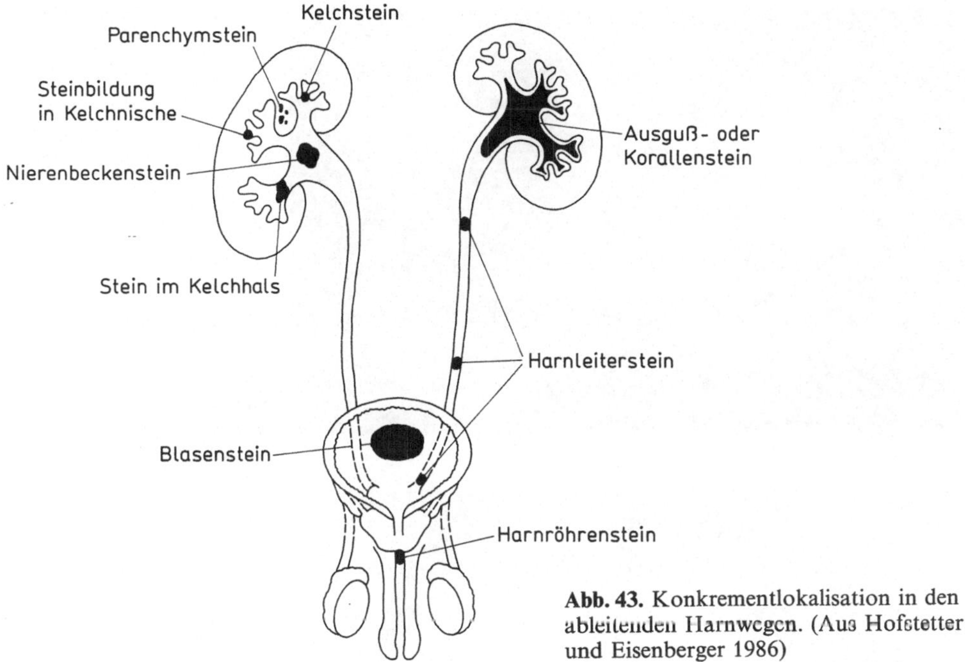

Abb. 43. Konkrementlokalisation in den ableitenden Harnwegen. (Aus Hofstetter und Eisenberger 1986)

7.5 Morphologie

Die Bildung von Konkrementen beginnt in der Regel mit intrarenalen Mikrolithen. Die erhöhte Konzentration von Salzen fördert dann ein rasches Wachstum der Kristalle. So werden überwiegend Konkremente in den Kelchen des Nierenbeckens und später in der Harnblase gebildet. Neben feinkörnigem sog. Nierensand finden sich Konkremente mittlerer und erheblicher Größe, die als Nierenbeckenausgußsteine oder als Makrokonkremente die Lumina der Nierenbecken oder Harnblasen fast vollständig ausfüllen können (Abb. 40, 44–47).

Die häufigsten Urinkonkremente sind Kalziumoxalatsteine, maulbeerförmig gestaltet, mit relativ langsamem Wachstum. Sie sind überwiegend pH-unabhängig. Als Grunderkrankung sind intestinale Resorptionsstörungen und eine Oxalose bekannt. In 10% werden jeweils Kalziumoxalatphosphat- und Kalziumphosphatkonkremente angetroffen mit einer brüchigen Konsistenz und grau-weißer Farbe. Sie können bis zu 1 cm im Durchmesser groß werden. Der pH-Wert des Urins ist alkalisch, zumeist liegt eine Hyperkalzurie der Konkrementbildung zugrunde (Tab. 5).

Vornehmlich auf entzündlicher Basis entstehen Magnesium-Ammoniumphosphatkonkremente (Tripelphosphat). Sie können eine hirschgeweihartige Form entwickeln und als Ausgußsteine eine erhebliche Größe bekommen. Auch hier ist der pH-Wert des Urins alkalisch. Pathogenetisch liegt den Uratsteinen eine Hyperurikämie (Gicht) zugrunde. Der pH-Wert des Urins ist sauer. Die Konkremente sind glatt oder ovalär gestaltet. Die Konsistenz ist weich bis hart. Die Farbe ist gelbbraun.

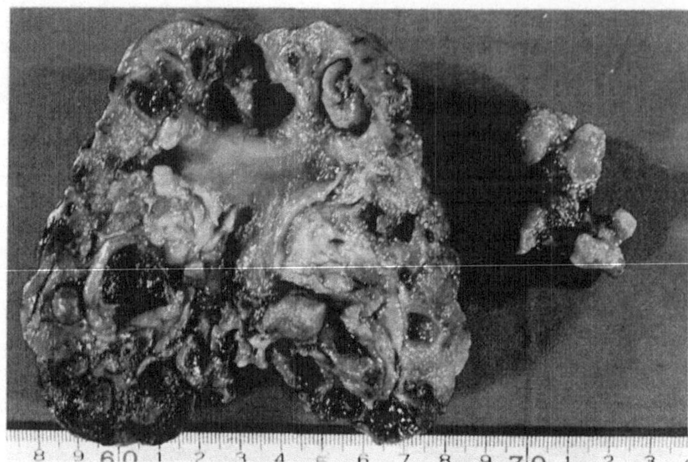

Abb. 44. Chronische Pyelonephritis bei ausgeprägter Urolithiasis

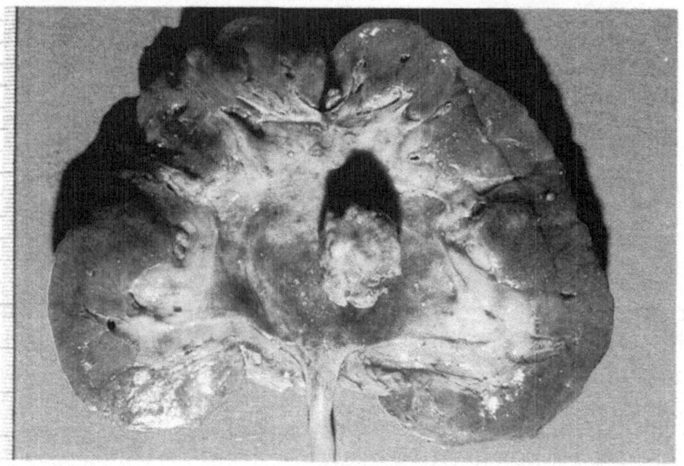

Abb. 45. Solitärkonkrement im Nierenbecken

Zystinsteine bei saurem Urin-pH und Zystinurie als Grunderkrankung haben eine wachsartige Konsistenz. Sie besitzen einen gelb-grünen farblichen Schimmer. Die Häufigkeit der entzündlich bedingten Konkremente liegt ebenfalls etwa bei 10%. Urat- oder Zystinkonkremente sind in etwa 5% anzutreffen.

Die Folgen eines Steinleidens sind bei Verlegung der abführenden Harnwege vor allem Hydronephrosen und Hydroureteren. Bei entzündlicher Komplikation sind sog. Steinpyonephrosen bekannt, aber auch floride ulzerierende Pyonephritiden, Ureteritiden und Urozystitiden. Sie alle können Ursache für eine Urosepsis sein (Abb. 48).

Vor allem multiple kleine Konkremente verursachen Epitheldesquamationen und Ulzerationen, wobei Entgleisungen von regenerativ-reparativen Prozessen eine Rolle bei einer urothelialen Atypie bzw. Dysplasie spielen können (Fleisch 1982; Marberger 1982 b).

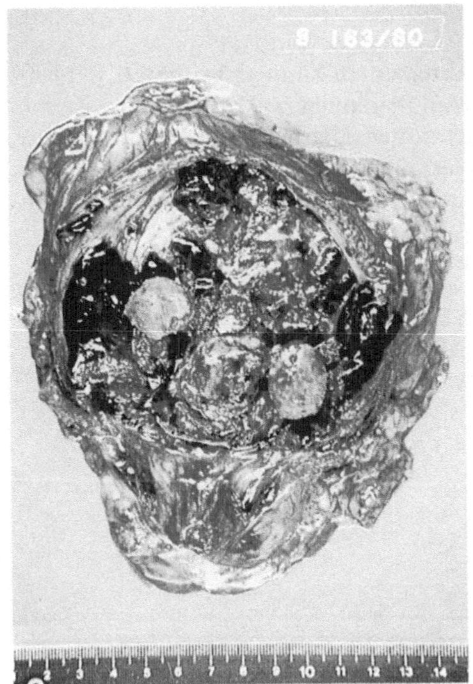

Abb. 46. Mikrokonkremente der Harnblase

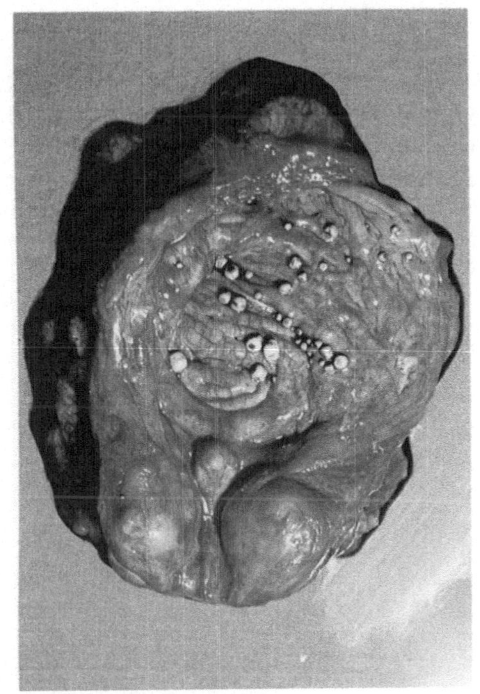
Abb. 47. Makrozystolithiasis

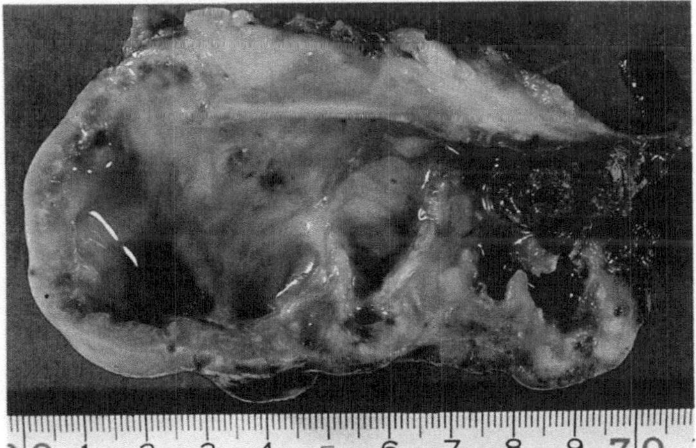

Abb. 48. Steinpyonephrose

7.6 Verkalkungen

Unabhängig von der Entwicklung von Konkrementen kann es bei den o.g. Stoffwechselstörungen als Folge von chronisch-granulierenden, z.T. auch nekrotisierenden Entzündungen und, wie unten aufgeführt, unter oder nach einer Strahlen- bzw. Chemotherapie von malignen Tumoren zu Verkalkungen und auch Verknöcherungen in der Schleimhaut und in den Wandungen des ableitenden Harnsystems kommen.

8 Entzündungen der ableitenden Harnwege

Der gleichartige Schleimhaut- bzw. Wandaufbau des ableitenden Harnwegsystems reagiert morphologisch in ähnlicher Weise auf eine Entzündung (Hubmann 1982).

8.1 Ätiologie und Pathogenese

Der Harntrakt wird durch die Spülwirkung des Urins bakterienfrei gehalten. Lediglich das letzte Drittel der männlichen Harnröhre ist nicht bakterienfrei. Bei Frauen ist die Möglichkeit einer bakteriellen Infektion durch die anatomische Nähe zum Anus eher gegeben.

Ist der Spüleffekt des Urins behindert, durch Reflux oder Stase, wird der Besiedlung des ableitenden Harntraktes durch Keime Vorschub geleistet, ebenso wenn das Urothel z. B. durch mechanische Ursachen wie Legung eines Katheters alteriert ist.

Eine allgemeine Immunschwäche bzw. Störungen einer lokalen Immunabwehr können eine Infektion begünstigen. Der lokale Mukosaabwehrmechanismus ist geprägt durch die Bildung von Schleimhaut-IgA (sIgA). Das sIgA behindert im Normalfall das Angehen von Bakterien. Das Schleimhaut-IgA ist vor allem alteriert bei Dauerkatheter. Stoffwechselerkrankungen wie Diabetes mellitus, neurogene Störungen, Analgetikaabusus und Mißbildungen sind begünstigende Faktoren für rezidivierende Harnwegsinfekte. Schließlich spielen mechanische Faktoren wie Urolithiasis, Abflußstörungen bei Tumoren, vor allem die Prostatahyperplasie, chemische Noxen wie Zytostatika (Cyclophosphamid) und Strahlen eine Rolle. Im Rahmen einer allgemeinen Immunschwäche können auch parasitäre und Pilzinfektionen auftreten (Helpap 1986). Bakterielle Infektionen der ableitenden Harnwege sind besonders häufig im Kleinkindesalter, bei Knaben und sexuell aktiven Frauen.

Gramnegative Stäbchen sind die häufigsten Erreger. So induzieren und unterhalten Entzündungen in den ableitenden Harnwegen Staphylokokken, Gonokokken, Proteus, Enterokokken und Escherichia coli, Mykoplasmen, Ureaplasmen, Trichomonaden, Chlamydien, chemische Substanzen wie Zytostatika und physikalische Noxen wie Bestrahlungen.

Die Infektionen können deszendierend kanalikulär, z. B. von einer Pyelonephritis, oder aszendierend kanalikulär von der Harnröhre, vor allem bei Frauen, oder einer Urozystitis ausgehen. Beim weiblichen Geschlecht sind lymphogene oder hämatogen bedingte Pyelo-Uretero-Zystitiden durch eine Adnexitis möglich (Abb. 49).

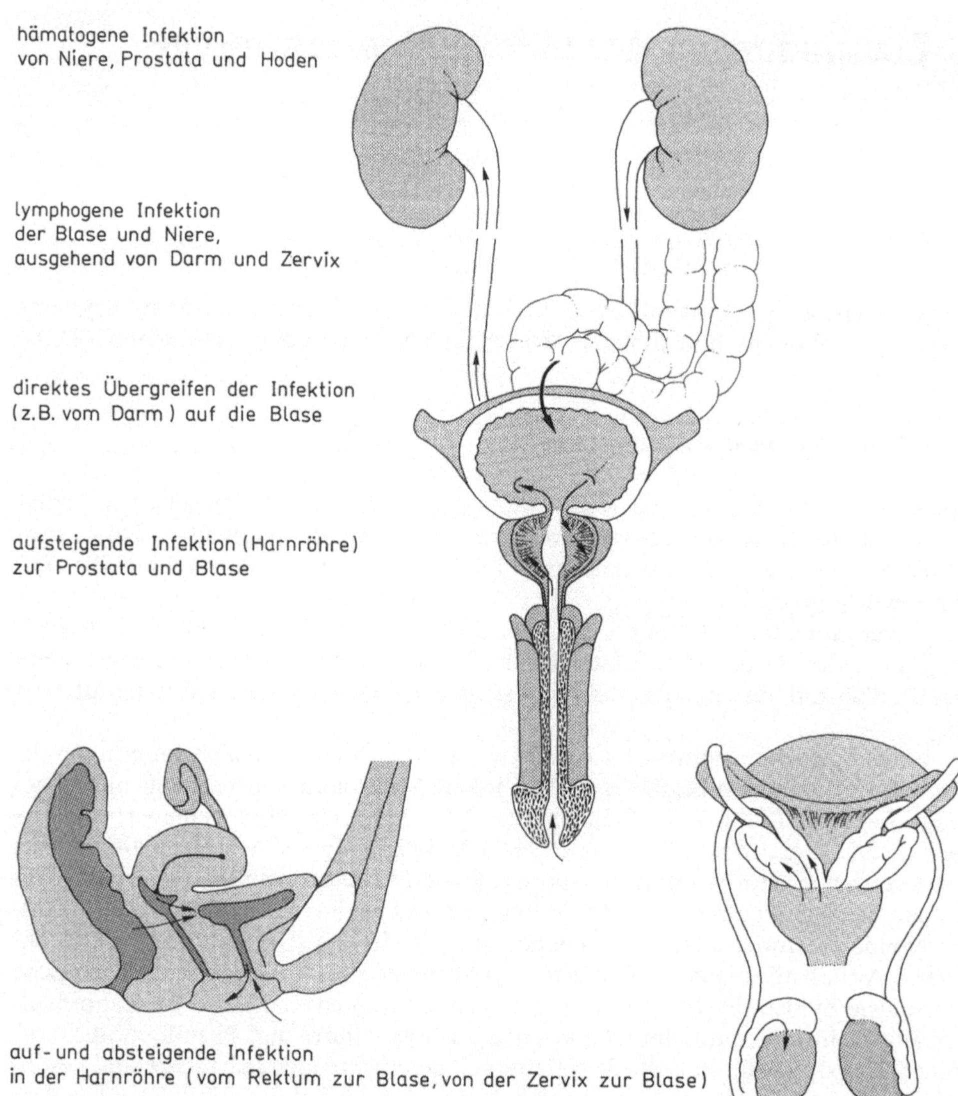

Abb. 49. Ausbreitungswege einer Infektion im Urogenitaltrakt. (Nach Smith 1968, aus Bandhauer u. Frohmüller 1986)

8.2 Morphologie

Entsprechend den Grundprinzipien einer allgemeinen Entzündungslehre sind akute und chronische sowie unspezifische und spezifische Entzündungen zu unterscheiden (Helpap 1987) (Tab. 12).

8.2.1 Unspezifische Pyelo-Uretero-Zystitis

8.2.1.1 Akute Form

Diese akute Entzündung kann als simple oder *serös-ödematöse* Form auftreten mit Entwicklung eines fast bullösen Ödems (Abb. 50–53). Plumpe Papillome können durch diese ödematös geschwollene Schleimhaut vorgetäuscht werden.

Die *hämorrhagische Entzündung*, zumeist am Anfang einer eitrigen und fibrinösen Entzündung stehend, kann ebenfalls zu polypösen Vorwölbungen führen (Abb. 54). Unter Zytostatikatherapie von Tumoren können sich schwere Formen der hämorrhagischen Zystitis entwickeln, die mitunter sogar als letzte Konsequenz eine Zystektomie zur Folge haben können (Stillwell u. Benson 1988). *Leukozytenreiche Pyelo-Uretero-Zystitiden* gehen oft mit einer fibrinösen, nekrotisierenden Komponente einher. Es kommt zur Entwicklung von Pseudomembranen aus Schleimhautnekrosen und Ausfallen eines fibrinösen Exsudates. Bei Desquamation der Beläge resultieren flächenhafte Erosionen und Ulzerationen. Bei Übergreifen auf tiefere Wandschichten können narbige Strikturen, im akuten Entzündungsstadium, aber auch Störungen der Peristaltik mit Entwicklung eines Harnrefluxes die Folge sein (Abb. 55, 56).

Die Zerstörung des Epithels bei derartigen schweren nekrotisierenden Entzündungen führen nicht selten zu entzündlich bedingten Atypien (Dysplasien) (Helpap 1986).

Ferner wird durch die Alteration des auskleidenden Urothels bzw. Vernarbungen und Strikturbildungen der Steinbildung der Weg geebnet.

Selten können sich *phlegmonös-gangränöse Entzündungen* bei Diabetes mellitus, Traumen oder schweren Infektionen wie Typhus oder Diphtherie entwickeln (Petersen 1986).

8.2.1.2 Chronische rezidivierende unspezifische Pyeloureterozystitis

Hierbei handelt es sich überwiegend um rezidivierende Harnwegsentzündungen auf dem Boden nicht vollständig ausgeheilter akuter, primär bakterieller Entzündungen.

Die Schleimhaut des abführenden Harnwegssystems ist makroskopisch meist verdickt, grau-rötlich. Mikroskopisch liegen die Zeichen einer chronisch-granulierenden Entzündung vor. Das Granulationsgewebe ist kapillarreich. Es schließt Lymphozyten, Plasmazellen und Makrophagen unterschiedlicher Verteilung ein, wobei floride Schübe im Rahmen des Rezidivs durch Granulozyten, aber auch durch Eosinophile gekennzeichnet sein können. Ferner finden sich reparativ-regenerative Epithelveränderungen und bei Abheilung von Schleimhautdefekten Narbenfelder (Abb. 57).

8.2.1.3 Pyelo-Uretero-Cystitis follikularis

Die Ausbildung von keimzentrumshaltigen Lymphfollikeln in der Schleimhaut bzw. Submukosa ist makroskopisch durch ein feinkörniges, weißliches Schleimhautrelief gekennzeichnet (Abb. 58, 59).

Vor allem in der Harnblase kommt es zu einer Cystitis follikularis.

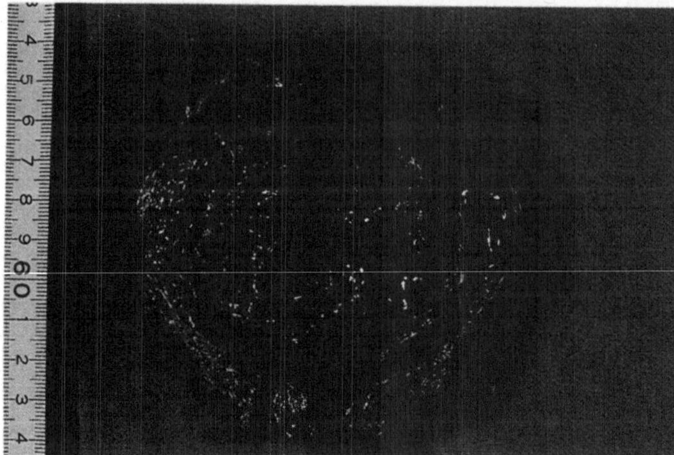

Abb. 50. Simple akute Urozystitis

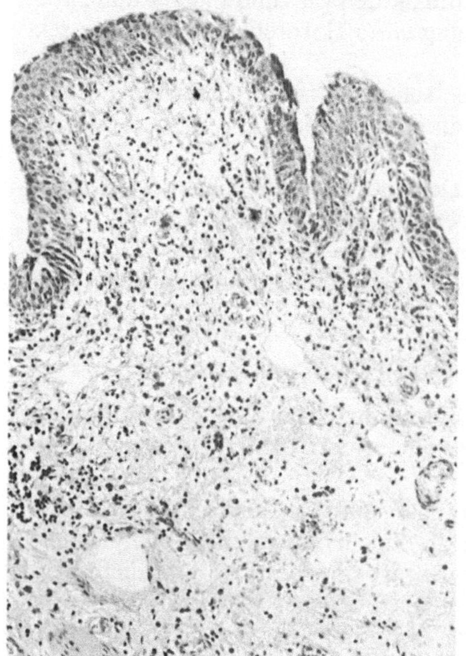

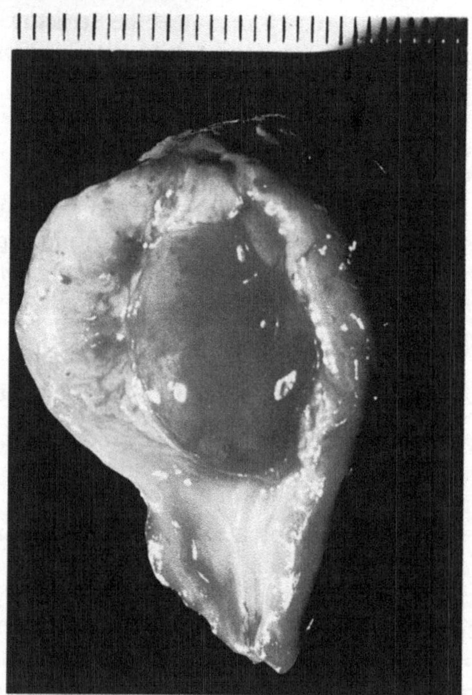

Abb. 51. Lockere akut-entzündliche Infiltration des Harnblaseninterstitiums (Submukosa). Mischung von polymorphkernigen Leukozyten, Monozyten, Makrophagen und einzelnen Rundzellen. Hämatoxylin-Eosin

Abb. 52. Ödematöse Zystitis

Abb. 53. Ödematöse Verquellung der Submukosa der Harnblase bei ödematöser Zystitis. Hämatoxylin-Eosin ▶

Abb. 54. Hämorrhagische Urozystitis

Abb. 55. Pseudomembranöse und nekrotisierende Urozystitis mit Narbensträngen in der Uretera

Abb. 56. Nekrotisierende Urozystitis. Hämatoxylin-Eosin

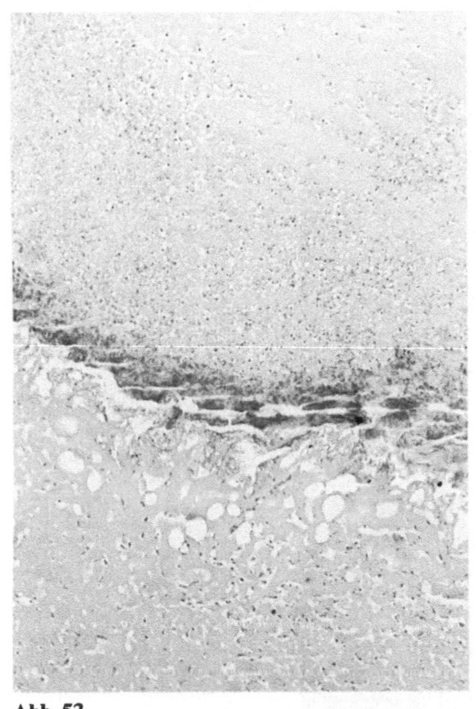

Abb. 53

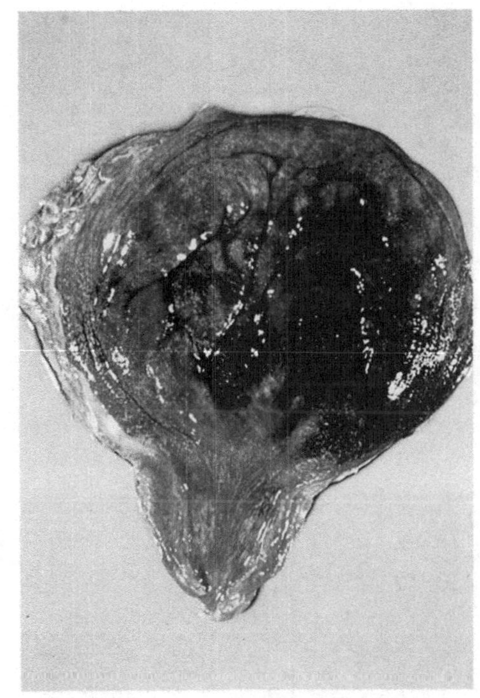

Abb. 54

Abb. 55

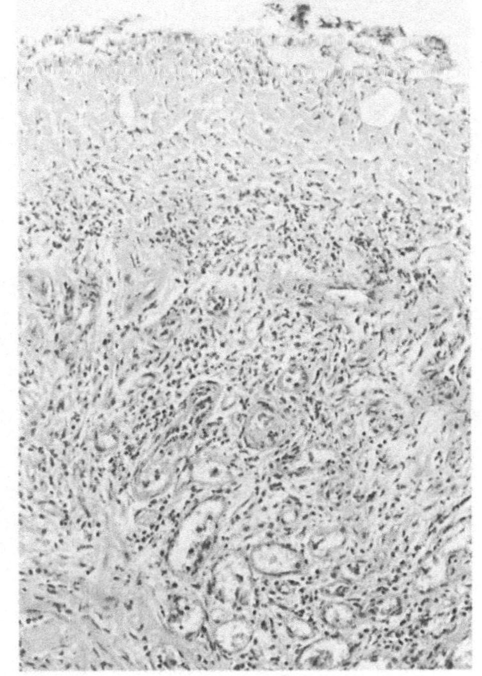

Abb. 56

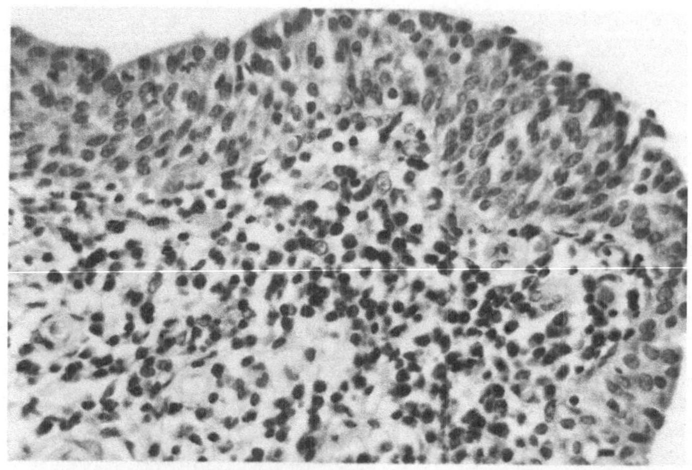

Abb. 57. Chronisch-unspezifische rezidivierende Urozystitis. Hämatoxylin-Eosin

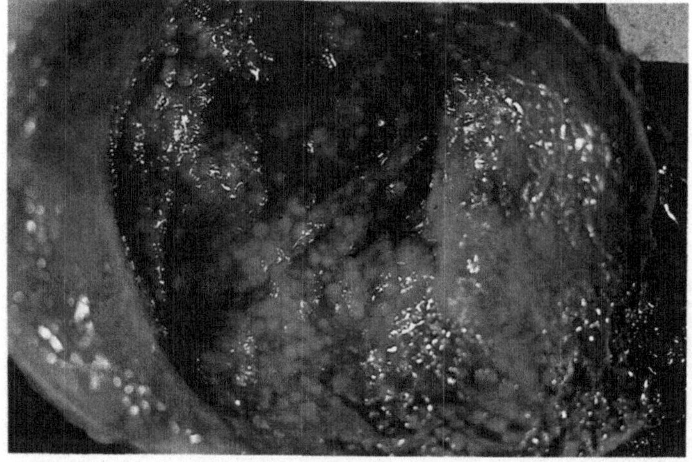

Abb. 58. Cystitis follicularis

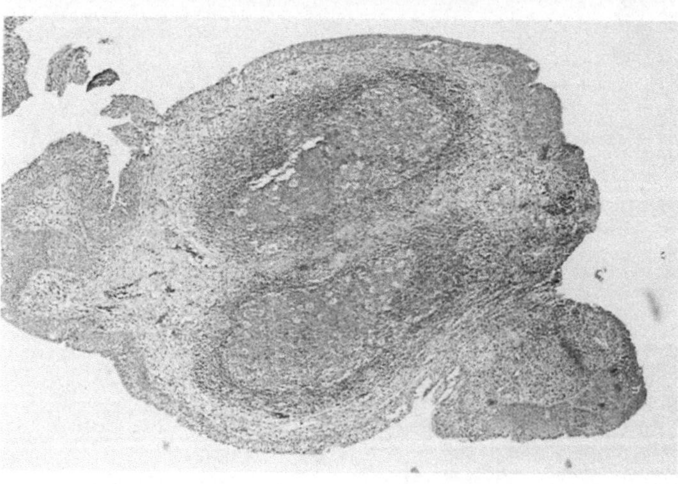

Abb. 59. Lymphfollikelbildung in der Harnblasenschleimhaut. Hämatoxylin-Eosin

8.2.1.4 Pyelo-Uretero-Cystitis cystica und glandularis

Ein ähnliches makroskopisches Bild wie die Urozystitis follikularis findet sich auch bei der zystischen Form. Es handelt sich hier um intraepitheliale Zystenbildungen mit dünner Wand. Die Zysten werden von einem flachen Zylinderepithel, teilweise mit Schleimbildung, ausgekleidet. Zumeist findet sich in den Lumina klare Flüssigkeit.

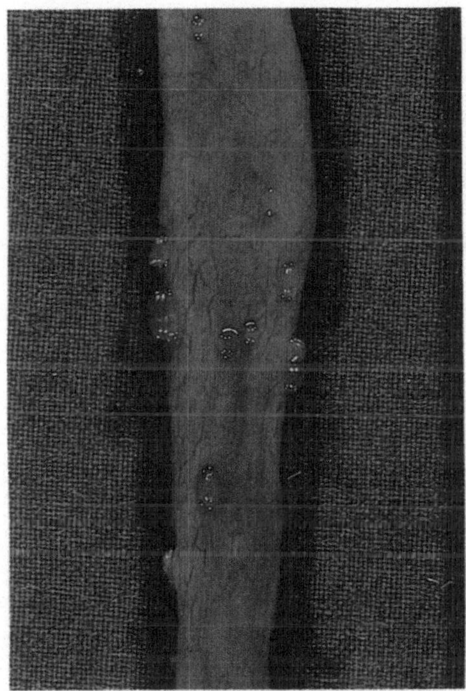

Abb. 60. Ureteritis cystica

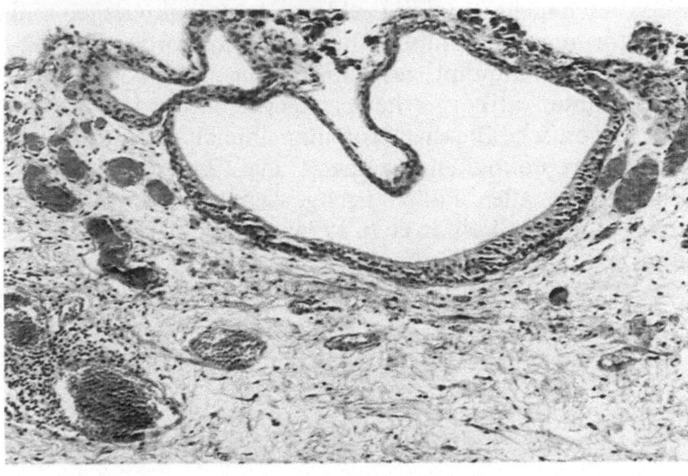

Abb. 61. Intraepitheliale und submuköse, von Zylinderepithel ausgekleidete Zysten bei Urocystitis cystica. Hämatoxylin-Eosin

Da die Zystenbildungen wahrscheinlich von von Brunn'schen Epithelnestern ausgehen, ist auch der Zusatz Urocystitis cystica und glandularis geläufig. Die Zysten können auch ein größeres Ausmaß annehmen und gelegentlich ein Abflußhindernis des Harnes vor allem bei Befall des Ureters und Nierenbeckens darstellen (Abb. 60, 61). Immunhistochemisch sind bei dieser urothelialen Läsion zwischen den Epithelzellen endokrine Differenzierungen nachweisbar, die neuroendokrine Marker wie Chromogranin, Serotonin und einen generellen Marker (Protein-gene product) exprimieren (Hamid et al. 1988).

8.2.1.5 Die Pyelo-Uretero-Cystitis papillaris

ist nicht nur durch eine papillär-polypöse Ausbildung von zellreichem Granulationsgewebe, sondern zumeist auch durch eine bereits begleitende papilläre, aber auch glandulär-inverte Urothelproliferation gekennzeichnet. Aufgrund dieser Urothelproliferation, selten mit Atypien, wird dieser Prozeß auch als Ausgangspunkt für die Entstehung eines urothelialen Karzinoms gewertet (Young 1988) (Abb. 62).

8.2.1.6 Pyelo-Uretero-Cystitis emphysematosa

Hier finden sich große Gasblasen in der Schleimhaut, verursacht durch gasbildende Bakterien. Zuckerkranke Patienten sind bevorzugt.

8.2.1.7 Chronisch-interstitielle Urozystitis (Hunner-Ulkus)

Die chronisch interstitielle Urozystitis ist charakterisiert durch Schleimhauterosionen und Nekrosen mit Ulzerationen und Verkalkungen. Es findet sich ein alle Wandschichten durchsetzendes Granulationsgewebe, das reich an Lymphozyten und Eosinophilen ist, aber auch Mastzellen und Riesenzellen einschließt (Abb. 63, 64).

Bei längerem Bestehen kann durch Vernarbungen eine Schrumpfblase entstehen. Die Ätiologie dieser äußerst schwer zu behandelnden, prognostisch ungünstigen Entzündung der Harnblase ist noch nicht endgültig geklärt. Neben bakteriellen und mykotischen Einflüssen sind Störungen im Lymphabfluß diskutiert worden. In jüngster Zeit werden pathogenetisch Autoimmunprozesse angenommen. So konnten antinukleäre Antikörper, bzw. erhöhte Antikörpertiter nachgewiesen werden. Im Experiment ist eine progressive, chronische Blasenentzündung ähnlich der interstitiellen Urozystitis nach Gabe von Streptokokken Gruppe A, Typ 12 erzeugt worden, wobei Gewebs-DNA-Antikörper in allen Fällen nachgewiesen werden konnten (Harn u. Keutel 1973; Harn et al. 1973; Skoluda et al. 1974; Übersicht Walsh 1978). Von anderer Seite wurden primär entzündliche Gefäßprozesse und neurovegetative Störungen diskutiert.

8.2.1.8 Eosinophile Urozystitis/Eosinophiles Granulom

Die tumorbildende polypöse, eosinophile Zystitis bzw. das eosinophile Granulom der Harnblase, die differentialdiagnostisch echte Tumoren vortäuschen können und

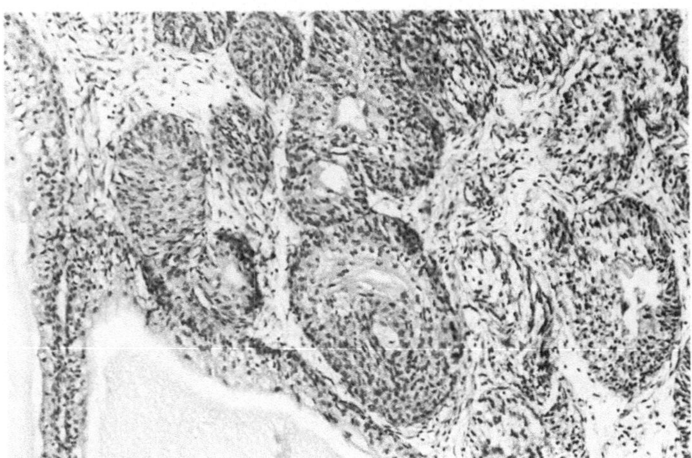

Abb. 62. Glandulär-inverte Urothelproliferationen bei Urocystitis papillaris. Hämatoxylin-Eosin

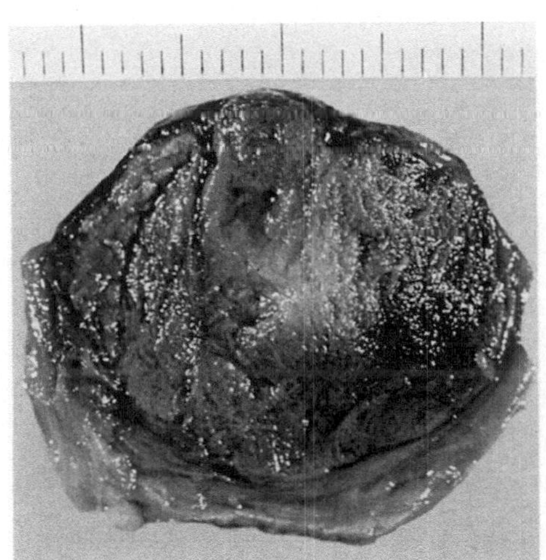

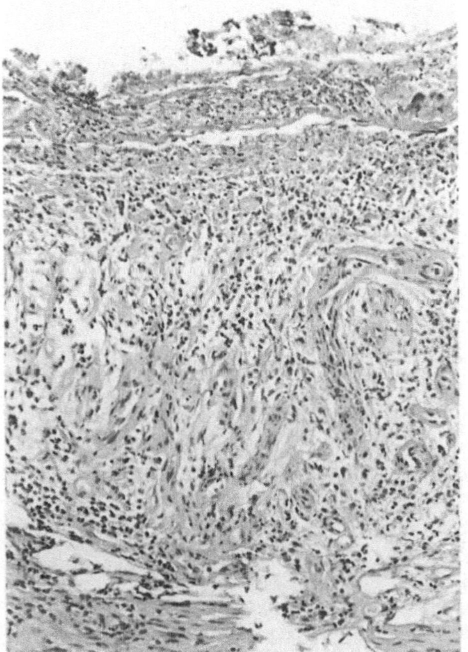

Abb. 63. Chronisch-interstitielle Urozystitis (Hunner)

Abb. 64. Alle Wandschichten der Harnblase durchsetzendes Granulationsgewebe bei chronisch-interstitieller Urozystitis (Hunner). Oberflächliche Nekrosen. Hämatoxylin-Eosin

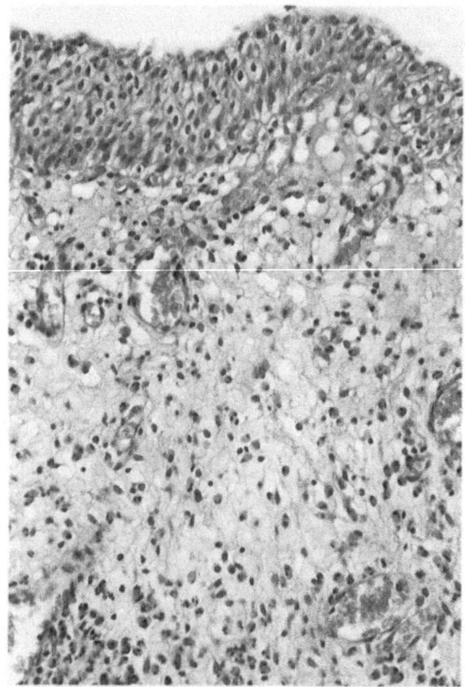

Abb. 65. Eosinophile Zystitis. Hämatoxylin-Eosin

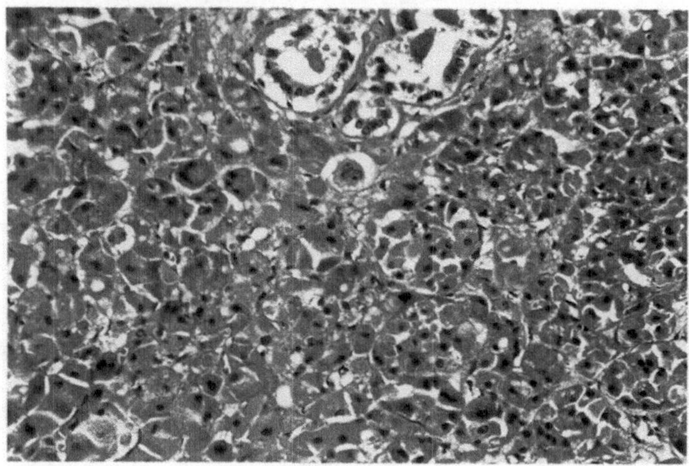

Abb. 66. Malakoplakie der Harnblasenwand mit zahlreichen Michaelis-Gutmann-Körperchen. Hämatoxylin-Eosin

bioptisch geklärt werden müssen, gehören wahrscheinlich ebenfalls in diese Krankheitsgruppe (Engelmann et al. 1982; Lipsky u. Mutz 1982) (Abb. 65).

8.2.1.9 Plasmazellgranulom

Vornehmlich im Nierenbecken und in der Harnblasenwand bzw. in den Schleimhäuten können sich follikelartige Rundzellinfiltrate bei chronischer Entzündung ausbilden, die reich an Plasmazellen sind und mitunter eine Reinkultur von reifen Plasmazellen aufweisen. Differentialdiagnostisch sind hier auch Absiedlungen eines Plasmozytoms bzw. eines malignen Lymphoms vom lympho-plasmozytoiden Typ auszuschließen.

8.2.1.10 Malakoplakie

Im Nierenbecken und in der Urethra wird diese Entzündung äußerst selten (Petersen 1986), häufig jedoch in der Harnblase beobachtet. Makroskopisch sind mehrere cm große, plattenförmige, gelblich gefärbte Schleimhautvorwölbungen erkennbar. Mikroskopisch sind PAS-positive Makrophagen mit einem schaumigen Zytoplasma nachweisbar. Im Zytoplasma finden sich konzentrisch geschichtete PAS-positive Körperchen (Michaelis-Gutmann-Körperchen) (Abb. 66, 67). Pathogenetisch handelt es sich hier um verkalkte, nicht vollständig abgebaute gramnegative Bakterienanteile, vornehmlich der Coli-Gruppe. Diskutiert wird hier ein erworbener Mangel an Lysosomenenzymen (Curran 1987).

8.2.1.11 Chronische unspezifische granulomatöse Urozystitis, sog. TUR-Urozystitis

Durch die primäre bioptische oder Resektionstechnik am Urothel kommt es häufig zu Defektbildungen, die durch ein zellreiches Granulationsgewebe und durch ein Narbengewebe mit entsprechender urothelialer Überhäutung repariert werden. Der Einsatz der transurethralen Elektroresektion führt dabei nicht selten zur Ausbildung von Thermogranulomen (Helpap 1983; Sorensen u. Marcussen 1987). Der frische TUR-Zustand, vor allem an der Harnblasenschleimhaut, zeigt eine flächenhafte Nekrose mit gelb-braunen Karbonisierungen und leukozytärer Demarkierung (Abb. 68 a, b). Danach entwickelt sich ein zell- und kapillarreiches Granulationsgewebe mit konzentrisch geschichteten Ansammlungen von aktivierten speichernden Makrophagen, z. T. auch mit Transformationen zu Epitheloidzellen und Ausbildung mehrkerniger Riesenzellen, teils vom geordneten, teils vom ungeordneten Typ (Abb. 69, 70). In zentralen Abschnitten derartiger Granulome, vielfach innerhalb von mehrkernigen Riesenzellen vom ungeordneten Typ, finden sich gelb-braune Karbonisationsreste. Sie sind ein wichtiges differentialdiagnostisches Kriterium gegenüber einem spezifischen Prozeß, beispielsweise einer Tuberkulose. Hin und wieder werden in derartigen TUR-Granulomen auch unterschiedlich dicht eosinophil granulierte Leukozyten angetroffen (sog. eosinophile Urozystitis). Die Thermogra-

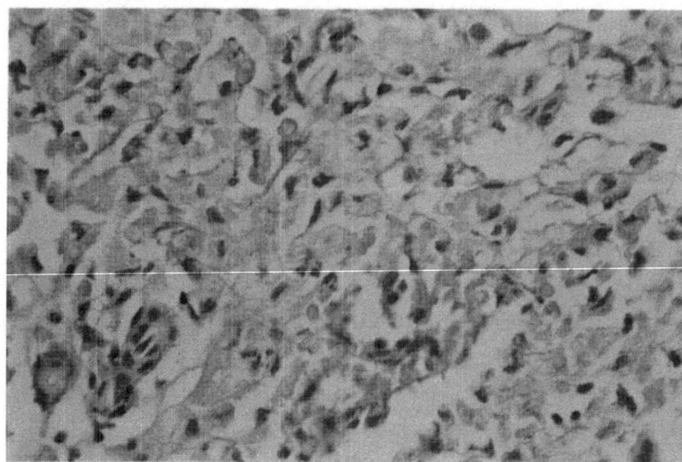

Abb. 67. Malakoplakie. PAS-positive Michaelis-Gutmann-Körperchen

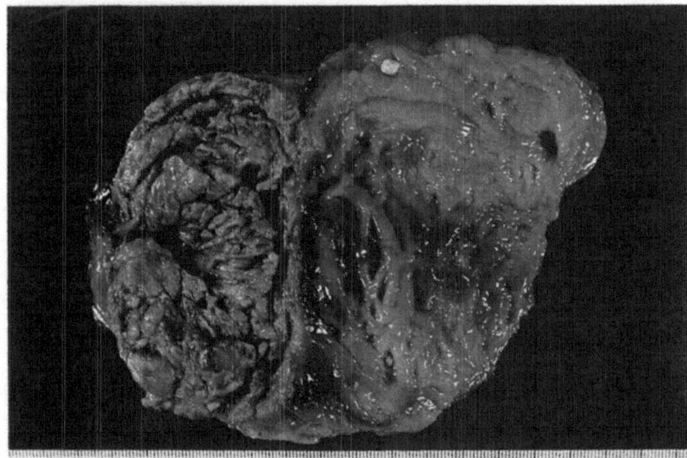

Abb. 68. a Harnblase nach frischer TUR (7 Tage) mit breiten Fibrinbelägen über der Wundzone.

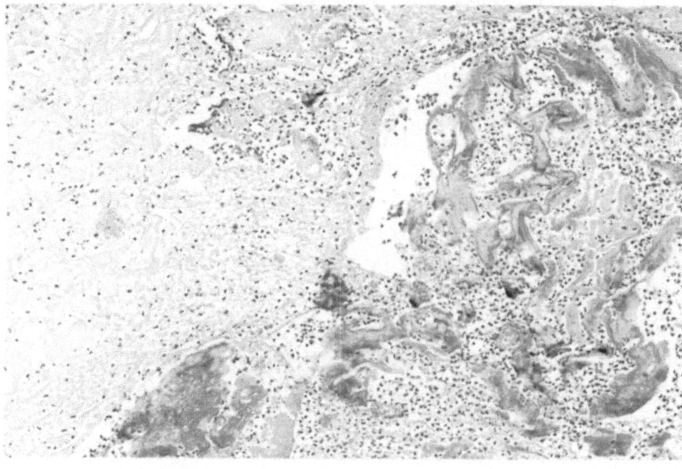

Abb. 68. b Frischer TUR-Zustand der Harnblasenwand mit flächenhaften Nekrosen und gelb-braunen Karbonisierungen sowie leukozytärer Demarkierung. Hämatoxylin-Eosin

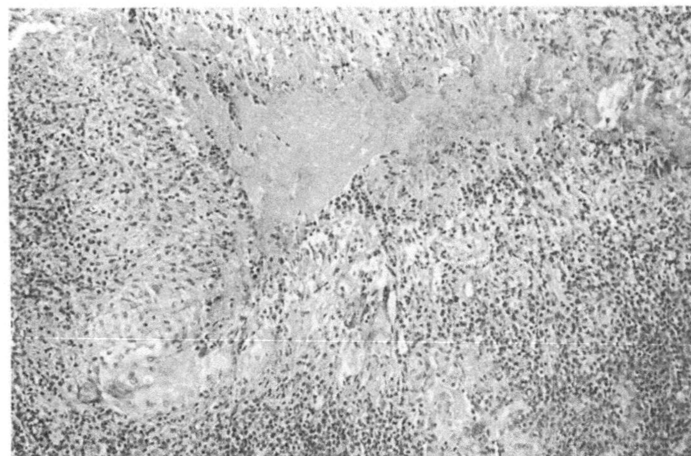

Abb. 69. Thermogranulom der Harnblase nach TUR. Hämatoxylin-Eosin

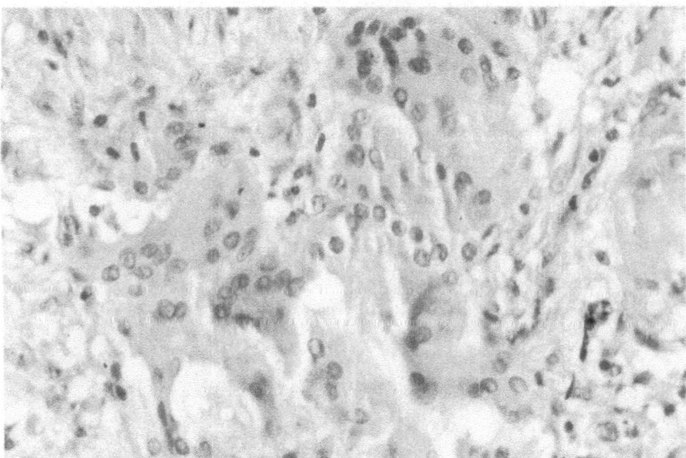

Abb. 70. Riesenzellen vom ungeordneten Typ (Fremdkörperriesenzellen) mit eingeschlossenen gelb-bräunlichen Karbonisierungsresten. Hämatoxylin-Eosin

nulome persistieren. Da das karbonisierte Gewebsmaterial sehr schlecht resorbiert wird, können derartige chronisch-granulomatöse entzündliche Prozesse monatelang nach dem primären TUR-Eingriff nachweisbar sein. Die Defekte werden von Urothel überhäutet. Der chronisch-granulomatöse rezidivierende Prozeß führt jedoch nicht selten zu Aufbaustörungen des Überhäutungsepithels. Hieraus resultieren dann urotheliale Atypien, z. T. mit schweren Kernveränderungen. Die Kombination mit der Entzündung stellt jedoch ein klares Differenzierungsmerkmal gegenüber schweren de novo Atypien und Carcinomata in situ dar.

Die Kenntnis dieser Veränderung ist vor allem auch für die zytologische Differentialdiagnose wichtig, da zytologische Analysen von Harnblasenspülflüssigkeit oder Urinzentrifugaten nach vorangeganger elektrochirurgischer Alteration nicht zu einer Überbewertung von Atypien (Overgrading) führen dürfen (Helpap 1986). Ferner treten resorptiv-reparativ-entzündliche Veränderungen auch beim Einsatz der Laserkoagulation der Harnblase auf (Pensel et al. 1987).

8.2.1.12 Urosepsis

Alle beschriebenen entzündlichen Veränderungen inklusive abszedierender Entzündung in den Nieren oder in der Prostata können zu einer Urosepsis führen, bedingt durch gramnegative Bakterien und ihre Toxine.

Die Urosepsis kann auch durch Verletzungen, z. B. durch Instrumente, der prostatischen Harnröhre oder durch eine durch Urinextravasion verursachte Phlegmone im kleinen Becken ihren Ausgang nehmen. In der Ätiopathogenese der Urosepsis steht mit 35% die obstruktive Uropathie durch Harnleitersteine, Tumoren, Stenosen und Reflux im Vordergrund.

Prostatogene Ursachen wie nach Prostatektomie, Karzinomen und Abszessen mit 13% und vesikale sowie renale Ursachen, eingeschlossen chirurgische Folgen wie Pyelonephritis, Zustand nach Nierenfistel, Polresektion, traumatische Nierenrupturen und Nierentumorembolisationen betragen zusammen 30%.

Ferner spielen Nebenhodenentzündungen und Ursachen außerhalb des Urogenitaltraktes, wie z. B. Bronchopneumonien und Peritonitiden sowie phlegmonöse Entzündung der abführenden Gallenwege und des Magen-Darm-Traktes mit 12% eine wichtige Rolle. Das klinische Bild ist durch Schüttelfrost und Temperaturen über 39 °C charakterisiert. Es besteht eine erhebliche Leukozytose und beschleunigte Blutsenkungsgeschwindigkeit. Im Urin finden sich massenhaft polymorphkernige Leukozyten und Bakterien. Nicht selten ist der Urin aber auch steril. Die schwerwiegendste Komplikation bei der Urosepsis ist das Auftreten eines Schocks.

8.2.2 Spezifische granulomatöse Entzündungen der ableitenden Harnwege

8.2.2.1 Pyelo-Uretero-Cystitis tuberculosa

Die Urogenitaltuberkulose ist die häufigste extrapulmonale Organtuberkulose. Die Urogenitaltuberkulose ist eine Erkrankung des mittleren Lebensalters. Sie kommt bei Männern häufiger als bei Frauen vor. In 70–90% der Fälle ist die Tuberkulose der ableitenden Harnwege mit einer Genitaltuberkulose kombiniert. Die Urogenitaltuberkulose ist die Folge einer hämatogenen Streuung von einem Primärherd, zumeist aus den Lungen, seltener von den Halslymphknoten, Tonsillen oder aus dem Darmtrakt. Primär werden die Nieren befallen, seltener Prostata, Samenblase oder Nebenhoden. Als Folge der hämatogenen Aussaat kommt es zunächst zum parenchymatösen Stadium der Nierentuberkulose. Dieser Prozeß heilt entweder spontan aus oder geht in das ulzero-kavernöse Stadium mit Kavernenbildung über. Wenn es in diesem Stadium zum Anschluß an das abführende Hohlsystem kommt, entwickelt sich deszendierend die Tuberkulose über Nierenbecken und Harnleiter zur Blase, Prostata und Samenblase sowie zu Nebenhoden und Hoden. Tuberkulöse Prozesse finden sich vor allem in den physiologischen Engen des Ureters und der Prostata. Die Folgen einer Tuberkulose im ableitenden Harnwegssystem sind gefürchtete Strikturen, die sekundär wiederum zu Behinderungen des Harnabflusses führen.

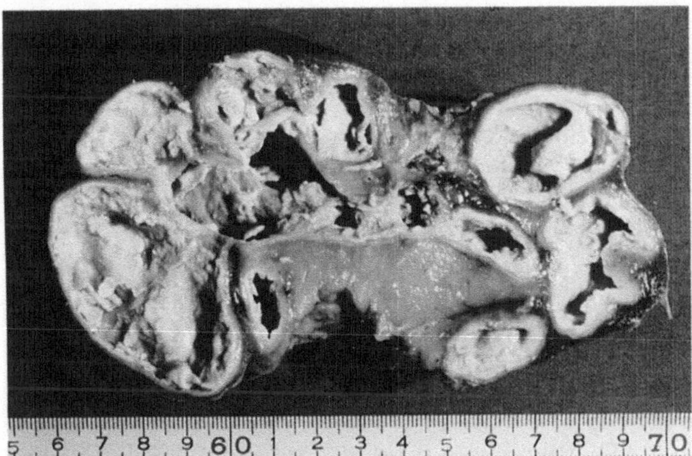

Abb. 71. Käsig verkalkte hydronephrotische Nierentuberkulose

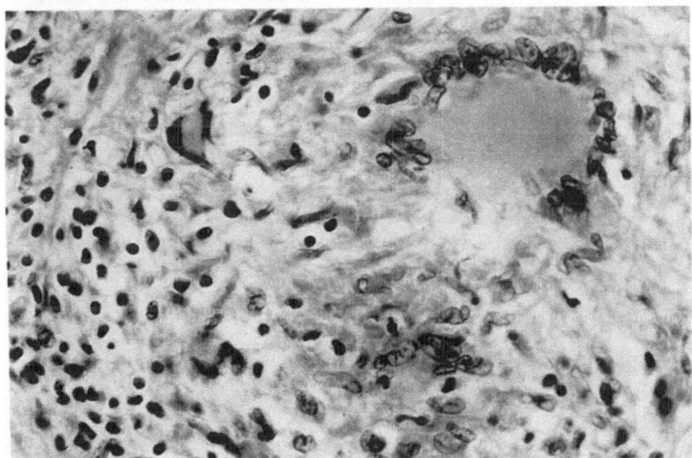

Abb. 72. Tuberkel in der Harnblasenschleimhaut mit mehrkerniger Riesenzelle vom geordneten Typ (Langhanstyp). Hämatoxylin-Eosin

Durch Harnstauung können sich Hydronephrosen entwickeln. Bei progredientem Verlauf kann es zur Ausbildung einer käsig verkalkten, hydronephrotisch umgebauten Schrumpfniere kommen. Die Ureterwandungen sind fibrös verändert mit Kalkeinlagerungen. Im Ostienbereich des Trigonums finden sich nicht selten Tuberkel, die konfluieren und ulzerieren können. Aus diesen Ulzerationen kann es zu Blutungen kommen. Bei progredientem Verlauf verliert die Blase ihre Elastizität und schrumpft im Sinne einer Schrumpfblase (Abb. 71, 72) (Rodeck 1982).

Die Therapie der Urogenitaltuberkulose ist konservativ. Nur bei völligem Funktionsverlust der Nieren sind operative Eingriffe angezeigt.

Die Urotuberkulose stellt in den geschädigten Schleimhautbezirken Kristallisationskerne für Harnsteine dar.

Differentialdiagnostisch sollte, wie oben ausgeführt, die TUR-Urozystitis beachtet werden (Helpap u. Vogel 1986).

8.2.2.2 Bilharziose (Schistomosiasis)

Hierbei handelt es sich um eine Infektion mit Trematoden des Typs Schistosoma haematobium. Aufgrund der zunehmenden Touristik vor allem in afrikanische und vorderasiatische Länder wird die Bilharziose auch in Europa häufiger angetroffen. Die Endemiegebiete sind vor allem im Nildelta, am Assuan-Staudamm und am Volta-Stausee zu finden. Es handelt sich zumeist um landwirtschaftliche Gebiete mit künstlichen Bewässerungssystemen.

Die parasitäre Erkrankung wird dadurch verursacht, daß die im Wasser schwimmenden Zerkarien durch die Haut in den Organismus eindringen und durch die Blutgefäße in die Lungen und Leber gelangen und sich vor allem in Venolen des kleinen Beckens in der Nachbarschaft der Harnblase zu Würmern entwickeln. Die weiblichen Schistosomen können eine große Anzahl von Eiern pro Tag produzieren, die mit dem Urin und Stuhl ausgeschieden werden. Die Eier können jedoch auch in der Wand der Harnblase bzw. in den Wandungen des abführenden Urogenitalsystems liegen bleiben und hier zu einer chronischen granulomatösen Entzündung führen (Piekarski 1987).

Die Granulome enthalten im Zentrum noch Reste abgestorbener oder lebender Schistosomeneier (Abb. 73). Die Granulome sind nicht selten reich an eosinophil granulierten Leukozyten und führen zu flachen Schleimhautvorwölbungen. Daneben finden sich auch im fortgeschrittenen Stadium fibrosierte und z. T. verkalkte Mukosa- und Submukosaabschnitte.

Die chronisch-granulomatöse Entzündung führt am Urothel ähnlich wie die persistierenden Thermogranulome nach transurethraler Elektroresektion zu Hyperplasien, Plattenepithelmetaplasien, aber auch zu urothelialen Atypien unterschiedlicher Grade. Dabei entwickeln sich auch glanduläre Metaplasien. Aus diesen Atypien kann sich ein glanduläres oder plattenepitheliales Karzinom der Harnblase entwikkeln. Bis zu 10% von Bilharzioseträgern mit einer granulomatösen Urozystitis erkranken an Harnblasenkarzinomen (Abb. 140).

8.2.2.3 Echinokokkose

Die Echinokokkenkrankheit mit Befall des ableitenden Harnwegsystems ist sehr selten. Die Echinokokkose kann endemisch in den Alpenländern beobachtet werden. Der ausgewachsene Hundebandwurm besiedelt den Darmtrakt von fleischfressenden Tieren wie Hunden. Die Eier werden mit dem Kot ausgeschieden und von Rindern oder Schweinen, aber auch gelegentlich von Menschen aufgenommen. Die Larven dieser Eier durchdringen die Darmwand der Zwischenwirte und verteilen sich im gesamten Organismus. Beim Menschen wird vor allem die Leber befallen. In 3% kommt es zur Ausbildung einer Nierenechinokokkose mit Fortleitung über das ableitende Harnwegssystem.

8.2.2.4 Pilzerkrankungen

Candidamykosen breiten sich vom Nierenbecken über die Ureteren in die Harnblase aus. Nicht selten steht am Beginn eine mykotische Pyelonephritis, vor allem nach

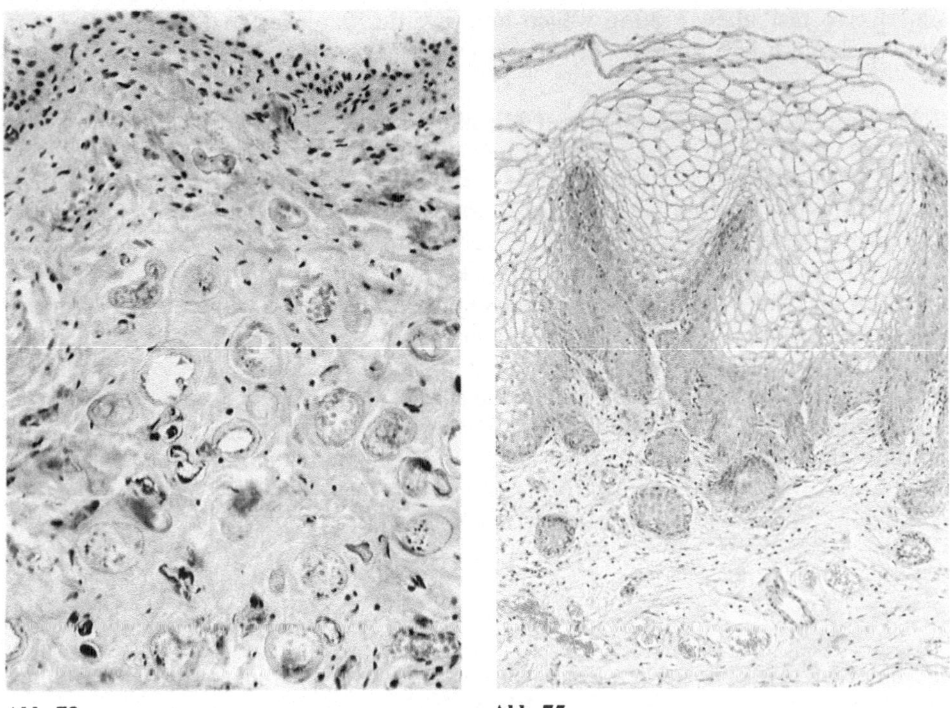

Abb. 73 Abb. 75

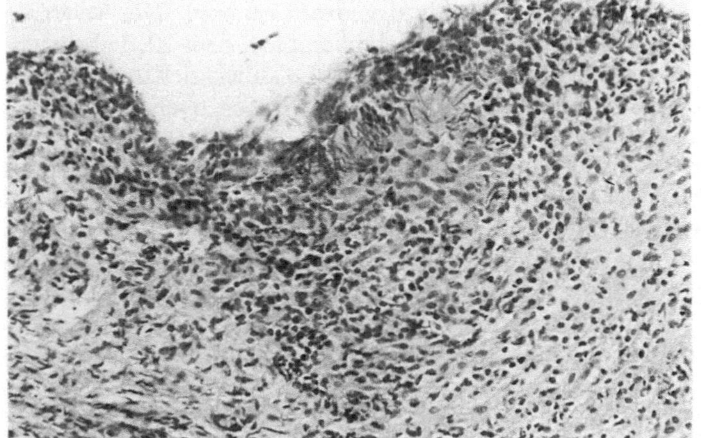

Abb. 74

Abb. 73. Bilharziose der Harnblase mit zahlreichen Schistosomeneiern. Hämatoxylin-Eosin

Abb. 74. Riesenzellhaltiges Granulom bei sog. BCG-Urozystitis. Hämatoxylin-Eosin

Abb. 75. Plattenepithelmetaplasie vom vaginalen Typ im Blasentrigonum. Hämatoxylin-Eosin

Langzeitzytostatikabehandlung wegen anderweitig lokalisierten Malignomen, vor allem von Lymphogranulomatosen (Petersen 1986).

8.2.2.5 Sog. BCG-Granulome in der Harnblase

Granulombildungen sind auch ohne TUR-Eingriffe am Urothel bzw. an der Harnblasenwand oder nach parasitären und spezifischen Prozessen zu finden. Sie können Folge einer Chemoimmunprophylaxe bei chirurgisch therapierten Urothelkarzinomen sein. Intravesikale BCG-Instillationen können ausgeprägte urotheliale Atypien sowie riesenzellhaltige Granulome verursachen, die das Bild eines Pseudotumors wiedergeben können und histologisch von malignen oder prämalignen Prozessen abgegrenzt werden müssen. Auch der Einsatz von Zytostatika wie Cyclophosphamid führt zu Epithelalterationen, Defekten und entzündlichen Reaktionen des Stromas. Die kontrollierende DNA-Analyse im Rahmen der Zytophotometrie am Urinsediment läßt eine klare Unterscheidung eines entzündlichen Pseudotumors von einem echten Tumor zu (Murphy et al. 1981; Adolphs u. Helpap 1982; Adolphs u. Bastian 1984; Adolphs et al. 1979, 1984; Soloway 1985) (Abb. 74).

8.2.3 Reizblase

Die Reizblase ist in den meisten Fällen eine klinische Verlegenheitsdiagnose. Es handelt sich um einen Sammelbegriff für Blasendysfunktionen nicht entzündlicher Genese. Hinsichtlich der Vielfältigkeit der Ätiologie liegen Ähnlichkeiten zur chronischen Prostatopathie bzw. zur Reizprostatitis vor. Die Reizblase wird auch abakterielle Dysurie, Urethritis chronica oder Urethralsyndrom genannt. Die Reizblase findet sich fast ausschließlich bei der Frau, vornehmlich nach dem 20. Lebensjahr mit einem Häufigkeitsgipfel um das 4. Lebensjahrzehnt. Sie äußert sich durch suprasymphysäre Schmerzen, Pollakisurie ohne Nykturie und imperativen Harndrang, ohne daß ein pathologischer Harnbefund vorliegt.

Im Vordergrund für die Erklärung einer Reizblase stehen neurovegetative und hormonale Störungen. Die meisten weiblichen Patienten werden zusätzlich wegen einer Pelvipathia vegetativa gynäkologisch behandelt. Hier finden sich Gefäßkongestionen analog einer Prostatakongestion. Mit dem Häufigkeitsgipfel der Reizblase um das 4. Lebensjahrzehnt wird pathogenetisch ein physiologisches Östrogendefizit beobachtet, das eine endokrine Zystopathie auslösen bzw. unterhalten kann. Morphologisch finden sich in dieser Altersgruppe der Frauen in bis zu 80% ausgedehnte oder inselartige Plattenepithelmetaplasien vom vaginalen Typ im Blasentrigonum (Abb. 75).

Diese Trigonumplattenepithelmetaplasie wird von einem randständigen chronischen Ödem und lockeren Rundzellinfiltraten in der Submukosa begleitet. Möglicherweise sind diese zellulären Reaktionen eine Antwort auf die vermehrte Durchlässigkeit des metaplastischen Plattenepithels für Reizstoffe des Urins. Das normale Urothel ist hingegen undurchlässig, weil die Zellen über dem Junktionalkomplex fest miteinander verbunden sind. Bei metaplastischem Plattenepithel finden sich nur einzelne intrazelluläre Brücken in tieferen Schichten. Ultrastrukturell liegen an der Basis des metaplastischen Plattenepithels mit und ohne Leukoplakie granulierte Zellen, die den Merkelzellen der Haut ähnlich sind (Flüchter et al. 1985a, b; Müller et al. 1985). Die Therapie mit Östrogenen kann in einem Teil der Fälle zur Abnahme der Penetration von Reizstoffen des Urins führen. Differentialdiagnostisch muß die

Tabelle 6. Irritationen von Blasen und Urethra

Bei Zystitiden
Bei Trigonum-Zystitis (postmenopausal häufig)
Radiogene Schleimhautreizungen bei Konkrementen, Fremdkörpern

Tabelle 7. Reizblase. Histologie

Unspezifischer Reizzustand
Der Befund reicht nicht für eine klassische Urozystitis aus (gestaute Blutgefäße, leichtes Mukosaödem)
Leicht entzündlicher Reizzustand
Lockere Infiltrate von Leukozyten, Monozyten, Lymphozyten, Ödem, Hyperämie
Floride Urozystitis
Unspezifisch, reichlich Leukozyten, evtl. Eosinophile, Erosionen, deutliche Hyperämie
Chronische Urozystitis
unspezifisch-rezidivierend, TUR-Begleitreaktion, Strahlenfolge, Fistelbildung bei Divertikulitis, Blasen-Vaginal-Fistel, Blasen-Rektum-Fistel, M. Crohn, Malakoplakie, Tumor
Spezifisch: Tbc, Bilharziose
Endometriose, Amyloidose

Tabelle 8. Reizblase. Zytologie

Unauffällig
Aktiviert
Akute Entzündung mit Leukozyten
Chronisch-rezidivierend mit Leukozyten, Lymphozyten, Monozyten, Makrophagen, Riesenzellen
Spezifisch: Epitheloidzellen, Riesenzellen

Tabelle 9. Symptomatische Reizblase

Unspezifische Oberflächenzystitis
Interstitielle Zystitis (Hunner ulcus)
Strahlen-Chemozystitis
Granulomatöse Zystitis
TUR, Tbc, Bilharziose
Zystitis bei Begleiterkrankungen
M. Crohn, Colitis ulcerosa, Hämorrhoiden
Peridivertikulitis, Endometriose
Präneoplasien, urotheliale Atypien, Cais, manifeste Karzinome
Umgebungskarzinome, Metastasen

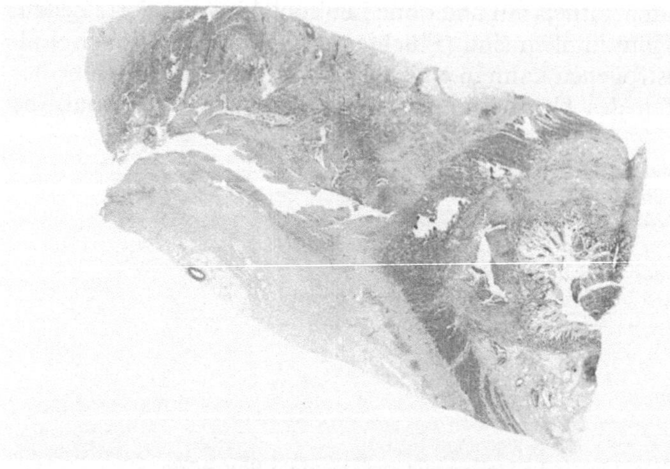

Abb. 76. Ausgedehnte Fistelbildung im distalen Kolon mit Übergreifen auf die äußere Wand der Harnblase mit Auslösung einer symptomatischen Reizblase. Hämatoxylin-Eosin

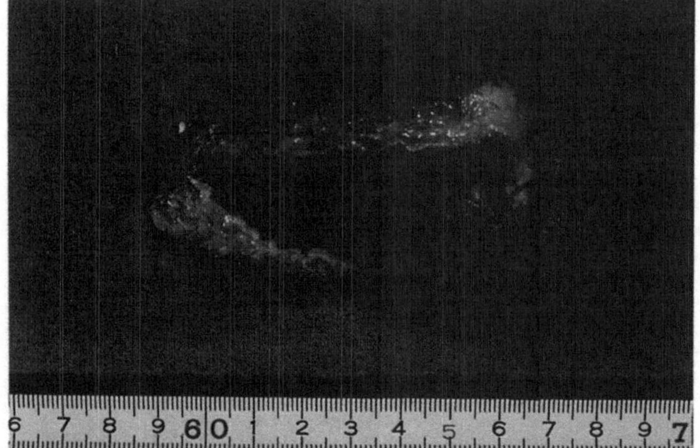

Abb. 77. Schrumpfharnblase bei Strahlenzystitis

Reizblase gegenüber der symptomatischen Reizblase abgegrenzt werden. Im Einzelnen abzugrenzen sind unspezifische oberflächliche Urozystitiden, interstitielle Zystitiden mit Strahlen- und Chemozystitis sowie Zystitis bei Blasenausgangsstarre, granulomatöse Zystitiden, inklusive TUR-Urozystitis, Tbc und Bilharziose. Vor allem sind auch Begleiterkrankungen mit entzündlicher Genese bei Morbus Crohn, Colitis ulcerosa, Analfissuren, Hämorrhoiden, Kolpitis, Peridivertikulitis, Endometriose und urotheliale Atypien inklusive Carcinomata in situ und manifeste Karzinome sowie Umgebungskarzinome mit Metastasen auszuschließen (Tab. 6–9) (Abb. 76).

8.2.4 Strahlen-Chemo-Pyelo-Uretero-Zystitis

Vor allem bei Strahlentherapie von Genitaltumoren der Frau (Portio/Zervixkarzinom, Uteruskarzinome oder Ovarkarzinome) sowie nach postoperativer Radiatio der Harnblase wegen Urothelkarzinomen kann sich das Bild einer chronisch-ulzerösen nekrotisierenden und später fibrosierend sklerosierenden Urozystitis und Ureteritis entwickeln. Vereinzelt sind derartige Prozesse, überwiegend jedoch vernarbender Natur, auch im Nierenbecken nachweisbar. Die submukös und in der Muskulatur verlaufenden Blutgefäße lassen das typische Bild einer Strahlenvaskulopathie erkennen (Abb. 77–79).

Der Gefäßprozeß ist Hauptursache der rezidivierenden ulzerösen, nekrotisierenden Entzündung im Bereich des Urothels, so daß die Prognose dieses Entzündungsverlaufes nicht günstig ist und schlußendlich in einer narbigen Schrumpfharnblase oder Strikturbildung des Ureters endet. Das Bild der Chemourozystitis ist durch eine ausgeprägte fibrosierende und sklerosierende Komponente geprägt. Auch hier kann es zu Erosionen, Ulzerationen, mitunter auch zu Granulombildungen und Plattenepithelmetaplasien kommen (Neumann u. Limas 1986).

8.2.5 Metaplasien

8.2.5.1 Plattenepithelmetaplasien

In 60% finden sich vor allem bei Frauen Plattenepithelmetaplasien im Trigonum der Harnblase. Im höheren Lebensalter sind diese fast bei jeder Frau nachweisbar. Es handelt sich um nicht verhornendes Plattenepithel vom vaginalen Typ. Sehr häufig liegt bei den Patienten ein Östrogenmangel vor mit vermindertem karyo-pyknotischem Index. Die Trigonumplattenepithelmetaplasie scheint offenbar einer der häufigsten Anlässe für die klinische Diagnose einer Reizblase zu sein (Abb. 75).

Mit entsprechender Hormontherapie ist rasch eine Besserung der Reizblase erzielbar.

Sehr selten können metaplastische Plattenepithelien auch eine Verhornungstendenz aufweisen. Diese Leukoplakien finden sich weniger im Trigonumbereich als in allen anderen Harnblasenabschnitten und im Ureter. Abgeschilferte Hornlamellen (sog. Cholesteatome), vor allem im Ureter (Petersen 1986) können dabei ein leukoplakischer Kristallisationskern für eine Konkrementbildung sein oder mit zusätzlich abgelagertem Zelldetritus eine Konkrementsymptomatik vortäuschen. Plattenepithelmetaplasien vom epidermalen Typ mit Atypien können in etwa 25% in ein Karzinom übergehen (Abb. 80). Damit ist dieser Befund als Präkanzerose zu bewerten (Schubert 1984). Diese leukoplakischen Plattenepithelmetaplasien sind vornehmlich in der Seiten- und Hinterwand der Harnblase lokalisiert (Morgan and Cameron 1980).

8.2.5.2 Glanduläre Metaplasien

Zwei Typen werden unterschieden (Schubert et al. 1981). Der Drüsentyp I entsteht durch eine sinusartige Einstülpung des Urothels oder durch Bildung zystischer Hohlräume innerhalb von von Brunn'schen Epithelnestern. Die Hohlräume werden von Zylinderepithel mit Mukoproteinproduktion ausgekleidet.

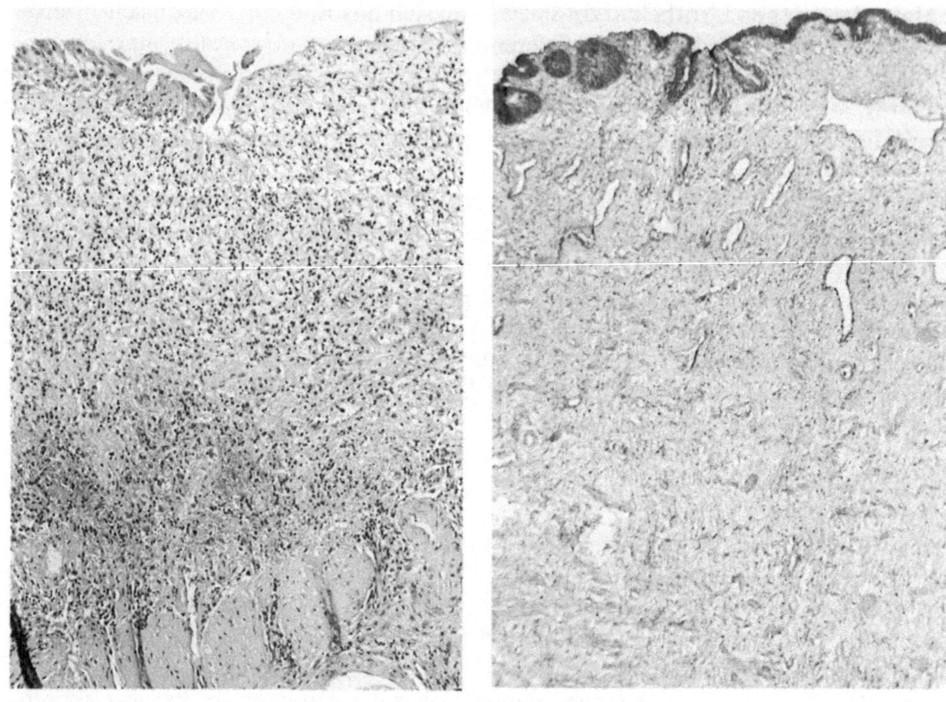

Abb. 78 Abb. 79

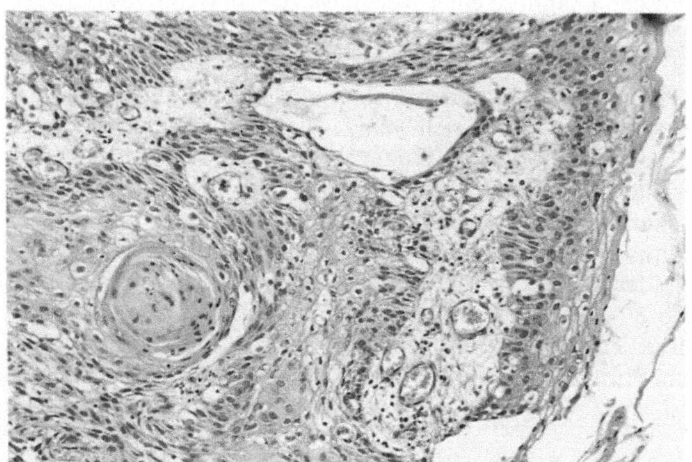

Abb. 80

Abb. 78. Ulzeröse nekrotisierende und chronisch-granulierende Strahlenurozystitis. Hämatoxylin-Eosin

Abb. 79. Vaskulopathie und Stromafibrose bei Strahlenurozystitis

Abb. 80. Plattenepithelmetaplasie mit Übergang in invasives verhornendes Plattenepithelkarzinom. Hämatoxylin-Eosin

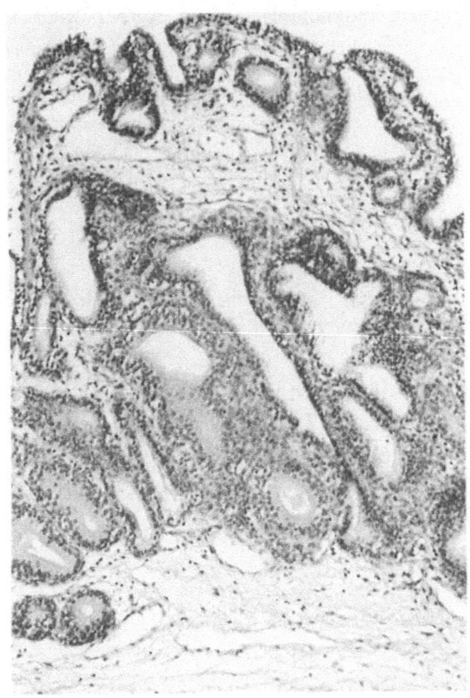

Abb. 81. Glanduläre Metaplasie der Harnblasenschleimhaut (Typ I nach Schubert et al. 1981). Hämatoxylin-Eosin

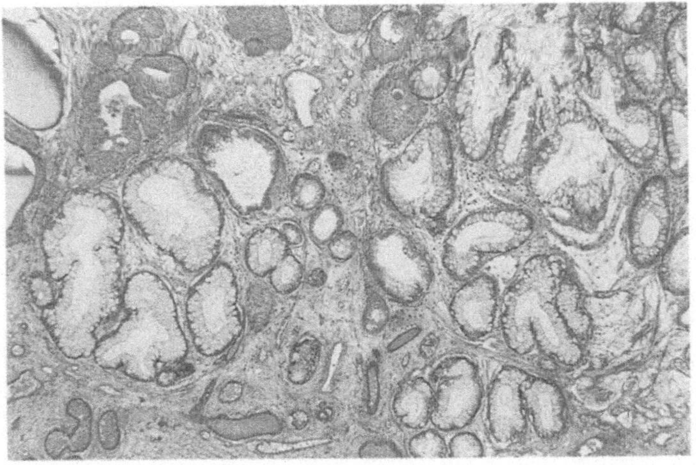

Abb. 82. Glanduläre Metaplasie (Typ II nach Schubert et al. 1981). Hämatoxylin-Eosin

Sekundär können sich wieder Plattenepithel- und/oder adenomatoide (nephrogene) Metaplasien auch in den Ureteren und im Nierenbecken entwickeln (Lugo et al. 1983; Newman u. Antonakopoulos 1985) (Abb. 81, 82).

Der Typ II (Schubert et al. 1981) weist ein hochzylindrisches, becherzelltragendes Epithel auf und wird nicht selten bei Kindern mit Blasenextrophien beobachtet (Abb. 82) (Daroca et al. 1976). Aus dem Typ II können sich Adenome, z. B. vom vil-

Tabelle 10. Immunhistologische Analyse von entzündlichem und metaplastischem Epithel für CEA und TPA

	n	CEA	TPA
Normales Urothel ohne Entzündung	10	∅ → (+)	∅ → (+)
Normales Urothel mit Entzündung	43	+ → ++	+ → +++
Plattenepithelmetaplasie	14	++ → +++	∅/+ → ++
Glanduläre Metaplasie	15	+++	++
Mukoide Metaplasie (Becherzelle M.)	2	+++	++
v. Brunn'sche Zellnester (sol.-zyst.)	7	∅ → +	∅ → +++
Cystitis cystica	5	∅ → ++	++ → +++

lösen Typ, und Adenokarzinome entwickeln, vor allem dann, wenn flächenhafte intestinale Metaplasien des Harntraktes vorliegen (Koss 1975; Bullock et al. 1987; Bos et al. 1988). Immunhistochemisch exprimieren die plattenepithelialen und glandulären Metaplasien deutlicher CEA und TPA als entzündlich alterierte Urothelien (Tab. 10).

9 Tumorähnliche Läsionen

9.1 Amyloidose

Solitäre, aber auch multiple noduläre Amyloidoseherde können in Nierenbecken, Ureteren und Harnblasenwandungen gefunden werden, vereinzelt auch in Kombination mit einem urothelialen Karzinom. Gewebsbiopsien aus diesen Bereichen, vor allem aus der Harnblasenmukosa, können schwerste Blutungen verursachen (Abb. 83). Bei der systemischen Amyloidose sind die ableitenden Harnwege häufiger beteiligt, als dies bei der primären lokalisierten Form der Fall ist.

9.2 Endometriose

Bei jeder 7.–8. Patientin mit einer heterotopen Endometriose ist der ableitende Harntrakt befallen. Die Ureteren und die Harnblase sind vornehmlich betroffen. Endometrioseherde in der Wand des Ureters können zu Harnabflußstörungen führen. Die Blasenendometriose wird im Rahmen der symptomatischen Reizblase klinisch diskutiert (Abb. 84). Im Vordergrund stehen eine Makro- und Mikrohämaturie (Maros u. Terhorst 1985; Favre et al. 1986).

9.3 Fibroepithelialer Polyp

Im Nierenbecken, in den Ureteren, in der Harnblase, vor allem jedoch in der Urethra finden sich polypöse Schleimhautvorwölbungen, die aus einem fibrovaskulären Stroma mit unterschiedlicher entzündlicher Zellbeimischung bestehen und an der Oberfläche je nach Lokalisation von Urothel oder wie in der Urethra von Plattenepithel bedeckt werden. Diese Tumoren neigen zu Hämorrhagien. Sie werden auch als angiofibromatöse Polypen, Hamartome und bei reichlich speichernden Makrophagen als xanthomatöse Polypen bezeichnet (Petersen 1986) (Abb. 85).

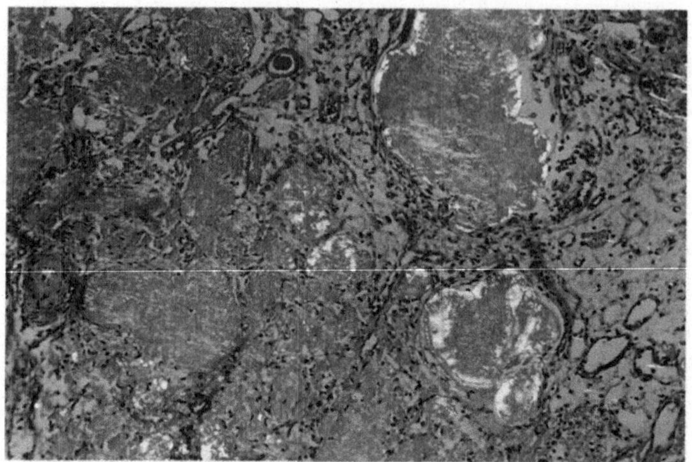

Abb. 83. Polarisationsoptischer Nachweis von Amyloid in der Harnblasenwand. Kongo-Rot-Färbung

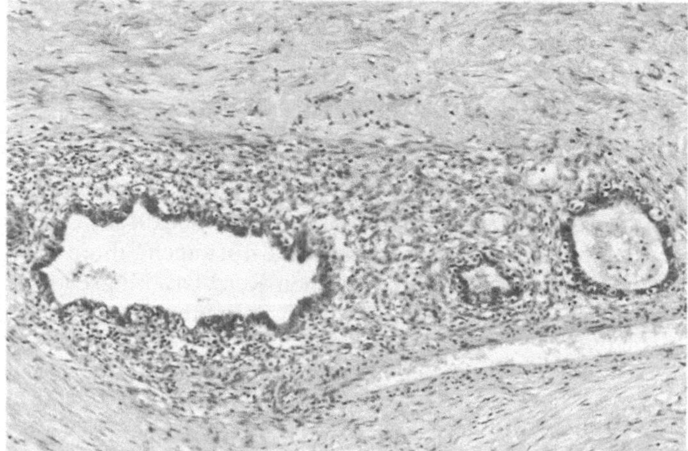

Abb. 84. Endometrioseherde mit zytogenem Stroma in der Wand der Harnblase. Hämatoxylin-Eosin

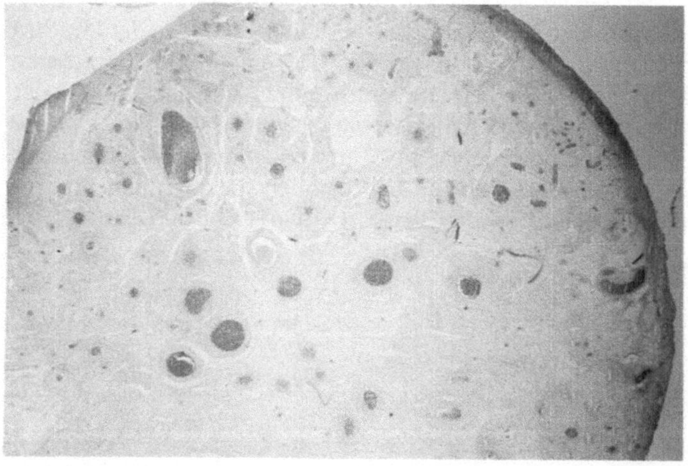

Abb. 85. Fibroepithelialer Polyp der Harnblasenschleimhaut. Hämatoxylin-Eosin

10 Tumoren der ableitenden Harnwege

Fast 98% der Geschwülste in den ableitenden Harnwegen nehmen ihren Ausgang vom Epithel und sind fast zum gleichen Prozentsatz Karzinome (Lutzeyer 1986).

Die Zahl der Urothelkarzinome ist seit Mitte des Jahrhunderts weltweit angestiegen (Sarma 1969). Vor allem in Europa ist eine signifikante Häufigkeitszunahme zu verzeichnen (Wallace 1975). Die Beobachtungen haben zu verstärkten Aktivitäten in der Diagnostik und der Therapie der Urothelkarzinome geführt. Dabei sind jedoch erhebliche Unterschiede in regionaler Häufigkeit und Mortalitätsraten zu beobachten (Dhom u. Goebbels 1986; Malone et al. 1987; Morrison 1987).

10.1 Geographische Besonderheiten

Der Anteil der Urothelkarzinome schwankt zwischen 0,3% in Indien und China und 11% in Ägypten (Nasr 1963). In Kairo sind 43,8% aller Tumoren Harnblasenkarzinome (Sarma 1969). Das Geschlechtsverhältnis Männer: Frauen beträgt dabei 11:3,9.

Im Hinblick auf die Zunahme der Mortalitätsrate an Harnblasenkarzinomen sind die stärksten Anstiege der Todesfälle mit über 70% beim Mann aus Italien und Japan berichtet worden. In der Schweiz ist eine Zunahme von 6,6%, in England von 5,0% beobachtet worden (Sarma 1969). Die Sterberate in den industrialisierten Ländern der westlichen Welt ist größer als in den Entwicklungsländern von Afrika und Asien. In den Vereinigten Staaten hat die Inzidenz von Harnblasenkarzinomen bei Männern in den letzten 30 Jahren von 10,6 auf 23,4 pro 100000 zugenommen. Die derzeitige Inzidenz liegt bei 27 Fällen pro 100000 (Malone et al. 1987). In der Bundesrepublik ist die Mortalität an Harnblasenkarzinomen kontinuierlich um etwa 1,1–1,5% jährlich angestiegen. Der Harnblasenkrebs steht dabei mit 7,4% an 5. Stelle aller Karzinome beim Mann. Bei der Frau nimmt das Urothelkarzinom mit 2,6% die 9. Stelle ein (Dhom u. Goebbels 1986).

Im Rahmen der pathologisch-anatomischen Untersuchung ist der prozentuale Anstieg urothelialer Karzinome nicht so ausgeprägt, da insgesamt das bioptische Untersuchungsmaterial aus den ableitenden Harnwegen, insbesondere der Harnblase ebenfalls zugenommen hat und damit verbunden auch der Anteil nicht tumoröser Erkrankungen.

1968–1979 fand sich z. B. im eigenen Untersuchungsgut eine Zunahme der Harnblasenkarzinome von 66 auf 245 Fälle pro Jahr. In gleicher Weise stieg jedoch auch der Anteil der Blasenbiopsien an.

Das feingewebliche Muster der Harnwegskarzinome, vor allem der Blasenkarzinome, hängt offenbar ebenfalls von geographischen Gegebenheiten ab. In den industrialisierten Ländern sind über 90% aller Karzinome sog. Urothelkarzinome (Transitionalzellkarzinome). In Ägypten sowie in zahlreichen Ländern des afrikanischen Kontinents sind 30–60% der Karzinome in den ableitenden Harnwegen Plattenepithelkarzinome, z. T. auch drüsenbildende Karzinome.

10.2 Ätiologie und Pathogenese

Über die Ätiologie und Pathogenese des urothelialen Karzinoms wird seit Jahren und fast Jahrzehnten intensiv experimentell und klinisch geforscht. Der Anilin-Krebs der Harnblase wurde bereits als Berufserkrankung bei den Arbeitern dieser Fabriken anerkannt (Rehn 1895). Im weiteren Verlauf der Jahre wurde eine ganze Reihe von Stoffen gefunden, die als Kanzerogene oder als Ko-Kanzerogene eine enge Beziehung zu den Tumoren der Harnblase hatten. Außer dem Anilin zählt zu dieser Gruppe eine große Anzahl aromatischer Amine, die als Intermediärprodukte oder als Verunreinigungen in der Farbstoff-, Textil-, Gummi-, Lack- oder Lederindustrie anfallen und den Menschen schädigen können. Ebenso alterierend wirken auch die anderen Substanzen und Farbstoffe, die einen Benzol-Ring besitzen, z. B. β-Naphthylamin oder Xenylamin, Steinkohlenteer, Ruß- oder Gasprodukte, auf das Urothel ein (Jewett 1970; Clayson 1975; Schubert 1976; Zingg 1978; Koss 1979 a; Adolphs et al. 1980; Norpoth 1984; Rutishauser et al. 1984; Rübben et al. 1985).

Weiterhin sind Medikamente wie Phenacetin oder Cyclophosphamid urothelschädigend (Zingg 1978; Kunze et al. 1983 b, c; Kunze 1984; Leistenschneider et al. 1983; Rutishauser et al. 1984; Steffens und Nagel 1986 b). Ursachen anderer Art sind der Brackenfarn sowie Parasiten, wie z. B. Schistosoma haematobium (Koss 1979 a). Die Kontamination mit diesem Erreger ruft eine Bilharziose der Harnblase hervor, die als begünstigender Faktor für ein Plattenepithel-, seltener ein Adenokarzinom zu werten ist (Koss 1979 a). Diese Form des Harnblasenkarzinoms ist in einem vergleichbaren Kollektiv von Patienten aus Regionen, in denen Schistosoma haematobium so gut wie nicht gefunden wird, wesentlich seltener. Hieraus ist ein Zusammenhang zwischen Zelltyp des Karzinoms und der Ursache abgeleitet worden. In Uganda werden z. B. 34,0% Plattenepithelkarzinome in allen Harnblasenkarzinomen gefunden (Dodge 1963). In Südafrika wurden bei Bantu-Stämmen sogar 69,6% Plattenepithelkarzinome und nur 8,7% typische Urothelkarzinome festgestellt (Higginson u. Oettle 1963; Adolphs et al. 1980).

In der westlichen Welt beträgt der Anteil der Übergangszellkarzinome an der Gesamtheit der Harnblasenkarzinome 80 bis 90% (Jewett 1970; Melicow 1974).

Alle diese als Ursachen für den Harnblasenkrebs in Frage kommenden Faktoren, sowohl die nachgewiesenen als auch die noch nicht endgültig bewiesenen Faktoren, z. B. Nikotin (Kabat 1986; Jensen et al. 1987; Morrison 1987; Slattery et al. 1988; Wynder et al. 1988) lassen diese Karzinomart sowohl in der dritten Welt wie auch in den Industrieländern als sehr ernste und ständig wachsende Gefahr erscheinen, die im Augenblick nur durch Ausschalten der bereits bekannten oder vermuteten Noxen

Tabelle 11. Ätiologie der urothelialen Karzinome

Exogene Karzinogene (Urin)
- Aromatische Amine
- Phenacetinhaltige Substanzen
- Saccharin
- Nikotin, Koffein, Opium
- Zytostatika (Cyclophosphamid)

Endogene Karzinogene
- Tryptophanmetabolite, Nitrosamine

Entzündungen
- Blasenkonkremente, Parasiten (Bilharziose)

eingedämmt werden kann, indem durch Präventivmaßnahmen die kanzerogenen Stoffe vom menschlichen Organismus ferngehalten werden (Malone et al. 1987) (Tab. 11).

Insgesamt muß kausalgenetisch von einem multifaktoriellen Kanzerisierungsgeschehen im Sinne einer Plurikarzinogenese ausgegangen werden (Malone et al. 1987). Dabei spielen nicht-karzinogene Promotoren möglicherweise eine noch wichtigere Rolle als die eigentlichen kompletten Karzinogene. Außerberufliche Umwelteinflüsse und bestimmte Lebensgewohnheiten sind für die Urothelkarzinome von großer Bedeutung, wie Nikotin- und Analgetikaabusus und die Koffeinaufnahme (Cole 1971; Morrison et al. 1982; Weinberg et al. 1983; Akaza et al. 1984; Hartge et al. 1985, 1987; Barth u. Ewers 1986; Kabat et al. 1986; Kunze et al. 1986; Jensen et al. 1987; Morrison 1987; Slattery et al. 1988). In verschiedenen tierexperimentellen Modellen sind die Prinzipien einer mehrstufig ablaufenden Urothelkarzinogenese mit Entwicklung von Urothelkarzinomen der ableitenden Harnwege aller Malignitätsgrade und Stadien untersucht worden, wobei bestimmte Prinzipien auf den Menschen durchaus übertragbar sind (Kunze et al. 1983a, b, c; Kunze 1984; Lazarevic et al. 1978; Melicow 1974; Oyasu et al. 1987; Samma et al. 1987).

Jüngst ist im Zystektomiemodell die Synchronisation der stimulierten urothelialen Zellproliferationen gelungen. Hierdurch ergibt sich die Möglichkeit, die Zellzyklusbesonderheiten bei urothelialer Karzinogenese zu untersuchen (Kunze et al. 1987).

Entscheidenden Einfluß auf die Manifestation eines Blasenkarzinoms haben die Zeitdauer der Exposition und das Alter, in dem der erste Kontakt mit der karzinogenen Substanz stattfindet. Je älter der Mensch, desto geringer ist das Risiko, denn die durchschnittliche Latenzzeit vom ersten Kontakt mit dem Kanzerogen bis zur Manifestation des Urothelkarzinoms beträgt mindestens 20 Jahre (Gericke u. Harzmann 1986).

Eine virale Genese, z. B. durch Papova-Viren wie bei Kondylomen, wird neuerdings diskutiert, ist aber noch nicht bewiesen. Immunologische und immunhistochemische Methoden werden möglicherweise hier weiterführen (Grups et al. 1985; Arndt et al. 1986; Ackermann 1986a).

10.3 Urotheliale Atypien (Präneoplasien und Carcinomata in situ)

Bei histologischer Analyse der umgebenden Urothelstrukturen in Nachbarschaft manifester Karzinome findet sich ein hoher Prozentsatz urothelialer Atypien (Murphy u. Soloway 1982). Mit Zunahme des Malignitätsgrades manifester Karzinome nehmen die Schichtungsstörungen und Atypien des Urothels an Stärke zu. Somit kann formalpathogenetisch davon ausgegangen werden, daß, wie bei anderen Karzinomen, auch dem invasiven Urothelkarzinom eine präneoplastische Veränderung oder eine nicht invasive Neoplasie vorausgeht (Ito et al. 1981) (Tab. 12–14).

Tabelle 12. Prozentuale Verteilung von Erkrankungen der Harnblasenschleimhaut (n = 4895)

Histologische Diagnosen	n	%
Ohne pathologischen Befund	71	1.5
Unspezifische Urozystitis inklusive TUR-Reaktionen, Strahlenzystitis	929	19,0
Bilharziose	5	0,1
Tuberkulose	7	0,1
Amyloidose	4	0,1
Fibroepitheliale Hyperplasien sog. Polypen	29	0,6
Metaplasien	21	0,4
Dystrophische Verkalkungen	9	0,2
Divertikel	5	0,1
Urotheliale Atypien		
Leicht (D1)	300	6,1
Mäßig (D2)	152	3.1
Schwer (D3)	91	1,9
Carcinoma in situ	62	1,3
Urotheliale Karzinome		
G0 (Papillome)	51	1,0
GIa	165	3,4
GIb	1275	26,0
GIIa	856	17,5
GIIb	259	5,3
GIII	438	8,9
Undifferenzierte Karzinome	15	0,3
Plattenepithelkarzinome	43	0,9
Adenokarzinome + Urachus	43	0,9
Metastasierte und eingebrochene Karzinome	49	1,0
Prostata 21		
Darm 19		
Magen 7		
Hoden 2		
Lymphangiosis carcinomatosa	1	0,0
Angiome, Paragangliome	5	0.1
Fibromyome	1	0,0
Sarkome	9	0,2

Tabelle 13. Prozentuale Verteilung von histologisch gesicherten urothelialen Atypien bei Harnblasenbefunden ohne Entzündung, ohne Karzinom, mit Entzündung und mit Karzinom

Histologische Diagnose	n	D1	D2	D3
	1057	443 41,9%	360 34,1%	254 24,0%
Ohne Entzündung Ohne Karzinom	145 13,7%	72 49,7%	56 38,6%	17 11,7%
Mit Entzündung	398 37,7%	262 65,8%	120 30,2%	16 4,0%
Mit Karzinom	514 48,6%	109 21,2%	184 35,8%	221 43,0%

Tabelle 14. Kombination von urothelialer Atypie und Karzinom. Histologische Analyse

	n/%	G0	GIa	GIb	GIIa	GIIb	GIII
D1	109	4	20	45	24	12	4
	21,2%	3,7%	18,5%	40,8%	22,2%	11,1%	3,7%
D2	184	–	6	79	48	37	14
	35,8%	–	3,1%	43,0%	26,2%	20,0%	7,7%
D3	221	–	–	35	48	69	69
	43%			15,6%	21,8%	31,1%	31,3%

10.3.1 Einfache Urothelhyperplasie

Gegenüber dem normalen Urothel mit 4–5 Zellagen zeichnet sich die einfache Urothelhyperplasie bei regelrechter Epithelreihung durch mehr als 5 Zellagen aus. Die Zellen haben vermehrt ein basalzellenähnliches Aussehen. Schichtungsstörungen bzw. Atypien treten nicht auf (Abb. 86).

Die einfache urotheliale Hyperplasie ist nicht als Präneoplasie zu werten.

10.3.2 von Brunn'sche Zellnester

Urotheliale Invaginationen an der Oberfläche der Harnblasenmukosa, von der Lamina propria begrenzt, werden als von Brunn'sche Zellnester bezeichnet. Sie sind fast in jeder Harnblasenschleimhaut (90%) nachweisbar. Es handelt sich um primäre urotheliale inverte Proliferationen, die nicht – wie früher diskutiert – auf dem Boden chronischer entzündlicher Veränderungen entstanden sind. Sie können Ursprung für glanduläre Metaplasien Typ I oder für eine Cystitis cystica und glandularis sein (Petersen 1986).

10.3.3 Atypische urotheliale Hyperplasie

Hier ist die Schleimhaut vielfach gerötet. Histologisch liegen auch hier mehr als 5 Zellreihen des Urothels vor. Dabei treten bereits Schichtungsstörungen auf. Auch die Kerne können leichte Atypien aufweisen (Abb. 87).

10.3.4 Plane Urothelatypien (Dysplasien)

Das Urothel ist bei dieser Veränderung mit seiner Epithelreihung teils im Bereich des normalen Urothels, teils im Bereich der nicht papillären Hyperplasie. Im Vordergrund stehen jedoch die Schichtungsstörungen und Grade von Zell- und Kernatypien. Die fast vollständige Aufhebung der Zellschichtung mit schweren Atypien bei Erhaltung der Lamina propria mit andeutungsweise noch erkennbarer Basalzellenzone entspricht der schweren urothelialen Atypie (Grad III). Sie ist dem Carcinoma in situ (ICD-0 8120/2) gleichzusetzen. Z. T. kommen im Carcinoma in situ bereits mononukleäre Riesenzellen zum Vorschein, wie sie charakteristisch für manifeste Urothelkarzinome mindestens Maligitätsgrad II bis III sind. Auf der Gegenseite steht die leichte Atypie (Grad I), in der leichte bis mäßiggradige Zell- und Kernatypien auftreten können bei leichter Schichtungsstörung. Die mäßiggradige urotheliale Atypie (Grad II) zeigt entweder bereits deutliche Schichtungsstörungen mit nur geringen Kernatypien oder in fokalen Abschnitten plötzlich auftretende schwere Atypien. Im Gegensatz zum Atypiegrad III ist das Bild jedoch nicht uniform aus kleinen monomorphen bzw. polymorphen atypischen Zellen zusammengesetzt (Smith 1981, 1982, 1985; Helpap et al. 1984, 1985b, c, d) (Abb. 88–90) (Tab. 12–14).

10.3.5 Zellkinetik der Atypien

Mit Hilfe der DNA-Zytophotometrie, der Autoradiographie oder mit morphometrischen Methoden sind die biologischen Wertigkeiten bzw. Wachstumsaktivitäten der unterschiedlichen urothelialen Atypiegrade untersucht worden. Die Kenntnis derartiger Untersuchungsergebnisse ist von Bedeutung im Rahmen der Früherkennung von Urothelkarzinomen, unter Abstufung leichter, mäßiger und schwerer Grade von urothelialen Atypien bzw. Carcinomata in situ und manifesten Karzinomen. Dies gilt nicht nur für die Histologie, sondern auch für die zytologische Analyse (Dhlos et al. 1979; Smith 1981, 1982, 1985; Blume et al. 1984; Helpap et al. 1984, 1985b, c, d; Hofstädter et al. 1986).

Impulszytophotometrische Messungen an Einzelzellsuspensionen werden nicht selten an Spontanurin oder Blasenspülflüssigkeit durchgeführt (Tribukait und Esposti 1978).

Die Autoradiographie mit radioaktiv markierten DNA-Prekursoren wie Thymidin können mit Hilfe einer in vitro-autoradiographischen Analyse an transurethral reseziertem Frischmaterial aus dem abführenden Urotheltrakt durchgeführt werden (Helpap et al. 1984, 1985b; Blume et al. 1984; Blume u. Theuring 1984a, b; Dhlos et al. 1979; Lawson et al. 1986) (s. a. Abb. 283, 284, 285).

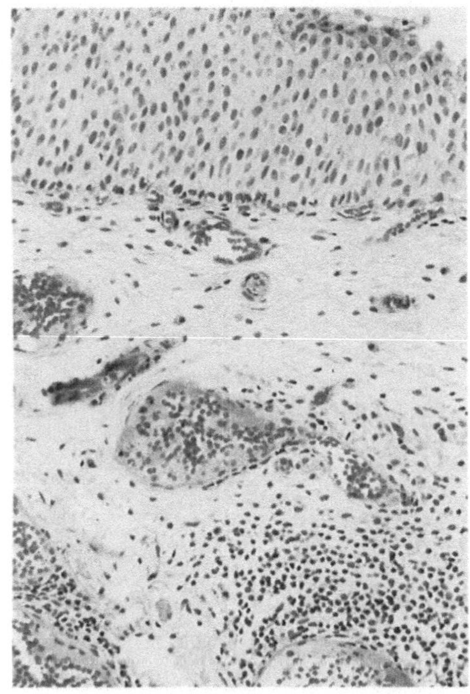

Abb. 86. Einfache urotheliale Hyperplasie ohne nennenswerte Schichtungsstörungen. Hämatoxylin-Eosin

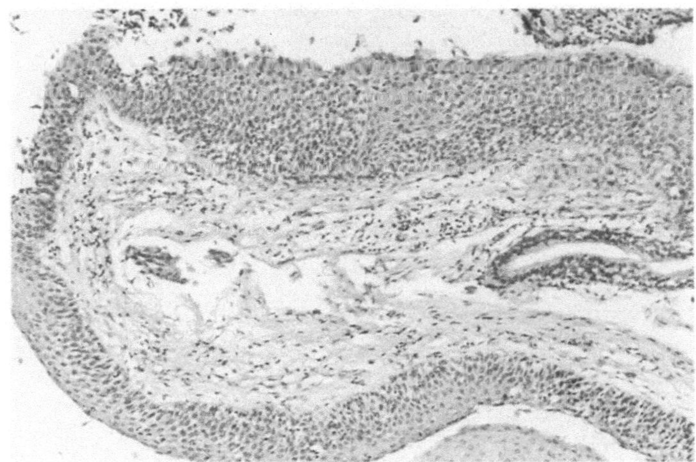

Abb. 87. Leichte urotheliale atypische Hyperplasie. Hämatoxylin-Eosin

Unter Einsatz von 3-H-Thymidin haben die zellkinetischen Untersuchungen gezeigt, daß die Proliferationsaktivität des normalen Urothels äußerst gering ist (Mitoseindex 0,01%, Markierungsindex 0,6%). Die urothelialen Atypien weisen mit Zunahme des Atypiegrades ansteigende Mitose- und Markierungsindizes auf mit Maximalwerten über 30%. Vor allem die schwere urotheliale Atypie und das Carcinoma in situ zeigen ähnliche zellkinetische Parameter wie manifeste G II- und G III-Karzi-

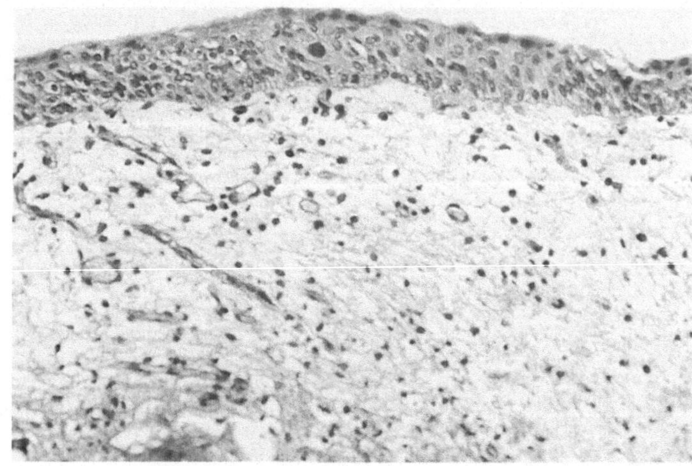

Abb. 88. Mäßiggradige plane urotheliale Atypie Grad II. Hämatoxylin-Eosin

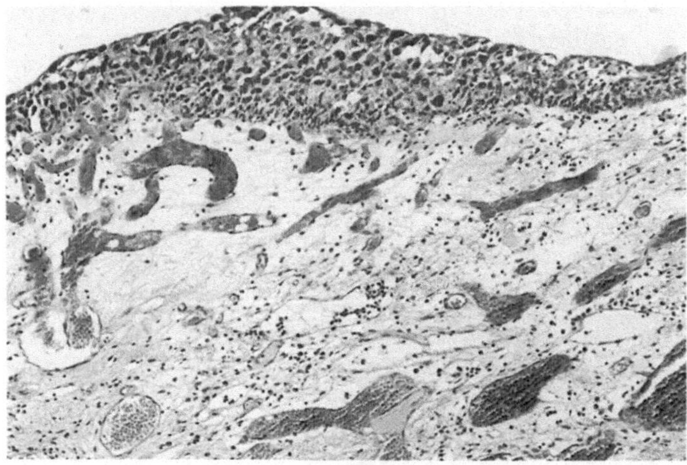

Abb. 89. Schwere urotheliale Atypie Grad III. Hämatoxylin-Eosin

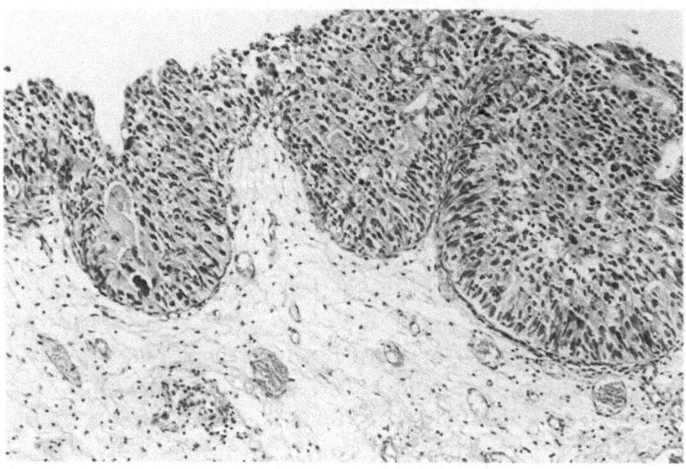

Abb. 90. Carcinoma in situ der Harnblase. Hämatoxylin-Eosin

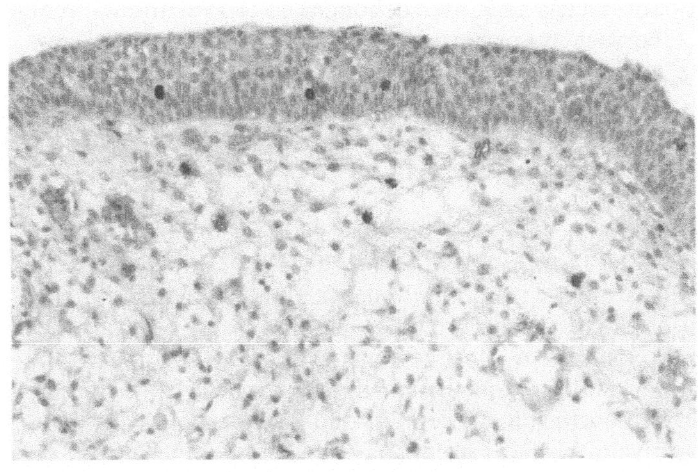

Abb. 91. Histoautoradiogramm einer leichten urothelialen Atypie. Hämatoxylin-Eosin; Strippingfilm

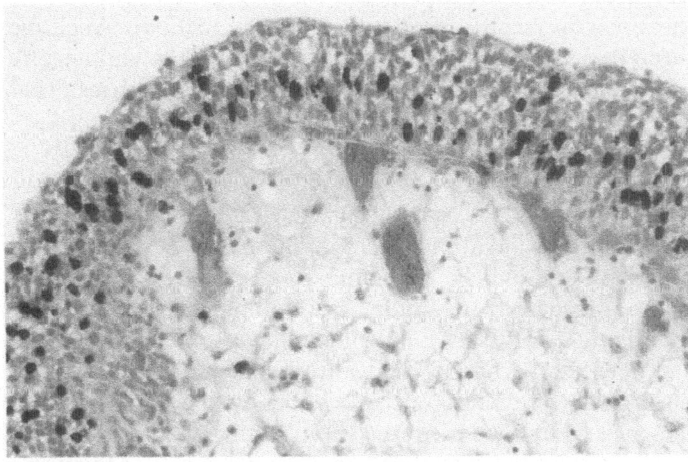

Abb. 92. Schwere urotheliale Atypie mit zahlreichen radioaktiv markierten DNA-synthetisierenden Zellkernen. Hämatoxylin-Eosin; Strippingfilm-Autoradiogramm

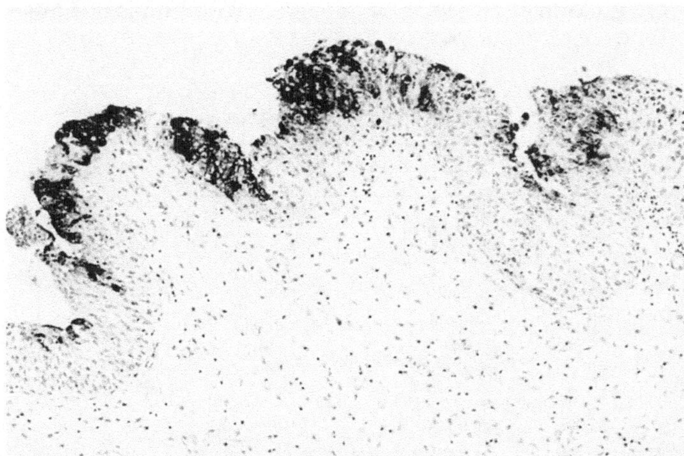

Abb. 93. Immunhistochemischer Nachweis einer CEA-Expression bei mäßiggradiger bis deutlicher urothelialer Atypie Grad II. ABC-Technik

nome. Jüngste DNA-zytophotometrische Untersuchungen haben für die schweren urothelialen Atypien ein Überwiegen von tetraploiden, für das Carcinoma in situ einen hohen Prozentsatz aneuploider Zellen ergeben (Hofstädter et al. 1986) (Abb. 91, 92).

10.3.6 Immunhistochemische Analysen

Der Einsatz poly- und monoklonaler Antikörper gegen karzinoembryonales Antigen und polypeptidhaltiges Gewebsantigen (CEA und TPA) an paraffineingebettetem Material haben sowohl am nicht autoradiographierten Untersuchungsmaterial, wie an bereits zellkinetisch analysierten, inkubierten Gewebsproben aus dem Urogenitaltrakt sehr charakteristische Werte ergeben. Die Expression von CEA und TPA am normalen Urothel und in von Brunn-Limbeck'schen Epithelnestern schwankt. Die Expression ist herdförmig ausgeprägt und kann bei TPA stark ausgeprägte Werte neben negativem Ausfall zeigen.

Bei der urothelialen Hyperplasie und dem entzündlich alterierten Urothel sind ebenfalls große Schwankungen von negativ bis deutlich positiv meßbar. Auch die urothelialen Atypien in ihren drei Graden weisen Spannweiten auf, die von negativ bis deutlich positiv reichen. Die CEA-Expression ist beim Carcinoma in situ stärker ausgeprägt als bei der schweren Atypie. Zellkinetisch konnten hier keine signifikanten Unterschiede gemessen werden (Abb. 93–95) (Tab. 15, 21).

Bei der Anwendung des Erythrozyten-Oberflächenantigens (AB0-System) bzw. nach dem Erythrozytenadhäsionstest (SRCA-Test) zeigt sich, daß mit Zunahme der Atypie ein Verlust der Blutgruppenantigenität einsetzt und damit dieser Befund die Präkanzerose bzw. den Übergang in mögliche Malignität anzeigt, die auch mit einer beginnenden Stromainvasion korrelierbar ist. Unter Anwendung elektronenmikroskopischer Methoden, vor allem der Raster-Elektronenmikroskopie, ist die Entwicklung von Mikrovilli an der Zelloberfläche, die wahrscheinlich karzinoembryonales Antigen abgeben, ein frühes Malignitätszeichen, wobei die pleomorphen Mikrovilli auch an der Oberfläche entzündlicher Epithelveränderungen zu finden sind, z. B. bei interstitieller Zystitis (Hicks 1977; Tannenbaum u. Romas 1978; Moriyama et al. 1984; Nakatsu et al. 1984; Coon et al. 1985; Dixon et al. 1986; Limas u. Lange

Tabelle 15. Expression von CEA und TPA in urothelialen Atypien/Dysplasien

Diagnose		n	CEA	TPA
Hyperplasie		45	∅ → ++	+ → +++
Dysplasie (Atypie)	D_1	7	+ → ++	++ → +++
	D_2	31	+ → +++	++ → +++
	D_3	40	+ → +++	+++
Carcinoma in situ		10	++ → +++	+++
Papillome	G_0	30	∅ → +	+ → +++
Urotheliale Karzinome	G_1	52	∅ → +++	++ → +++
	G_2	55	∅ → +++	+ → +++
	G_3	51	∅ → +++	+ → +++

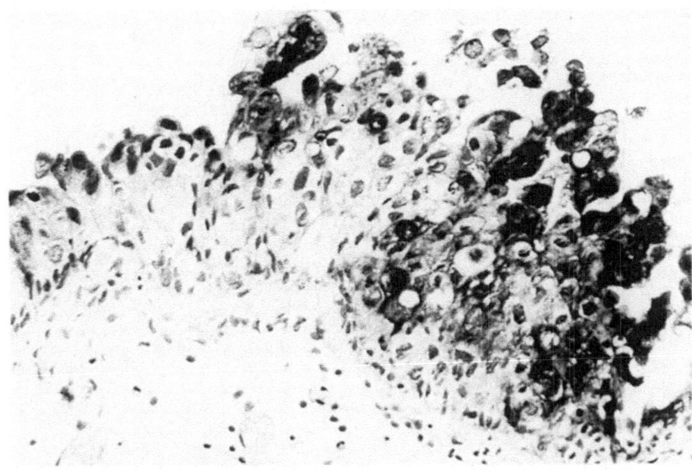

Abb. 94. Carcinoma in situ der Harnblase mit heterogener CEA-Expression und diffuser zytoplasmatischer Anfärbung. ABC-Technik

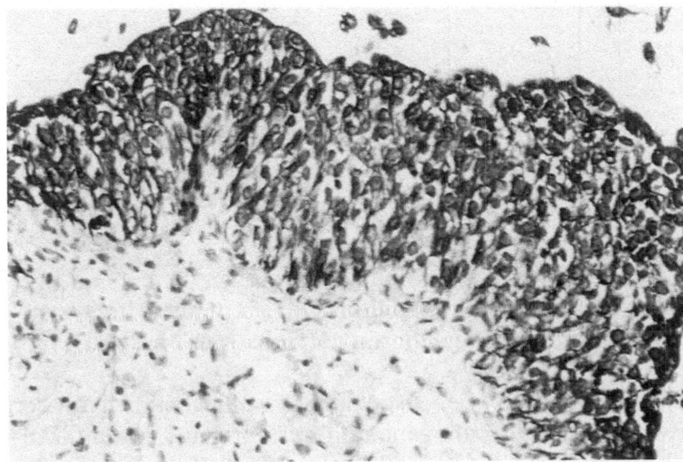

Abb. 95. TPA-Expression des Carcinoma in situ der Harnblase. ABC-Technik

1986; Nelde et al. 1986). Die immunhistochemischen und zellkinetischen Analysen haben somit eindeutige Unterschiede zwischen leichten Atypien bzw. einfachen Hyperplasien und schweren urothelialen Atypien Grad III bzw. Carcinomata in situ ergeben. Dieser Befund ist von Wichtigkeit für die formale Pathogenese bzw. Histogenese der Urothelkarzinome (Vahlensieck et al. 1985).

10.4 Urothelkarzinome

10.4.1 Altersverteilung

Der Häufigkeitsgipfel für Urotheltumoren, vor allem für Harnblasenkarzinome, findet sich in der 7. Lebensdekade (Soloway et al. 1978; Zingg 1978; Helpap u. Giesbert

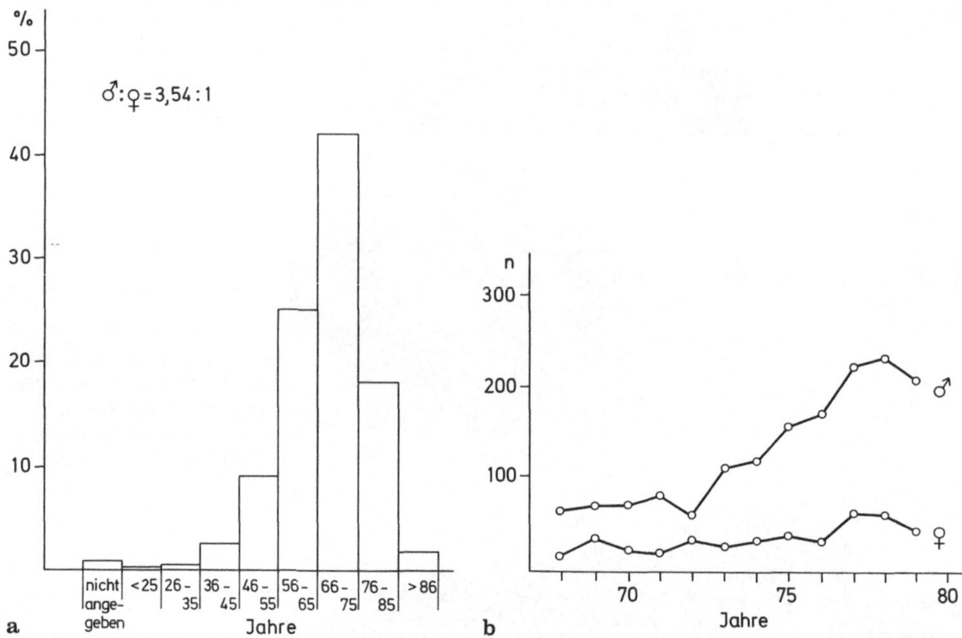

Abb. 96. a Altersverteilung von urothelialen Karzinomen. **b** Geschlechtsverteilung von Papillomen (GO) und Karzinomen

1982). Die Spannweite im Auftreten der Karzinome liegt zwischen dem 30. und 95. Lebensjahr (Murphy et al. 1979). Urotheliale Papillome zeigen in der Altersverteilung eine leichte Vorverlagerung auf jüngere Jahrgänge (Helpap u. Giesbert 1982) (Abb. 96a, b).

Die größere Häufigkeit in der 6. oder 7. Lebensdekade ist wahrscheinlich mit der erforderlichen langen Einwirkung der Karzinogene und der übrigen Umweltfaktoren in Zusammenhang zu bringen. Hinsichtlich der Altersverteilung und der Dignität von Urotheltumoren ist festzuhalten, daß jüngere Jahrgänge höher differenzierte und weniger infiltrierend wachsende Karzinome (G I-Tumoren) entwickeln als alte Patienten, bei denen die Karzinome mit höheren Malignitätsgraden überwiegen (Schubert u. Steinert 1978; Helpap u. Giesbert 1982; Dhom u. Goebbels 1986; Fitzpatrick u. Reda 1986).

10.4.2 Verteilungsmuster

Im Nierenbecken sind 6% der Karzinome, im Ureter etwa 2% und in der Harnblase 92% lokalisiert. Adenokarzinome – ausschließlich in der Harnblase – sind außerordentlich selten. Sie entwickeln sich vor allem bei chronischen Urozystitiden sowie bei Blasenexstrophien und können vom Blasendach aus Urachusresten hervorgehen (Abb. 140–142). Nicht selten sind die Urothelkarzinome im Nierenbecken kombiniert mit papillären Wuchsformen im Ureter und in der Harnblase (Abb. 97–99). Die Häufigkeit der Ureterkarzinome nimmt zum kaudalen Drittel zu. In etwa 70% der

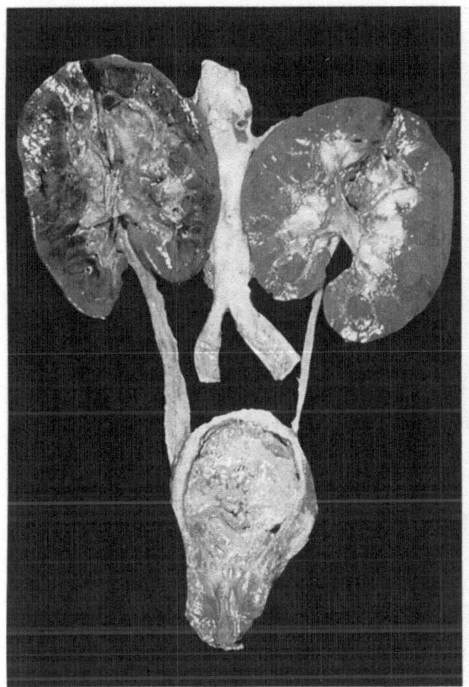

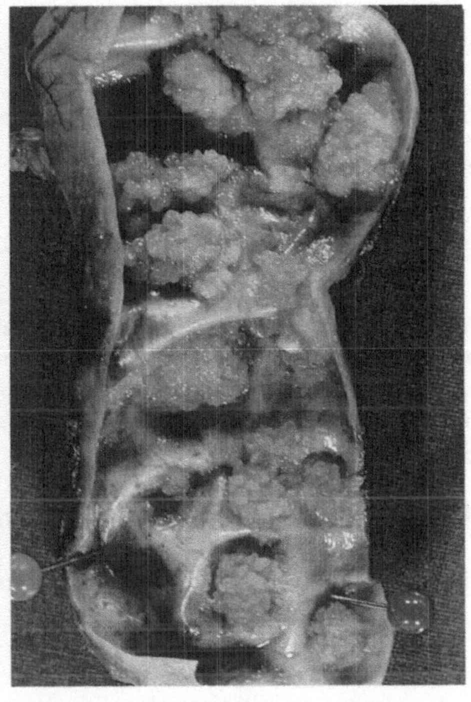

Abb. 97. Papilläre urotheliale Karzinome in Nierenbecken, Ureteren und Harnblase

Abb. 98. Multiple papilläre Urothelkarzinome im Harnleiter

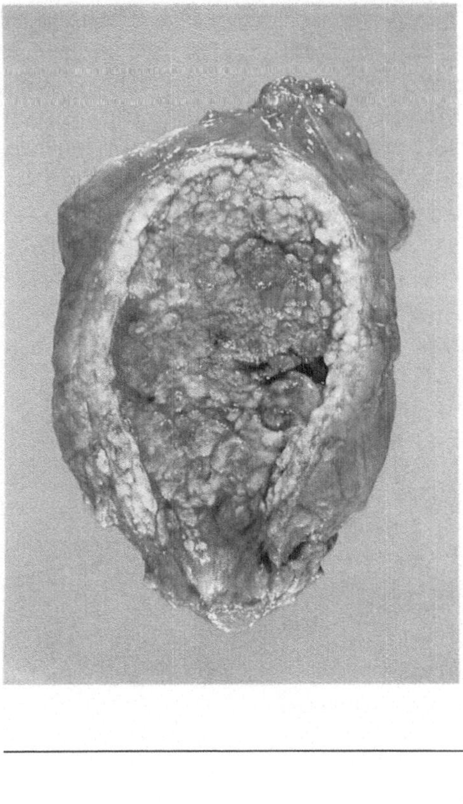

Abb. 99. Diffuse urotheliale Karzinose der Harnblase

Tabelle 16. Lokalisation von Harnblasenkarzinomen

Seitenwand	46,0%
Hinterwand	18,0%
Trigonum	13,0%
Dach	9,0%
Vorderwand	8,0%
Hals	6,0%

Fälle finden sich die Karzinome im unteren Drittel. Die Harnblasenkarzinome sind am häufigsten an der lateralen und hinteren Blasenwand, in Nachbarschaft der Uretermündungen und im Trigonum lokalisiert. Nur 9% der Tumoren entwickeln sich am Blasendach bzw. an der Vorderwand (Tab. 16). (Lutzeyer 1986; Riese et al. 1986; Falensteen Lauritzen et al. 1987).

10.4.3 Pathologisch-anatomisches Staging

Urotheliale Harnblasenkarzinome gliedern sich in 3 Gruppen:
1. Oberflächliche Karzinome mit lokaler Rezidivneigung.
2. Muskelinvasive Karzinome mit hoher Metastasierungsneigung.
3. Fortgeschrittene oder metastasierende Karzinome.

Es werden papilläre und solide Wachstumsformen unterschieden (Abb. 100, 101).

Die *papillären* Tumorformationen bevorzugen ein exophytisches, die soliden ein infiltrierendes Wachstum. Bei den papillären Wachstumsformen entspricht pT A einer papillären Tumorformation, die auf die Mukosa beschränkt ist. Bei Durchbruch der Basalmembran mit Infiltration der Submukosa und zusätzlichen Exophyten liegt das Stadium pT 1 vor. Die exakte Analyse muß vor allem auch die Aufsplittung der Muscularis mucosae berücksichtigen, die möglicherweise der Tumorinvasion Vor-

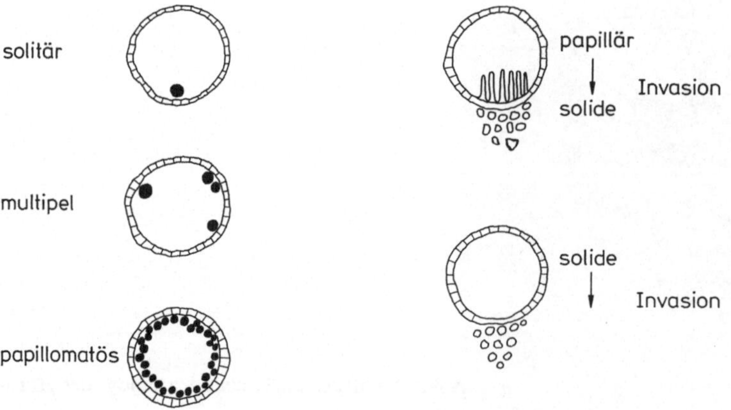

Abb. 100. Wachstumsformen und -muster von Harnblasenkarzinomen

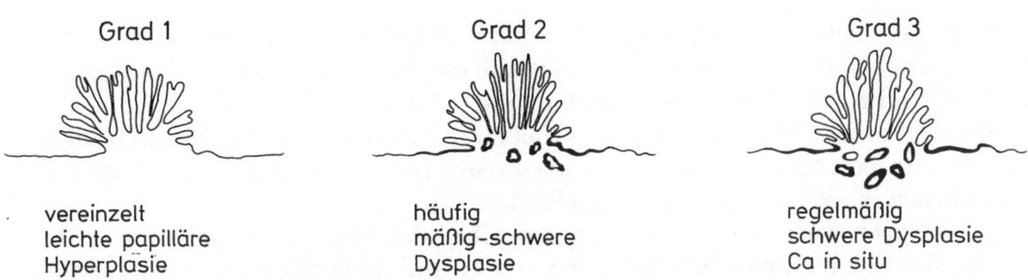

Abb. 101. Biologische Wertigkeit von papillären Harnblasenkarzinomen mit exophytischem und kombiniert solidem invasiven Wachstum

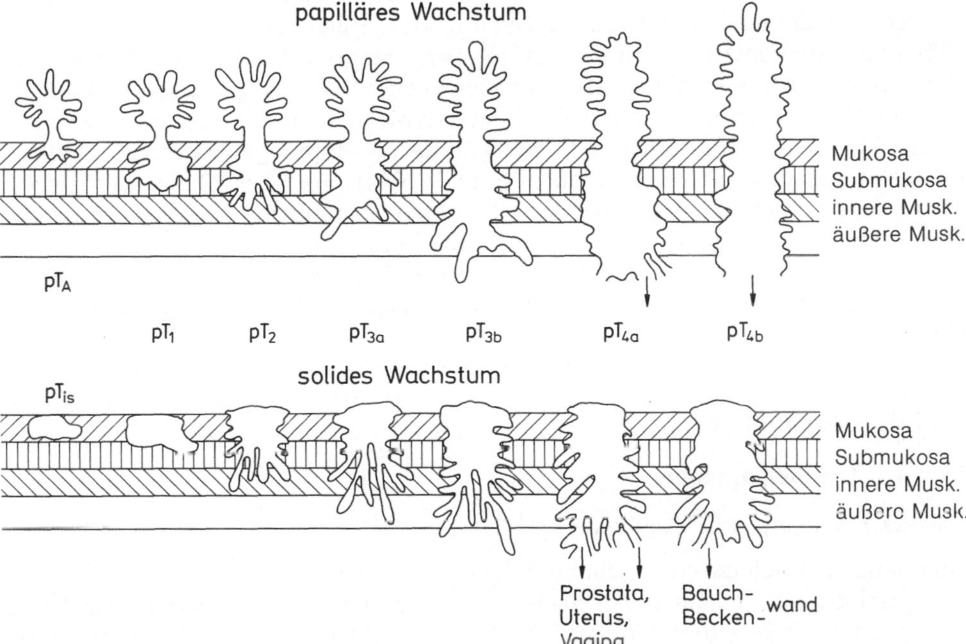

Abb. 102. Tiefenwachstum von papillären und soliden urothelialen Karzinomen. (pT-Klassifikation)

schub leistet (Ro et al. 1987). Infiltration der inneren Muskulatur entspricht dem Ausbreitungsstadium pT 2, Infiltration der tiefen Muskulatur pT 3a und Infiltration des perivesikulären Gewebes pT 3b. Bei Einbruch in die Prostata, Samenblasen und andere extravesikale Strukturen bzw. extraurethrale Strukturen liegt das Stadium pT 4 vor (Ro et al. 1987) (Abb. 102).

Bei den Nierenbecken- und Ureterkarzinomen sollte die Tumorinfiltration perihilär durch die Nierenbeckenwand ins Hilusfett von der peripelvinen direkt in das Nierenparenchym reichenden Infiltration unterschieden werden. Mit dieser Differenzierung wird dem Umstand Rechnung getragen, daß die Muskulatur im Nierenbecken wesentlich dünner als in der Blase ist, im Papillenbereich völlig fehlt und daß der kleinere Teil des Nierenbeckens außerhalb der Niere liegt und von Hilusfett umgeben wird (Petersen 1986; Enderlin et al. 1987; Akaza et al. 1987).

Bei dem *soliden* Wachstum von Urothelkarzinomen werden, bei Ausbreitung auf die Mukosa beschränkt, das Carcinoma in situ (pTis) und das Stadium pT1 mit Durchbruch in die Submukosa unterschieden.

Die übrigen Ausbreitungsstadien entsprechen den oben genannten (Abb. 101).

Die Stadieneinteilung befallener regionärer und juxtaregionärer Lymphknoten und Fernmetastasen erfolgt nach der TNM-Klassifikation (1987) in klassischer Weise (Cummings 1983; Jacobi et al. 1985; Rübben et al. 1986; Hermanek u. Sobin 1987).

Das Häufigkeitsmuster der verschiedenen Wachstumstypen zeigt ein deutliches Übergewicht der papillären Formationen mit 80%. Solide Karzinome liegen in etwa 17% und Carcinomata in situ in etwa 3% vor. Die prozentualen Angaben für das Carcinoma in situ schwanken, da unterschiedliche Auffassungen über die biologische Wertigkeit einer schweren urothelialen Atypie und eines Carcinoma in situ bestehen. Durch die verbesserte bioptische Diagnostik (Mapping) werden z. T. deutlich höhere Prozentsätze für Carcinomata in situ (bis 10%) angegeben. Dabei sollte jedoch berücksichtigt werden, daß in einem sehr hohen Prozentsatz schwere urotheliale Atypien mit manifesten Karzinomen vergesellschaftet sind, bzw. nach Resektion des Tumors in situ verbleiben und möglicherweise dann zu einem soliden invasiven Wachstum führen (Helpap und Giesbert 1982; Helpap et al. 1984; Soloway 1985) (Tab. 12, 13).

10.4.4 Morphologie

10.4.4.1 Urothelpapillome

10.4.4.1.1 Exophytische Papillome

Hier handelt es sich um einen schmalbasigen papillären Tumor, der aus einem regelhaft geschichteten, maximal 7 Reihen breiten Urothel besteht. An der Oberfläche finden sich typische Umbrellazellen. Die Differentialdiagnose zum Carcinoma in situ mit pseudopapillärem Wachstum ist aufgrund der schweren zellulären Atypien des Carcinoma in situ leicht zu stellen (Ooms et al. 1986). Das unter strengen Kriterien diagnostizierte Urothelpapillom ist sehr selten. Die Häufigkeit beträgt etwa 3% (Tab. 12).

Aufgrund der fehlenden zytologischen Malignitätskriterien wird das Papillom als papilläres Urothelkarzinom G0 klassifiziert (ICD-0 8120/1) (Mostofi et al. 1973; Helpap u. Giesbert 1982; Bode et al. 1985) (Abb. 103).

10.4.4.1.2 Inverte Papillome

Neben den exophytischen Papillomen werden auch inverte Papillome überwiegend im Trigonum und Blasenhals (82,5%), aber auch im Nierenbecken, Ureter (6,7%) und in der Urethra (4,6%) beobachtet mit trabekulärem und glandulärem Muster (Kim et al. 1978; Knecht et al. 1984; Berkhoff et al. 1985; Petersen 1986). Die tra-

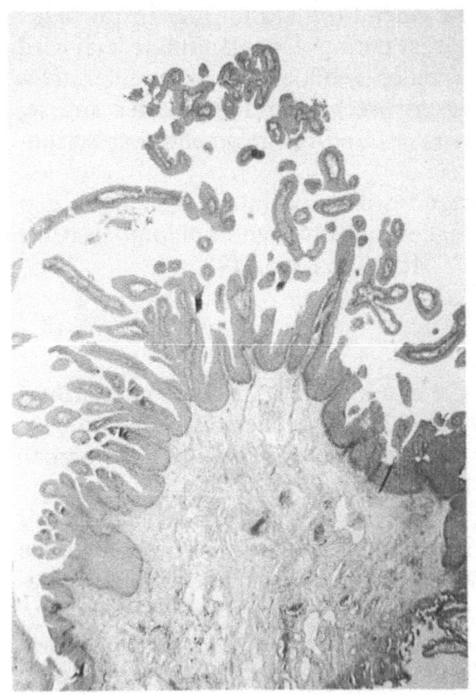

Abb. 103

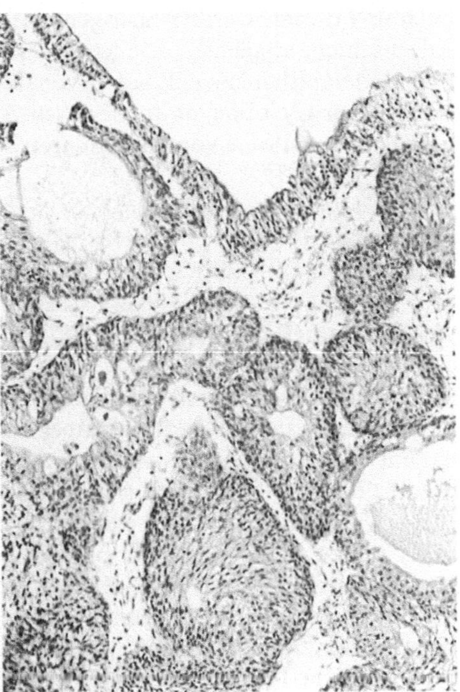

Abb. 104

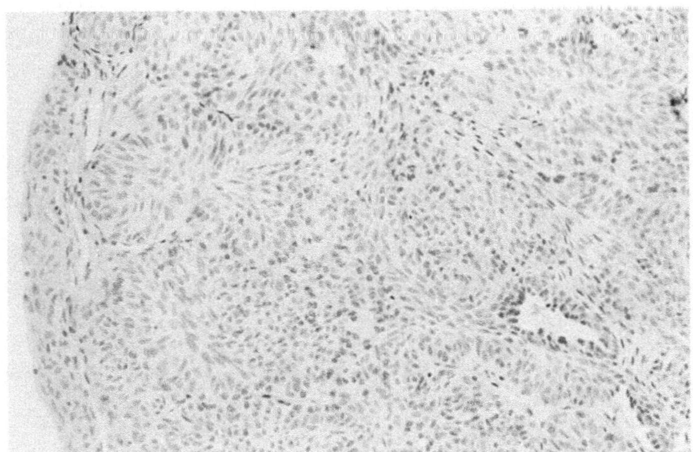

Abb. 105

Abb. 103. Exophytisches urotheliales Papillom. Hämatoxylin-Eosin

Abb. 104. Invertes glanduläres Papillom. Hämatoxylin-Eosin

Abb. 105. Invertes solides urotheliales Papillom. Hämatoxylin-Eosin

bekulären Formen werden histogenetisch aus einer Proliferation der urothelialen Basalzellschicht abgeleitet. Die Mitoseaktivität ist gering. Der glanduläre Typ wird von Zylinderepithelien, z. T. auch von Becherzellen gebildet und als proliferatives Produkt einer Cystitis glandularis cystica mit entsprechenden Metaplasien angesehen. Inverte Papillome vom glandulären Typ in der Urethra entsprechen der Karunkel (Abb. 104, 105).

Die maligne Transformation bei den inverten Formen scheint geringer als bei den exophytischen Papillomen zu sein. Die Häufigkeit der inverten Papillome liegt bei 2,2% (Kunze et al. 1983a; Altaffer et al. 1982; Moriyama et al. 1985).

10.4.4.2 Urothelkarzinome

Auf dem Boden von Vorstufen können sich die manifesten Karzinome im ableitenden Harnwegssystems solitär, multipel und bilateral, z. B. in Nierenbecken und Ureteren entwickeln. Generell werden *papilläre* Karzinome von *soliden* Karzinomen (ICD-0 8120/3) unterschieden (Abb. 100, 101).

Überwiegend herrscht der exophytische, mitunter auch inverte papilläre Tumor vor (Knecht et al. 1984). Bei der papillär-exophytischen Wachstumsform kann es zu einer vollständigen Ausfüllung der Lumina von Nierenbecken, Ureter und Harnblase kommen. Bei entsprechenden Verlegungen der abführenden Harnleiter sind Hydronephrosen und aufsteigende entzündliche Parenchymveränderungen der Nieren unausweichliche Folgen. Das seltenere solide Wachstumsmuster ist mit einer höheren Invasionspotenz vergesellschaftet (Shipley et al. 1987).

10.4.4.2.1 Grading

Nach den WHO-Kriterien werden die Karzinome folgendermaßen charakterisiert (Tab. 17).

10.4.4.2.1.1 Papilläres Urothelkarzinom

Karzinome Grad 0 zeigen Urothellagen bis 7, keine nennenswerte mitotische Aktivität und eine Kern-Plasma-Relation, die kleiner als 1 : 4 ist, nur mit geringfügig gesteigerter Kernchromasie (Abb. 106).

Papilläre Karzinome Grad I weisen mehr als 7 Zellagen auf. Es sind in unteren Schichten Mitosen erkennbar. Die Kern-Plasma-Relation beträgt 1 : 4. Die Kernchromasie ist leicht erhöht (Abb. 107).

Tabelle 17. Grading papillärer urothelialer Karzinome

		Zell-lagen	Mitosen	Kern-Plasma-Relation	Kern-chromasie
Papilläres Karzinom (Papillom)	Grad 0	< 7	0	<1:4	0
Papilläres Karzinom	Grad 1	> 7	vereinzelt Basalzone	1:4	leicht
Papilläres Karzinom	Grad 2	>20	<5 in allen Zonen	1:2	mäßig
Papilläres Karzinom	Grad 3	∞	>5 in allen Zonen	>3:4	stark

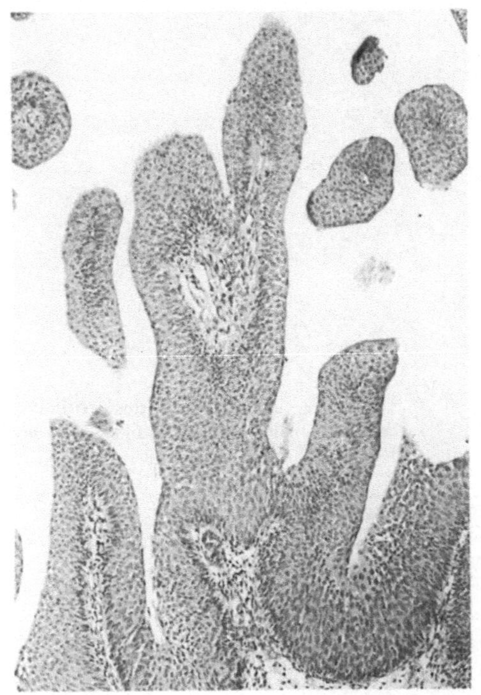

Abb. 106

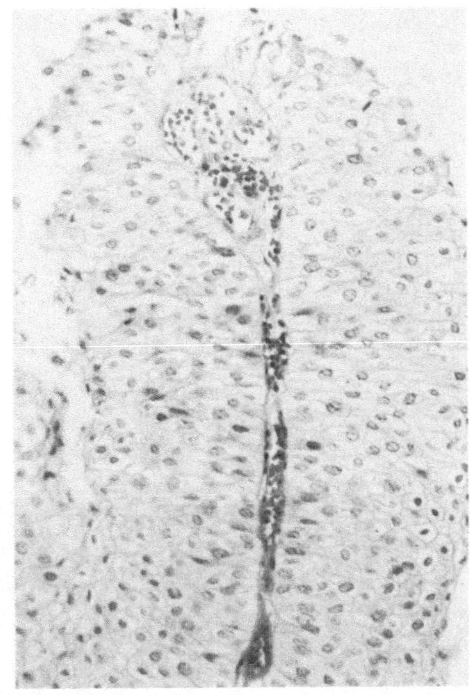

Abb. 107

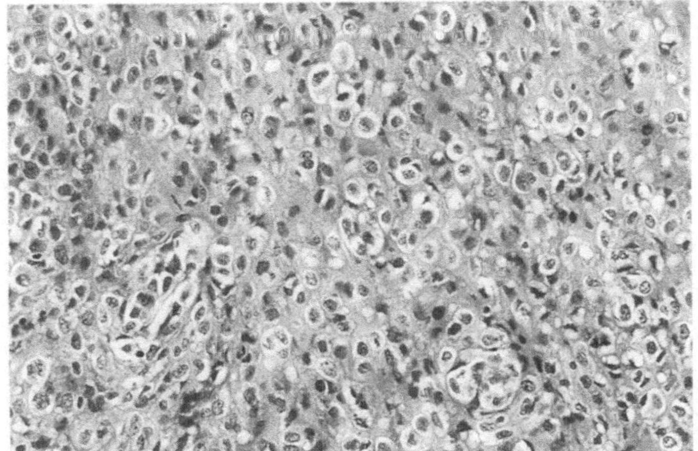

Abb. 108

Abb. 106. Papilläres urotheliales Karzinom G0 (Papillom). Hämatoxylin-Eosin

Abb. 107. Urotheliales papilläres Karzinom GI. Hämatoxylin-Eosin

Abb. 108. Solides urotheliales Karzinom GII. Hämatoxylin-Eosin

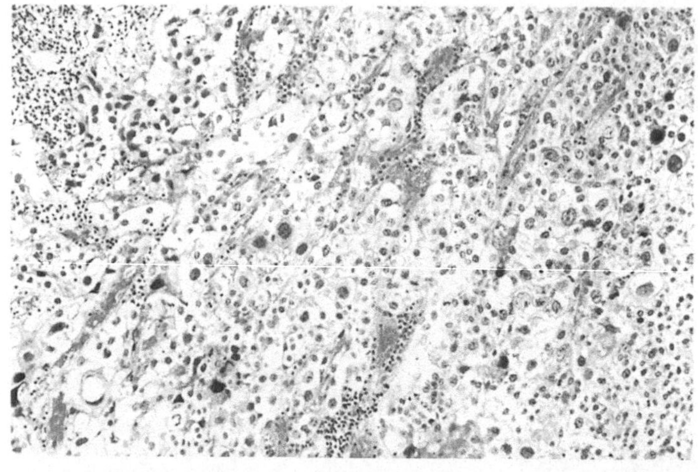

Abb. 109. Solides urotheliales Karzinom G III. Hämatoxylin-Eosin

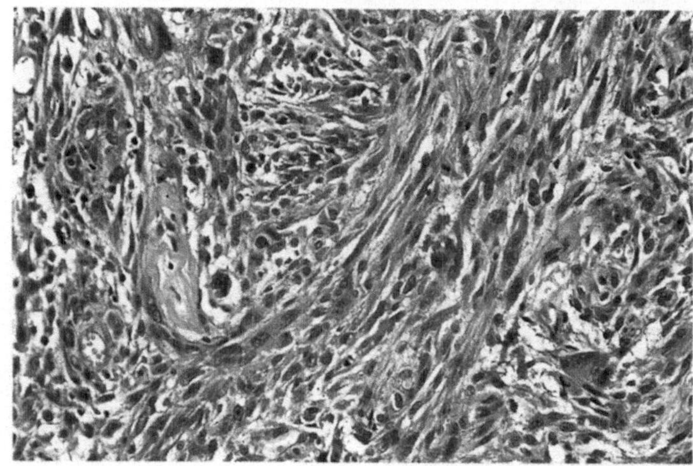

Abb. 110. Invasives solides, spindelzelliges, pleomorphes urotheliales Karzinom G III. Hämatoxylin-Eosin

Beim Grad II-Karzinom finden sich mehr als 20 Zellagen (Abb. 108). Die mitotische Aktivität ist in allen Zonen gesteigert mit bis zu 5 Mitosen pro Gesichtsfeld (40fache Vergrößerung). Die Kern-Plasma-Relation beträgt 1 : 2. Die Kernchromasie ist mäßig gesteigert.

Beim Grad III-Karzinom sind in allen Zonen mehr als 5 Mitosen pro Gesichtsfeld nachweisbar. Die Kern-Plasma-Relation ist zugunsten des Kernes auf 3 : 4 verschoben. Die Kernchromasie ist deutlich erhöht. In diesem Karzinom besteht eine ausgeprägte Kernpolymorphie mit Ausbildung mononukleärer Riesenzellen (Abb. 109).

10.4.4.2.1.2 Solide Karzinome

Diese Tumorformen sind häufig ulzeriert. In der Regel handelt es sich um fortgeschrittene Karzinome, bei denen zumeist bereits Metastasen vorliegen. Die oben genannte Gradeinteilung wird auch für die soliden invasiven Karzinome angewandt. Die Kernatypien stehen bereits so im Vordergrund, daß mindestens G II-Karzinome am Anfang der Gradingskala stehen. G II-Karzinome in soliden Formationen zeigen eine deutlich erhöhte Stromainvasion im Gegensatz zu den papillären G II-Karzinomen. G III-Karzinome sind zumeist bereits in einem Stadium pT 2 oder 3 anzutreffen und sind sehr polymorph, mitunter spindelzellig (Catalona 1987; Shipley et al. 1987) (Abb. 110).

10.4.4.2.2 Verteilungsmuster sowie Korrelation von Grading und Staging der Urothelkarzinome

In einer histologischen Analyse von annähernd 3000 Urothelkarzinomen aus Nierenbecken, Ureter und Harnblase beträgt der Anteil der G 0-Karzinome (Papillome) nach strengen WHO-Kriterien bis 2,0%. Es überwiegen die G I-Karzinome, gefolgt von den Karzinomen Malignitätsgrad II und III. Das Verteilungsmuster liegt bei 48:37:15% (Tab. 12).

70% der G I-Karzinome zeigen ein exophytisches Wachstum ohne Einbruch in die Lamina propria entsprechend einem Ausbreitungsstadium pT A.

66% der G II-Karzinome sind durch die Lamina propria gebrochen, entsprechend einem Ausbreitungsstadium pT 1.

80% der G III-Karzinome haben bereits oberflächliche und tiefe Muskelschichten infiltriert, entsprechend einem Ausbreitungsstadium pT 2 bis pT 3 (Helpap u. Giesbert 1982; Helpap et al. 1984; Kern 1984) (Abb. 111).

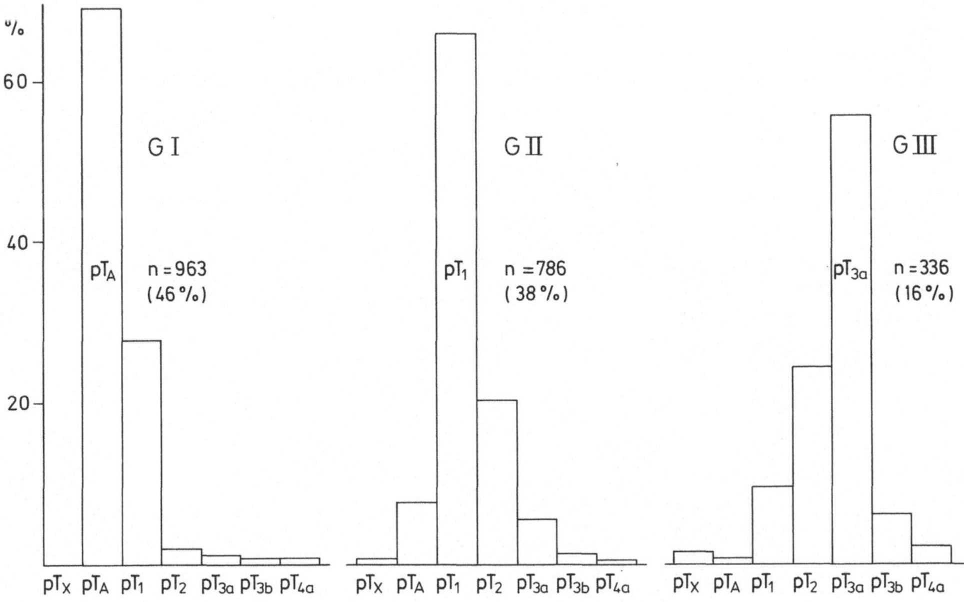

Abb. 111. Korrelation von Grading und Staging der Urothelkarzinome

10.4.5 Rezidive

Nach transurethraler Resektion rezidivieren etwa 60% der papillären, exophytischen Urothelkarzinome innerhalb der ersten fünf Jahre (Lutzeyer et al. 1982; Fitzpatrick et al. 1986; Steffens u. Nagel 1986a; Malone et al. 1987). Im Rahmen einer retrospektiven Rezidivanalyse urothelialer Harnblasenkarzinome konnte gezeigt werden, daß der höchste Prozentsatz der Rezidive innerhalb des ersten Jahres mit etwa 75% zu beobachten ist. Im zweiten Jahr liegt die Rezidivrate bei 12%. Nach drei Jahren rezidivieren 8% und nach mehr als drei Jahren lediglich 2,5% der Karzinome. Die Werte für die Rezidivquoten in der Literatur schwanken zwischen 20,2 und 50,5%. Dabei muß jedoch berücksichtigt werden, daß es sich teils um korrigierte, teils um unkorrigierte Werte handelt. Ferner spielen dabei auch exakte klinische Angaben und die Registrierung eine wichtige Rolle. Die erste Kontrollbiopsie nach Resektion eines primären Urothelkarzinoms sollte nach frühestens 4 Monaten be-

Tabelle 18. Rezidivanalyse urothelialer Karzinome (n = 590)

Zunahme der Invasionstiefe bei gleichbleibendem Grading		
GI	pTA → pT1	24,0%
GII	pTA → pT1	3,4
	pT1 → pT2	6,9
	pT1 → pT3	2,3
	pT2 → pT3	1,2
GIII	pT2 → pT3	3,4
	pT3 → pT4	1,2
Zunahme des Malignitätsgrades bei gleichbleibendem Staging		
GI → GII	pTA	4,6
	pT1	12,5
GI → GIII	pT1	1,2
GII → GIII	pT1	2,3
	pT3	2,3
Zunahme von Malignitätsgrad und Invasionstiefe		
GI → GII	pTa → pT1	1,2
	pTa → pT2	8,1
	pTa → pT3	2,3
	pT1 → pT2	4,6
	pT1 → pT3	2,3
GI → GIII	pTA → pT2	2,3
	pTa → pT3	2,3
	pT1 → pT3	1,2
GII → GIII	pTa → pT2	1,2
	pT1 → pT2	4,6
	pT1 → pT3	2,3
	pT2 → pT3	2,3

wertet werden. Dazwischenliegende Zeitintervalle mit tumorpositiven Biopsien sind einer unvollständigen Entfernung des Ersttumors zuzurechnen (Helpap u. Giesbert 1982). Durch eine Rezidivanalyse ist grundsätzlich auch zu bestätigen, daß mit Zunahme der Rezidivzahl der Malignitätsgrad der Urothelkarzinome und die Invasionstendenz, d.h. -tiefe zunimmt.

Ein gleichbleibendes Grading bei durchgeführter Rezidivanalyse konnte in 75% und eine Zunahme des Malignitätsgrades in 16% festgestellt werden. Ein gleichbleibendes Staging fand sich in 58% und eine Zunahme der Invasionstiefe in 21,6% (Tab. 18) (Helpap u. Giesbert 1982).

Die biologische Wertigkeit urothelialer Karzinome Grad I ohne Invasion oder Durchbruch der Lamina propria mit exophytischem Wachstum ist trotz einer Rezidivmöglichkeit prognostisch als günstig einzustufen. Ist die Lamina propria jedoch infiltriert (pT1), so ist die Prognose deutlich ungünstiger. Rezidive treten dann deutlich häufiger auf mit Steigerung des Malignitätsgrades und einer höheren Invasionstiefe (Lutzeyer et al. 1982; Bode et al. 1985; Weinstein et al. 1985; Soloway 1985; Noronha et al. 1985; Heckl et al. 1986).

Bezogen auf die T-Stadien sind 5-Jahresüberlebensraten für T1 von 80–30%, für T2 von 30–10% und T3 und T4 von 10–0% bestimmt worden (Dieckmann et al. 1986; Steffens u. Nagel 1986a).

10.4.6 Urotheliale Atypien und Karzinome

Bei histologischer Analyse der umgebenden Urothelstrukturen bei manifesten Karzinomen besteht in einem hohen Prozentsatz eine urotheliale Atypie (Murphy u. Soloway 1982). So haben sich in einer restrospektiven Studie in 14,4% zusätzlich urotheliale Atypien gefunden. 44,6% dieser Atypien entsprachen dem Grad III, eingeschlossen Carcinomata in situ. Entsprechend dem Grading fand sich bei urothelialen Karzinomen Grad I in 45,9% eine leichte, in 29,3% eine mittelgradige und in 24,8% eine schwere urotheliale Atypie. Bei den urothelialen Karzinomen Grad II lag in 16,1% eine leichte, in 30,5% eine mittelgradige und in 53,4% eine schwere Atypie vor. G III-Karzinome zeigten nur in 6% eine leichte, in 18,0% eine mäßiggradige, aber in 76,0% eine schwere urotheliale begleitende Atypie (Abb. 112, 113).

Die Kenntnis des Verteilungsmusters urothelialer Atypien ist für prospektive Studien hinsichtlich der prognostischen Bewertung solcher Epithelveränderungen von großer Bedeutung. Althausen et al. (1976) haben in 36% ihrer Patienten mit Urothelatypien und bei 83% von Patienten mit Carcinomata in situ in der Umgebung bereits ein invasives manifestes Karzinom diagnostizieren können. In 20 Zystektomiepräparaten haben Koss und Mitarbeiter (1977) nachgewiesen, daß in 18 Fällen in der Umgebung des manifesten Karzinoms ein nicht papilläres Carcinoma in situ allein oder ein nicht papilläres Carcinoma in situ zusammen mit atypischer Hyperplasie/Atypie vorgelegen hat. Diese hohe Koinzidenz ist in jüngster Zeit bestätigt worden. Krüger und Meisser (1979) fanden in 79% aller Carcinomata in situ ein Zusammentreffen mit urothelialen Karzinomen Grad III. Die Existenz von Carcinomata in situ in Nachbarschaft manifester Karzinome ist verbunden mit einer ansteigenden Inzidenz von Rezidiven und mit der Zunahme der Invasionstendenz (Wein-

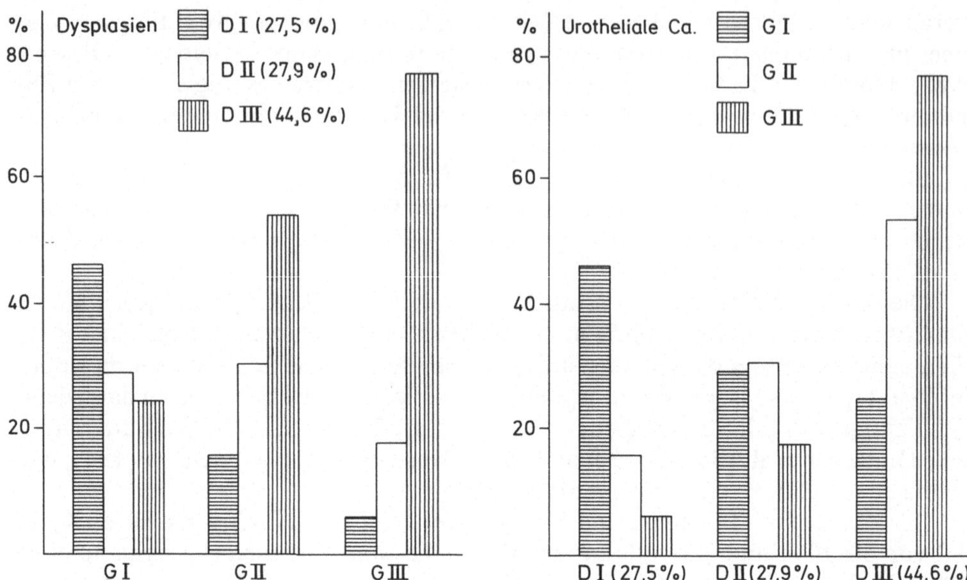

Abb. 112. Prozentuale Verteilung von urothelialen Atypien/Dysplasien bei urothelialen Harnblasenkarzinomen G I, G II und G III

Abb. 113. Anteil von urothelialen Atypien/Dysplasien leichten, mittleren und schweren Grades bei urothelialen Karzinomen G I, G II und G III

stein et al. 1985; Fukui et al. 1987). In der Befunddiagnostik sollte somit neben dem Karzinom auch immer der Atypiegrad der urothelialen Begleitreaktion vor allem beim Mapping nach operativer Therapie von Karzinomen angegeben werden (Mahadevia et al. 1983; Jakse et al. 1986; Kakizoe et al. 1985).

10.4.7 Zellkinetik urothelialer Karzinome

Befunde nach DNA-Zytophotometrie oder Autoradiographie in vivo und in vitro (Technik s. a. Abb. 283, 284, 285) haben gezeigt, daß mit Zunahme des Malignitätsgrades und mit Zunahme der Tiefenausdehnung Mitose und Markierungsindizes, d. h. die Proliferationstendenz der urothelialen Karzinome bzw. der Aneuploidiegrad zunehmen (Hainau und Dombernowsky 1974; Awwad et al. 1979; Dhlos et al. 1979; Jakobsen et al. 1979; Gustafson et al. 1982; Schwabe u. Adolphs 1982; Helpap et al. 1983; Lange u. Winfield 1987). Die korrigierte Wachstumsfraktion, immunhistochemisch mit dem Antikörper Ki67 bestimmt, korreliert mit dem Malignitätsgrad und der Prognose der urothelialen Karzinome. Für G I-Tumoren wurde eine Wachstumsfraktion von 6,5%, für G II-Tumoren von 17,4% und für G III-Tumoren von 37,3% bestimmt (Loy et al. 1987; Helpap et al. 1983, 1984) (Abb. 114–120). Unter Einschluß der Zytologie konnte zusätzlich nachgewiesen werden, daß unter der Gruppe papillärer exophytisch wachsender Tumoren sowohl bei Malignitätsgrad G I wie G II Untergruppen vorliegen (Tab. 19, 20). So finden sich Karzinome mit günstigen zytologischen Differenzierungswerten, geringen Markierungsindizes und Mitose-

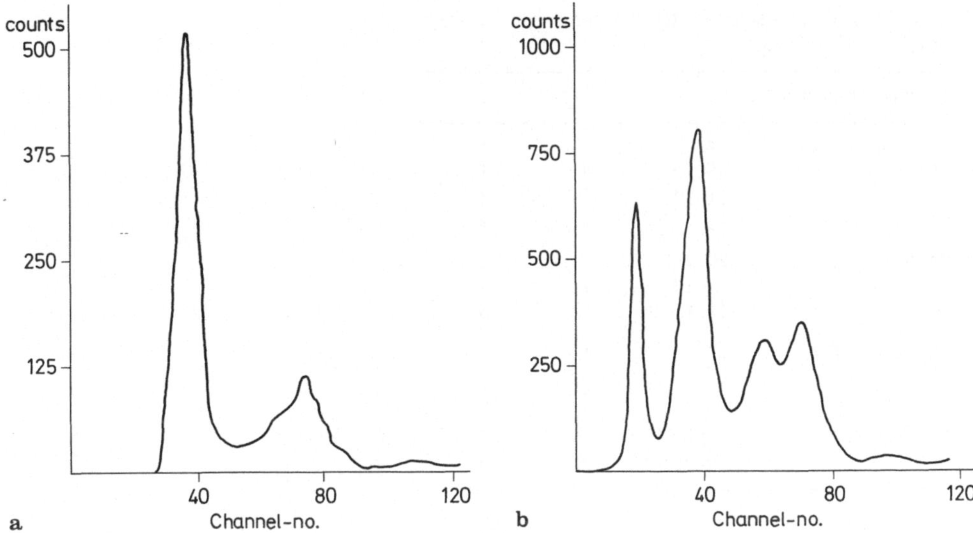

Abb. 114. DNA-Zytophotometrie an einem urothelialen Karzinom G I (**a**) und G III (**b**). Euploides Verhalten des hochdifferenzierten Karzinoms (**a**). Aneuploidie des G III-Karzinoms (**b**)

Tabelle 19. Zellkinetische Analyse von urothelialen Atypien und Karzinomen

Diagnose	Mitose-index (%)	Markierungsindex (%)	S-Phase (h)	Zyto-logie Pap.	Zytophoto-metrie
Normales Urothel		0,2	–	–	–
v. Brunn'sche Nester		1,5	–	–	–
Urotheliale Hyperplasie		3,1	–	–	–
Unspez. chron. Urozystitis		4,1	20,4	–	euploid
Entzündl. Polyp		4,4	–	–	euploid
Dysplasien (Atypien)					
leicht D 1	0,1	2,8			
mäßig D 2	0,1	4,8–11,4 (8,5 ± 3,1)	19,6	III–IV	euploid
schwer D 3 (Cais)	0,3	11,3–27,3 (20,1 ± 8,1)	12,3	V	aneuploid
Karzinome					
G 0 (Papillom)		4,4	20,4	III	euploid
G I/pTA	0,1	0,6–3,1 (2,4 ± 1,2)	20,7–23,0	III–V	euploid
G I/pT 1		5,5–8,3 (6,6 ± 1,2)	14,5–20,5 (17,9 ± 3,0)	IV–V	euploid–aneuploid
G I/pT 1–G II (G Ib)		12,5–14,1	12,6–17,5	V	euploid–aneuploid
G II/pT 1	0,2	15,1–18,8	12,9–17,2	V	aneuploid
G II/pT 2		7,1–21,8	12,7–16,6	V	aneuploid
G III/pT 2–pT 3a	1,1–2,9	16,3–36,3 (24,7 ± 8,6)	12,6–15,6 (14,6 ± 1,4)	V	aneuploid

Tabelle 20. Zellkinetische Differenzierung von Untergruppen urothelialer Karzinome

Differenzierungsgrad		I	II	III
Markierungsindex (%)	< 4	3	1	–
	5–10	4	1	–
	11–14	1	3	–
	>15	–	3	3
S-Phase (h)	20–23	4	–	–
	17–19	1	2	–
	12–16	2	3	3
Zytologie (Pap.)	I/II	1	–	1
	III	6	1	0
	IV/V	4	8	4
DNA-Ploidie	euploid	7	2	0
	aneuploid	3	5	4

Tabelle 21. Zellkinetische Analyse sowie Expression von CEA und TPA in urothelialen Atypien und Karzinomen

Diagnose	Mitose-index	Markierungs-index	CEA	TPA
Normales Urothel	0,01%	0,6%	∅–(+)	∅–+
Von Brunnsche Epithelnester	0,1	1,5	∅–+	∅–+++
Urozystitis	0,3	4,1	+–+++	+–+++
Urotheliale Hyperplasie	0,25	3,1	+–++	+–+++
Urotheliale Atypie				
Leicht	0,01	1,4	+–++	++–+++
Mäßig	0,1	8,2±3,8	+–+++	++–+++
Schwer	0,3	20,0±5,7	+–+++	+++
Carcinoma in situ	0,3	20,4±6,1	++–+++	+++
Urotheliale Karzinome				
G0	0,05	5,2	∅–+	+–+++
GI	0,1	5,3±4,5	∅–+++	++–+++
GII	0,6	19,3±8,9	∅–+++	++–+++
GIII	1,1	26,2±6,5	∅–+++	++–+++

indizes sowie euploiden DNA-Werten. Diese Karzinome zeigen unter der G I-Gruppe papilläres Wachstum ohne Invasionszeichen und sind rezidivarm. In der Subklassifikation werden sie als G Ia gegenüber den G Ib-Karzinomen gewertet, die höherwertige zytologische PAP-Werte (IV bis V), eine aneuploide DNA-Verteilung, erhöhte Markierungsindizes sowie verkürzte DNA-Synthesezeiten aufweisen (Tab. 19, 20). Die Rezidivneigung ist hier erhöht. Auch unter der Gruppe der G II-Karzinome sind Untergruppen a und b zwischen exophytischen und soliden Wachstumsformen mit geringer oder tiefer Stromainvasion und unterschiedlichen Mitosen- und Markierungsindizes bestimmbar. Die Gruppe der G IIa- und b-Karzinome schließt zytophoto-

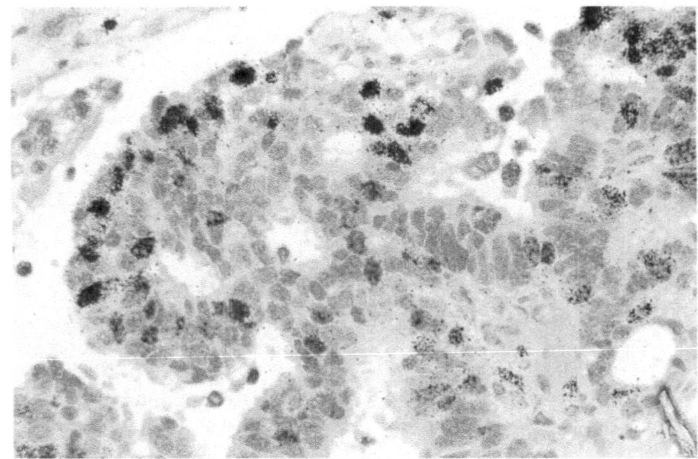

Abb. 115. Strippingfilm-Autoradiogramm eines teils papillären, teils inverten glandulären Papilloms mit deutlichen Atypien und gesteigerter DNA-Synthese. Hämatoxylin-Eosin

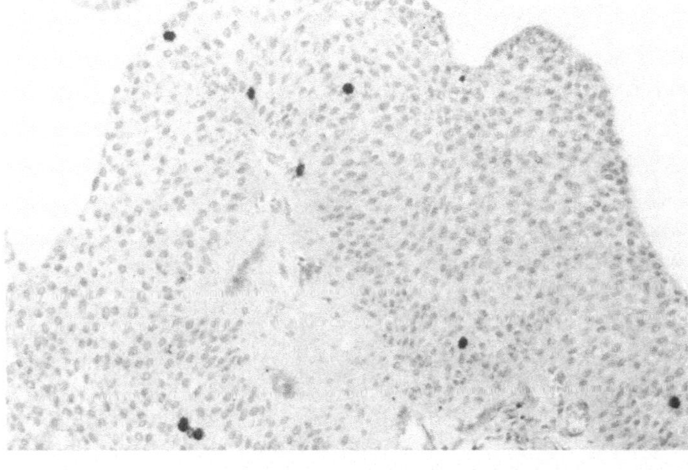

Abb. 116. Strippingfilm-Autoradiogramm eines urothelialen G Ia-Karzinoms mit nur wenigen radioaktiv markierten Zellkernen. Hämatoxylin-Eosin

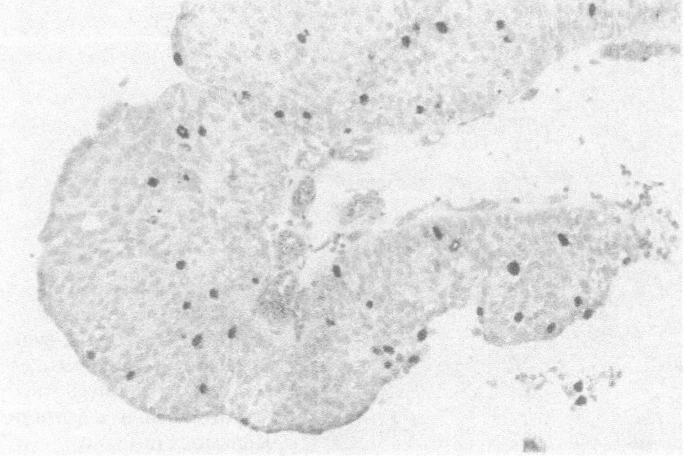

Abb. 117. Strippingfilm Autoradiogramm eines urothelialen G Ib-Karzinoms mit mäßig vielen DNA-synthetisierenden Zellkernen. Hämatoxylin-Eosin

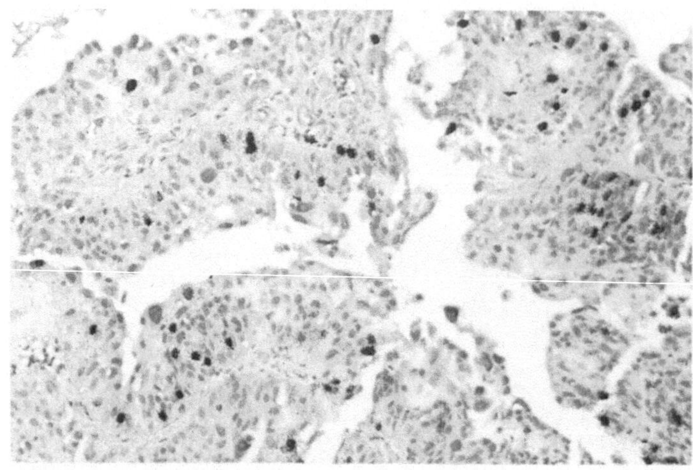

Abb. 118. Mäßiggradige bis deutliche Proliferationstendenz in einem urothelialen G II-Karzinom. Strippingfilm-Autoradiogramm. Hämatoxylin-Eosin

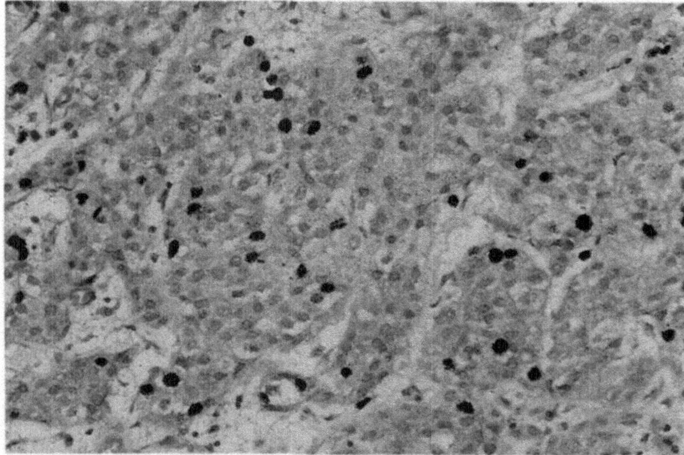

Abb. 119. Solides urotheliales G III-Karzinom mit hohem Malignitätsgrad und zahlreichen radioaktiv markierten Tumorzellkernen. Strippingfilm-Autoradiogramm. Hämatoxylin-Eosin

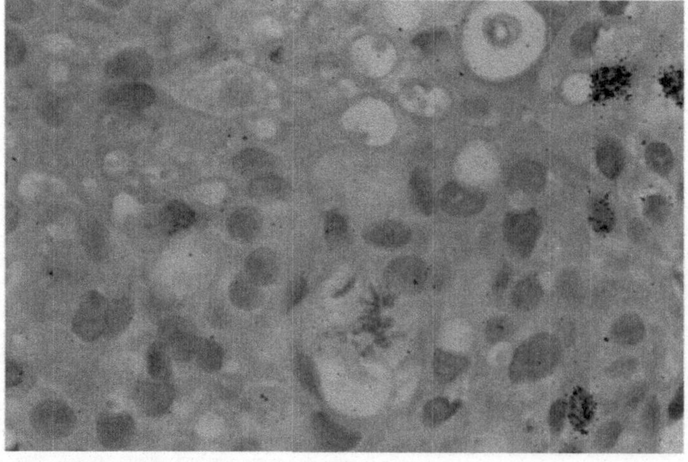

Abb. 120. Atypische Mitose und Apoptose sowie radioaktiv markierte DNA-synthetisierende Tumorzellkerne in einem invasiven soliden urothelialen Karzinom. Hämatoxylin-Eosin

metrisch solche mit euploidem und aneuploidem Chromosomensatz ein und korreliert mit der autoradiographischen und mikroskopisch bildanalytischen Subklassifikation (Herder et al. 1982; Wijkström et al. 1984; Helander et al. 1985; Wenzelides et al. 1986). Noch deutlicher kann dieser zellkinetische Unterschied durch immunhistochemische Analysen herausgestellt werden (Helpap et al. 1984) (Tab. 21). In jüngster Zeit sind stereologische Messungen von Kernvolumina mit dem histopathologischen Grading von Harnblasenkarzinomen korreliert worden. Die Ergebnisse sind dabei von ebenso hohem prognostischen Wert wie die bislang zytophotometrisch, zellkinetisch und durch automatische mikroskopische Bildanalyse erarbeiteten Daten (Fossa et al. 1986; Nielsen et al. 1986; Wenzelides et al. 1986; Sowter et al. 1987; Ørntoft et al. 1988).

10.4.8 Immunhistochemie

Die Expressionsmuster von karzinoembryonalem Antigen und polypeptidhaltigem Gewebsantigen (CEA und TPA) zeigen bei papillär exophytischen, gering invasiven und solide invasiven Karzinomen bestimmte Charakteristika. Hochdifferenzierte (papilläre) Karzinome färben sich insgesamt stärker an als wenig differenzierte solide Formen (Senatore et al. 1987). Bei detaillierter Betrachtung des zytoplasmatischen Verteilungsmusters fällt auf, daß die exophytischen, papillären Wuchsformen manifester Karzinome eine membranbetonte zytoplasmatische Expression für CEA und TPA aufweisen (Abb. 121, 122).

Bei invasiven Karzinomen solider Formationen zeigt sich eine diffuse zytoplasmatische Expression (Abb. 123). Besonders deutlich wird dies bei G II-Karzinomen, die teils exophytisches, teils solides invasives Wachstumsmuster aufweisen. Diese differenzierte Antigenexpression zusammen mit den zellkinetischen Parametern stützt somit die These von Koss (1985a, b), daß bei den Urothelkarzinomen zwei unterschiedliche Zellpopulationen vorliegen. Die eine findet sich überwiegend bei exophytischen Tumorformationen mit relativ günstiger Prognose bis zu einem Stromadurchbruch der Lamina propria (pT 1), geringer Rezidivneigung und den manifesten invasiven soliden Karzinomen pT 2, pT 3, überwiegend mit Malignitätsgrad II und III. Zytokeratine lassen sich in über 90% der urothelialen Karzinome nachweisen. Eine Korrelation von Expressionsintensität und Malignitätsgrad wie bei CEA und TPA besteht nicht (Steffens et al. 1985) (Tab. 22, 23) (Abb. 124, 125).

Der komplette Verlust von Blutgruppen-Antigeneigenschaften der Tumorepithelien im Erythrozytenadhäsionstest bzw. das Überwiegen der Blutgruppe 0(H) bei den G II-Karzinomen mit diffuser zytoplasmatischer CEA- und TPA-Expression sowie hohen Markierungsindizes, einer Aneuploidie und hoher Invasionstendenz unterstreichen das aggressive Verhalten dieser Karzinomgruppe mit einer erhöhten Komplikations-, Rezidiv- und Mortalitätsrate (Hall et al. 1982; Ghazizadeh u. Kagawa 1983; Grossmann 1985; Weinstein et al. 1985; Helpap et al. 1985d; Vogel et al. 1985a, b; Steffens et al. 1984, 1985; Friedmann et al. 1984; Shevchuk et al. 1981; Juhl et al. 1986; Nelde et al. 1986; Limas u. Lange 1986; Richter et al. 1986; Thorpe et al. 1983; Srinivas et al. 1986; Fujioka et al. 1986; Ørntoft et al. 1988). Die semiquantitative Bestimmung der CEA-Reaktion ermöglicht bei einer gewissen Vereinfa-

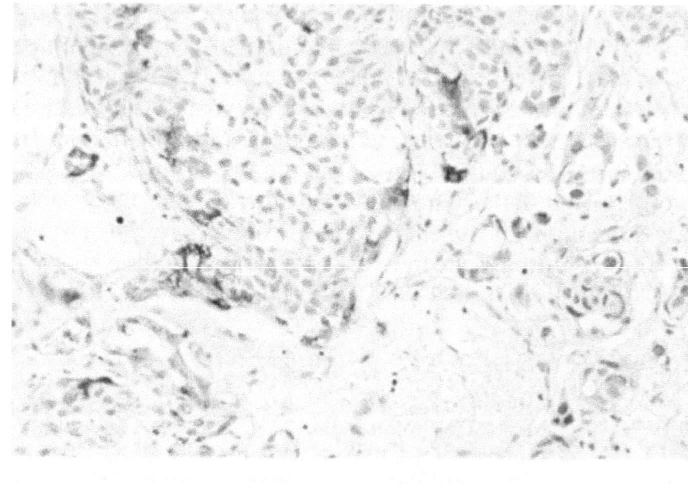

Abb. 121. CEA-Expression in einem urothelialen Karzinom mit heterogenem Muster, vornehmlich membranbetont. ABC-Technik

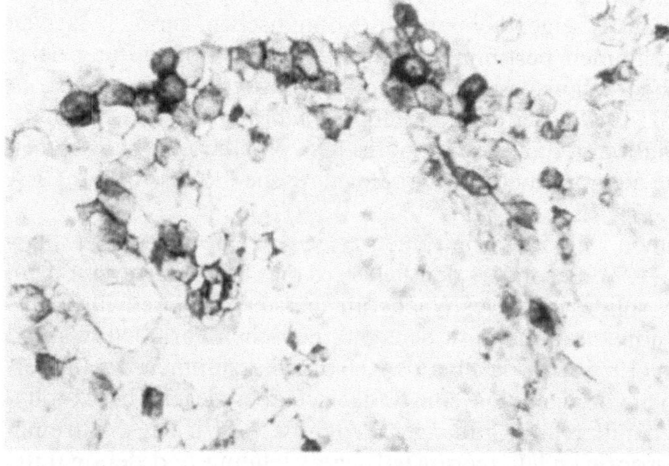

Abb. 122. Membranbetonte homogene CEA-Expression in einem papillären, urothelialen Harnblasenkarzinom GII. ABC-Technik

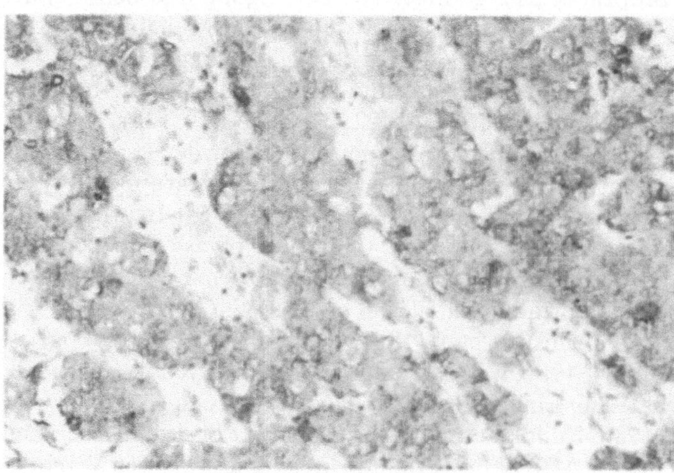

Abb. 123. Diffuse CEA-Expression in einem invasiven, soliden urothelialen GIII-Karzinom. ABC-Technik

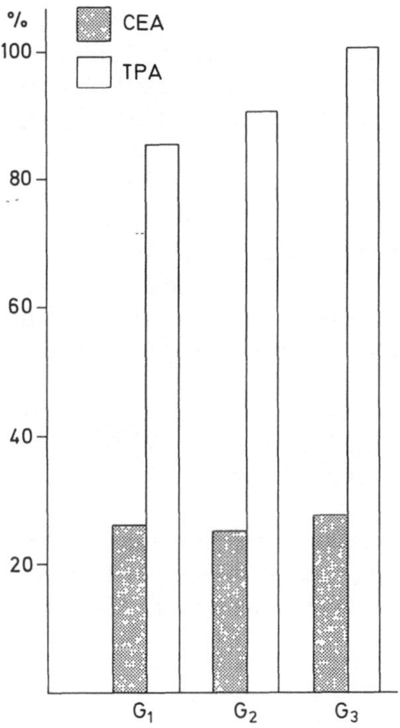

Abb. 124. Prozentuale Verteilung von CEA und TPA-Expression in urothelialen Karzinomen unterschiedlichen Malignitätsgrades

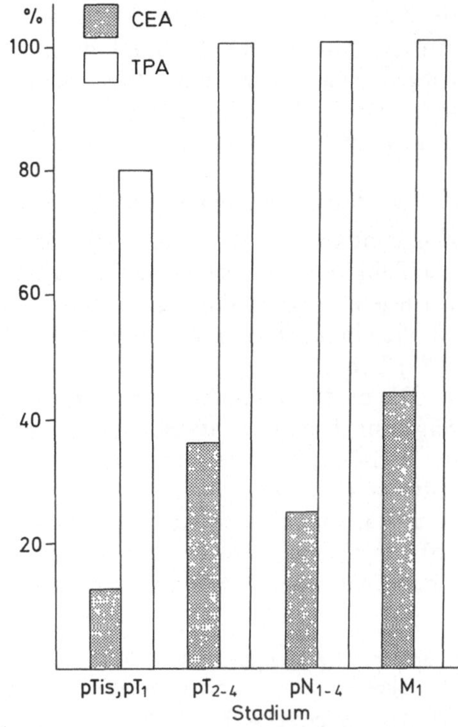

Abb. 125. CEA und TPA-Expression in Bezug zum pT-Stadium urothelialer Karzinome

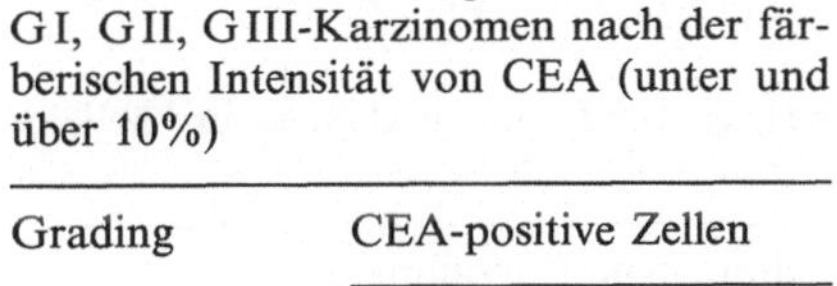
Tabelle 22. Unterteilung von urothelialen G I, G II, G III-Karzinomen nach der färberischen Intensität von CEA (unter und über 10%)

Grading	CEA-positive Zellen	
	<10%	>10%
G I	45,5%	54,5%
G II	37,0%	63,0%
G III	24,4%	75,6%

Tabelle 23. Unterteilung von urothelialen Karzinomen des Ausbreitungsstadiums pTa–pT4 nach der CEA-Expressionsintensität (unter und über 10%)

Stadium	CEA-positive Zellen	
	<10%	>10%
pT a	43,3%	56,7%
pT 1	50,0%	50,0%
pT 2/3	12,8%	87,2%
pT 4	14,3%	85,7%

chung und Zusammenfassung der Expressionsmuster, daß die Klassifikation aller Karzinome unterteilt werden kann in Tumoren mit weniger als 10% und mit mehr als 10% CEA-positiver Tumorzellen. Ähnlich wie in Untersuchungen von Jautzke u. Altenähr (1982) überwiegen bei G I-Tumoren Zellpopulationen mit weniger als 10% positiver Zellen (Tab. 22). Bei G II- und G III-Karzinomen überwiegen eindeutig Tumoren mit mehr als 10% positiver CEA-Zellen (Tab. 22). Dieses Verteilungsmuster ist auch beim Tumorstadium pT 1 bis pT 4 anwendbar (Tab. 23). Hier überwiegen – wie zu erwarten – Tumoren mit mehr als 10% positiver Tumorzellen in den invasiven Stadien pT 2 bis pT 4 (Jautzke u. Altenähr 1980; Grossmann 1985; Helpap et al. 1985 d) (Abb. 124, 125; Tab. 23).

Zellkinetische und immunhistochemische Schlußfolgerung

Aufgrund der von Koss (1984) gestützten These, daß zwei unterschiedliche Gruppen von Zellklonen bei den verschiedenen Karzinomen und Dysplasiegraden im Urothel vorliegen, können die Karzinome in zwei Hauptgruppen unterschieden werden, nämlich in niedrigmaligne und hochmaligne Karzinome (Helpap 1986; Jordan et al. 1987; Tab. 25).

Die niedrigmalignen Karzinome sind histologisch/zytologisch hochdifferenziert, zeigen niedrige Kernatypien, euploide DNA-Werte, niedrige Proliferationsparameter, membranbetonte Tumormarkerexpressionen und positive AB-H-Blutgruppenantigene (Tab. 24, 25).

Die hochmalignen Karzinome sind charakterisiert durch eine niedrige Gewebsdifferenzierung, hohe Kernatypiegrade, Aneuploidien, hohe zellkinetische Parameter mit kurzen DNA-Synthesephasen, einer diffusen zytoplasmatischen CEA-Ex-

Tabelle 24. Rezidivrate und Invasionstendenz von Harnblasenkarzinomen bei vorhandener und fehlender Blutgruppenantigenexpression

Blutgruppenantigen	Tumorrezidive	Invasive Rezidive
Vorhanden	46,0%	4,0%
Nicht vorhanden	90,0%	66,0%

Tabelle 25. Morphologische Befundunterscheidung niedrig- und hochmaligner urothelialer Karzinome

Niedrig maligne Karzinome	Hoch maligne Karzinome
Histologie-Zytologie	Histologisch-zytologisch
Hochdifferenziert	Niedrig differenziert
Niedrige Kernatypie	Hohe Kernatypie
Zellkinetik	Zellkinetik
DNA Eu(aneu)-Ploidie	DNA-Aneuploidie
Niedriger Proliferationsindex	Hoher Proliferationsindex
Fehlen von Mitosen	Hoher Mitoseindex
Niedriger Markierungsindex	Hoher Markierungsindex
(3 H-Thymidin-Index)	(3 H-Thymidin-Index)
Lange S-Phase	Kurze S-Phase
Immunhistochemie	Immunhistochemie
Membranbetonte CEA-Expression	Diffuse zytoplasmatische CEA-Expression
Positive AB0-Blutgruppen-Antigene	Negative Blutgruppen-Antigene

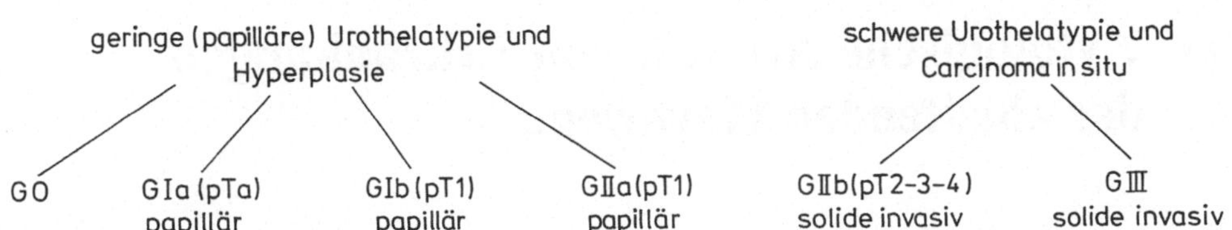

Abb. 126. Entwicklung niedrig- und hochmaligner urothelialer Karzinome aus urothelialen Atypien und daraus resultierendes Subgrading

pression und negativem Ausfall der AB-H-Blutgruppenantigene, bzw. mit der Blutgruppe 0 (H). Diese Patientengruppe zeigt Tumoren mit hohem Malignitätsgrad und hoher Mortalitätsrate im Gegensatz zu Patienten mit Blutgruppe A, die urotheliale Karzinome mit niedrigen Malignitätsgraden und niedriger Mortalitätsrate besitzen (Borgström u. Wahren 1986; Srinivas et al. 1986). Das Carcinoma in situ und die schwere urotheliale Atypie zeigen ebenfalls Charakteristika der hochmalignen Karzinome, während die geringen, papillären Urothelatypien und Hyperplasien in Grenzbereichen der niedrig-malignen Karzinome liegen (Helpap 1986) (Tab. 24, 25). Somit ist die Entwicklung niedrig- und hochmaligner urothelialer Karzinome aus urothelialen Atypien folgendermaßen abzuleiten.

Die G Ia/pTa und G Ib/pT 1 zumeist exophytisch papillären Karzinome und natürlich die G 0-Karzinome (Papillome) sowie die papilläre G IIa-Karzinomgruppe/pT 1 leiten sich von den geringen Urothelatypien ab, während die Matrix für G IIb/pT 2 bis 4 und G III-Karzinome mit solidem, invasiven Wachstum schwere urotheliale Atypien und das Carcinoma in situ sind (Prout et al. 1973; Brawn 1982, 1984; Helpap 1986) (Abb. 126).

Diese pathogenetische Ableitung impliziert, daß nicht papilläre Carcinomata in situ mit leichtem bzw. mäßiggradigem zytologischem Atypiegrad *nicht* zu erwarten sind (Helpap 1986).

11 Zytologische Analyse von Erkrankungen der ableitenden Harnwege

Die zytologische Überwachung des abführenden Urothelsystems schließt Untersuchungen von Zellen des Nierenparenchyms und -beckens, des Ureters und der Harnblase ein. Neben gezielten Punktionen des Nierenbeckens und Katheterspülflüssigkeiten aus Nierenbecken und Ureter werden überwiegend Harnblasenspülflüssigkeiten oder Urinzentrifugate zytologisch untersucht (Jocham et al. 1982; Taylor u. Arroyo 1986; Badalament et al. 1987). Der Nachweis von Tumorzellen aus dieser Region ist von Bedeutung für die Früherkennung neoplastischer Prozesse im Nierenparenchym, z. B. bei Nierenzellkarzinomen mit Einbruch in das Nierenbecken (Piscioli et al. 1983, 1985 a, b, c) sowie Neoplasien in Nierenbecken, Ureter und Harnblase. Er hat vor allem aber auch seine Bedeutung bei der Kontrolle bereits entfernter Neoplasmen (Maier 1983; Studer et al. 1982). Darüber hinaus muß bei Tumoren des Nierenbecken-Ureter-Harnblasensystems an die multizentrische Entstehung und hohe Rezidivfreudigkeit gedacht werden (Koss 1979 b; Pilorz u. May 1983; Guinan u. Rubenstein 1987).

Die Bedeutung der Urinzytologie wird unterstrichen dadurch, daß durchschnittlich sechs Monate vor zystoskopischem Nachweis bzw. histologischer Bestätigung ein urothelialer Tumor zytologisch erkannt werden kann (Jocham et al. 1982; Rosa et al. 1985).

Bei derartigen primären zytologischen Analysen sind die zytologisch-histologischen Entwicklungsstadien von Tumoren des Urothelsystems zu berücksichtigen. Von Interesse sind die Wertigkeiten von Atypien bzw. Dysplasien gegenüber normalem oder aktiviertem Urothel bzw. urothelialen Hyperplasien, Metaplasien und Karzinomen, da sich hinter derartigen Diagnosen sowohl ein Normalbefund, eine leichte oder schwere Atypie, aber auch ein Karzinom verbergen kann (Helpap et al. 1985 a) (Abb. 135).

Harnblasenspülflüssigkeiten oder Katheterurine werden in üblicher Weise zentrifugiert und sollten feucht, z. B. mit Merckofix-Spray fixiert sein. Weitere zytologische Einheiten s. Tab. 88 b u. 89. Bei guter und rascher Präparation sind sicher Aussagen machbar (Maier 1983). Nennenswerte Unterschiede in der Aussagekraft von Harnblasenspülflüssigkeit und Katheterurin sind nicht beobachtet worden (Helpap et al. 1985 a). Die Färbungen werden mit Hämatoxylin-Eosin, Giemsa oder Papanicolaou durchgeführt.

Die diagnostische Palette schließt folgende Diagnosen ein:

Normalbefund, regressiv veränderte Zellen, aktivierte Urothelien, metaplastische Zellen, Gruppen leicht, mäßig und schwer atypischer Urothelien (D 1) (D 2) (D 3) sowie Krebszellen (G I, G II, G III). Neben urothelialen Tumorzellen sind auch

Tabelle 26. Prozentuale Verteilung von Erkrankungen der Harnblasenschleimhaut nach zytologischer Analyse

Zytologische Diagnosen		n	%
Ohne pathologischen Befund		1516	50,1
Entzündungen		462	15,3
Metaplasien		39	1,3
mit Entzündungen	14		
Hyperplasien		4	0,1
Urotheliale Atypien			
Leicht (D 1)		337	11,1
bei Entzündung		132	4,4
Mäßig (D 2)		282	9,3
bei Entzündung		26	0,9
Schwer (D 3)		57	1,9
bei Entzündung		1	0,0
Carcinoma in situ		7	0,2
Urotheliale Karzinome			
G Ia		11	0,4
G Ib		38	1,3
G IIa		50	1,7
G IIb		36	1,2
G III		22	0,7
Nierenzellkarzinome		4	0,1
Eingebrochene Zervixkarzinome		1	0,0
Unklassifizierbar		1	0,0

Tumorzellen aus dem Nierenparenchym, z. B. bei eingebrochenen Nierenzellkarzinomen, diagnostizierbar (Tab. 26).

Bei der Bestimmung des Atypie- bzw. Malignitätsgrades sind zytologische Kriterien bewertet worden, die sich auf Chromasiegrade, Kerngrößenveränderungen, Kernformvariationen, Nukleolen und Kern-Plasma-Relationen beziehen (Helpap et al. 1985a; Stöber et al. 1984). Darüber hinaus wurden auch entzündliche Reaktionen mit floridem, rezidivierend-chronischem Stadium registriert, wobei Entzündungszellen wie polymorphkernige Leukozyten, Eosinophile, Lymphozyten, Plasmazellen, Makrophagen und Riesenzellen bestimmt wurden (Helpap et al. 1985a).

Die Diagnose von Zellen einer schweren Atypie und einem Carcinoma in situ ist eindeutig zu treffen und im Befundergebnis somit klar diskutierbar.

Voraussetzung für eine klare Aussagekraft zytologischer Präparate ist jedoch die exakte Vorbereitung und Fixierung der Ausstrichpräparate. Leider ist in der Regel in 40–50% der Fälle das eingesandte Material nicht auswertbar. Dies ist entweder bedingt durch zu wenig gewonnenes Zellmaterial oder durch Fixierungsartefakte (s. a. Tab. 88b und 89).

In einem zytologisch analysierten Routinematerial sind etwa 50% der Ausstrichpräparate ohne pathologischen Befund. In 15% finden sich Entzündungen und metaplastische Prozesse. Urotheliale Atypien und Karzinome unterschiedlichen Malignitätsgrades sind in etwa 33–35% diagnostizierbar (Abb. 127–134).

Da diese Methode der zytologischen Analyse von Urinzentrifugaten oder Harnblasenspülflüssigkeiten nicht nur zur Diagnostik, sondern auch zur Kontrolle bereits

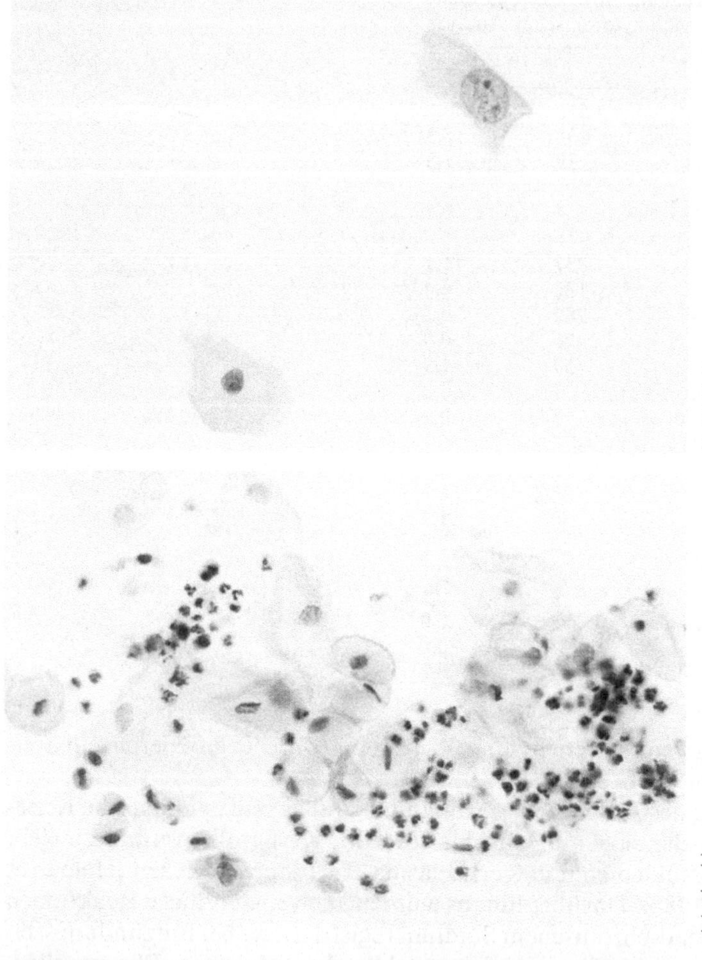

Abb. 127. Gering aktivierte Oberflächenurothelien. Feuchtfixierung. Hämatoxylin-Eosin

Abb. 128. Unspezifische Urozystitis mit aktivierten Urothelien. Hämatoxylin-Eosin

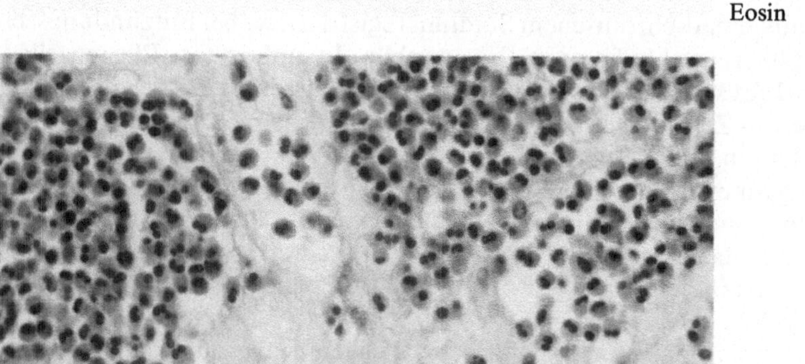

Abb. 129. Eosinophile Urozystitis. Hämatoxylin-Eosin

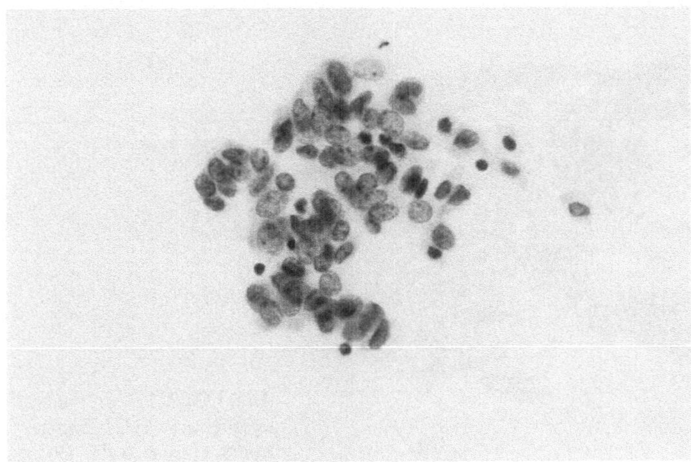

Abb. 130. Mäßig atypische Urothelien wie bei urothelialer Atypie D II. Hämatoxylin-Eosin

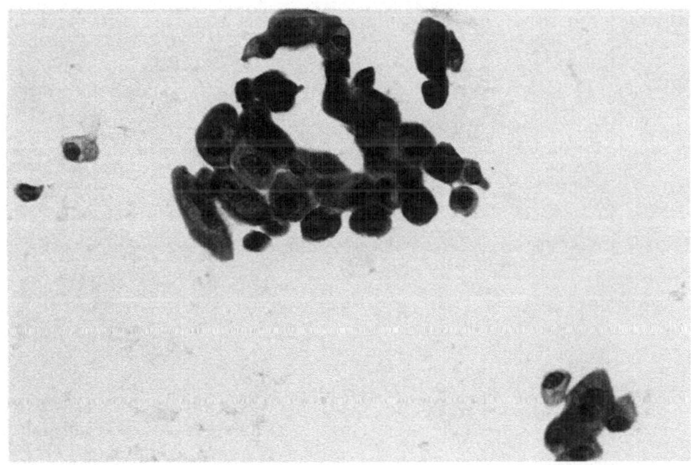

Abb. 131. Mäßig atypische Urothelien aus dem Nierenbecken. Hämatoxylin-Eosin

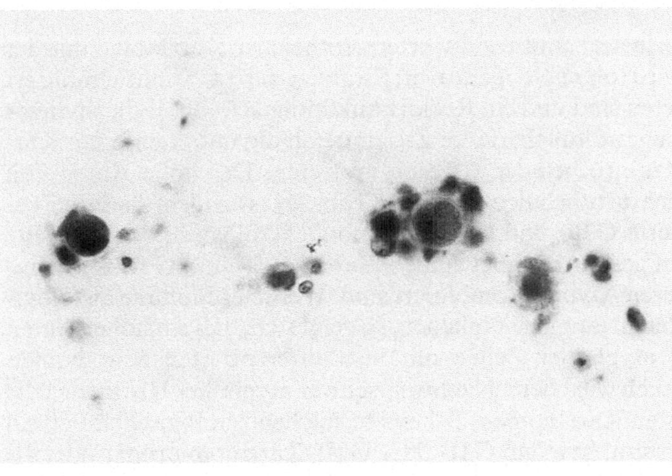

Abb. 132. Zellelemente einer schweren urothelialen Atypie (Carcinoma in situ). Hämatoxylin-Eosin

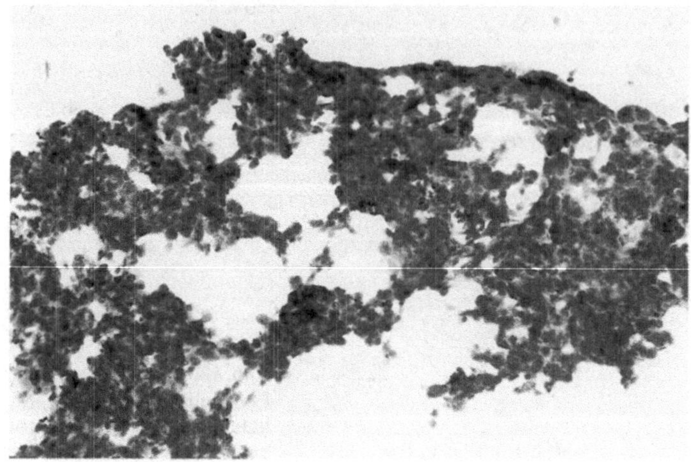

Abb. 133. Zellelemente eines urothelialen G III-Karzinoms. Hämatoxylin-Eosin

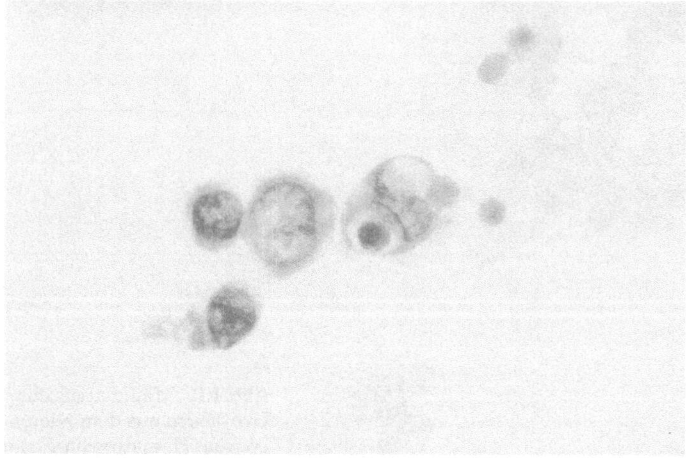

Abb. 134. Apoptose bei urothelialem G II-Karzinom. Hämatoxylin-Eosin

histologisch gesicherter, primärer und rezidivierter urothelialer Karzinome mit der Fragestellung eingesetzt wird, ob nach operativer, Strahlen- oder Chemotherapie erneut Tumorzellen aufgetreten sind und ein Rezidiv ankündigen (Abb. 135), ist dieses Verteilungsmuster nicht ungewöhnlich, da im Zusammenhang mit manifesten Karzinomen hohe Prozentsätze urothelialer Atypien auftreten. Der hohe Anteil von leichten und mäßiggradigen urothelialen Atypien (Tab. 26) ist zudem dadurch bedingt, daß hochdifferenzierte G Ia- und G Ib-Karzinome zytologisch durch leichte und mäßiggradige Atypien gekennzeichnet sind, während G II- und G III-Karzinome überwiegend mit schweren Atypien kombiniert sind. Werden simultane histologische und zytologische Untersuchungen verglichen, so zeigt sich, daß ein hoher Anteil leicht- bis mäßiggradiger atypischer Zellen mit hochdifferenzierten Karzinomen kombiniert sind. Sehr deutlich wird beim Nachweis schwer atypischer Urothelien die Kombination mit manifesten Karzinomen. Bei einem solchen zytologischen Befund ist daher ein Carcinoma in situ, bzw. ein G II- oder G III-Karzinom primär oder als

Rezidiv in einem hohen Prozentsatz vorhanden (Helpap et al. 1985a; Murphy et al. 1984) (Abb. 136–138).

Bei einem Vergleich mit den histologischen Ergebnissen an einem unausgewählten Untersuchungsmaterial, vor allem im Hinblick auf die Tumorverteilung, muß beachtet werden, daß die Zellverlustrate bei den tumorösen Veränderungen am Urothel sehr unterschiedlich ausgeprägt ist. Somit muß nicht zwangsläufig die zytologische Analyse den proliferierenden Zellprozeß wiedergeben, der sich in der Biopsie oder im Resektat histologisch nachweisen läßt. In einer eigenen Analyse konnten in 47,2% gleiche histologische und zytologische Befunde erbracht werden. In 45,7% fand sich eine höher eingestufte Histologie, in nur 7,1% lag die zytologische Aussage höher. Auch die zytologischen Kontrollen an manifesten primären und rezidivierten urothelialen Karzinomen mit und ohne Hämaturie, bezogen auf Grading und Staging, lassen erkennen, daß sich ein beträchtlicher Teil manifester Karzinome in der zytologischen Kontrolle unter der Gruppe unverdächtiger und aktivierter Urothelien verbergen kann (Murphy et al. 1984; Zein et al. 1984). Bei Anlegen sehr strenger Kriterien ist eine Übereinstimmung zwischen positiver Zytologie und Histologie in

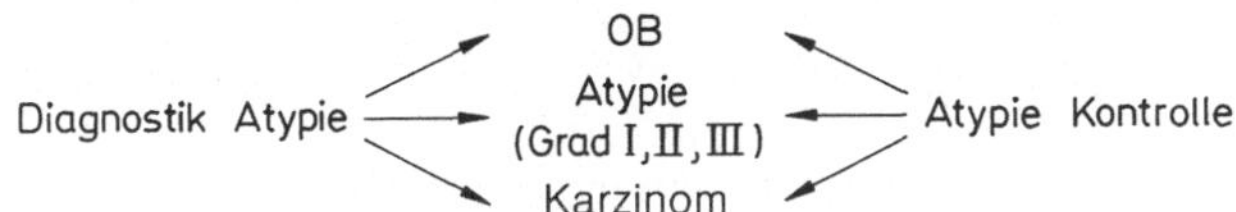

Abb. 135. Wertigkeit der urothelialen Atypie

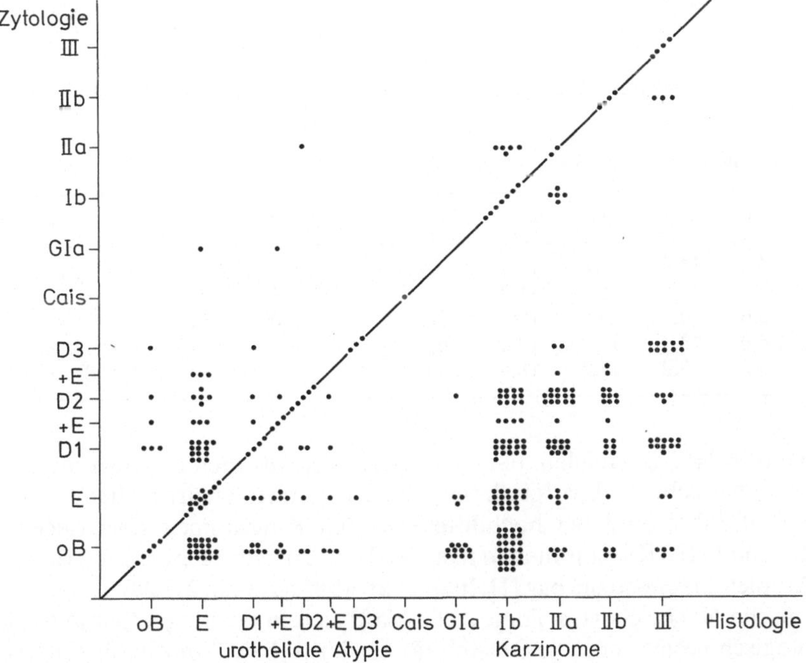

Abb. 136. Korrelation von simultaner Zytologie und Histologie bei verschiedenen Harnblasenerkrankungen

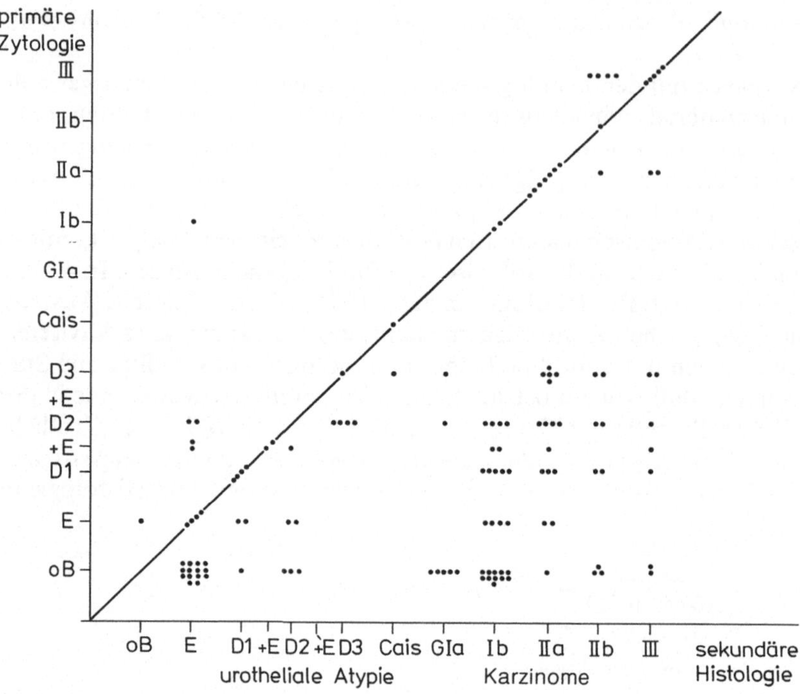

Abb. 137. Korrelation zwischen primärem zytologischen Befund und sekundärer histologischer Analyse

Tabelle 27. Zytologische Kontrolle von primären und rezidivierten urothelialen Karzinomen bezogen auf das Grading

Histologie	n	Zytologische Kontrolle (%)									
		o.B.	E	D1	D2	D3	GIa	GIb	GIIa	GIIb	GIII
GIa	74	54,0	14,8	17,6	12,2	1,4	–	–	–	–	–
GIb	321	50,5	13,6	18,1	11,2	1,6	–	3,4	1,6	–	–
GIIa	196	30,6	10,7	19.9	19.4	7,1	–	2.0	10.2	–	–
GIIb	73	26,0	13,7	16,4	19,2	6,8	–	–	–	6,8	11,1
GIII	76	13,2	9,2	13,2	18,4	21,0	–	–	–	6,6	18,4

solchen Fällen nur in 44% zu erzielen. Bei zytologischen Kontrollen von histologisch gesicherten oder entsprechend chirurgisch therapierten manifesten urothelialen Karzinomen über fünf Jahre sind bei hochdifferenzierten Karzinomen überwiegend leichte, bei GII- und GIII-Karzinomen in fast gleichen Prozentsätzen mäßiggradige und schwere Atypien diagnostizierbar (Helpap et al. 1985a) (Tab. 27, 28).

Der zytologische Nachweis von Tumorzellen läßt sich in der Regel fast in 99% der Fälle histologisch bestätigen. Die Sensibilität der Urin- bzw. Spülflüssigkeitszytologie erbringt für multifokale Urothelläsionen inklusive Carcinomata in situ eine Auffindrate von 80–90% (Herr 1983; Dean u. Murphy 1985; Weinstein et al. 1985).

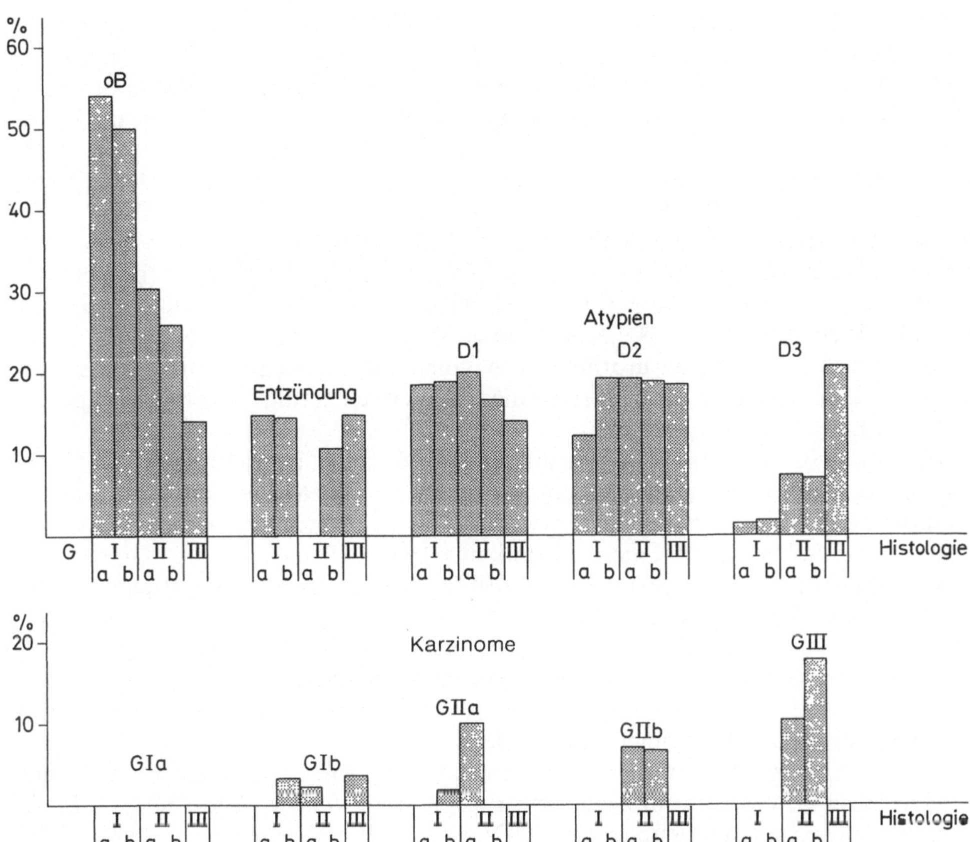

Abb. 138. Zytologische Kontrolle von primären und rezidivierten urothelialen Karzinomen bezogen auf das Grading

Tabelle 28. Histologische Kontrolle von primärer Zytologie bei Atypien und urothelialen Karzinomen

Primäre Zytologie	n	Sekundäre Histologie (%)									
		o.B.	E	D1	D2	D3 (Cais)	GIa	GIb	GIIa	GIIb	GIII
o.B.	40	–	35,0	2,5	7,5	–	12,5	27,5	2,5	7,5	5,0
Entzdg.	15	6,7	26,7	13,3	13,3	–	–	26,7	13,3	–	–
D1	29	–	6,9	20,7	3,4	–	–	41,4	13,8	6,9	6,9
D2	18	–	11,1	–	–	22,2	5,6	22,2	22,2	11,1	5,6
D3 (Cais)	13	–	–	–	–	30,7	–	–	38,5	15,4	15,4
GIa	–	–	–	–	–	–	–	–	–	–	–
GIb	3	–	33,3	–	–	–	–	66,6	–	–	–
GIIa	10	–	–	–	–	–	–	–	70,0	10,0	20,0
GIIb	1	–	–	–	–	–	–	–	–	100,0	–
GIII	9	–	–	–	–	–	–	–	–	44,4	55,6

Werden zusätzlich durchflußzytophotometrische Analysen miteingesetzt, sind 84% dieser Tumorzellen aneuploid und 16% tetraploid. Diese zytologische-zytophotometrische Aussage ist insofern von Wichtigkeit, als sich aus Carcinomata in situ in 40–80% ein invasives Karzinom entwickelt, vor allem dann, wenn bereits ein manifestes Karzinom voroperiert worden ist (Hofstädter et al. 1978; Tribukait et al. 1978; Utz u. Farrow 1980; Utz et al. 1980; Farsund et al. 1984; Melamed u. Klein 1984; Stöber et al. 1984; Wijkström et al. 1984; Chin et al. 1985; Zincke et al. 1985; Badalament et al. 1987; Guinan u. Rubenstein 1987; Koss et al. 1987; Murphy 1987). Die Sensitivitätsrate bei der spezifischen zytologischen Urotheldiagnostik primärer urothelialer Karzinome liegt im Mittel bei 50–90% (Dean u. Murphy 1985; Shenoy et al. 1985; Weinstein et al. 1985; Knönagel et al. 1985; Badalament et al. 1987a, b). Unter Berücksichtigung der urothelialen Atypien und der Kenntnis über die Korrelationen zu manifesten Karzinomen ist diese Rate noch gering steigerbar (Helpap et al. 1985a).

Die Analyse von Urin- oder Harnblasenspülflüssigkeit ist im Rahmen der Harnblasendiagnostik nicht mehr wegdenkbar und wird zunehmend unter Einsatz der Computertechnik vorgenommen. Sie hat einen festen Platz neben anderen klinischen und diagnostischen Maßnahmen (El Balkainy 1980; Klein et al. 1982; Ooms et al. 1982; Zimmermann 1982; Brugal et al. 1986; Sherman et al. 1986; Wehner 1986; Ørntoft et al. 1988; van der Poel et al. 1988).

In drei Bereichen sollte sie eingesetzt werden:

1. Beim Screening von Bevölkerungsgruppen mit kanzerogener Exposition,
2. Bei der Primärdiagnose des Karzinoms der ableitenden Harnwege, vor allem mit dem klinischen Befund einer Hämaturie,
3. Bei der Therapiekontrolle und Rezidiverkennung eines urothelialen Karzinoms (Droese et al. 1982; Schmitz et al. 1984; Cant et al. 1986; Wehner 1986; Orihuela et al. 1987; Guinan u. Rubenstein 1987).

Für die Bestimmung der Tiefenausdehnung nachgewiesener manifester Tumorzellen ist die zytologische Analyse nicht einsetzbar. Mit DNA-zytophotometrischen bzw. zellkinetischen Methoden und mit der immunzytochemischen Analyse, vor allem von Ca 1, CEA- und TPA-Expressionsmustern ist jedoch auch an zytologischen Ausstrichpräparaten ein Subgrading möglich, das gewisse Rückschlüsse auf Invasionstendenzen zulassen kann (Chin et al. 1985; Czerniak u. Koss 1985; Helpap 1986; Huland et al. 1987; Orihuela et al. 1987).

Die Differentialdiagnose entzündlicher Prozesse in eine floride oder chronisch-rezidivierende Entzündung ist durch den Anteil entsprechender Entzündungszellen bestimmt. Das Auftreten mehrkerniger Riesenzellen sollte differentialdiagnostische Überlegungen hinsichtlich spezifischer Prozesse oder morphologischer Folgen nach operativer bzw. konservativer Therapie urothelialer Karzinome miteinbeziehen. Parasitäre Einschlüsse, vor allem bei der Bilharziose, können entsprechende klinische Befunde stützen (Helpap 1986).

Der hohe Anteil unauffälliger zytologischer Befunde, unter Einschluß der Diagnose aktivierter Urothelien, darf nicht darüber hinwegtäuschen, daß bei einem solchen zytologischen Befund sich trotzdem manifeste entzündliche oder tumoröse Prozesse verbergen können. Dies gilt vor allem auch für die klinische Diagnose einer „Reizblase“.

12 Prognose von urothelialen Tumoren

Tumorstadium und Malignitätsgrad können als grobe prognostische Indikatoren gelten. Weitere Einflüsse haben das Alter oder der Allgemeinzustand der Patienten, immunologische Faktoren, Tumormultiplizität, Tumorheterogenität sowie begleitende Blasenschleimhautveränderungen (Atypien).

Für Nierenbecken- und Harnleiterkarzinome finden sich 5-Jahres-Überlebensraten für pT 1-Tumoren zwischen 60 und 90%, für pT 2-Tumoren zwischen 40 und 50% und für pT 3/4-Tumoren zwischen 0 und 40%.

Ähnlich wie in der Blase nimmt die Rezidivneigung mit Abnahme des Differenzierungsgrades bzw. Zunahme des Malignitätsgrades zu. Papilläre G 0-Tumoren rezidivieren in 5%, G I-Tumoren in 10%, G II-Tumoren in 20% und G III-Tumoren in 35%.

Die durchschnittliche 5-Jahres-Überlebensrate für Blasenkarzinome liegt für oberflächliche papilläre Tumoren (pT a und pT 1) bei durchschnittlich 70–90%. Auf den Malignitätsgrad bezogen finden sich Werte für G Ia-Tumoren von 95%, für G Ib- und -IIa-Tumoren von 75% und G IIb- und G III-Tumoren von 40%.

Bei pT 2-Tumoren beträgt die 5-Jahresüberlebensrate durchschnittlich 60%, für pT 3-Tumoren 40% und bei fortgeschrittenen Harnblasenkarzinomen 0–30%.

Etwa 20–50% der infiltrierenden Harnblasenkarzinome mit Stadium pT 2 bis pT 4a haben bereits Metastasen. Hier ist ein kurativer Eingriff nur begrenzt möglich (Petersen 1986; Shipley et al. 1987).

13 Seltene Tumoren

13.1 Plattenepithelkarzinome (ICD-0 8070/3)

Immunhistochemisch exprimieren Plattenepithelkarzinome Keratin und Zytokeratine ausgeprägt (Steffens et al. 1985). Plattenepithelkarzinome treten gehäuft bei Bilharzioseerkrankungen auf. Sie sind auch bei Thorotrastose beobachtet worden (Abb. 139–142). Nicht selten findet sich bei soliden Urothelkarzinomen mit gesteigerter Invasionstendenz unter Zunahme der Rezidive ein transformativer Übergang in Plattenepithelkarzinome. Eine Rarität sind Plattenepithelkarzinome des Urachus. 7 Fälle sind bislang beschrieben worden (Jimi et al. 1986).

13.2 Adenokarzinome (ICD-0 8140/3)

Drüsenbildende Karzinome finden sich in Nierenbecken, Ureteren, Urethra, vor allem jedoch in der Harnblase (Tab. 12) (Abb. 143 a).

Auch diese Karzinomform tritt bei Bilharziosekranken auf (Abb. 143 b).

Vor allem unter dem Bild einer Schleimbildung sind Adenokarzinome, ausgehend von Urachusresten am Blasendach und bei Harnblasenexstrophie, zu diagnostizieren (Göckel u. Dettmar 1983; Lurie et al. 1983; Harzmann et al. 1984). Die Adenokarzinome des Urachus neigen zu rascher Wandinfiltration und zu einer lymphogenen und hämatogenen Metastasierung, wobei Knochenmetastasen, Lungenmetastasen, aber auch Hirnmetastasen beobachtet werden können, und haben damit eine schlechte Prognose (Helpap u. Wegner 1980; Anderström et al. 1983) (Abb. 144, 145). Adenokarzinome können auch mit einer neuroendokrinen Differenzierung einhergehen, die durch eine Argyrophilie und immunhistochemisch durch Chromogranin- und neuronenspezifische Enolase-Expression gekennzeichnet ist (Abenoza et al. 1986; Satake u. Matsuyama 1986).

Bei Adenokarzinomen der ableitenden Harnwege sollte jedoch auch immer ein in die Ureteren oder Harnblase infiltrierendes Prostatakarzinom, Uteruskarzinom, Nierenzellkarzinom oder die Metastase eines anderweitig lokalisierten Adenokarzinoms ausgeschlossen werden. Die gilt vor allem auch für die seltene Form primärer Siegelringzellkarzinome der Harnblasenschleimhaut (Trillo et al. 1981; Choi et al. 1984; Kums u. Helsdingen 1985; De May u. Grathwohl 1985; Bowlby u. Smith 1986; Tanaka et al. 1987). Auch sie haben einen äußerst ungünstigen Verlauf. Differentialdiagnostisch sind Siegelringzellmetastasen in die Harnblasenwand bei manifesten Magenkarzinomen zu berücksichtigen (Blume u. Theuring 1984 a, b; Helpap 1986) (Abb. 146–149).

Abb. 139

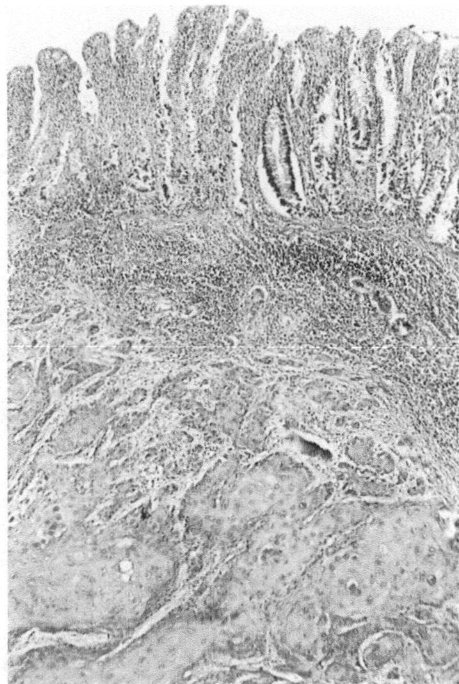

Abb. 140

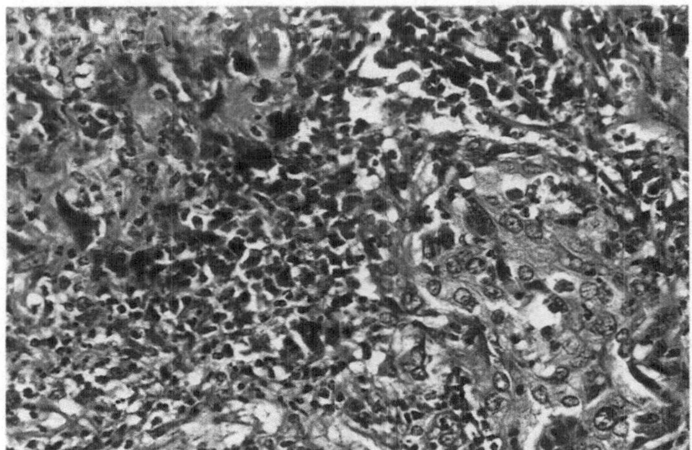

Abb. 141

Abb. 139. Invasives Plattenepithelkarzinom der Harnblase mit Einbruch in das Rektum

Abb. 140. Verhornendes Plattenepithelkarzinom der Harnblase mit Einbruch in die Rektumschleimhaut. Hämatoxylin-Eosin

Abb. 141. Plattenepithelkarzinom nach Thorotrastgabe. Hämatoxylin-Eosin

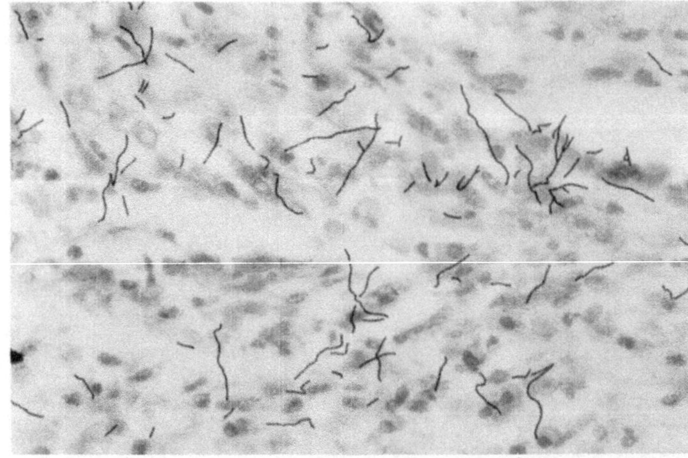

Abb. 142. Histo-Autoradiogramm zum Nachweis von Alpha-Bahnspuren bei Thorotrastose der Nierenbekkenschleimhaut mit urothelialem Karzinom. Strippingfilm-Autoradiogramm. Hämalaun.

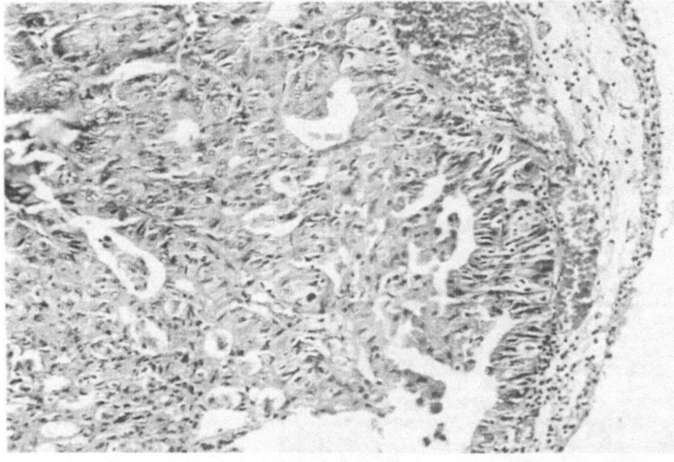

Abb. 143a. Adenokarzinom der Harnblasenschleimhaut Hämatoxylin-Eosin.

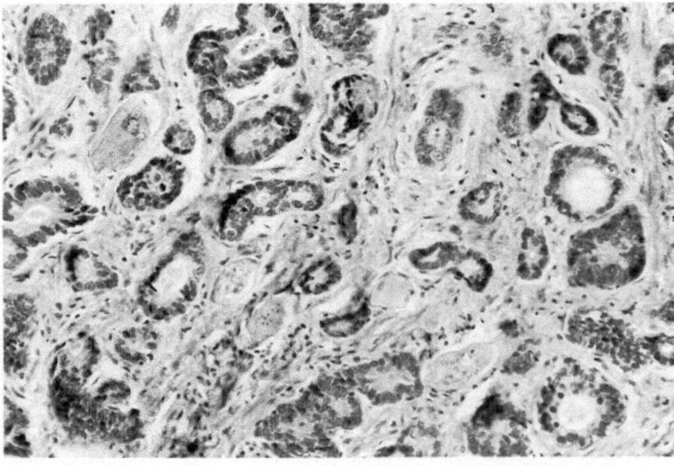

Abb. 143b. Adenokarzinom bei Bilharziose in der Harnblase. Hämatoxylin-Eosin

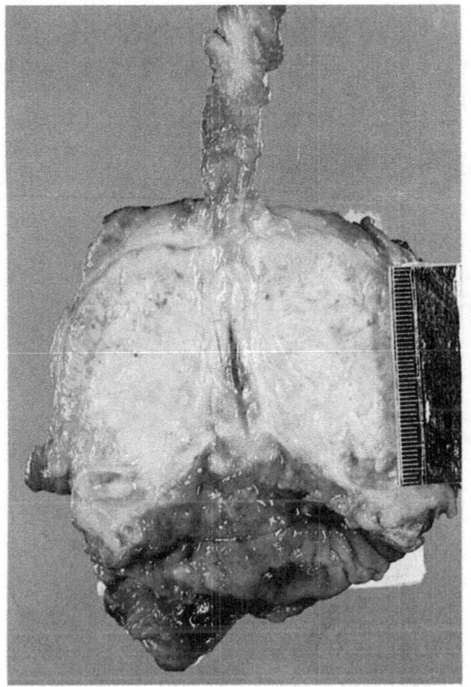

Abb. 144

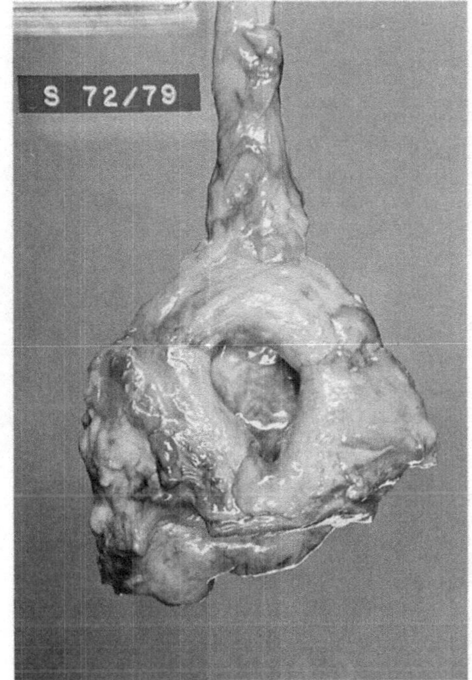

Abb. 146

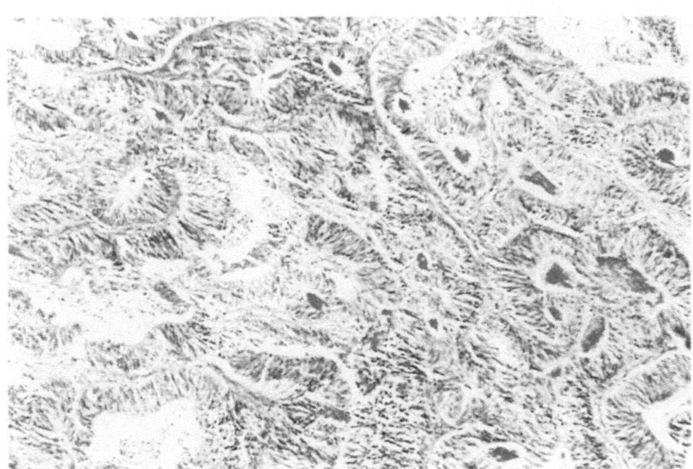

Abb. 145

Abb. 144. Urachuskarzinom am Harnblasendach

Abb. 145. Hochdifferenziertes Adenokarzinom des Urachus der Harnblasenwand

Abb. 146. Primäres Siegelringzellkarzinom der Harnblase

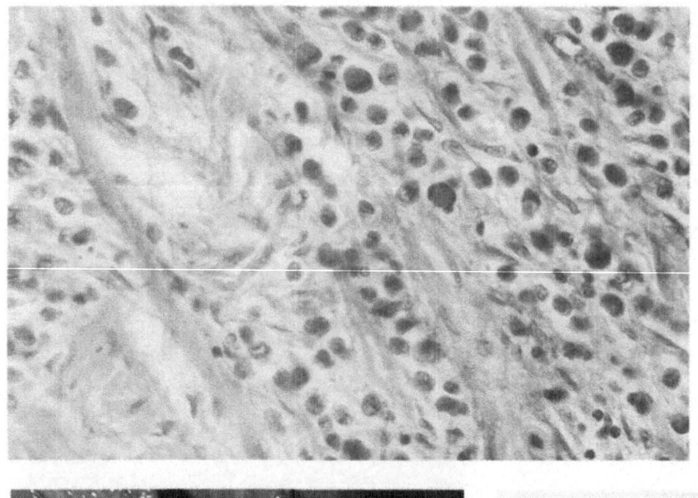

Abb. 147

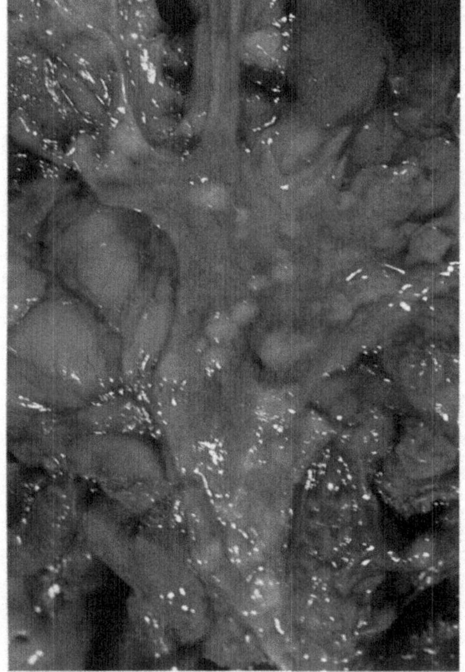

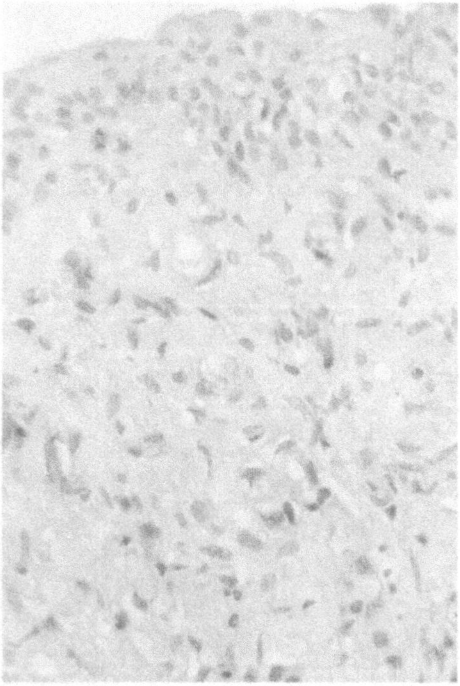

Abb. 148

Abb. 149

Abb. 147. Invasives Siegelringzellkarzinom der Harnblase. Hämatoxylin-Eosin

Abb. 148. Metastasen eines Siegelringzellkarzinoms des Magens im Urothel und in tieferen Wandschichten von Nierenbecken und Ureter

Abb. 149. Metastase eines Siegelringzellkarzinoms in der Harnblasenschleimhaut. Alcian-Blau-Färbung. Hämatoxylin-Eosin

13.3 Mesonephrogene Tumoren

In die Gruppe von Karzinomen mit glandulärem Aussehen werden auch mesonephrogene Adenome bzw. Karzinome gerechnet (Bhagawan et al. 1981; Ingram u. de Pauw 1985). Diese sind äußerst selten.

Ihre z. T. papillär-glandulären Formen erleichtern die zytologische Diagnose im Urin von Blasenspülflüssigkeitzentrifugaten (Cremer u. Adolphs 1978; Schnoy u. Leistenschneider 1982; Newman u. Antonakopoulos 1985; Hausdorfer et al. 1985; Stilmant et al. 1986; Troster et al. 1986) (Abb. 150).

13.4 Kleinzellige Karzinome

Ferner sind in jüngster Zeit Fälle beschrieben worden, bei denen Patienten mit urothelialen Karzinomen ohne Knochenmetastasen als Begleitsyndrome eine Hyperkalzämie, Thrombozytose und leukämische Reaktionen aufwiesen (Bennett et al. 1986; Diaz Gonzales et al. 1985). Oft liegen bei diesen Karzinomen kleinzellige Komponenten oder argyrophile bzw. argentaffine und auch Panethzellen, d. h. Zellen vom endokrinen Typ vor, bei denen paraneoplastische Syndrome wie ektope adrenokortikotrope Hormonproduktionen bekannt sind (Pallesen 1981; Satake et al. 1984; Partanen u. Asikainen 1985; Mills et al. 1987).

Weitere seltene Harnblasentumoren sind primäre Choriokarzinome (Obe et al. 1983) oder Urinome in der Harnblasenwand und in der Blasenumgebung (Ali Khan et al. 1985) sowie primäre maligne Melanome (Petersen 1986).

13.5 Mesenchymale Tumoren

Neben Fibromen, fibrösen Histiozytomen (Abb. 151), Lipomen, Granularzelltumoren, Schwannomen und Leiomyomen (ICD-0 8890/0) werden nicht selten Leiomyosarkome (ICD-0 8890/3) beobachtet (Petersen 1986), die in ihren wenig differenzierten, mitunter myxoiden Varianten Schwierigkeiten bei der differentialdiagnostischen Abklärung gegenüber pseudosarkomatösen und spindelzelligen Läsionen und Rhabdomyosarkomen auch mit immunhistochemischen Methoden aufwerfen (Ro et al. 1986; Petersen 1986; Sälzler et al. 1987; Young u. Scully 1987; Young et al. 1987; Wick et al. 1988). Diese Unterscheidung ist jedoch von Wichtigkeit, da Leiomyosarkome eine bessere Prognose als Rhabdomyosarkome haben (Koss 1975; Henriksen et al. 1982) (Abb. 152). Die gutartigen mesenchymalen Tumoren sind klinisch durch eine obstruktive Symptomatik gekennzeichnet (Petersen 1986).

13.6 Rhabdomyosarkom (ICD-0 8900/3)

Das Rhabdomyosarkom vom adulten Typ ist ein Sarkom, das im höheren Lebensalter auftritt, zu diffusen Wandinfiltrationen und Ulzerationen neigt und zumeist ein

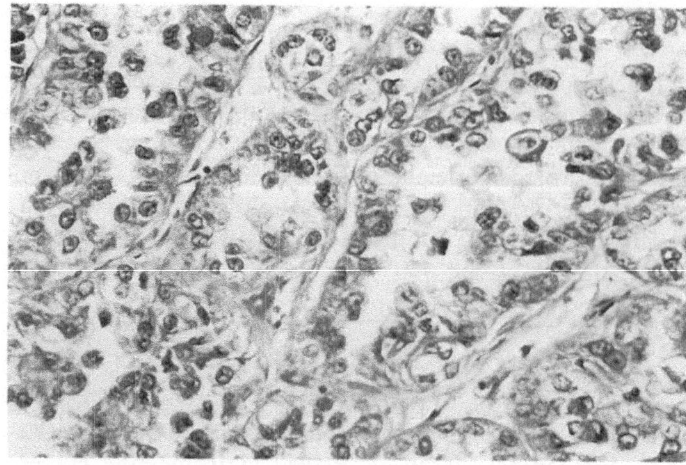

Abb. 150. Mesonephrogenes Karzinom der Harnblase. Hämatoxylin-Eosin

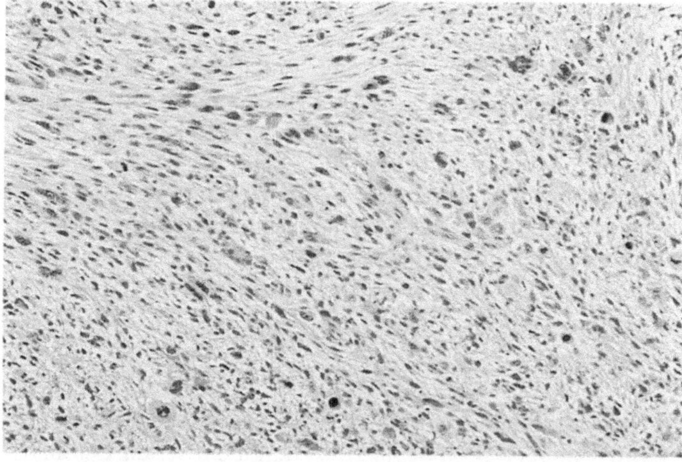

Abb. 151. Fibröses malignes Histiozytom in der Harnblasenwand. Hämatoxylin-Eosin

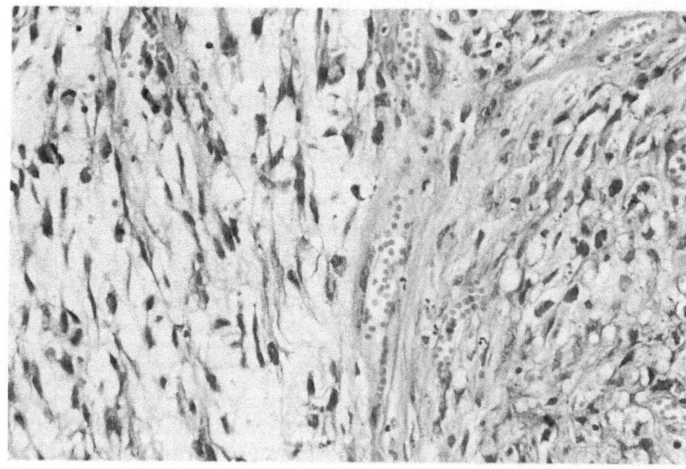

Abb. 152. Myxoides Leiomyosarkom der Harnblase. Hämatoxylin-Eosin

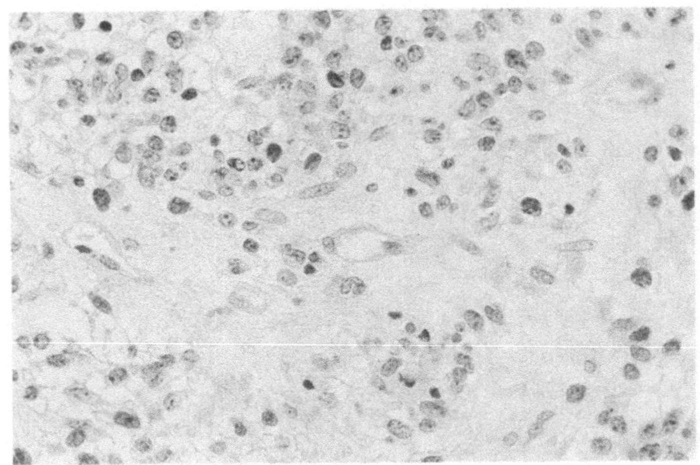

Abb. 153. Embryonales Rhabdomyosarkom der Harnblase. Hämatoxylin-Eosin

pleomorphes spindelzelliges Bild zeigt. Die Tumorzellen haben ein tief eosinophiles Zytoplasma. Eine Querstreifung ist äußerst selten erkennbar.

Die alveoläre Variante ist im Urogenitaltrakt eine Rarität. Häufiger wird jedoch das embryonale Rhabdomyosarkom (ICD-0 8910/3) beobachtet (Abb. 153). Es wird auch als infantiles Rhabdomyosarkom bezeichnet. In der Harnblase können sich traubenförmige breitbasige Tumormassen von weicher Konsistenz und grau-rötlicher Schnittfläche mit ausgedehnten Nekrosen entwickeln (Sarkoma Botryoides). Histologisch finden sich spindelförmige und rundliche, z.T. auch sternförmige schwach PAS-positive Tumorzellen mit eosinophilem Zytoplasma. Gelegentlich ist eine Querstreifung nachweisbar. Die Tumoren haben eine schlechte Prognose und setzen frühzeitig hämatogene Metastasen vom Cavatyp. Lymphknotenmetastasen sind selten.

13.7 Maligne Lymphome

Zumeist handelt es sich um maligne Lymphome vom Non-Hodgkin-Typ. Es kommt zur Entwicklung knotiger, vielfach exulzerierter Tumormassen in allen Wandbereichen der abführenden Harnwege. Die Tumorinfiltrate können zu Stenosen bzw. Obstruktionen führen. Der primäre Ausgang ist selten, zumeist liegen Tumoranteile im Rahmen des Generalisationsstadiums vor (Bocian et al. 1982). Fünf Fälle von extramedullären Plasmozytomen in der Harnblasenwand sind bislang beschrieben worden. Die Abgrenzung von gutartigen Plasmazellgranulomen kann schwierig sein (Petersen 1986).

13.8 Angiome (ICD-0 9120/0)

Hämangiome der ableitenden Harnwege können kavernöse, kapilläre oder plexiforme Muster aufweisen. Daneben werden auch Lymphangiome sowie Varizen beob-

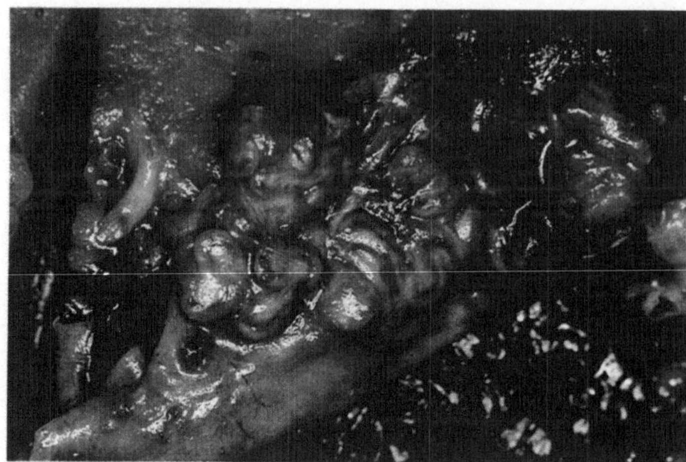

Abb. 154. Angiom des Nierenbeckens auf den Ureter übergreifend

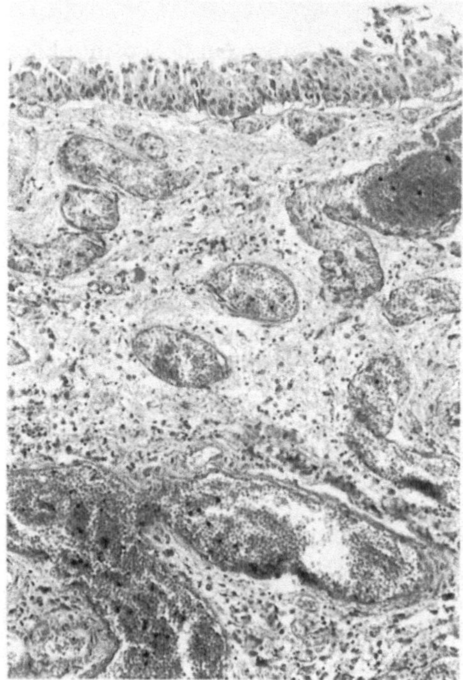

Abb. 155. Hämangiom der Harnblase. Hämatoxylin-Eosin

achtet (Abb. 154, 155). Vor allem die kavernösen Hämangiome und Varixknoten mit Einbruch in das Nierenbecken und die Harnblase können lebensbedrohliche Blutungen erzeugen. Angiosarkome sind dagegen eine Rarität. 4 Fälle sind bislang beschrieben worden. Immunhistochemisch ist der Nachweis von Faktor VIII hilfreich (Stroup u. Chang 1987).

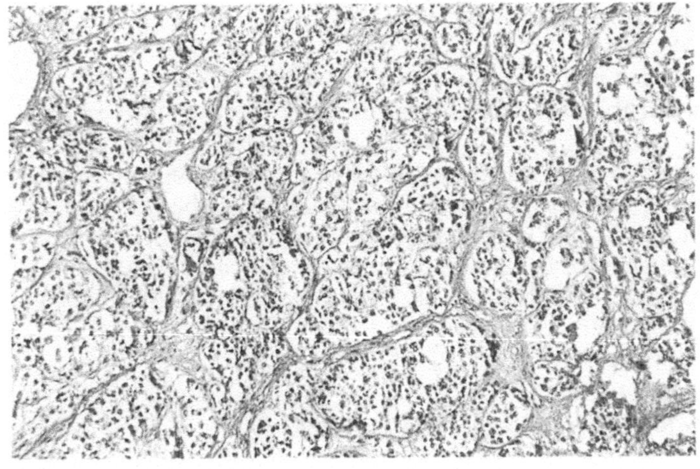

Abb. 156. Extraadrenales Paragangliom der Harnblase. Hämatoxylin-Eosin

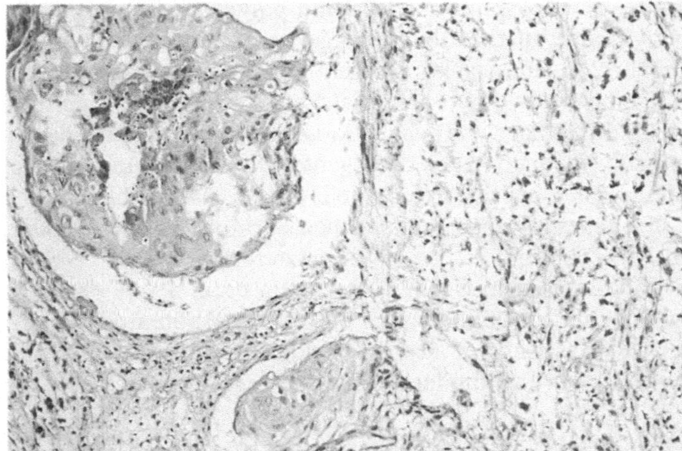

Abb. 157. Urotheliales Karzinom mit Plattenepithelmetaplasie und pseudosarkomatöser Stromareaktion. Hämatoxylin-Eosin

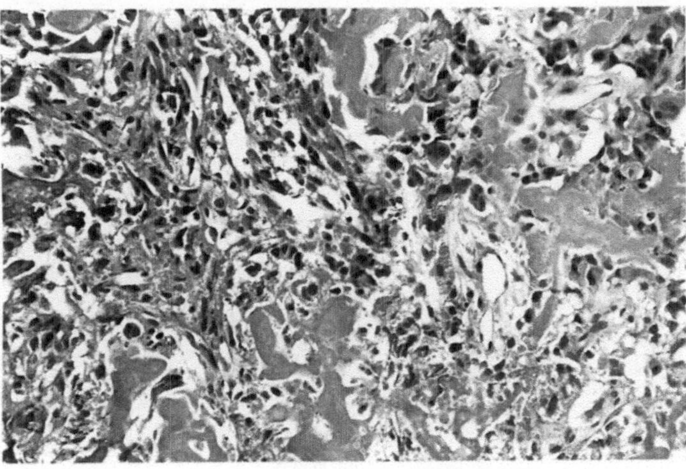

Abb. 158. Harnblasenkarzinom mit chondro-osteogener Metaplasie. Hämatoxylin-Eosin

13.9 APUDome/Paranganagliome (ICD-0 8700/0 / 8681/1)

Extraadrenale Paragangliome unter dem Bild sog. *Phäochromozytome* und *Karzinoide* sind in der Wand der Harnblase in den letzten Jahren häufiger beschrieben worden (Tab. 12).

Die Tumoren entwickeln sich aus dem paraganglionären System und können biogene Amine sezernieren. So ist von Paragangliomen in der Harnblasenwand eine Phäochromozytomsymptomatik mit krisenhaften Blutdruckanstiegen und positivem Vanillin-Mandelsäurenachweis bekannt (Helpap 1978; Helpap u. Büttner 1972; Colby 1980; Köster et al. 1982; Vahlensieck et al. 1984; Davaris et al. 1986; Moyana u. Kontozoglou 1988) (Abb. 156).

13.10 Mesodermale Mischtumoren (ICD-0 8051/3)

Diese Tumoren ähneln in ihrem makroskopischen Befund polypösen Rhabdomyosarkomen. Auch sie können plumpe, fast traubenförmige, exulzerierte Geschwülste bilden. Histologisch sind innerhalb eines sarkomatösen bzw. pseudosarkomatösen Stromas (Young et al. 1987) mit fibro-leiomyosarkomatösen Mustern plattenepitheliale und glanduläre, solide und papilläre epitheliale (karzinomatöse) Anteile nachweisbar. Differentialdiagnostisch können neben osteogenen Differenzierungen auch chondroosteoblastische Metaplasien bei rezidivierenden, invasiven Harnblasenkarzinomen gegenüber äußerst seltenen primären osteogenen Sarkomen Schwierigkeiten aufwerfen (Suster et al. 1987) (Abb. 157, 158). Von letzteren sind in der Weltliteratur seit 1900 etwa 35 Fälle registriert worden (Berenson et al. 1986; Petersen 1986; Young 1987). Neben knöchernen können auch knorpelig sarkomatöse Strukturen auftreten (Wick et al. 1985; Kusaba et al. 1984; Schütze 1986). Die Mischtumoren können in allen Regionen der ableitenden Harnwege angetroffen werden.

14 Metastasen

Lymphogene und hämatogene Metastasen anderweitig lokalisierter Primärtumoren können sich im Nierenbecken, in Ureteren und Harnblase manifestieren, vor allem ist jedoch die Differentialdiagnose primärer Tumoren der ableitenden Harnwege zu berücksichtigen, welche aus der Umgebung eingewachsene Tumoren der Zervix und des Corpus uteri, der Ovarien, der Prostata sowie des Dickdarmes beinhaltet. Am häufigsten sind Metastasen von malignen Lymphomen, Mammakarzinomen, Magenkarzinomen, Zervix/Portiokarzinomen, Kolon/Rektumkarzinomen, Prostatakarzinomen, Nierenzellkarzinomen, Melanomen, Karzinomen der Ovarien, der Lungen, Hoden und des Pankreas (Kabbani u. Wind 1987) (Abb. 148). Maligne Melanome können auch primär in der Harnblasenschleimhaut entstehen (Anichkov u. Nikonov 1982) (Abb. 159). Bei unklarem Primärtumor sind immunhistochemische Methoden einsetzbar. Vor allem gilt dies für die differentialdiagnostischen Schwierigkeiten bei Abgrenzung wenig differenzierter Prostata- und Urothelkarzinome.

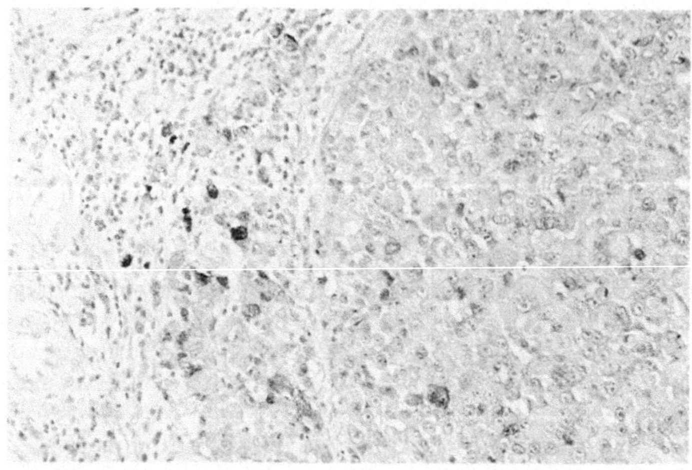

Abb. 159. Malignes Melanom in der Harnblasenschleimhaut. Immunhistochemischer Nachweis von S 100. PAP-Technik

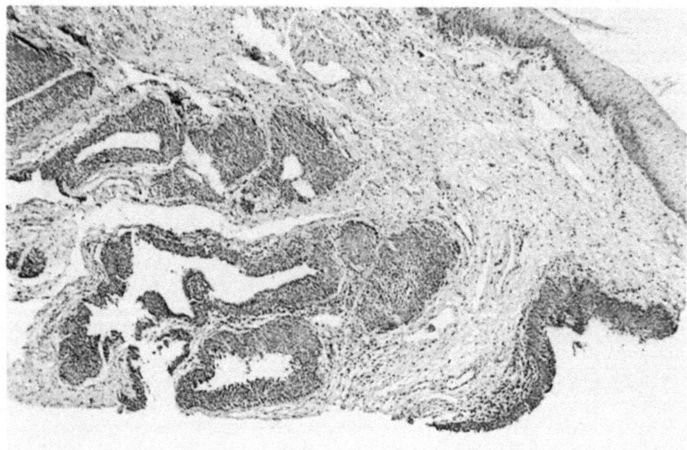

Abb. 160. Harnröhrenkarunkel, von Plattenepithel und Urothel bedeckt. Hämatoxylin-Eosin

15 Tumoren der Urethra

Die Urethralkarunkel oder der Urethralpolyp entsprechen einer reaktiven Veränderung im Bereich des Meatus externus der Harnröhre. Bei Frauen ist die Harnröhrenkarunkel sehr häufig. Makroskopisch findet sich eine knotige, bei Berührung leicht blutende tumorähnliche Schleimhautveränderung, die histologisch aus einem vaskularisierten Granulationsgewebe besteht, das teils von Urothel und teils von Plattenepithel bedeckt ist. Beide sind von echten Hämangiomen und vaskularisierten Granularzelltumoren zu trennen (Abb. 160). Auch Paragangliome und pseudosarkomatöse Läsionen sind in dieser Region anzutreffen (Bryant et al. 1983; Young et al. 1987).

15.1 Condylomata acuminata (ICD-0 7672/0)

Im Bereich des Meatus externus der Urethra bis in die Harnblase hineinreichend können sich Papillome des Plattenepithels entwickeln, die im Bereich des bedeckenden Plattenepithels Einzelzelldysplasien aufweisen können. Diese Kondylome sind virusinduziert und können sexuell übertragbar sein (HPV-6-Virus) (Keating et al. 1985; Del Mistro et al. 1988) (Abb. 161, 162).

15.2 Karzinome (ICD-0 8070/3)

Karzinome der Urethra sind äußerst selten. Etwa 350 Fälle sind beschrieben.

Es handelt sich überwiegend um Plattenepithelkarzinome (80%), selten um Adeno- oder Klarzell- bzw. urotheliale Karzinome (ca. 14%) (Ray u. Guinan 1979; Tanabe et al. 1982; Zingg 1982; Peven u. Hidvegi 1985; Hull et al. 1987; Moinuddin et al. 1988). Oft entwickeln sich die Urethrakarzinome in Divertikeln. In solchen Fällen sind 61% der Karzinome klarzellig-drüsenbildend, 25% urothelial und 14% plattenepithelial (Petersen 1986). Die Karzinome metastasieren sehr rasch in die inguinalen Lymphknoten als 1. Lymphknotenstation. Fernmetastasen treten in ca. 15% im Skelettsystem und in den Lungen auf (Meis et al. 1987; Mayer et al. 1987). Auch hier wird eine virale Genese diskutiert (Deutz et al. 1987; Grussendorf-Conen et al. 1987).

Differentialdiagnostisch sind Divertikel, Harnröhrenstrikturen nach durchgemachter Gonorrhoe, Harnröhrentuberkulose, periurethrale Abszesse sowie Harnröhrenkonkremente und Fremdkörper zu beachten.

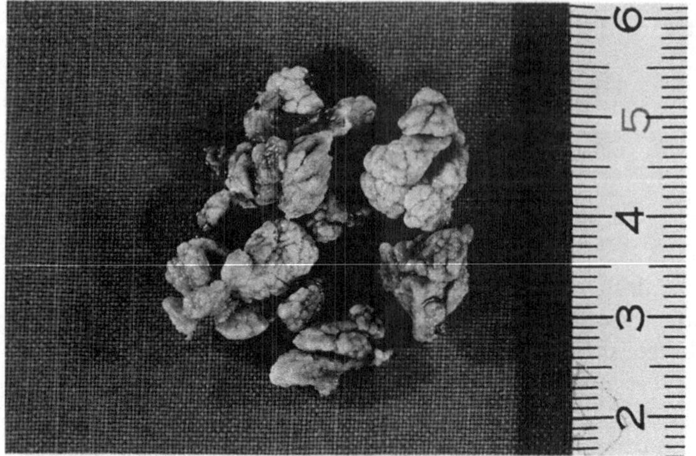

Abb. 161. Urethrale Condylomata acuminata

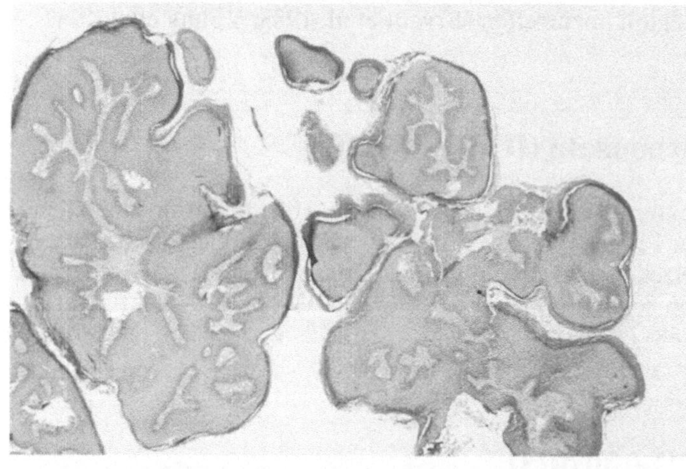

Abb. 162. Condylomata acuminata der Urethra. Hämatoxylin-Eosin

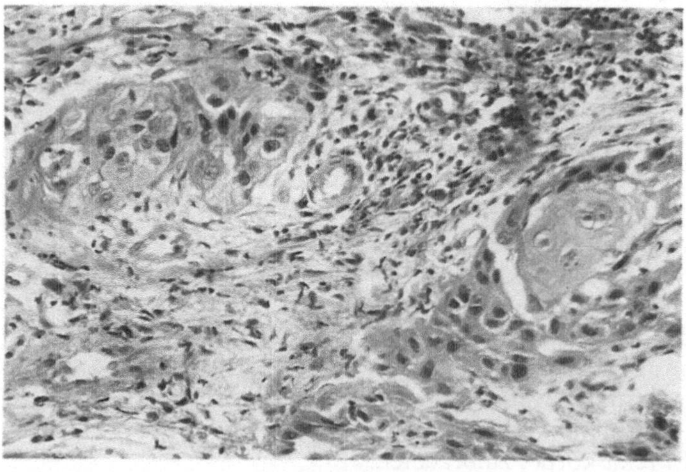

Abb. 163. In die Urethra eingebrochenes Portio-Zervix-Karzinom. Hämatoxylin-Eosin.

Eine Rarität sind kloakogene Karzinome, ein mesonephrogener Tumor in einem Urethraldivertikel (Schnoy u. Leistenschneider 1982) bzw. ein Adenokarzinom auf dem Boden einer nephrogenen Metaplasie (Kramer u. Jonas 1984; Ingram u. De Pauw 1985).

Differentialdiagnostisch sind beim Mann eingebrochene Prostatakarzinome, bei der Frau Portio-Zervixkarzinome, sowie auch Rektumkarzinome zu berücksichtigen (Abb. 163).

Literatur ableitende Harnwege

Abenoza P, Manivel C, Sibley RK (1986) Adenocarcinoma with neuroendocrine differentiation of the urinary bladder – clinicopathologic, immunohistochemical, and ultrastructural study. Arch Pathol Lab Med 110:1062–1066

Ackermann R (1986) Biologische Grundlagen des Urothelkarzinoms. Verh Dtsch Ges Urol 37:2–10

Ackermann R (1986) Kongenitale Mißbildungen der Harn- und Genitalorgane. In: Bandhauer K, Frohmüller H (Hrsg) Urologie in der Praxis. VCH Verlagsgesellschaft, Weinheim, S 323–364

Adolphs H, Bastian HP (1984) Chemoimmunoprophylaxe bei oberflächlichen Harnblasenkarzinomen. In: Huland H, Klosterhalfen H (Hrsg) Therapie und Rezidivprophylaxe oberflächlicher Harnblasenkarzinome. Thieme, Stuttgart New York, S 101–110

Adolphs H, Helpap B (1982) Ergebnisse der Chemoimmunprophylaxe bei oberflächlichen Harnblasenkarzinomen. Urologe A 21:29–33

Adolphs HD, Thiele J, Vahlensieck W (1979) Harnblasentumoren unter Berücksichtigung experimenteller Befunde zur Pathogenese, Prophylaxe und Therapie. In: Fortschritte der Urologie und Nephrologie, Bd 12. Steinkopff, Darmstadt

Adolphs HD, Thiele J, Vahlensieck W (1980) Epidemiologie und Pathogenese des Harnblasencarcinoms. Onkologie 5:214–224

Adolphs HD, Schwabe HW, Helpap B, Volz C (1984) Cytomorphological and histological studies on the urothelium during and after chemoimmune prophylaxis. Urol Res 12:129–133

Akaza H, Koiso K, Nijima T (1987) Clinical evaluation of urothelial tumors of the renal pelvis and ureter based on a new classification system. Cancer 59:1369–1375

Akaza H, Murphy WM, Soloway MS (1984) Bladder cancer induced by noncarcinogenic substances. J Urol 131:152–155

Ali Khan S, Desai PG, Jayachandran S, Smith NL (1985) Urinoma. A rare presentation of carcinoma of the bladder. Urol Int 40:97–99

Al-Shukri S, Alwan MH (1983) Bilharzial strictures of the lower third of the ureter: a critical review of 560 strictures. Brit J Urol 55:477–482

Altaffer LF, Wilkerson SY, Jordan GH (1982) Malignant inverted papilloma and carcinoma in situ of the bladder. J Urol 128:816–818

Althausen AF, Prout GR, Daly JJ (1976) Non invasive papillary carcinoma of the bladder associated with carcinoma in situ. J Urol 116:575–580

Anderström C, Johansson SL, Schultz L von (1983) Primary adenocarcinoma of the urinary bladder. A clinicopathologic and prognostic study. Cancer 52:1273–1280

Anichkov NM, Nikonov AA (1982) Primary malignant melanomas of the bladder. J Urol 128:813–815

Arndt R, Steffens M, Loening St, Huland H (1986) Nachweis virusassoziierter Transitionalzellkarzinome mit Hilfe eines eigenen monoklonalen Antikörpers. Verh Dtsch Ges Urol 37:572–573

Awwad KH, Hegazy M, Ezzat S, El Bolkainy N, Burgers MV (1979) Cell proliferation of carcinoma in bilharzial bladder: an autoradiographic study. Cell Tissue Kinet 12:513–520

Badalament RA, Kimmel M, Gay H, Cibas ES, Whitmore WF, Herr H, Fair W, Melamed MR (1987) The sensitivity of flow cytometry compared with conventional cytology in the detection of superficial bladder carcinoma. Cancer 59:2078–2085

Badalament RA, Hermansen DK, Kimmel M, Gay H, Herr HW, Fair WR, Whitmore WF, Melamed MR (1987) The sensitivity of bladder wash flow cytometry, bladder wash cytology, and voided cytology in the detection of bladder carcinoma. Cancer 60:1423–1427

Bandhauer K (1986) Embryologie des Urogenitaltraktes, Anatomie des Urogenitaltrakts zum Verständnis klinischer Symptome und differentialdiagnostischer Überlegungen, Funktion der Niere und der harnableitenden Wege. In: Bandhauer K, Frohmüller H (Hrsg) Urologie in der Praxis. VCH Verlagsgesellschaft, Weinheim, S 1–33

Barth U, Ewers U (1986) Epidemiologie des Harnblasenkarzinoms. Erste Ergebnisse aus einer laufenden Fall-Kontrollstudie im Rhein-Ruhrgebiet. Verh Dtsch Ges Urol 37:318–319

Bennett JK, Wheatley JK, Walton KN, Watts NB, McNair O, O Brien DP (1986) Nonmetastatic bladder cancer associated with hypercalcemia, thrombocytosis and leukemoid reaction. J Urol 135:47–48

Berenson RJ, Flynn St, Freiha FS, Kempson RL, Torti FM (1986) Primary osteogenic sarcoma of the bladder. Case report and review of the literature. Cancer 57:350–355

Berkhoff WBC, Jöbsis AC, Bruijnes E, Dabhoiwala NF (1985) The inverted urothelial papilloma. Urol Int 40:93–96

Bhagavan B, Tiamson E, Wenk R (1981) Nephrogenic adenoma of the urinary bladder and urethra. Human Pathol 12:907–916

Bichler KH, Harzmann R (1984) Das Harnblasenkarzinom. Epidemiologie, Pathogenese, Früherkennung. Springer, Berlin Heidelberg New York Tokyo

Bichler KH, Altwein JE (1985) Der Harnwegsinfekt. Pathogenese, Diagnostik, Therapie. Springer, Berlin Heidelberg New York Tokyo

Bloom DA, Bennett CJ (1986) Nonoperative management of vesicoureteral reflux. Seminars Urol IV:74–81

Blume B, Theuring F (1984) Histologische und autoradiographische Untersuchungen zur Bedeutung und Terminologie der v. Brunnschen Nester in Blasenschleimhautbiopsien. Zbl Allg Path, Path Anat 129:119–125

Blume B, Theuring F (1984) Histomorphologische Varianten des Carcinoma in situ der Harnblase. Zbl allg Path, path Anat 129:195–199

Blume B, Theuring F, Blume P (1984) Histologische und autoradiographische Untersuchungen zur Objektivierung der Dysplasiegrade am Urothel. Zbl Allg Path, Path Anat 129:21–26

Bocian JJ, Flam MS, Mendoza CA (1982) Hodgkin disease involving the urinary bladder diagnosed by urinary cytology. A case report. Cancer 50:2482–2485

Bode G, Benz C, Feichter G, Wegener K (1985) Harnblasenpapillome Ergebnisse einer retrospektiven Studie von 1974–1983. Verh Dtsch Ges Path 69:620

Borgström E, Wahren B (1986) Clinical significance of A, B, H isoantigen deletion of urothelial cells in bladder carcinoma. Cancer 58:2428–2434

Bos I, Lichtenauer HP, Frontzeck M (1988) Villöses Adenom des Nierenbeckens vom intestinalen Typ. Pathologe 9:109–114

Bowlby LS, Smith ML (1986) Signet-ring cell carcinoma of the urinary bladder primary presentation as a Krukenberg tumor. Gynecol Oncol 25:376–381

Brawn PN (1982) The origin of invasive carcinoma of the bladder. Cancer 50:515–519

Brawn PN (1984) The relationship between non-invasive papillary lesions and invasive bladder carcinoma. Cancer 54:620–623

Brugal G, Quirion C, Vassilakos P (1986) Detection of bladder cancers using a SAMBA 200 cell image processor. Analyt Quantita Cytol Histol 8:187–194

Bryant R, Thompson IM, Ortiz R (1983) Urethral paraganglioma presenting as a urethral polyp. J Urol 130:571–572

Bullock PS, Thoni DE, Murphy WM (1987) The significance of colonic mucosa (intestinal metaplasia) involving the urinary tract. Cancer 59:2086–2090

Cant JD, Murphy WM, Soloway MS (1986) Prognostic significance of urine cytology on initial follow-up after intravesical mitomycin C for superficial bladder cancer. Cancer 57:2119–2122

Chin JL, Huben RP, Nava E, Rustum YM, Greco JM, Pontes JE, Frankfurt OS (1985) Flow cytometric analysis of DNA content in human bladder tumors and irrigation fluids. 56:1677–1681

Choi H, Lamb St, Pintar K, Jacobs StC (1984) Primary signet-ring cell carcinoma of the urinary bladder. Cancer 53:1985–1990

Clayson DB (1975) Epidemiology of bladder cancer. In: The biology and clinical management of bladder cancer. Blackwell, Oxford, pp 65–86

Clemens HJ, Schubert GE, Baumüller A (1986) Entwicklung, Anatomie und Fehlbildungen des Urogenitalsystems. In: Hofstetter AG, Eisenberger F (Hrsg) Urologie für die Praxis. Bergmann, München, S 1–33

Colby TV (1980) Carcinoid tumor of the bladder. A case report. Arch Pathol Labor Med 104:199–200

Cole P (1971) Coffee-drinking and cancer of the lower urinary tract. Lancet 1:1335–1337

Coon JS, McCall A, Miller AW, Farrow GM, Weinstein RS (1985) Expression of blood-group-related antigens in carcinoma in situ of the urinary bladder. Cancer 56:797–804

Cornish J, Vanderwee M, Miller T (1987) Mucus stabilization in the urinary bladder. Br J Exp Pathol 68:369–375

Cremer H, Adolphs H-D (1978) The natural history of nephrogenic adenoma of the urinary bladder. Z Krebsforsch 91:49–53

Cummings KB (1983) Diagnosis, staging, and classification of bladder tumors. Seminars Urol 1:7–14

Curran FT (1987) Malakoplakia of the bladder. Br Jr Urol 59:559–563

Czerniak B, Koss LG (1985) Expression of CEA antigen on human urinary bladder tumors. Cancer 55:2380–2383

Daroca JP, Mackenzie F, Reed RJ, Keane JM (1976) Primary adenovillous carcinoma of the bladder. J Urol 115:41–45

Davaris P, Petraki K, Arvanitis D, Papacharalammpous N, Morakis A, Zorzos S (1986) Urinary bladder paraganglioma. Path Res Pract 181:101–105

Dean PJ, Murphy WM (1985) Importance of urinary cytology and future role of flow cytometry. Urol Suppl 26:11–15

Del Mistro A, Koss LG, Braunstein J, Bennett B, Saccomano G, Simons KM (1988) Condylomata acuminata of the urinary bladder. Natural history, viral typing, and DNA content. Am J Surg Pathol 12:205–215

Deutz F-J, Grussendorf-Conen EI, De Villiers E-M, Rübben H, Lutzeyer W (1987) Nachweis von HPV-6DNA beim primären Urethra-Karzinom – Ein Hinweis auf eine virusinduzierte Genese maligner Genitaltumoren. Verh Dtsch Ges Urol 38:353–355

Dhlos A, Lennartz KJ, Dhlos P, Heising J, Kaiser C, Engelking R (1979) Zur Zellkinetik von Urotheltumoren. In vitro-Verfahren zur autoradiographischen Untersuchung der Zellproliferation von gut- und bösartigen Veränderungen der menschlichen Harnblasenschleimhaut am Biopsiegewebe. Urologe A 18:112–114

Dhom G, Goebbels R (1986) Zur deskriptiven Epidemiologie des Harnblasenkarzinoms. Ergebnisse des Saarländischen Krebsregisters und des Pathologischen Instituts Homburg/Saar. Verh Dtsch Ges Urol 37:11–12

Diaz Gonzales R, Barrientos A, Larrodera L, Ruilope LM, Leiva O, Borobia V (1985) Squamous cell carcinoma of the renal pelvis associated with hypercalcemia and the presence of parathyroid hormone-like substances in the tumor. J Urol 133:1029–1030

Dieckmann K-P, Sosna M, Jonas D, Bauer H-W (1986) Das Urothelkarzinom des Harnleiters. Häufigkeit, Diagnose, Therapie. Verh Dtsch Ges Urol 37:72–73

Dixon JS, Holm-Bentzen M, Gilpin CJ, Gosling JA, Bostofte E, Hald T, Larsen S (1986) Electron microscopic investigation of the bladder urothelium and glycocalix in patients with interstitial cystitis. J Urol 135:621–625

Dodge OG (1963) Tumor of the bladder in Uganda. In: Symposium on cancer of the urinary bladder. Cairo 1961. Karger, Basel, pp 30–34

Droese M, Wöltjen H-H, Zimmermann A, Schröter W (1982) Treffsicherheit, Grading und Ursachen diagnostischer Fehler bei der zytologischen Diagnose des Blasenkarzinoms. Urologe A 21:73–78

El Bolkainy MN (1980) Cytology of bladder carcinoma. J Urol 124:20–22

Enderlin F, Gloor F, Loustalot D (1987) Das Nierenbeckenkarzinom in der Ostschweiz: Häufigkeit, Verlauf, Ursachen und Erscheinungsformen. 15. Tag. Pathologen Oberrhein, Konstanz 1986. Ber Pathol 104:3–4

Engelmann U, Weirich W, Müntefering H (1982) Die tumorbildende eosinophile Zystitis im Kindesalter. Bericht über zwei Fälle und Literaturübersicht. Aktuelle Urol 13:306–310

Falensteen Lauritzen A, Kvist E, Bredesen J, Luke M (1987) Primary carcinoma of the upper urinary tract. Acta Pathol Microbiol Scand (A) 95:7–10

Farsund T, Hoestmark JG, Laerum OD (1984) Relation between flow cytometric DNA distribution and pathology in human bladder cancer. A report on 69 cases. Cancer 54:1771–1777

Favre Y, Keller K, Schreiner WE (1986) Obstructive Endometriose im Bereich der ableitenden Harnwege. Geburtsh Frauenheilk 46:23–26

Fitzpatrick JM, Reda M (1986) Bladder carcinoma in patients 40 years old or less. J Urol 135:53–54

Fitzpatrick JM, West AB, Butler MR, Lane V, O Flynn JD (1986) Superficial bladder tumors (stage pTa, grades 1 and 2): the importance of recurrence pattern following initial resection. J Urol 135:920–922

Fleisch H (1982) Pathophysiologie der Harnsteinbildung. In: Hohenfellner R, Zingg EJ (Hrsg) Urologie in Klinik und Praxis, Bd II: Steine, Anomalien, Andrologie, Grenzgebiete, operativer Anhang, Begutachtung. Thieme, Stuttgart New York, S 744–748

Flüchter StH, Bichler K-H, Harzmann R (1985) Urethralsyndrom, Reizblase und interstititielle Zystitis. In: Bichler K-H, Altwein JE (Hrsg) Der Harnwegsinfekt. Pathogenese, Diagnostik, Therapie. Springer, Berlin Heidelberg New York Tokyo, S 84–92

Flüchter StH, Bichler K-H, König PA, Harzmann R (1985) Morphologische und endokrinologische Befunde bei der sogenannten Trigonitis. Verh Dtsch Ges Urol 36:335–339

Fossa SD, Thorud E, Pettersen EO, Shoaib MC, Scott-Knudsen O, Ous S (1986) DNA flow cytometry in human bladder carcinoma. Path Res Pract 181:291–295

Friedmann W, Steffens J, Lobeck H (1984) Immunohistochemische Darstellung von tumorassoziierten Antigenen bei Harnblasenkarzinomen mit monoklonalen und polyklonalen Antiseren. Onkologie 7:337–342

Fujioka T, Ohhori T, Lovrekovich L, deKernion JB (1986) Investigation of blood group antigens and carcinoembryonic antigen in urinary bladder carcinoma. Urol Int 41:397–402

Fukui T, Yokokawa M, Sekine H, Yamada T, Hosoda K, Ishiwata D, Oka K, Sarada T, Tohma T, Yamada T, Oshima H (1987) Carcinoma in situ of the urinary bladder. Effect of associated neoplastic lesions on clinical course and treatment. Cancer 59:164–173

Gasser G, Vahlensieck W (1979) Pathogenese und Klinik der Harnsteine VII. In: Vahlensieck W (Hrsg) Fortschritte der Urologie und Nephrologie, Bd 14. Steinkopff, Darmstadt

Gasser G, Vahlensieck W (1982) Pathogenese und Klinik der Harnsteine IX. In: Vahlensieck W (Hrsg) Fortschritte der Urologie und Nephrologie, Bd 20. Steinkopff, Darmstadt

Gasser G, Vahlensieck W (1985) Pathogenese und Klinik der Harnsteine XI. In: Vahlensieck W (Hrsg) Fortschritte der Urologie und Nephrologie, Bd 23. Steinkopff, Darmstadt

Gericke D, Harzmann R (1986) Bladder cancer – a consequence of industrialisation. Fortschr Med 104:33–37

Ghazizadeh M, Kagawa S (1983) A, B, 0 blood group antigen determination in genitourinary neoplasms. Tokushima J Exp Med 30:9–16

Göckel B, Dettmar H (1983) Muköses Adenokarzinom des Urachus. Darstellung eines Falles und Literaturrückblick. Urologe B 23:187–191

Groben P, Karis M, Reddick RL, Siegal GP (1985) Primary transitional cell carcinoma of the female urethra with features of clear cell adenocarcinoma. Urol Int 40:294–297

Grossman HB (1985) Tumor markers in urology. Seminars in Urol 3:10–17

Grups JW, Frohmüller HGW, Ackermann R (1985) Immunological findings in patients with superficial bladder cancer during human alpha-2-interferon. Urol Int 40:301–306

Grussendorf-Conen E-I, Deutz FJ, de Villiers M (1987) Detection of human papillomavirus-6 in primary carcinoma of the urethra in men. Cancer 60:1832–1835

Gustafson H, Tribukait B, Esposti PL (1982) DNA profile and tumor progression in patients with superficial bladder tumors. Urol Res 10:13–18

Hainau B, Dombernowsky P (1974) Histology and cell proliferation in human bladder tumors. An autoradiographic study. Cancer 33:115–126

Hall L, Faddoul A, Saberi A (1982) The use of the red cell surface antigen to predict the malignant potential of transitional cell carcinoma of the ureter and renal pelvis. J Urol 127:23–25

Hamid QA, Rode J, Flanagan AM, Dhillon AP, Bishop AE, Stratton M, Evans DJ, Polak JM (1988) Endocrine differentiation in inflamed urinary bladder epithelium with metaplastic changes. Virchows Archive A Pathol Anat Histopathol 412:267–272

Harn SD, Keutel HJ (1973) Bladder cystitis following focal infection of group A streptococci. Nature 241:131

Harn SD, Keutel HJ, Weaver RG (1973) Immunologic and histologic evaluation of the urinary bladder wall after group A streptococcal infection. Invest Urol 11:55–62

Hartge P, Hoover R, Kantor A (1985) Bladder cancer risk and pipes, cigars, and smokeless tobacco. Cancer 55:901–906

Hartge P, Silverman D, Hoover R (1987) Changing cigarette habits and bladder cancer risk. J Natl Cancer Inst 78:1119–1125

Harzmann R, Schubert GE, Bichler K-H (1984) Harnblasenekstrophie und Karzinomentstehung. Akt Urol 15:116–121

Hausdorfer GS, Chandrasoma P, Pettross BR, Carriere CA (1985) Cytologic diagnosis of mesonephric adenocarcinoma of the urinary bladder. Acta Cytol 29:823–826

Heckl W, Reichert HE, Osterhage HR, Dämrich J (1986) Oberflächlich wachsende Harnblasentumoren: Progression, Rezidivrate. Verh Dtsch Ges Urol 37:188–189

Helander K, Kirkhus B, Iversen OH, Johansson SL, Nilsson S, Vaage S, Fjordvang H (1985) Studies on urinary bladder carcinoma by morphometry, flow cytometry, and light microscopic malignancy grading with special reference to grade II tumours. Virchows Arch Abt A 408:117–126

Helpap B (1978) Extraadrenale Paraganglien und Paragangliome. In: Bargmann W, Doerr W (Hrsg) Normale und pathologische Anatomie, Bd 37. Thieme, Stuttgart

Helpap B (1983) Die lokale Gewebsverbrennung. Folgen der Thermochirurgie. Hefte zur Unfallheilkunde. Springer, Berlin Heidelberg New York

Helpap B (1986) Urothelcarcinome der ableitenden Harnwege. Extr Urologica 9:193–220

Helpap B (1987) Leitfaden der Allgemeinen Entzündungslehre. Springer, Berlin Heidelberg New York London

Helpap B, Büttner W (1972) Über ein nichtchromaffines Paragangliom im Harnblasenperitoneum. Zschr Geburts-Frauenhlkd 32:309–312

Helpap B, Vogel J (1985) Zur Morphologie der TUR-Prostatitis. Verh Dtsch Ges Path 69:497

Helpap B, Vogel J (1986) TUR-prostatitis. Histological and immunhistochemical observations on a special type of granulomatous prostatitis. Path Res Pract 181:301–307

Helpap B, Wegner G (1980) Das Adenocarcinom der Harnblase mit Schleimbildung (Urachales Carcinom). Urologe A 19:100–103

Helpap B, Giesbert A (1982) Grading und Staging von urothelialen Harnblasenkarzinomen. Dtsch Med Wschr 107:1274–1279

Helpap B, Bödeker J., Pfitzenmaier N (1985) Histologische und zytologische Aspekte der urothelialen Atypie (Dysplasie). Pathologe 6:292–297

Helpap B, Schwabe HW, Adolphs H-D (1983) Zellkinetische und zytophotometrische Untersuchungen an Harnblasenkarzinomen. Beitr Urol 3:89–93

Helpap B, Schwabe HW, Adolphs HD (1984) Das proliferative Verhalten von Harnblasenkarzinomen und urothelialen Dysplasien. In: Bichler KH, Harzmann R (Hrsg) Das Harnblasenkarzinom. Springer, Berlin Heidelberg, S 109–123

Helpap B, Schwabe HW, Adolphs H-D (1985) Proliferative pattern of urothelial bladder cancer and urothelial atypias. J Cancer Res Clin Oncol 109:46–54

Helpap B, Vogel J, Oehr P, Adolphs H-D (1985) Proliferationskinetische und immunhistochemische Untersuchungen an urothelialen Atypien/Dysplasien und Karzinomen. Helv Chir Acta 52:451–454

Helpap B, Vogel J, Oehr P, Adolphs H-D (1985) Comparison between cell kinetical and immunohistochemical studies on carcinoma and atypia/dysplasia of urinary bladder mucosa. Virchows Arch Pathol Anat 406:309–322

Henriksen OB, Mogensen P, Engelholm AJ (1982) Inflammatory fibrous histocytoma of the urinary bladder. Clinicopathological report of a case. Acta Pathol Microbiol Immun Scand Sect A 90:333–337

Herder A, Bjelkenkrantz K, Gröntoft O (1982) Histopathological subgrouping of WHO II urothelial neoplasms by cytophotometric measurements of nuclear atypia. Acta Path Microbiol Immunol Scand A 90:405–408

Herr HW (1983) Carcinoma in situ of the bladder. Seminars Urology 1:15–22

Hicks MR (1977) Discussion of morphological markers of early neoplastic change in the urinary bladder. Cancer Res 37:2822–2823

Higginson J, Oettle AG (1963) Cancer of the bladder in the south african bantu. In: Symposium on cancer of the urinary bladder. Cairo 1961. Karger, Basel, pp 61–66

Hoagland MH, Hutchins GM (1987) Obstructive lesions of the lower urinary tract in the prune belly syndrome. Arch Pathol Lab Med 111:154–156

Hofstädter F, Delgrano R, Jakse G, Judmaier W (1986) Urothelial dysplasia and carcinoma in situ of the bladder. Cancer 57:356–361

Hofstädter F, Friessnig F, Jakse G, Lederer B (1978) Klinischer Verlauf DNS-Feulgen-Zytophotometrie und ABO-Antigenität von Blasenpapillomen niedrigen Malignitätsgrades. Verh Dtsch Ges Path 62:374

Hofstetter AG, Landauer B (1986) Verletzungen im Bereich des Urogenitaltraktes und Schock. In: Hofstetter AG, Eisenberger F (Hrsg) Urologie für die Praxis. Bergmann, München, S 160–171

Hohenfellner R, Walz PH (1982) Kongenitale Harnwegsanomalien und vesikorenaler Reflux. In: Hohenfellner R, Zingg EJ (Hrsg) Urologie in Klinik und Praxis, Bd II: Steine, Anomalien, Andrologie, Grenzgebiete, operativer Anhang, Begutachtung. Thieme, Stuttgart New York, S 875–891

Hohenfellner R, Walz PH (1982) Doppelmißbildungen des Harnleiters. In: Hohenfellner R, Zingg EJ (Hrsg) Urologie in Klinik und Praxis, Bd II: Steine, Anomalien, Andrologie, Grenzgebiete, operativer Anhang, Begutachtung. Thieme, Stuttgart New York, S 899–906

Hoover DL (1986) Surgical management of vesicoureteral reflux. Seminars Urol 4:109–116

Hubmann R (1982) Unspezifische Entzündungen der Nieren und der ableitenden Harnwege. In: Hohenfellner R, Zingg EJ (Hrsg) Urologie in Klinik und Praxis, Bd I: Diagnostik, Entzündungen, Tumoren. Thieme, Stuttgart New York, S 346–399

Huland H, Huland E, Arndt R, Otto U, Baisch H, Klöppel G (1987) Vergleich der Harnzytologie, Immunzytologie und Flowzytometrie in der Diagnostik von Harnblasenkarzinomen. Verh Dtsch Ges Urol 38:350–351

Hull MT, Eglen DE, Davis Th, Giant MD, Eble JN (1987) Glycogen rich clear cell carcinoma of the urethra: an ultrastructural study. Ultrastr Pathol 11:421–428

Ingram EA, De Pauw Ph (1985) Adenocarcinoma of the male urethra with associated nephrogenic metaplasia. Case report and review of the literature. Cancer 55:160–164

Ito N, Hirose M, Shirai T (1981) Lesions of the urinary bladder epithelium in 125 autopsy cases. Acta Pathol Jap 31:545–557

Jacobi GJ, Engelmann U, Hohenfellner R (1985) Classification of bladder tumors. In: Zingg EJ, Wallace DMA (eds) Bladder cancer. Springer, Berlin Heidelberg New York Tokyo

Jacobsen A, Bichel P, Sell A (1979) Flow cytometric investigations of human bladder carcinoma compared to histological classification. Urol Res 7:109–112

Jakse G (1986) Urogenitalverletzungen. In: Bandhauer K, Frohmüller H (Hrsg) Urologie in der Praxis. VCH Verlagsgesellschaft, Weinheim, S 427–470

Jakse G, Hufnagl B, Hofstedter F, Rübben H (1986) Sequentielle Blasenschleimhautbiopsie beim Urothelkarzinom der Harnblase. Verh Dtsch Ges Urol 37:200–201

Jautzke G, Altenähr E (1980) Korrelation von carcinoembryonalem Antigen zum Staging und Grading an Gewebsschnitten von Harnblasencarcinomen. Verh Dtsch Ges Path 64:450

Jautzke G, Altenähr E (1982) Immunohistochemical demonstration of carcinoembryonic antigen (CEA) and its correlation with grading and staging on tissue sections of urinary bladder carcinomas. Cancer 50:2052–2056

Jewett HJ (1970) Tumors of the bladder. In: Campell and Harrison. Urology, vol 2. Saunders, Philadelphia, p 1003

Jimi A, Munaoka H, Sato S, Iwata Y (1986) Squamous cell carcinoma of the urachus. A case report and review of literature. Acta Path Jap 36:945–952

Jocham D, Göttinger H, Schmiedt E (1982) Stellenwert der Urinzytologie in der urologischen Diagnostik. Ein 10-Jahres-Bericht. Urologe A 21:79–83

Jordan AM, Weingarten J, Murphy WM (1987) Transitional cell neoplasms of the urinary bladder. Can biologic potential be predicted from histologic grading. Cancer 60:2766–2774

Juhl BR, Hartzen SH, Hainau B (1986) A, B, H antigen expression in transitional cell carcinomas of the urinary bladder. Cancer 57:1768–1775

Kabat GC, Dieck GS, Wynder EL (1986) Bladder cancer in nonsmokers. Cancer 57:362–367

Kabbani MW, Wind K (1987) Metastasierende Tumoren am Harnleiter. Fallbericht und Literaturübersicht. Urologe A 27:18–20

Kakizoe T, Matumoto K, Nishio Y, Ohtani M, Tishi K (1985) Significance of carcinoma in situ and dysplasia in association with bladder cancer. J Urol 133:395–398

Kakudo K, Itatani H, Uematsu K (1984) Non-papillary carcinoma in situ of the urinary bladder. An electron microscopic study. Acta Pathol Jap 34:345–353

Keating MA, Young RH, Carr CP, Nikrui N, Heney NM (1985) Condyloma acuminatum of the bladder and ureter: case report and review of the literature. J Urol 133:465–467

Kern WH (1984) The grade and pathologic stage of bladder cancer. Cancer 53:1185–1189

Klein FA, Herr HW, Sogani PC, Whitmore WF, Melamed MR (1982) Detection and follow up of carcinoma of the urinary bladder by flow cytometry. Cancer 50:389–395

Kim YH, Reiner L (1978) Brunnian adenoma (inverted papilloma) of the urinary bladder: report of a case. Human Path 9:229–231

Knecht K, Bohrer MH, Schnierstein J, Schäfer RJ, Bürger RA (1984) Urotheliales Karzinom des Harnleiters mit bemerkenswerter Morphologie. Akt Urol 15:39–41

Knönagel H, Pedio G, Hauri D (1985) Die Spülzytologie bei der Diagnostik des Nierenbecken- und Ureterkarzinoms. Helv Chir Acta 52:589–592

Köster O, Distelmaier W, Helpap B (1982) Extraadrenales Paragangliom der Harnblase. Fortschr Röntgenstr 136:605–608

Koss LG (1975) Tumors of the urinary bladder. AFIP sec Ser Fasc 11

Koss LG (1979) Frühe neoplastische Veränderungen in der Harnblase. Verh Dtsch Ges Path 63:241–245

Koss LG (1979) Mapping of the urinary bladder: its impact on the concepts of bladder cancer. Human Pathol 10:533–548

Koss LG (1985) Carcinoma of the urothelium – one or two diseases? In: Matouschek E (ed) Endourology. Steinbrück, Baden-Baden, p 630

Koss LG (1985) Tumors of the urinary bladder. Suppl AFIP sec Ser Fasc 11

Koss LG, Nakanishi I, Freed S (1977) Nonpapillary carcinoma in situ and atypical hyperplasia in cancerous bladders. Urology 9:442–455

Koss LG, Woyke St, Schreiber K, Kohlberg W, Freed SZ (1984) Thin-needle aspiration biopsy of the prostate. Urol Clin North Amer 11:237–251

Koss LG, Eppich EM, Melder KH, Wersto R (1987) DNA cytophotometry of voided urine sediment: comparison with results of cytologic diagnosis and image analysis. Analyt Quantit Cytol Histol 9:398–404

Kramer W, Jonas D (1984) Adenomatoide Metaplasie der prostatischen Harnröhre. Aktuelle Urol 15:157–158

Krüger R, Meisser L (1979) Reklassifizierungsergebnisse papillärer Urotheltumoren von Nierenbekken, Harnleiter, Harnblase und Urethra nach den Kriterien der WHO. Verh Dtsch Ges Path 63:519

Kühn W, Dembowski J (1980) Beziehungen zwischen Grading und Staging von Urotheltumoren. Pathologe 1:188–196

Kums JJM, van Helsdingen PJRO (1985) Signet-ring cell carcinoma of the bladder and the prostate. Report of 4 cases. Urol Int 40:116–119

Kunze E (1984) Die multifaktorielle Mehrstufenkarzinogenese am Harnblasenurothel. In: Bichler KH, Harzmann R (Hrsg) Das Harnblasenkarzinom. Springer, Berlin Heidelberg New York Tokyo, S 37–62

Kunze E, Claude J, Frentzel-Beyme R (1986) Die Bedeutung von Lebensstilfaktoren für die Entwicklung von Harnwegstumoren. Verh Dtsch Ges Urol 37:120–133

Kunze E, Schauer A, Schmitt M (1983) Histology and histogenesis of two different types of inverted urothelial papillomas. Cancer 51:348–358

Kunze E, Wöltjen HH, Albrecht H (1983) Absence of a complete carcinogenic effect of phenacetin on the quiescent and proliferating urothelium stimulated by partial cystectomy. Urol Int 38:95–103

Kunze E, Wöltjen HH, Hartmann B, Engelhardt W (1983) Animal experiments regarding a possible carcinogenic effect of phenacetin on the resting and proliferating urothelium stimulated by cyclophosphamide. J Cancer Res Clin Oncol 105:38–47

Kunze E, Weber J, Gellhar P, Graewe Th, Scherber S (1987) Synchronization of stimulated urothelial proliferation. Experimental models for the cell cycle specific testing of bladder carcinogens. J Cancer Res Clin Oncol 113:8–14

Kusaba Y, Yushita Y, Suzu H, Jodai A, Yamashita S, Kanetake H, Shindo K, Saito Y (1984) Carcinosarcoma of the bladder. J Urol 131:118–119

Laberke HG (1987) Die Refluxnephropathie. In: Veröffentlichungen aus der Pathologie, Bd 128. Gustav Fischer, Stuttgart New York

Lange PH, Winfield HN (1987) Biological markers in urologic cancer. Cancer 60:464–472

Lawson AH, Riches AC, Weaver JPA (1986) Human bladder tumors in organ culture. J Urol 135:1061–1065

Lazarevic B, Garret R (1978) Inverted papilloma and papillary transitional cell carcinoma of urinary bladder. Report of four cases of inverted papilloma, one showing papillary malignant transformation and review of the literature. Cancer 42:1904–1911

Leistenschneider W, Nagel R, Steffens J (1983) Nierenbeckentumoren und Phenacetinabusus. Akt Urol 14:15–20

Limas C, Lange P (1986) T-antigen in normal and neoplastic urothelium. Cancer 58:1236–1245

Lipsky H, Mutz I (1982) Eosinophiles Infiltrat der Harnblase. Aktuelle Urol 13:303–305

Loy V, Kramer W, Gerdes J, Krech R, Jonas D (1987) Malignitätsgrad und Proliferationsfraktion des Urothelkarzinoms. Verh Dtsch Ges Urol 38:395–397

Lugo M, Petersen O, Elfenbein I (1983) Nephrogenic metaplasia of the ureter. Amer J Clin Pathol 80:92–97

Lurie A, Eisenkraft Sh, Shotland Y, Lurie M (1983) Mucin-producing adenocarcinoma of the bladder of urachal origin. Urol Int 38:12–15

Lutzeyer W (1986) Urotheltumoren des oberen Harntraktes. Verh Dtsch Ges Urol 37:63–64

Lutzeyer W, Hannappel J (1982) Urologische Traumatologie. In: Hohenfellner R, Zingg EJ (Hrsg) Urologie in Klinik und Praxis II: Steine, Anomalien, Andrologie, Grenzgebiete, operativer Anhang, Begutachtung. Thieme, Stuttgart New York, S 800–828

Lutzeyer W, Rübben H, Dahm H (1982) Prognostic parameters in superficial bladder cancer: an analysis of 315 cases. J Urol 127:250–252

Maar K, Hümmerich G (1983) Durch Malignome verursachte Ureterstenosen. Krankenhausarzt 56:937–943

Mahadevia PS, Karwa G Lal, Koss LG (1983) Mapping of urothelium in carcinomas of the renal pelvis and ureter. A report of nine cases. Cancer 51:890–897

Maier U (1983) Stellenwert der Lavage-Zytologie bei der Diagnostik und der Verlaufskontrolle des Blasentumors. Urol Int 38:267–270

Malone WF, Kelloff GJ, Pierson H, Greenwald P (1987) Chemoprevention of bladder cancer. Cancer 60:650–657

Marberger H (1982) Die Harnröhrenstriktur. In: Hohenfellner R, Zingg EJ (Hrsg) Urologie in Klinik und Praxis II: Steine, Anomalien, Andrologie, Grenzgebiete, operativer Anhang, Begutachtung. Thieme, Stuttgart New York, S 1008–1023

Marberger M (1982) Klinik und operative Therapie der Steinerkrankungen. In: Hohenfellner R, Zingg EJ (Hrsg) Urologie in Klinik und Praxis II: Steine, Anomalien, Andrologie, Grenzgebiete, operativer Anhang, Begutachtung. Thieme, Stuttgart New York

Marek J, Dvoracek J (1986) Renal changes in vesicoureteral reflux – human reflux nephropathy. Zentralbl Allg Pathol Pathol Anat 132:413–422

Maros TG, Terhorst B (1985) Endometriose der harnableitenden Wege. Urol Int 40:277–281

May de RM, Grathwohl MA (1985) Signet-ring cell (colloid) carcinoma of the urinary bladder. Cytologic, histologic and ultrastructural findings in one case. Acta Cytol 29:132–136

Mayer R, Fowler JE, Clayton M (1987) Localized urethral cancer in women. Cancer 60:1548–1551

Meis JM, Ayala AG, Johnson DE (1987) Adenocarcinoma of the urethra in women. A clinicopathologic study. Cancer 60:1038–1052

Melamed M, Klein FA (1984) Flow cytometry of urinary bladder irrigation specimens. Human Pathol 15:302–305

Mellicow MM (1974) Tumors of the bladder, a multifacted problem. J Urol 112:467

Miller K, Eisenberger F (1986) Urolithiasis. In: Hofstetter AG, Eisenberger F (Hrsg) Urologie für die Praxis. Bergmann, München, S 90–98

Mills SE, Wolfe JT, Weiss MA, Swanson PE, Wick MR, Fowler JE, Young RH (1987) Small cell undifferentiated carcinoma of the urinary bladder. Amer J Surg Pathol 11:606–617

Misra K, Chowhan JS, Gupta RI, Sagreiya K (1985) Diagnostic role of urine cytology and fibrinogen degradation products in carcinoma of bladder. Indian J Cancer 22:145–151

Moinuddin M, Klein FA, Harza TA (1988) Primary female urethral carcinoma. A retrospective comparison of different treatment techniques. Cancer 62:54–57

Moller Jensen O, Wahrendorf J, Blettner M, Knudsen JB, Sorensen BL (1987) The Copenhagen case-control study of bladder cancer: role of smoking in invasive and non-invasive bladder tumours. J Epidemiol Community Health 41:30–36

Morgan RJ, Cameron KM (1980) Vesical leukoplakia. Brit J Urol 52:96–100

Moriyama N, Yokoyama M, Niijima T (1984) A morphometric study on the ultrastructure of well-differentiated tumours and inflammatory mucosa of the human urinary bladder. Virchows Arch Pathol Anat 405:25–39

Moriyama N, Akaza H, Suzuki T, Kawabe K, Niijima T (1985) Inverted papilloma: observation with scanning and transmission electron microscopy. Virchows Arch Abt A 407:25–32

Morrison AS (1987) Epidemiology and environmental factors in urologic cancer. Cancer 60:632–634

Morrison AS, Buring JE, Verhoek WG (1982) Coffee-drinking and cancer of the lower urinary tract. J Natl Cancer Inst 68:91–94

Mostofi FK (1975) Pathology of malignant tumors of the urinary bladder. In: The biology and clinical management of bladder cancer. Blackwell, Oxford, pp 87–110

Mostofi FK, Sobin LH, Torlini H (1973) Histological typing of urinary bladder tumors. International histological classification of tumors World Health Org (WHO) 10

Moyana T, Kontozoglou TH (1988) Urinary bladder paragangliomas. An immunohistochemical study. Arch Pathol Lab Med 112:70–72

Müller SC, Thüroff JW, Rumpelt H-J (1985) Neue Aspekte urothelialer Plattenepithelmetaplasien: Erscheinungsformen, Wertigkeit und klinische Bedeutung. Verh Dtsch Ges Urol 36:331–334

Murphy WM (1987) DNA flow cytometry in diagnostic pathology of the urinary tract. Hum Pathol 18:317–319

Murphy WM, Soloway MS (1982) Urothelial dysplasia. J Urol 127:849–854

Murphy WM, Soloway MS, Jukkola AF, Crabtree WN, Ford KS (1984) Urinary cytology and bladder cancer. The cellular features of transitional cell neoplasms. Cancer 53:1555–1565

Murphy WM, Soloway MS, Crabtree WN (1981) The morphologic effects of mitomycin C in mammalian urinary bladder. Cancer 47:2567–2574

Murphy WM, Nagy GK, Rao MK, Soloway MS, Parija GC, Cox CE, Friedell GH (1979) Normal urothelium in patients with bladder cancer. Cancer 44:1050–1058

Nakatsu H, Koayashi I, Ouishi Y, Iganwa M, Ito H, Tahara E (1984) AB0 blood group antigens and carcinoembryonic antigens as indicators of malignant potential in patients with transitional cell carcinoma of the bladder. J Urol 131:252–256

Nasr AL (1963) Epidemiology and pathology of cancer of bladder in Egypt. In: Symposium on cancer of the urinary bladder. Cairo 1961. Karger, Basel, pp 10–19

Neagu V, Lazar C, Mares V, Pop T, Ioanid PCI (1979) Studies on growth of human bladder tumors. The relationship between the proliferative cell population, the chromosome pattern and histology. Neoplasma 26:195–200

Nelde HJ, Bichler K-H, Flüchter StH, Harzmann R (1986) Untersuchungen zur routinemäßigen Durchführung einer Immunzytologie in der Frühdiagnose des Harnblasenkarzinoms (Beispiel: AB0 Antigene). Verh Dtsch Ges Urol 37:578–579

Neumann MP, Limas C (1986) Transitional cell carcinomas of the urinary bladder. Effects of preoperative irradiation on morphology. Cancer 58:2758–2763

Newman J, Antonakopoulos GN (1985) Widespread mucous metaplasia of the urinary bladder with nephrogenic adenoma. Arch Path Labor Med 109:560–563

Nielsen K, Colstrup H, Nilsson T, Gundersen HGG (1986) Stereological estimates of nuclear volume correlated with histopathological grading and prognosis of bladder tumour. Virchows Arch Cell Pathol 52:41–54

Noronha RFX, Goodhall CM, Beagley KW, Stephens OB, Horne L (1985) Correlation of human bladder tumor recurrence with changes in clonogenicity of urothelial cells. Cancer 56:1574–1577

Norpoth K (1984) Grundlagen der Prävention bösartiger Urotheltumoren. In: Bichler KH, Harzmann R (Hrsg) Das Harnblasenkarzinom. Springer, Berlin Heidelberg New York Tokyo

Obe JA, Rosen N, Koss LG (1983) Primary choriocarcinoma of the urinary bladder. Report of a case with probable epithelial origin. Cancer 52:1405–1409

Ooms ECM, Kurver PJH, Boon ME (1982) Morphometrical analysis of urothelial cells in voided urine of patients with low grade and high grade bladder tumours. J Clin Path 35:1063–1065

Ooms ECM, Blomjous CEM, Zwartendijk J, Veldhuizen RW, Blok APR, Heinhuis RJ, Boon ME (1986) Connective tissue stroma in bladder papillary transitional cell carcinoma, carcinoma in situ and benign cystitis. Histopathology 10:613–619

Orihuela E, Varadachay S, Herr H, Melamed MR, Whitmore W (1987) The practical use of tumor marker determination in bladder washing specimens. Assessing the urothelium of patients with superficial bladder cancer. Cancer 60:1009–1016

Ørntoft TF, Petersen SE, Wolf H (1988) Dual-parameter flow cytometry of transitional cell carcinomas. Quantitation of DNA content and binding of carbohydrate ligands in cellular subpopulations. Cancer 61:963–970

Oyasu R, Samma S, Ozono S, Bauer K, Wallemark CB, Homma Y (1987) Induction of high grade, high stage carcinomas in the rat urinary bladder. Cancer 59:451–458

Pallesen G (1981) Neoplastic paneth cells in adenocarcinoma of the urinary bladder. A first case report. Cancer 47:1834–1837

Parker M (1983) Urachal carcinoma: two case reports and a review of the literature. Br J Surg 70:240–241

Partanen S, Asikainen U (1985) Oat cell carcinoma of the urinary bladder with ectopic adrenocorticotropic hormone production. Human Pathol 16:313–315

Pensel J, Keiditsch E, Hofstetter A, Schmeller N (1987) Histologische und funktionelle Reparation nach Laserkoagulation der Harnblase. Verh Dtsch Ges Urol 38:348–349

Peter St (1984) Die Ultrastruktur der Membranen des Urothels und des Urothelkarzinoms. In: Bichler K-H, Harzmann R (Hrsg) Das Harnblasenkarzinom. Epidemiologie, Pathogenese, Früherkennung. Springer, Berlin Heidelberg New York Tokyo, S 74–88

Peter St (1986) Die Pathogenese des Urothelcarcinoms. Verh Dtsch Ges Urol 37:560–561

Petersen RO (1986) Urologic pathology. JB Lippincott Company, Philadelphia London Mexico City New York St. Louis Sao Paulo Sydney

Peven DR, Hidvegi DF (1985) Clear cell adenocarcinoma of the female urethra. Acta Cytol 29:142–146

Piekarski G (1987) Medizinische Parasitologie in Tafeln, 3. Auflage. Springer, Berlin Heidelberg New York Tokyo

Pilorz H, May B (1983) Wert der Urinzytologie bei der Diagnostik des Nierenbeckentumors. Urologe A 22:379–381

Piscioli F, Detassis C, Polla E (1983) Cytologic presentation of renal adenocarcinoma in urinary sediment. Acta Cytol 27:383–390

Piscioli F, Scappini P, Luciani L (1985) Aspiration cytology in the staging of urologic cancer. Cancer 56:1173–1180

Piscioli F, Pusiol T, Scappini P, Luciani L (1985) Urine cytology in the detection of renal adenocarcinoma. Cancer 56:2251–2255

Piscioli F, Pusiol T, Polla E, Failoni G, Luciani L (1985) Urinary cytology of tuberculosis of the bladder. Acta Cytol 29:125–131

Poel van der HG, Boon ME, Kok LP, Tolboom J, Meulen van der B, Ooms ECM (1988) Can cytomorphometry replace histomorphometry for grading of bladder tumours? Virchows Arch A Pathol Anat 413:249–255

Poisel S, Maurer H (1982) Topographische Anatomie für Urologen. In: Hohenfellner R, Zingg EJ (Hrsg) Urologie in Klinik und Praxis I: Diagnostik, Entzündungen, Tumoren. Thieme, Stuttgart New York, S 2–27

Prout GR, Griffin PP, Daly JJ, Heney NM (1983) Carcinoma in situ of the urinary bladder with and without associated vesical neoplasms. Cancer 52:524–532

Rassweiler J, Miller K (1986) Physiologie und Pathophysiologie des Harntraktes. In: Hofstetter AG, Eisenberger F (Hrsg) Urologie für die Praxis. Bergmann, München, S 42–59

Ray B, Guinan PD (1979) Primary carcinoma of the urethra. In: Javadpour N (ed) Principles and managements of urologic cancer. Williams and Wilkins, Baltimore

Rehn L (1895) Blasengeschwülste bei Fuchsin-Arbeitern. Arch Klin Chir 50:588–600

Richter HJ, Moysich F, Metz KA, Behrendt H (1986) ABH(0) Blutgruppenisoantigene und histologisches Grading beim Urothelcarcinom. Retrospektive Untersuchungsbefunde unter Anwendung der Lektin-Immunperoxidase-Technik. Verh Dtsch Ges Urol 37:195–196

Riese W de, Schindler E, Aeikens B, Kleimann T (1986) Urothel-Karzinom des Nierenbeckens und des Harnleiters. Verh Dtsch Ges Urol 37:232–233

Ro JY, Ayala A, Ordonez NG, Swanson DA, Babaian RJ (1986) Pseudosarcomatous fibromyxoid tumor of the urinary bladder. Amer J Clin Pathol 86:583–590

Ro JY, Ayala AG, El-Naggar A (1987) Muscularis mucosa of urinary bladder. Importance for staging and treatment. Amer J Surg Pathol 11:668–673

Ro JY, Ayala AG, El-Naggar A, Wishnow KI (1987) Seminal vesicle involvement by in situ and invasive transitional cell carcinoma of the bladder. Amer J Surg Pathol 11:951–958

Rübben H, Lutzeyer W, Wallace DMA (1985) The epidemiology and aetiology of bladder cancer. In: Zingg EJ, Wallace DMA (eds) Bladder cancer. Springer, Berlin Heidelberg New York Tokyo, pp 1–22

Rübben H, Lutzeyer W, Mittermayer Ch, Ammon J (1986) Urotheliale Harnblasentumoren. Empfehlungen zur standardisierten Tumortherapie. Dtsch Ärzteblatt 83:552–556

Rodeck G (1982) Spezifische Entzündungen des Urogenitaltraktes (einschließlich Parasitologie). In: Hohenfellner R, Zingg EJ (Hrsg) Urologie in Klinik und Praxis I: Diagnostik, Entzündungen, Tumoren. Thieme, Stuttgart New York, S 416–461

Rosa B, Cazin M, Dalian G (1985) Urinary cytology for carcinoma in situ of the urinary bladder. Acta Cytol 29:117–124

Rutishauser G, Mihatsch MJ, Rist M (1984) Tumoren der Harnwege bei Analgetika-Abusus. In: Bichler KH, Harzmann R (Hrsg) Das Harnblasenkarzinom. Springer, Berlin Heidelberg New York Tokyo, S 14–24

Sälzler N, Kraft K, Metzler H-J: Sarkome der Harnblase. Literaturübersicht und Kasuistik eines Falles. Urologe A 27:21–25

Samma S, Homma Y, Oyasu R (1987) Rat urinary bladder denuded of urothelium: An in vivo model for the epithelial-stromal interactions in carcinogenesis. Amer J Pathol 128:328–337

Sarma KP (1969) Tumors of the urinary bladder. Butterworth, London, pp 204–258

Satake T, Takeda S, Matsuyama M (1984) Argyrophil cells in the urachal epithelium and urachal adenocarcinoma. Acta Pathol Jap 34:1193–1197

Satake T, Matsuyama M (1986) Neoplastic nature of argyrophil cells in urachal adenocarcinoma. Acta Pathol Japan 36:1587–1592

Schmitz A, Meyer U, Kierfeld G, Küchemann K (1984) Stellenwert der Harnblasenexfoliativzytologie beim okkulten Blasenkarzinom und bei der Verlaufskontrolle behandelter Karzinome. Urologe A 23:278–280

Schneider H-J (ed) (1985) Urolithiasis, etiology diagnosis. Handbook of urology 17/1. Springer, Berlin Heidelberg New York Tokyo

Schneider H-J (ed) (1986) Urolithiasis therapy prevention. Handbook of urology 17/2. Springer, Berlin Heidelberg New York Tokyo

Schnoy N, Leistenschneider W (1982) Tumor of mesonephric origin in a diverticulum of the urethra. An ultrastructural study. Virchows Arch Pathol Anat 397:335–345

Schröder FH (1986) Therapie des oberflächlichen Urothelkarzinoms. Akt Urol 17:6–9

Schubert GE (1976) Pathologische Anatomie und Ätiologie der Harnblasenkarzinome. Dtsch Med Wschr 101:24–26

Schubert GE (1983) Präinvasive Befunde des Harnblasenurothels. In: Das Harnblasenkarzinom. Epidemiologie, Pathogenese, Früherkennung des Nierenbeckentumors. Urologe A 22:379–381

Schubert GE (1984) Präinvasive Befunde des Harnblasenurothels. In: Bichler K-H, Harzmann R (Hrsg) Das Harnblasenkarzinom. Epidemiologie, Pathogenese, Früherkennung. Springer, Berlin Heidelberg New York Tokyo, S 63–73

Schubert GE, Steinert M (1978) Das Harnblasenkarzinom im Biopsiegut der vergangenen 50 Jahre. Änderungen der Häufigkeit, der Alters- und Geschlechtsverteilung. Urologe A 17:361–366

Schubert GE, Pavkovic M, Kirchhoff L (1981) Metaplastische und proliferative Prozesse der Blasenschleimhaut im höheren Lebensalter. Urologe A 20:196–203

Schütze U (1986) Osteosarkom der Harnblase mit einem Prostatakarzinom als Zweittumor. Zentralbl Allg Pathol Pathol Anat 131:423–427

Schwabe HW, Adolphs HD (1982) Improved application of impulse cytophotometry for the diagnosis of urinary bladder carcinoma. Urol Res 10:61–66

Senatore S, Attolini A, Luccarelli S, Candita F, Trabucco M (1987) Tissue polypeptide antigen in normal and neoplastic urinary bladder. Preliminary reports. Oncology 44:118–123

Seppelt U (1983) Das Prostatacarcinom. DNA-Cytophotometrie und Hormone. Zuckerschwerdt, München Bern Wien

Seppelt U (1984) DNS-Cytophotometrie beim Prostatacarcinom. In: Helpap B, Senge Th, Vahlensieck W (Hrsg) Die Prostata II: Prostatacarcinom. Pharm und Medical Inform, Frankfurt am Main, S 31–338

Seppelt U, Sprenger E, Hedderich J (1985) Untersuchungen zur Frage einer DNS-orientierten automatisierten Malignitätsdiagnostik und des Malignitäts-Grading beim Prostatakarzinom. Urol Int 40:76–81

Shenoy UA, Colby ThV, Schumann GB (1985) Reliability of urinary cytodiagnosis in urothelial neoplasms. Cancer 56:2041–2045

Sherman AB, Koss LG, Wyschogrod D, Melder KH, Eppich EM, Bales CE (1986) Bladder cancer diagnosis by computer image analysis of cells in the sediment of voided urine using a video scanning system. Analyt Quantit Cytol Histol 8:177–186

Shevchuk MM, Fenoglio CM, Richart RM (1981) Carcinoembryonic antigen localization in benign and malignant transitional epithelium. Cancer 47:899–905

Shipley WU, Prout GR, Kaufman SD, Perrone TL (1987) Invasive bladder carcinoma. The importance of initial transurethral surgery and other significant prognostic factors for improved survival with full-dose irradiation. Cancer 60:514–520

Shirai T, Arai M, Sakata T, Fukushima S, Ito N (1984) Primary carcinomas of urinary bladder diverticula. Acta Pathol Jap 34:417–424

Skoluda D, Wegner K, Lemmel E-M (1974) Kritische Bemerkungen zur Immunpathogenese der interstitiellen Zystitis. Urologe A 13:15–17

Slattery ML, Schumacher MC, West DW, Robison LM (1988) Smoking and bladder cancer. The modifying effect of cigarettes on other factors. Cancer 61:402–408

Smith AF (1981) An ultrastructural and morphometric study of bladder tumours (I). Virchows Arch Pathol Anat 390:11–21

Smith AF (1982) An ultrastructural and morphometric study of bladder tumours (II). Virchows Arch Pathol Anat 396:291–301

Smith AF (1985) An ultrastructural and morphometric study of bladder tumours (III). Virchows Arch Pathol Anat 406:7–16

Soloway MS (1983) Surgery and intravesical chemotherapy in the management of superficial bladder cancer. Seminars Urology 1:23–33

Soloway MS (1985) Overview of treatment of superficial bladder cancer. Suppl Urology 26:18–27

Soloway MS, Murphy WM, Rao MK (1978) Serial multiple-site biopsies in patients with bladder cancer. J Urol 120:57–59

Sowter C, Slavin G, Rosen D (1987) Morphometry of bladder carcinoma: I The automatic delineation of urothelial nuclei in tissue sections using an IBAS II image array processor. J Pathol 153:289–298

Srinivas V, Ali Khan S, Hoisington S, Varma A, Gonder MJ (1986) Relationship of blood groups and bladder cancer. J Urol 135:50–52

Steffens J, Nagel R (1986) Therapie und Rezidivrate bei Urotheltumoren des Nierenbeckens und Harnleiters. Verh Dtsch Ges Urol 37:65–68

Steffens J, Nagel R (1986) Analgetikaabusus und Urotheltumoren des Nierenbeckens und Harnleiters. Verh Dtsch Ges Urol 37:69–70

Steffens J, Friedmann W, Lobeck H (1985) Immunohistochemical demonstration of tumor-associated antigens with the aid of monoclonal and polyclonal antisera in carcinoma of the bladder. Urol Res 13:55–59

Steffens J, Friedmann W, Lobeck H, Jahn G (1984) Immunzytochemische Marker von Prostata- und Harnblasenkarzinomen. Verh Dtsch Ges Path 68:377

Stillwell TJ, Benson RC (1988) Cyclophosphamide-induced hemorrhagic cystitis. A review of 100 patients. Cancer 61:451–457

Stilmant M, Murphy JL, Merriam JC (1986) Cytology of nephrogenic adenoma of the urinary bladder. A report of four cases. Acta Cytol 30:35–40

Stöber U, Yilmaz H, Atay Z (1984) Malignitäts-Graduierung des Harnblasenkarzinoms durch Zytologie. Urologe A 23:61–64

Stroup RM, Chang YC (1987) Angiosarcoma of the bladder: a case report. J Urol 137:984–985

Studer UE, Antonelli M, Kraft R (1982) Die Früherfassung des (Rezidiv-) Blasenkarzinoms durch die Zytologie. Helv Chir Acta 49:317–320

Suster S, Huszar M, Bubis JJ, Geiger B (1987) Fibrosarcoma of the urinary bladder: study of a case showing extensive chondroid differentiation. Arch Pathol Lab Med 111:767–770

Tanabe ET, Mazur MT, Schaeffer AJ (1982) Clear cell adenocarcinoma of the female urethra. Clinical and ultrastructural study suggesting a unique neoplasm. Cancer 49:372–378

Tanaka T, Kanai N, Sugie Sh, Nakamura A, Hayashi H, Fujimoto Y, Takeuchi T (1987) Primary signet ring cell carcinoma of the urinary bladder. Path Res Pract 182:130–132

Tannenbaum M, Romas NA (1978) The pathology of early urothelial cancers. In: Skinner DG, Kernion JB de (eds) Genitourinary cancer. Saunders Company, Philadelphia London Toronto, pp 232–255

Taylor FM, Arroyo JG (1986) Inverted papilloma of the renal pelvis. Cytologic features of ureteral washings. Acta Cytol 30:166–168

Thorpe SJ, Abel P, Slavin G (1983) Blood group antigens in the normal and neoplastic bladder epithelium. J Clin Pathol 36:873–882

Toggenburg H v (1986) Nephrolithiasis. In: Bandhauer K, Frohmüller H (Hrsg) Urologie in der Praxis. VCH Verlagsgesellschaft, Weinheim, S 289–321

Tribukait B, Esposti PL (1978) Quantitative flow-microfluorometric analysis of the DNA in cells from neoplasms of the urinary bladder: correlation of aneuploidy with histological grading and the cytological findings. Urol Res 6:201–205

Trillo A, Kuchler L, Wood A (1981) Adenocarcinoma of the urinary bladder. Histologic, cytologic and ultrastructural features in a case. Acta Cytol 25:285–290

Troster M, Wyatt JK, Alen-Halagah J (1986) Nephrogenic adenoma of the urinary bladder. Histologic and cytologic observation in a case. Acty Cytol 30:41–44

Utz DC, Farrow GM (1980) Management of carcinoma in situ of the bladder. The case for surgical management. Urol Clin North Amer 7:533

Utz DC, Farrow GM, Rife CC, Segura JW, Zincke H (1980) Carcinoma in situ of the bladder. Cancer 45:1842–1848

Vahlensieck W (1979) Urolithiasis. Epidemiologie, allgemeine Kausal- und Formalgenese, Diagnostik. Springer, Berlin Heidelberg New York

Vahlensieck W, Oehr P, Vogel J (1985) Nachweis des Carcinoma in situ der Harnblase mittels TPA-Antikörper. Helv Chir Acta 52:447–450

Vahlensieck W, Gasser G (1981) Pathogenese und Klinik der Harnsteine VIII. In: Vahlensieck W (Hrsg) Fortschritte der Urologie und Nephrologie, 17. Steinkopff, Darmstadt

Vahlensieck W, Gasser G (1984) Pathogenese und Klinik der Harnsteine X. In: Vahlensieck W (Hrsg) Fortschritte der Urologie und Nephrologie, 22. Steinkopff, Darmstadt

Vahlensieck W, Gasser G (1987) Pathogenese und Klinik der Harnsteine XII. In: Vahlensieck W (Hrsg) Fortschritte der Urologie und Nephrologie, 25. Steinkopff, Darmstadt

Vahlensieck WKG, Altland H, Hengstmann J, Helpap B, Vahlensieck EW (1984) Hormonaktives Paragangliom (Phäochromozytom) der Harnblase. Akt Urol 15:267–271

Vogel J, Oehr P, Gedigk P, Vahlensieck W (1985) Carcinoembryonales Antigen (CEA) und Tissue Polypeptide Antigen (TPA) in Urothel, urothelialer Atypie, Carcinoma in situ und frühinvasivem Carcinom. Ber Pathol 101:639–640

Vogel J, Helpap B, Oehr P, Adolphs HD, Vahlensieck W (1985) Vergleich und klinische Bedeutung der histologischen und immunhistochemischen Untersuchungen von präneoplastischen und früh invasiven, urothelialen Veränderungen sowie von okkulten Metastasierungen urothelialer Karzinome. Verh Dtsch Ges Path 69:498

Wallace DM (1975) Total urothelial neoplasia. In: The biology and clinical management of bladder cancer. Blackwell, Oxford, pp 193–228

Walsh A (1978) Interstital cystitis. In: Harrison JH, Gittes RF, Permutter AD, Stamey TA, Walsh PC (eds) Champells urology 4th ed. Saunders, Philadelphia, pp 693–707

Webb JN (1985) The histopathology of bladder cancer. In: Zingg EJ, Wallace DMA (eds) Bladder cancer. Springer, Berlin Heidelberg New York Tokyo, pp 23–52

Wehner H (1986) Urinary tract morphometry. Analyt Quantitat Cytol Histol 8:358–362

Weinberg DM, Ross RK, Mack TM (1983) Bladder cancer etiology. A different perspective. Cancer 51:675–680

Weinstein RS, Coon JS, Schwartz D, Miller AW, Pauli BU (1985) Pathology of superficial bladder cancer with emphasis on carcinoma in situ. Suppl Urology 26:2–10

Wenzelides K, Hufnagl P, Voss K, Guski H, Simon H (1986) Grading von Harnblasentumoren mittels automatischer Mikroskopbildanalyse. Zentralbl Allg Pathol Pathol Anat 132:301–306

Wick MR, Perrone TL, Burke BA (1985) Sarcomatoid transitional cell carcinoma of the renal pelvis. Arch Pathol Lab Med 109:55–58

Wick MR, Brown BA, Young RH, Mills SE (1988) Spindle-cell proliferations of the urinary tract. An immunohistochemical study. Am J Surg Pathol 12:379–389

Wijkström H, Granberg-Öhman I, Tribukait B (1984) Chromosomal and DNA patterns in transitional cell bladder carcinoma. Cancer 53:1718–1723

Wynder EL, Augustine A, Kabat GC, Hebert JR (1988) Effect of the type of cigarette smoked on bladder cancer risk. Cancer 61:622–627

Young RH (1987) Carcinosarcoma of the urinary bladder. Cancer 59:1333–1339

Young RH (1988) Papillary and polypoid cystitis. A report of eight cases. Am J Surg Pathol 12:542–546

Young RH, Proppe KH, Dickersin GR, Scully RE (1987) Myxoid leiomyosarcoma of the urinary bladder. Arch Pathol Lab Med 111:359–362

Young RH, Scully RE (1987) Pseudosarcomatous lesions of the urinary bladder, prostate gland, and urethra. Arch Pathol Lab Med 111:354–358

Zein T, Wajsman Z, Englander LS, Camarra M, Lopez C, Huben RP, Pontes JE (1984) Evaluation of bladder washings and urine cytology in the diagnosis of bladder cancer and its correlation with selected biopsies of the bladder mucosa. J Urol 132:670–671

Zimmermann A (1982) Untersuchungen zur Automatisierung der Zytodiagnostik des Harnblasenkarzinoms. Urologe A 21:92–97

Zincke H, Utz DC, Farrow GM (1985) Review of Mayo clinic experience with carcinoma in situ. Suppl Urology 26:39–46

Zingg EJ (1978) Das Blasencarcinom. Dtsch Ärzteblatt 75:427–432

Zingg EJ (1982) Die Tumoren des Nierenhohlsystems und des Harnleiters. In: Hohenfellner R, Zingg EJ (Hrsg) Urologie in Klinik und Praxis I: Diagnostik, Entzündungen, Tumoren. Thieme, Stuttgart New York, S 507–564

Zingg EJ, Wallace DMA (1985) Bladder cancer: clinical practice in urology. Springer, Berlin Heidelberg New York Tokyo

Teil II Prostata

1 Anatomie der Prostata

1.1 Entwicklung

Alle Mammalia haben akzessorische Geschlechtsorgane, von denen die Prostata immer vorhanden ist, während Samenblasen fehlen können. Es werden diffuse, knotige und diffus-knotige (Misch-) Formen der Prostata unterschieden. Beim Menschen handelt es sich um eine knotige Prostata.

Entwicklungsgeschichtlich entsteht die Prostata im 3. Embryonalmonat durch Ausstülpung des Sinus urogenitalis. Die inneren periurethralen Drüsen werden vom dorsalen Epithel der primären Harnröhre abgeleitet, während sich die übrigen Anteile aus dem distalen und ventralen Epithel des Sinus urogenitalis entwickeln. Der Utriculus prostaticus – ein Rest der Vaginalanlage – ist zum Zeitpunkt der Geburt unter dem Einfluß der mütterlichen Östrogene voll entwickelt. Mit zunehmender Androgenproduktion setzt die spezifische Differenzierung des Organs ein. Es bilden sich 30–50 tubulo-alveoläre Drüsen mit 15–30 Ausführungsgängen aus, die punktförmig im Bereich des Colliculus seminalis in die Harnröhre einmünden. Zum Zeitpunkt der Pubertät ist die adulte Differenzierung mit einer morphologischen und funktionellen Einheit von Drüse und Stroma erreicht (Franks 1954a, b; Aumüller 1972, 1979, 1983a, b; Mostofi u. Price 1973).

Das Epithel des Utriculus prostaticus unterscheidet sich beim Erwachsenen weder morphologisch noch immunhistochemisch von dem der Prostatadrüsen, d. h. es werden u. a. die Marker saure Phosphatase und prostataspezifisches Antigen im sekretorischen Zylinderepithel exprimiert. Dies zeigt, daß der Utriculus offensichtlich vollständig vom Epithel des Sinus urogenitalis ausgekleidet wird. Müller'sches Epithel ist, zumindestens nach der Pubertät, nicht mehr vorhanden (Wernert et al. 1986b, 1987a).

Nach einem Konzept von Lowsley (1912) werden 5 Prostatalappen unterschieden:

1. die dorsale oder posteriore Prostata, dorsal der Ductus ejaculatorii gelegen mit Ausführungsgängen, die kaudal vom Colliculus seminalis in die Urethra münden.
2. die mediale Prostata, proximal vom Colliculus seminalis, deren Ausführungsgänge sich ebenfalls dorsal in die Urethra entleeren.
3. und 4. die lateralen Prostatalappen, die in Höhe des Colliculus seminalis lateral ihr Sekret in die Urethra abgeben.
5. der ventrale oder auch anteriore Prostatalappen, der meist klein und atrophisch ist, und dessen Ausführungsgang proximal des Colliculus seminalis in die Urethra gelangt.

Nach gezielter Präparation sind zwei laterale sowie ein dorsaler und medialer Anteil der Prostata unterscheidbar. Die übliche und heute gängige anatomische Einteilung beruht auf Untersuchungen von McNeal (1975, 1988). Danach werden eine glanduläre und eine muskuläre Prostata unterschieden. Der muskulären Prostata entspricht das periurethrale Organ mit zahlreichen kleinen verkümmerten Drüsen, die im Gegensatz zur glandulären Prostata zwischen dem Blasenhals und dem Colliculus seminalis in die Urethra einmünden und vermehrt glatte Muskelfasern enthalten. Das periurethrale Organ oder die zentrale Zone, die 28% der gesamten Drüsenmasse ausmacht, wird von der prostatischen Harnröhre exzentrisch durchbohrt, ist drüsenärmer und enthält vermehrt glatte Muskulatur. Altenähr (1982) hat ein etwas einfacheres Konzept vorgelegt. Danach wird neben der periurethralen und supracolliculär gelegenen Mantelzone ein kranialer und kaudaler Teil unterschieden. Die kaudale, außen gelegene Zone umfaßt den keilförmigen kranialen Teil, ähnlich wie ein Blütenkelch die Blütenblätter. Histomorphologische Unterschiede bestehen zwischen den peripheren und zentralen Organteilen bzw. der Innen- und Außendrüse nicht. Dagegen scheint eine unterschiedliche Reaktionsbereitschaft auf Hormone vorzuliegen, entsprechend einer unterschiedlichen Determinierung. Während die peripheren Drüsengruppen bzw. die kaudale Außenzone maskulin determiniert sind und durch Te-

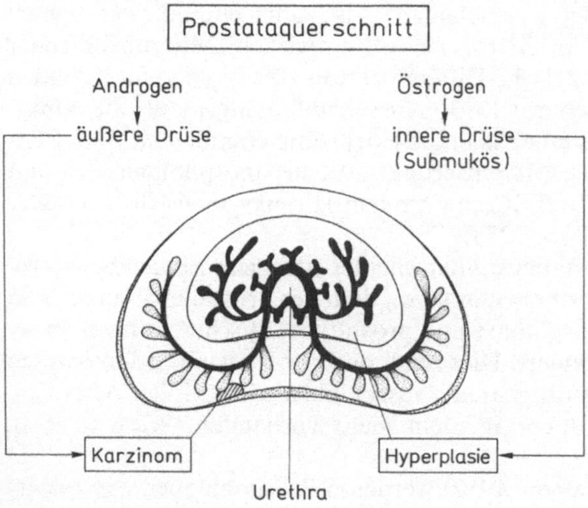

Prostataquerschnitt

Androgen → äußere Drüse

Östrogen → innere Drüse (Submukös)

Karzinom

Hyperplasie

Urethra

Abb. 164. Schema über den Aufbau der Prostata. Außendrüse androgenabhängig, Lokalisation des Prostatakarzinoms. Innendrüse östrogenabhängig, Lokalisation der paraurethralen nodulären Prostatahyperplasie. (Nach Altwein 1979, aus Hofstetter u. Eisenberger 1986)

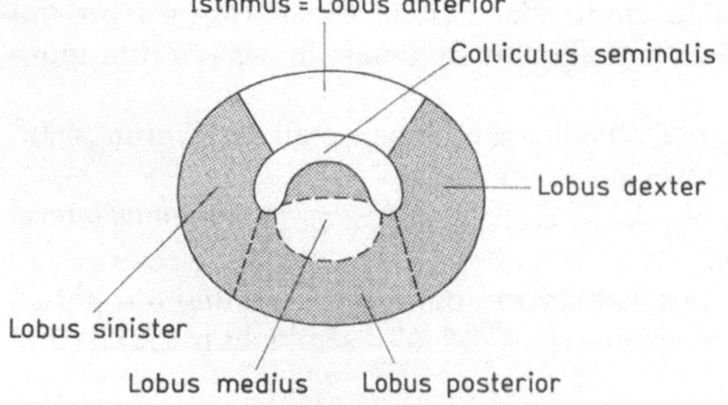

Abb. 165. Aufgliederung der Prostatalappen. (Aus Hofstetter u. Eisenberger 1986)

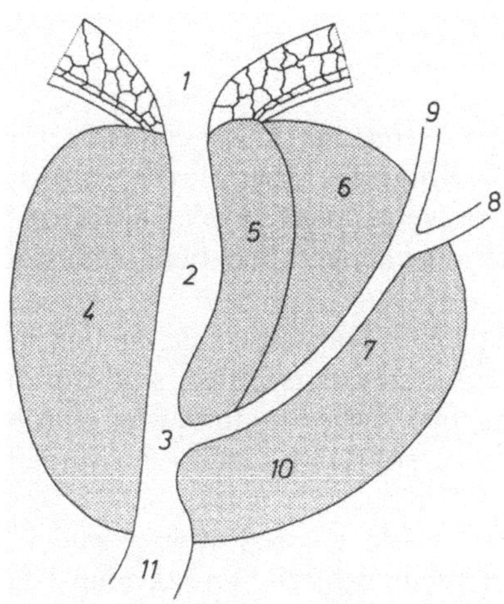

1 Cervix vesicae
2 Pars prostatica urethrae
3 Colliculus seminalis
4 Isthmus
5 Periurethraldrüsen
6 Lobus medius
7 Ductus ejaculatorius
8 Mündung der Glandula vesiculosa
9 Ductus deferens
10 Lobus posterior
11 Pars membranacea urethrae

Abb. 166. Typische Darstellung eines Parasagittalschnittes durch die Prostata. (Nach Faller 1980, aus Hofstetter u. Eisenberger 1986)

stosteron stimuliert werden, spricht der zentrale Anteil mit dem Mittellappen auf Östrogene an bzw. scheint bisexuell angelegt zu sein (Altenähr 1982). Wenn im Alter die Produktion männlicher Hormone nachläßt, atrophieren die peripheren Abschnitte, während vor allem der zentrale Mittellappen hyperplastisch wird. Die zunehmende Hyperplasie der Innendrüse komprimiert die Außendrüse zu einer Pseudokapsel, der sog. chirurgischen Kapsel. In dieser entstehen in der Regel die Karzinome (Abb. 164, 165, 166).

1.2 Topographie

Die Prostata als größte männliche akzessorische Geschlechtsdrüse hat beim erwachsenen Mann unter regelhafter hormonaler Stimulation die Größe und Form einer Kastanie. Das Gewicht schwankt zwischen 17 und 28 g. Die Konsistenz ist derb. Das Organ umfaßt die Urethra unmittelbar unterhalb des Ostium urethrae internum. Für den Verschlußmechanismus der Harnblase hat sie jedoch keine physiologische Bedeutung. Das Organ liegt in einer Beckennische und ist ventral zur Symphyse und dorsal zum periproktalen Spalt und Rektum gerichtet. Der Apex reicht zum Diaphragma urogenitale. Die Basis liegt dem Blasengrund an. Seitlich des Drüsenkörpers liegen die medialen Ränder der Musculi levatores ani. Die Prostata ist von dem viszeralen Blatt der abdominellen Faszien, dorsal von der Denonvillier'schen prostato-peritonealen Aponeurose und lateral sowie ventral durch das pubo-prostatische Ligament – Fascia sacro-recto-genitalis – eingebunden, bzw. begrenzt. Ventral und lateral besteht eine enge Nachbarschaft zum vesiko-prostatischen Venenkomplex (Santorini). An der Basis werden ein anteriorer und posteriorer Kamm durch die Fossa vesiculae seminalis abgetrennt. Zentral in der Fossa finden sich die initialen Segmente des Ductus ejaculatorius. Die Samenbläschen liegen in dieser Furche und sind eng mit den lateralen und basalen Anteilen an die Prostata durch kleine Muskel- und Bindegewebszüge gebunden. Der ventrale Kamm der Prostatabasis ist Teil der oberen Harnröhre mit dem kleinen Mittellappen, der das Trigonum zentral vorwölben kann.

1.3 Gefäß- und Nervenversorgung

Die Prostata wird durch viszerale Äste der A. iliaca interna, der A. vesicalis inferior und der A. glutea inferior versorgt. Der Blutabfluß erfolgt über den Plexus venosus prostaticus in die Beckenvenen bzw. in die untere Hohlvene. Die Lymphdrainage erfolgt über Lymphbahnen zu iliakalen, den großen Beckengefäßen benachbarten Lymphknoten.

Im Organ bilden sich drei Versorgungsgebiete aus: Der Kapselplexus, die Parenchymgefäße und der periurethrale Plexus. Alle drei Versorgungsgebiete sind durch zahlreiche Anastomosen untereinander verbunden. Jeder Drüsenazinus wird durch Blutkapillaren versorgt, während im Interstitium nur spärliche Gefäße zu finden sind. Ein Kapillarkorb umgibt jeweils einen Drüsenazinus.

Die nervale Versorgung erfolgt einerseits durch den Plexus prostaticus aus dem Beckenteil des Grenzstranges (Plexus pelvinus), andererseits durch den sakralen Teil des Parasympathikus. Diese teilen sich auf in den perikapsulären Plexus, das Muskelgeflecht und in subepitheliale Nerven und Gefäßnerven.

Die Kenntnis der nervalen Versorgung der Prostata bzw. der benachbarten Organe, vor allem auch des Plexus pelvinus, spielt bei der radikalen Prostatektomie wegen Karzinom eine bedeutsame Rolle (Walsh u. Lepor 1987).

1.4 Makroskopische und mikroskopische Anatomie

1.4.1 Makroskopie

Auf Querschnitten durch die Prostata findet sich eine läppchenförmige Untergliederung. Der tubulo-alveoläre Drüsenkörper mit den Ausführungsgängen ist in eine größere periphere und in eine kleinere zentrale periurethrale Gruppe unterteilbar. Die Pars prostatica urethrae ist drüsenärmer und enthält vermehrt glatte Muskelfasern (Abb. 167).

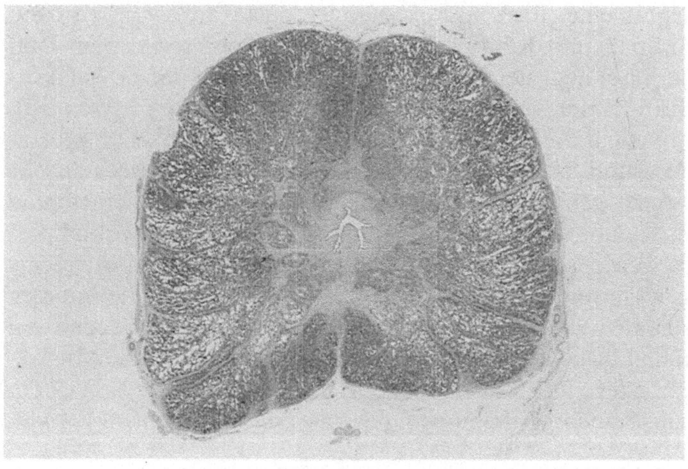

Abb. 167. Großflächenschnitt durch eine normale Prostata. Hämatoxylin-Eosin

1.4.2 Mikroskopie und Immunhistochemie

Histologisch sind strukturelle Unterschiede zwischen dem Drüsen- und Stromaapparat der Außen- und Innendrüsen nicht feststellbar. Das Drüsenepithel ist einschichtig, zweireihig, hochprismatisch und vielfach eingefaltet. Die Mündungsstellen der Ausführungsgänge werden von einem sich abflachenden Urothel ausgekleidet mit einer Übergangszone zum Drüsenepithel hin. Immunhistochemisch exprimieren diese Zellabschnitte herdförmig Keratin 7, 8, 18 und 19 sowie Keratine aus Stratum corneum. Innerhalb der Drüsenepithelien sind sekretorisch inaktive Basalzellen und sekretorisch aktive Epithelzellen erkennbar (Wernert et al. 1986b, d, 1987a) (Abb. 168).

Die sekretorisch aktive Epithelzelle hat ein helles Zytoplasma und zeigt eine hohe Aktivität der sauren Phosphatase (PSP) und des prostataspezifischen Antigens (PSA). Die Reaktion auf Keratin 8 und 18 ist positiv. Die Zellkerne stehen basal, sie sind rund und gleichmäßig chromatindicht. Der Nukleolus tritt nicht nennenswert hervor. Im Ruhezustand besitzen die Drüsen ein kubisches Epithel.

Die Basalzelle ist kleiner als die sekretorisch aktive Epithelzelle und bildet die äußere Begrenzung des Drüsenazinus. Sie besitzt eine rundliche oder länglich-ovale Form und liegt der Basalmembran auf. Die Basalzellen bilden einen kontinuierlichen peripheren Saum des Prostatadrüsenepithels und haben engen Kontakt zur Basalmembran. Der Zellkern ist überproportional groß mit dichtem Chromatin und erscheint daher dunkler als diejenigen der aktiven Drüsenzellen. Sekretorische Leistungen werden nicht erbracht. Prostatasaure Phosphatase und prostataspezifisches Antigen werden nicht exprimiert. Die Reaktion auf Keratin des menschlichen Stratum corneum ist jedoch deutlich positiv. Die Basalzelle wurde als Reservezelle und als Proliferationsreservoir für die physiologische Zellerneuerung des normalen Drüsenepithels angesehen. Nach Untersuchungen von Kastendieck (1977) ist die Basalzelle als undifferenzierte oder wenig differenzierte Zelle eine junge, proliferierende Zelle, aus der mit zunehmender Differenzierung die sekretorisch aktive Drüsenzelle entstehen kann. Die dann erforderliche Differenzierung verläuft über 3 Stufen:

Aus der Basalzelle (I) entwickelt sich zunächst eine unreife junge Drüsenzelle mit Ansätzen zur Sekretproduktion, jedoch ohne nennenswerte Zeichen einer sekretorischen Aktivität (II). Diese Zellen sind kubisch gestaltet, haben einen relativ hohen Gehalt an Ribosomen, jedoch nur wenige sekretorische Vakuolen. Auch der Golgi-Apparat ist noch nicht vollständig entwickelt (Kastendieck 1977). Aus der unreifen,

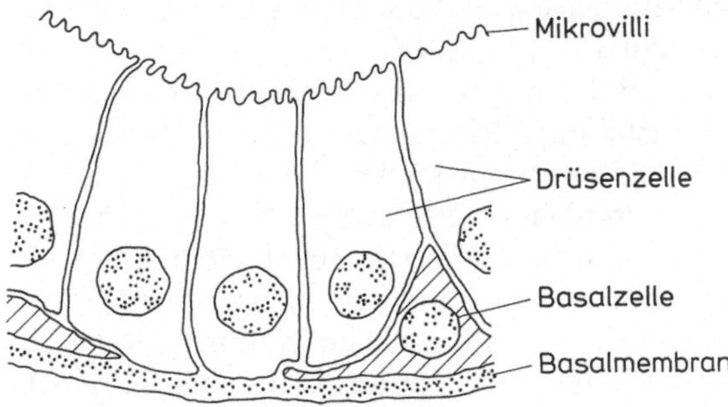

Abb. 168. Basalzellen, sekretorische Drüsenzelle und Basalmembran der Prostatadrüse

sekretorisch inaktiven Drüsenzelle entsteht die reife, sekretorisch aktive Zelle (III). Es findet sich reichlich rauhes endoplasmatisches Retikulum. Peri- und supranukleär ist die Golgizone entwickelt, in der die Sekretsynthese abläuft. In der apikalen Zytoplasmazone finden sich die reifen sekretorischen Vesikel und Granula. Sie werden am apikalen Zellpol durch Exozytose abgegeben, wobei ein merokriner und apokriner Sekretmechanismus vorliegt (Brandes 1966; Mao et al. 1965; Kastendieck 1977). Die z.T. polymorphen zahlreichen Vesikel sind bis zu 2,2 μm groß und enthalten elektronendichte Einschlüsse oder ein feinflockiges transparentes Material (Aumüller 1979; Hohbach 1979, 1981 a, b, c).

Im Rahmen der physiologischen Alterungsprozesse entsteht die sekretorisch inaktive ruhende kubische Drüsenzelle (IV). Aus dieser leitet sich die degenerative flach-kubische Drüsenzelle mit mehreren unterschiedlich großen Vakuolen, einem atrophierten Golgi-Apparat und einem hyperchromatischen Zellkern ab (Kastendieck 1977).

Neuere immunhistochemische und elektronenmikroskopische Untersuchungen haben jedoch gezeigt, daß die Epithelien des Sinus urogenitalis für die Organogenese der normalen Prostatadrüsen und des Utrikulus verantwortlich sind, d.h. die sekretorischen Zellen stellen wahrscheinlich den proliferativen Pool dar, denn Basalzellmitosen sind nur selten zu beobachten. Aus diesen Befunden ist abgeleitet worden, daß im Rahmen des physiologischen Zellersatzes die Basalzellen keine Stammzellfunktionen haben, sondern daß die Zellerneuerung bzw. das Wachstum durch Drüsenzellen erfolgt. Gestützt wird diese Annahme auch durch das immunhistochemische Verhalten. Während das Epithel der Prostatadrüsen in der Fetalzeit und praepuberal unreif und mehrreihig ist, kommt es mit dem Einsetzen der endokrinen Hodenfunktion zur Zeit der Pubertät zu einer morphologischen Differenzierung in die beiden Zelltypen Basalzelle und sekretorisches Zylinderepithel. Diese unterscheiden sich auch immunhistochemisch. Die Marker PSP, PSA, die Keratine 8 und 18, Vimentin, CEA und ACT ($Alpha_1$-Antichymotrypsin) werden nur im Zylinderepithel und nicht in der Basalzelle exprimiert. Demgegenüber ist das Vorkommen von Keratinen aus Stratum corneum auf die Basalzelle beschränkt. Die Keratine 7 und 19 und die Antikörper AE1 und AE3 kommen in beiden Zelltypen vor. Das immunhistochemische Verhalten der Ductus ejaculatorii und Samenblasen sowie des Urothels in prostatischen Gängen und prostatischer Urethra ist vor und nach der Pubertät im Wesentlichen das gleiche. Alle oben genannten Keratine sind hier nachzuweisen. Im Epithel der Ductus ejaculatorii und Samenblasen wird zusätzlich Vimentin exprimiert. Das Epithel atrophischer Drüsen und bei der postatrophischen Hyperplasie hat immunhistochemisch sowohl die Eigenschaften des sekretorischen Epithels wie der Basalzelle (Wernert et al. 1986 b, d, 1987 a) (Tab. 29 a, b).

Unter pathologischen Bedingungen, z. B. bei metaplastischen Prozessen (urothelial oder plattenepithelial), trifft diese Feststellung nicht immer in vollem Umfang zu. Hier besteht ein gleiches zellkinetisches und immunhistochemisches Verhalten zwischen Basal- und metaplastischer Zelle (Aumüller 1983; Helpap u. Stiens 1975; Helpap 1980 a; Heatfield et al. 1982; Sanefuji et al. 1982; Wernert et al. 1986 d).

Da die Prostata eine hormonabhängige Drüse ist und ihre Struktur und Funktion von Androgenen aufrecht erhalten wird, ist ähnlich wie im Mammagewebe immunhistochemisch das Verhalten von Bindungsstellen für das Erdnußlektin (PNA)

Tabelle 29. Immunhistochemische Untersuchungen an der praepuberalen (a) und postpuberalen (b) Prostata. (Aus Wernert 1987)

a)

	Antikeratine													
	PSP/ PSA	7	8	18	19	Stratum corneum	AE1 + AE3	Vimentin	Desmin	PNA	CEA	ACT	AT	NSE
Unreifes Epithel (Drüsen, Gänge)	+	+	+	+	+	+	+	(+)	–	+	+	+	–	–
Metaplastisches Plattenepithel	–	+	+	+	+	+	+	–	–	+	+	–	–	–
Ductus ejaculatorii und Samenblasen	–	+	+	+	+	+	+	+	–	+	–	–	–	–
Urothel (prostatische Gänge und Urethra)	–	+	+	+	+	+	+	–	–	+	+	–	–	–

b)

	Antikeratine														
	PSP/ PSA	7	8	18	19	Stratum corneum	AE1 AE3	Vimentin	Desmin	PNA	CEA	ACT	AT	NSE	AB0
Drüsen, Gänge Basalzelle Basalzellhyperplasie	–	(+)	–	–	+	+	+	–	–	+	–	–	–	–	(+)
Utriculus Sekretorisches Epithel	+	(+)	+	+	+	–	+	(+)	–	+	+	+	–	–	(+)
Atrophie u. postatrophische Hyperplasie	+	(+)	+	+	+	+	+	(+)	–	+	+	+	–	–	(+)
Plattenepithelmetaplasie	–	(+)	–	–	(+)	+	+	–	–	+	+	–	–	–	(+)
Ductus ejaculatorii und Samenblasen	–	(+)	+	+	+	+	+	(+)	–	+	+	(+)	–	–	+
Urothel (prostatische Gänge unf Urethra)	–	+	+	+	+	+	+	–	–	(+)	+	(+)	–	–	+

untersucht worden (Dhom et al. 1986). Erdnußlektinbindungsstellen werden ausgedehnt in normalen Prostatadrüsen und den Drüsen bei nodulärer Hyperplasie einschließlich der adenomatösen und kribriformen Hyperplasie nachgewiesen. Nur die Basalzellen oder das sekretorische Epithel oder beide Zelltypen können sich anfärben. Im Zylinderepithel können verschiedene Reaktionsmuster beobachtet werden wie intrazytoplasmatische, luminale oder apikal-perinukleäre Expressionsmuster oder Antigenexpression nur im Sekret. Diese Reaktionsmuster entsprechen offensichtlich verschiedenen Stadien der Sekretion dieser Bindungsstellen. Erdnußlektinbindungsstellen kommen auch in atrophischen Drüsen, metaplastischen Plattenepithelien sowie dem Urothel der prostatischen Gänge und der Urethra vor (Dhom et al. 1986; Wernert et al. 1986b, c).

1.4.3 Hormonrezeptoren

Östrogen- und Progesteronrezeptoren sind stark positiv in periglandulären Fibrozyten und glatten Muskelzellen. Auch die intraglandulären Stromazellen reagieren ähnlich stark. Normale Basalzellen sind fokal positiv, hyperplastische Basalzellen dagegen stark positiv.

Das sekretorisch aktive und atrophische Drüsenepithel exprimiert keine Östrogen- oder Progesteronrezeptoren. Dies gilt für die normalen und hyperplastischen Drüsen (Schulze u. Barrack 1988).

Beide Rezeptoren sind nachweisbar im Urothel der zentralen prostatischen Gänge und im prostatischen Teil der Urethra. Das fibröse Stroma der Ductus ejaculatorii und der Samenbläschen ist positiv, die Epithelien zeigen keine Expression.

Zwischen der Außen- und Innendrüse der Prostata besteht kein wesentlicher Unterschied im Expressionsmuster bei beiden Hormonrezeptoren. Bei der Hundeprostata nimmt die Östrogenrezeptor-Konzentration von zentral nach peripher ab (Schulze u. Barrack 1988).

Karzinomzellen Malignitätsgrad I bis III sind negativ (Wernert et al. 1987; Seitz u. Wernert 1987).

1.4.4 APUD-Zellen

Zwischen den sekretorisch aktiven Drüsenzellen finden sich argyrophile und argentaffine endokrin aktive Zellen, die dem APUD-Zellsystem zugeordnet werden und die 5-Hydroxytryptamin und Prostaglandine produzieren (Azzopardi u. Evans 1971; Kazzaz 1974; Aumüller 1972, 1979; Fetissof et al. 1983; Abrahamsson et al. 1986). Von diesem spezifischen Zellsystem ableitbar sind Karzinoide bzw. APUDome und kleinzellige Karzinome mit ektoper Hormonbildung und Auslösung von paraneoplastischen Syndromen (Sant Agnese et al. 1985; Sant Agnese u. Mesy Jensen 1987).

2 Hormonale Beeinflußbarkeit der Prostata

Die Außendrüse, aber auch die Innendrüse werden durch Androgene, vor allem durch Di-Hydrotestosteron und Androstandiol beeinflußt. Die Innendrüse kann sich unter Östrogen fibromatös verändern (Aumüller 1979; Aumüller et al. 1988).

Die östrogeninduzierte stromale Proliferation kann sekundär zur Aktivierung und Proliferation des Drüsenepithels Anlaß geben. Karzinome werden dagegen offenbar nicht direkt durch Östrogene beeinflußt, sondern über die Wachstumsbremsung via hypophysär-testikuläre Achse (Wernert u. Dhom 1988; Wernert et al. 1987).

Da die Prostata ein androgenes Zielorgan ist, führt der Androgenentzug zur Atrophie des Epithels unter Aktivierung des hetero-phagozytotisch-lysosomalen Apparates, auch unter dem Begriff der Apoptose bekannt (Kerr et al. 1972; Kerr u. Searle 1973, 1980). Ferner kommt es zur Aktivierung von Makrophagen, die nekrotische Zellbestandteile im Rahmen der Regression abräumen.

Die prozentuale Verteilung der Apoptosekörper und Zellteilungsfiguren der Basalzellen sind dabei ein gutes Maß für den Aktivitätszustand der Prostata (Stiens u. Helpap 1981 a, b; Stiens et al. 1981). Unter Androgenentzug und Östrogeneinfluß bilden die Basalzellen metaplastisches Plattenepithel aus (Abb. 247; Hohbach 1979).

Ebenfalls androgenabhängig ist die Sekretionsfähigkeit des Epithels, d. h. die Synthese von saurer Phosphatase und der histochemisch im Epithel nachweisbare Zinkgehalt, der offenbar zur Aktivierung der sekretorischen sauren Phosphatase notwendig ist (Hohbach 1979, 1981 a).

Die immunhistochemisch-immunologische Analyse der Prostata ist noch nicht abgeschlossen. Im Prostatasekret konnten Immunglobuline IgG, IgA und IgM nachgewiesen werden. Insbesondere unter traumatischen Einflüssen kann es zur Bildung von Autoantikörpern gegen Prostatagewebe mit Kreuzreaktion kommen.

Der Nachweis von prostataspezifischem Antigen hat durch Verbesserung der Technik, vornehmlich bei der Diagnostik von Prostatakarzinomen und deren Therapieansprechbarkeit, an Bedeutung gewonnen (Ablin et al. 1973, 1974 a, b, 1981; Aumüller 1983 a, b, 1984; Dhom 1984, 1985).

3 Pathologie der Prostata

3.1 Prozentuale Verteilung von Prostataerkrankungen

Die nachfolgende Darstellung entzündlicher, hyperplastischer und tumoröser Prostataerkrankungen beruht auf dem Ergebnis einer histologischen Analyse von mehr als 11 000 Gewebsproben aus der Prostata. Überwiegend handelt es sich um Gewebespäne nach transurethraler Resektion. Daneben gelangten Stanzzylinder und Prostatektomiepräparate zur Untersuchung.

Das Gewebe wurde in üblicher Weise in Paraplast eingebettet. Histologisch wurde überwiegend die Hämatoxylin-Eosin-Färbemethode angewandt. Daneben wurden PAS-, van Gieson-, Gomori- und Giemsa-Färbungen durchgeführt. Neben histologischen Architekturstörungen, entzündlichen und tumorösen Zellinfiltraten wurden vor allem auch zytologische Parameter analysiert. Regelmäßig wurde das gesamte Material entweder in Großflächenschnitten oder Einzelparaplastblöcken vollständig aufgearbeitet.

Tabelle 30. Histologische Analyse von Gewebsproben aus der Prostata. n = 11 167

Histologische Diagnosen	n	%
Hyperplasie		
Primäre noduläre Hyperplasie		
Ohne Entzündung	3 759	33,7
Mit Entzündung	2 864	25,6
Mit Metaplasien		
urothelial, plattenepithelial	70	0,6
Atypische Hyperplasie	467	4,2
Atrophie	57	0,5
Postatrophische Hyperplasie	79	0,7
Infarkte	30	0,3
Prostatitis ohne Hyperplasie		
Unspezifisch		
Akut-abszedierend	24	0,2
Chronisch rezidivierend	222	2,0
Granulomatös ohne TUR	107	1,0
TUR-Prostatitis	313	2,8
Spezifisch-granulomatös	44	0,4
Karzinome	3 125	28,0
Maligne Lymphome	6	0,0

Unter den histologischen Diagnosen stehen die Veränderungen bei primärer nodulärer Hyperplasie mit und ohne Entzündung mit fast 60% an 1. Stelle, gefolgt von Karzinomen mit 28%. Es folgen atypische Hyperplasien und verschiedene Formen florider und chronischer Entzündungen (Tab. 30).

Auf die Wertigkeit der einzelnen Prostataerkrankungen sowie zellkinetisch-autoradiographische und immunhistochemische Techniken und Analysen wird in gesonderten Kapiteln eingegangen.

3.2 Fehlbildungen

Eine partielle oder komplette Aplasie der Prostata ist sehr selten. Sie ist häufig mit Fehlbildungen der Nieren oder der ableitenden Harnwege, vor allem der Harnblase kombiniert.

3.3 Prostatakongestion

3.3.1 Pathogenese

Die Prostatakongestion wird auch als Prostatopathie oder Kongestions-Prostatitis bezeichnet. Sie tritt bei jüngeren Patienten (20–40. Lebensjahr) unter dem klinischen Bild einer Prostatitis auf. Das Prostataexprimat ist jedoch leukozytenfrei und steril. Aufgrund der weiter unten aufgeführten klinisch-anamnestischen Daten liegen bei der Prostatakongestion vegetativ-funktionelle Störungen zugrunde. Eine echte akute Prostatitis in der Vorgeschichte ist jedoch nicht selten, so daß pathogenetisch auch Defektheilungen einer Prostatitis zu diskutieren sind (Vahlensieck 1985; Bandhauer 1986).

3.3.2 Pathomorphologie

Die klinische Differentialdiagnose einer Prostatakongestion ist die akute Prostatitis. Da eine Organpunktion oder Resektion in solchen Fällen nicht angezeigt ist, ist das morphologische Bild nur wenig bekannt. Dem klinischen Befund einer verkleinerten oder vergrößerten, druckschmerzhaften Prostata entsprechen die *atonische* Form eines kleinen sekretarmen Organs und die *hyperämisch-kongestive Form* eines sekretreichen blutgestauten Organs. Entzündliche Infiltrate in den Drüsenlichtungen oder im Stroma liegen nicht vor. Das Drüsenepithel ist regelhaft zylindrisch oder kubisch gestaltet. Bei längerem Sekretstau kann es zur Drüsenektasie und Abflachung des Epithels kommen. Die passive Hyperämie findet sich in der Peripherie des Organs vor allem in den subkapsulären Gefäßen ähnlich wie bei der Uterus-Adnex-Kongestion Allen Masters. Neben dem Sekretstau und der Hyperämie wird nicht selten eine juvenile Stromahyperplasie angetroffen (Paz et al. 1980; Dworak u. Vahlensieck 1988) (Abb. 169 a, b; Tab. 30 a).

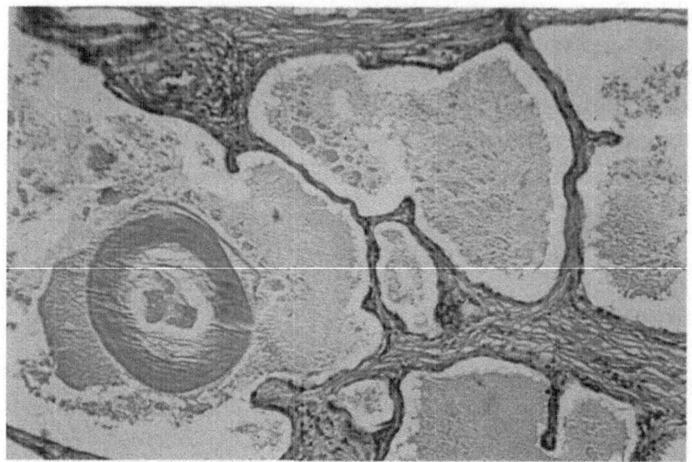

Abb. 169 a. Eiweißsekretstauung bei Prostatakongestion. Hämatoxylin-Eosin.

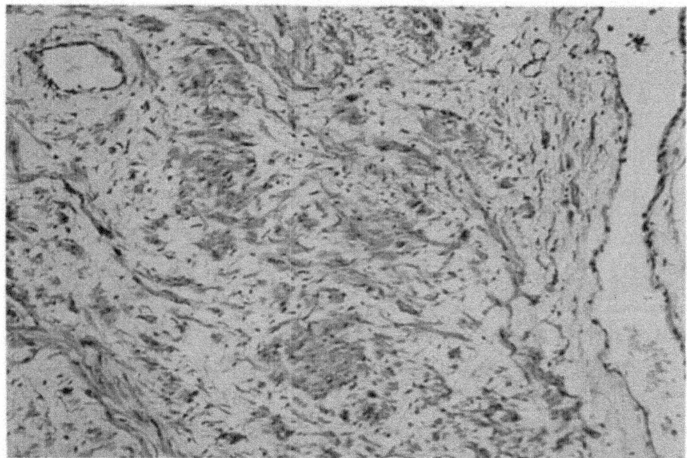

Abb. 169 b. Erhebliches Stromaödem bei rezidivierender Kongestion. Hämatoxylin-Eosin

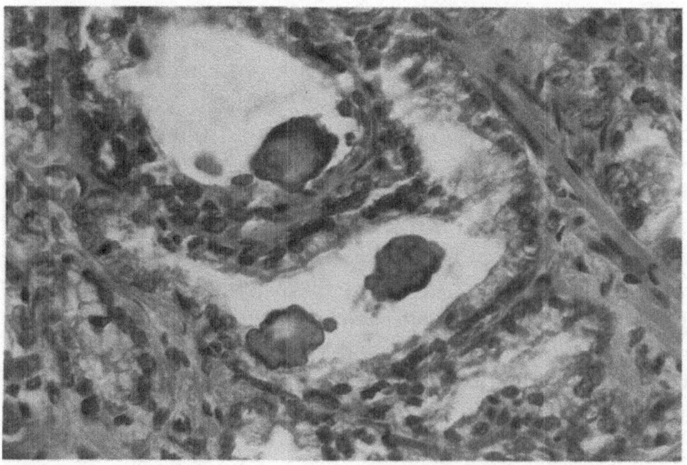

Abb. 170. Eiweiß-Kristallisationskerne mit Bildung von Mikrokonkrementen. Hämatoxylin-Eosin

Tabelle 30a. Pathogenese und Morphologie der Prostatakongestion

Interstitielles Ödem
Venöse Stase (Hyperämie)
Vegetativ
Statisch
Stauung in den Drüsen
Obstruktion der Drüsenausführungsgänge
Eingedicktes Sekret/Detritus
Konkremente
Hyperplasie (glandulär und stromal)

3.4 Prostatakonkremente

Rezidivierende Hyperämisierungen und Sekretstaus (rezidivierende kongestionierte Prostata) können der Konkrementbildung Vorschub leisten (Fox 1963) (Abb. 170).

Prostatakonkremente bestehen biochemisch aus Proteinkomplexen mit sauren und neutralen Mukopolysacchariden sowie basischen Aminosäuren und Cystin. Der Gehalt an Kalziumphosphat ist hoch (Sutor u. Wooly 1974). Die eingedickten Sekretmassen lagern sich schichtweise wie Jahresringe aneinander und verkalken zentral (Abb. 171). Die Konkremente (Corpora amylacea) sind bis senfkorngroß und geben der Prostata ein schnupftabakartiges Aussehen insbesondere in der hyperplastischen Form. Große Konkremente können Dekubitalulzera mit granulomatösen Gewebsreaktionen verursachen. DD Tuberkulose! (Søndergaard et al. 1987).

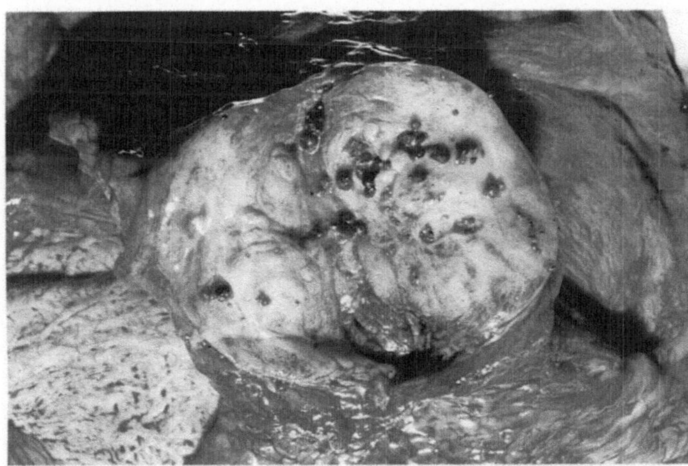

Abb. 171. Prostatolithiasis

3.5 Prostatitis

3.5.1 Pathogenese

Die Prostatitis entsteht entweder kanalikulär aszendierend urethrogen oder deszendierend urinogen bei Entzündungen von Niere und Harnblase oder spermiokanalikulär bei Entzündungen der Samenblasen. Lymphogen-haematogene metastatische Absiedlungen sind in der Prostata selten. Meist werden sie im Rahmen einer allgemeinen Sepsis bzw. Septikopyämie hervorgerufen. Gramnegative Bakterien sind die häufigsten Erreger. Die Prostatitis durch grampositive Bakterien ist ungewöhnlich. Virale Infektionen und solche durch Mykoplasmen oder Pilze spielen gegenüber den Bakterien-Erregern eine untergeordnete Rolle. Blastomykosen, Infektionen durch Candida albicans, Proteus oder Pseudomonas sind in jüngster Zeit unter immunsuppressiver Therapie von Systemerkrankungen oder infolge von Gewebs- und Organtransplantationen mit Immunsuppression häufiger anzutreffen (Helpap 1984, 1985; Weidner et al. 1986; Weidner 1988).

Die Prostatitis wird unterteilt in unspezifische und spezifische Formen. Die unspezifische Prostatitis kann einen akuten oder chronischen (rezidivierenden) Verlauf zeigen. Sie entwickelt sich intraglandulär, periglandulär, periduktal oder interstitiell. Blande Verläufe sind im Rahmen von Sekretstau, Dyschylie oder Konkrementbildung zu beobachten. Im höheren Lebensalter ist die rezidivierende, chronische Prostatitis als abakterielle Komplikation der benignen Prostatahyperplasie (BPH) in ei-

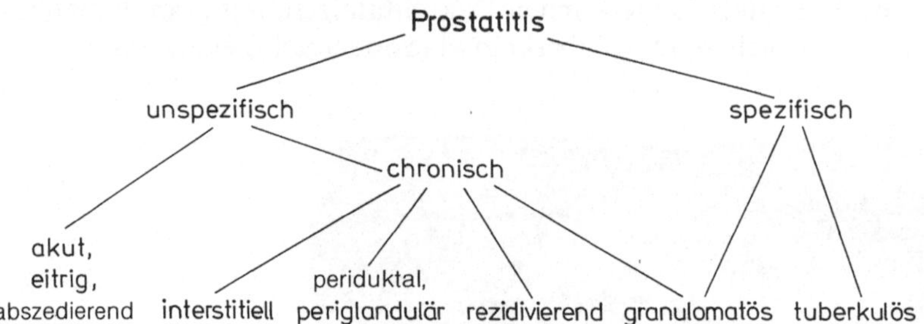

Abb. 172. Einteilung der Prostatitisformen. (Aus Helpap 1985)

Tabelle 31. Klassifikation von 2850 Prostatitisfällen

Histologische Diagnose	n	%
Akute eitrige Prostatitis	6	0,2
Abszedierende Prostatitis	6	0,2
Unspezifische chronische Prostatitis		
periduktal/periglandulär bei Hyperplasie	2403	84,3
rezidivierend	119	4,2
granulomatös	88	3,1
Spezifische tuberkulöse Prostatitis	26	0,9
Sog. TUR-Prostatitis	202	7,1

nem sehr hohen Prozentsatz zu beobachten. Alle morphologischen Varianten der akuten und chronischen Prostatitis sind unter dem Bild der TUR-Prostatitis zu beobachten (Helpap 1984; Helpap u. Vogel 1986a, b) (Abb. 172). Die prozentuale Verteilung der Entzündungsformen ist in der Tabelle 31 zusammengefaßt.

3.5.2 Akute eitrige Prostatitis

3.5.2.1 Unspezifische Prostatitis

Makroskopisch ist das Organ bei einer eitrigen Entzündung hyperämisch und vergrößert. Die Kapsel ist gespannt. Das Gewebe ist saftreich. Von der Schnittfläche läßt sich ein trübes, teils gelbliches Exsudat abpressen (Abb. 173).

Mikroskopisch sind die Drüsenlichtungen diffus oder herdförmig von polymorphkernigen Leukozyten ausgefüllt. Auch das Interstitium weist wechselnd dicht polymorphkernige Leukozyten auf (Abb. 174). Das die Drüsenschläuche auskleidende Zylinderepithel wird sehr rasch von polymorphkernigen Leukozyten durchsetzt und vielfach alteriert. Mitunter ist erhaltenes Epithel nicht mehr nachweisbar (Abb. 175).

3.5.2.2 Prostataabszeß

Bei Zerstörung des Epithels und Zusammenfließen größerer Eiterherde kommt es zur Entwicklung von Prostataabszessen, die durch eine aufsteigende oder haematogene Streuung entstehen können. Dabei kann es zu Durchbrüchen in den Mastdarm, aber auch in die Urethra kommen. Senkungsabszesse und Phlegmonen können sich bis in das perianale Fettgewebe ausdehnen und zu Hautdurchbrüchen führen. Mitunter bilden sich urethro-rektale Fisteln (Abb. 173).

Prostataabszesse selbst können wiederum Ausgangspunkt haematogener Streuungen und Ursache für eine bakterielle Endokarditis oder Arthritis sein. Vorschub für eine akute eitrige Prostatitis leisten nicht selten Sekretstauungen, wobei das klinische Bild einer Kongestion in eine echte akute Prostatitis übergehen kann. Unter Therapie heilt eine eitrige Prostatitis in der Regel morphologisch folgenlos ab. Mitunter sind wie bei chronischen Verlaufsformen herdförmige unreife urotheliale oder reifere plattenepitheliale Metaplasien in vormals geschädigten Drüsenschläuchen erkennbar (Abb. 176).

3.5.2.3 Chronische (rezidivierende) Prostatitis

Die unspezifische chronische Prostatitis ist in der paraurethral nodulären, hyperplastischen Prostata sehr häufig als Begleiterscheinung zu finden. Sie ist periduktal und periglandulär ausgebildet. Häufig rezidiviert sie. Makroskopisch ist die Diagnose kaum zu stellen, es sei denn, daß polymorphkernige Leukozyten im Rahmen der sog. aktiven chronischen Prostatitis beteiligt sind und eitriges Sekret aus den Drüsenlichtungen bzw. Gängen ausdrückbar ist. Die Schnittfläche des Organs ist durch die

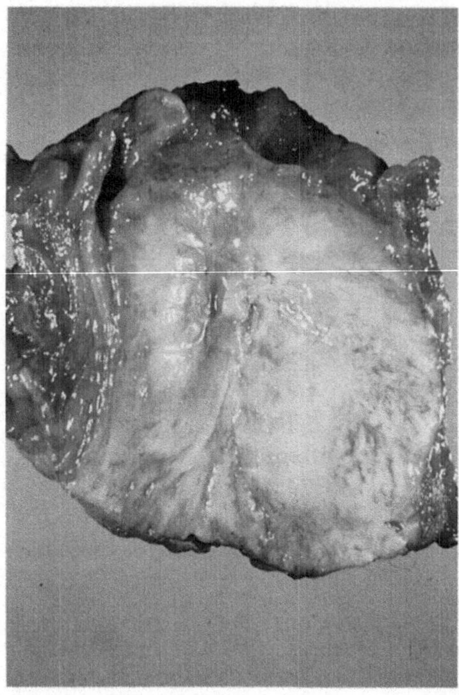

Abb. 173. Makroskopischer Aspekt einer eitrig-abszedierenden Prostatitis

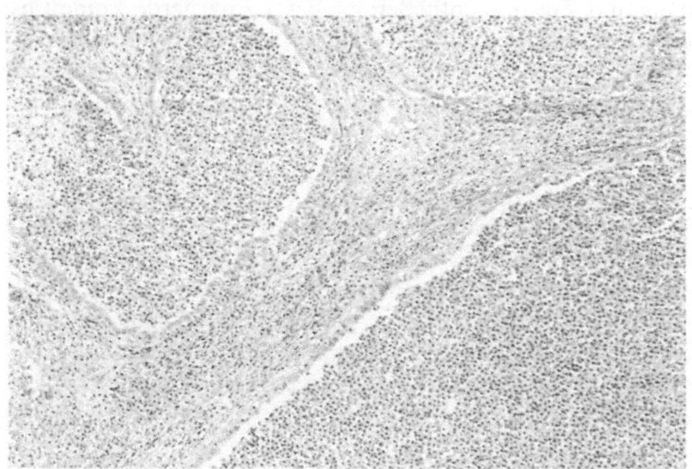

Abb. 174. Akute eitrige Prostatitis mit zahlreichen intra- und periglandulären polymorphkernigen Leukozyten. Hämatoxylin-Eosin

Struktur der Hyperplasie gekennzeichnet. Nicht selten werden in den Lichtungen auf dem Boden der über Jahre anhaltenden, rezidivierenden, chronisch-entzündlichen Gewebsalterationen Sekretstauungen und Eindickungen sowie Konkrementbildungen beobachtet (Sutor u. Wooley 1974). Histologisch finden sich überwiegend Infiltrate aus Lymphozyten, Plasmazellen und Makophagen, durchmischt von eosinophilen und polymorphkernigen Leukozyten bei aktivem Schub. Die entzündlichen

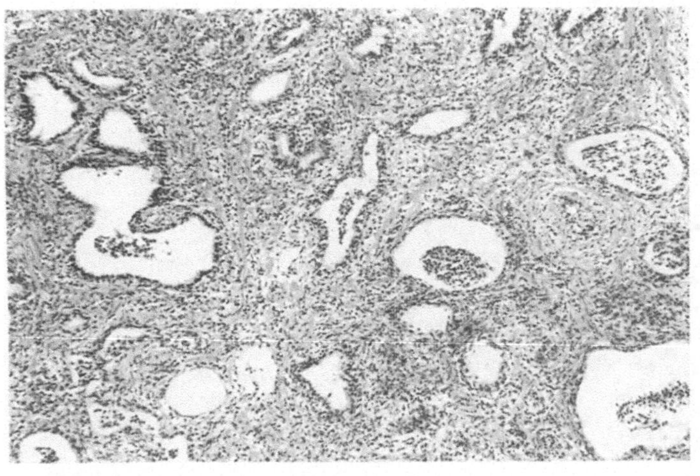

Abb. 175. Unspezifische rezidivierende intra- und periglanduläre Prostatitis. Hämatoxylin-Eosin

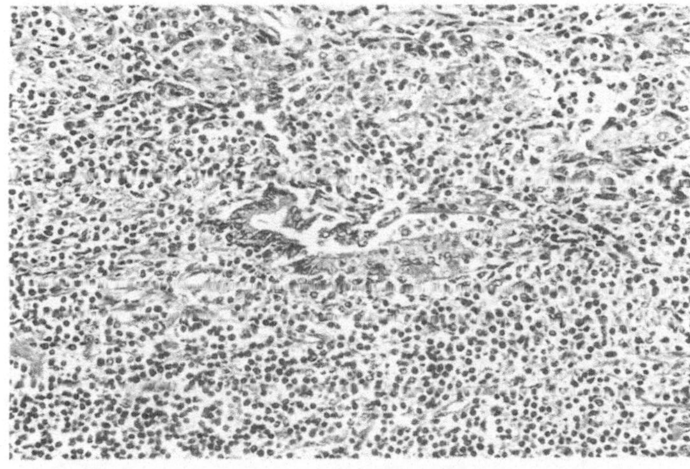

Abb. 176. Florider Schub einer destruktiven, rezidivierenden Prostatitis mit erheblichen Drüsenepithelalterationen (sog. entzündlichen Atypien). Hämatoxylin-Eosin

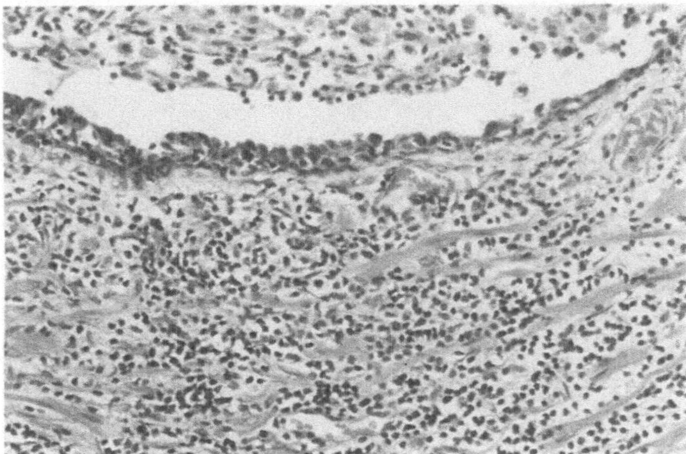

Abb. 177. Chronisch granulierende Prostatitis mit Epitheldestruktionen und leichten bis mäßiggradigen Atypien (entzündlicher Atypiegrad II nach Leistenschneider u. Nagel 1979). Hämatoxylin-Eosin

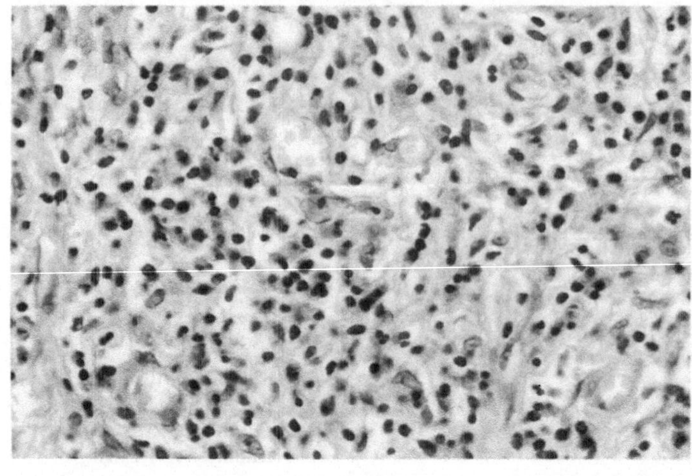

Abb. 178. Chronisch granulierende eosinophilenreiche Prostatitis. Hämatoxylin-Eosin

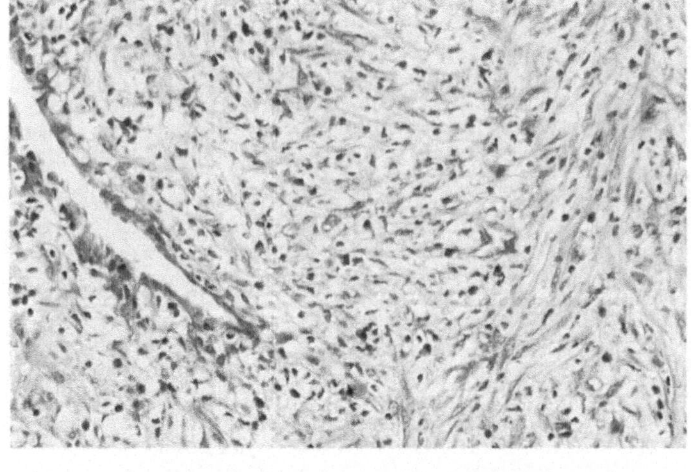

Abb. 179. Makrophagen- und fibroblastenreiche, chronische fibrosierende Prostatitis. Hämatoxylin-Eosin

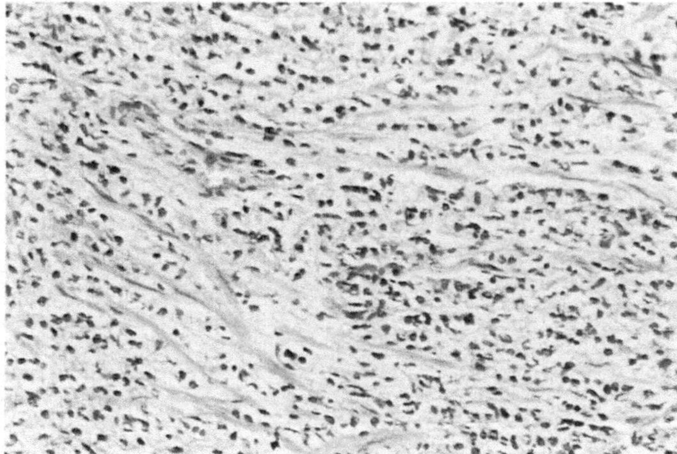

Abb. 180. Wenig differenziertes szirrhös wachsendes Prostatakarzinom. Differentialdiagnose z. Abb. 179. Hämatoxylin-Eosin

Infiltrate sind herdförmig um einzelne Drüsenläppchen angeordnet, mitunter weitet sich der Entzündungsprozeß diffus läppchenförmig aus und kann das ganze Organ durchsetzen. Bei Überwiegen der Makrophagen oder der Eosinophilen wird der Befund als makrophagen- bzw. eosinophilenreiche Prostatitis klassifiziert (Abb. 177, 178).

Bei langwierigem Verlauf der chronisch-rezidivierenden Prostatitis entwickeln sich Stromafibrosierungen und Sklerosierungen mit z. T. zystischen Degenerationen paraurethraler Drüsen im Sinne einer sklerosierenden, zystischen Atrophie (Abb. 179).

Differentialdiagnostische Schwierigkeiten können in diesem Stadium sklerosierte Prostatakarzinome nach Strahlentherapie oder langjähriger Hormontherapie machen (Abb. 180).

Die Drüsenepithelalterationen sind unterschiedlich stark ausgeprägt, entsprechend der zytologischen Analyse von Epithelatypien bei Prostatitis nach Leistenschneider u. Nagel (1979). In einer Unterteilung der Atypiegrade können Atypien bis zum Grad II auftreten. Das entzündliche Begleitinfiltrat, vor allem bei der zytologischen Analyse, erleichtert jedoch die Differentialdiagnose gegenüber tumorösen Zellelementen.

3.5.2.4 Unspezifische granulomatöse Prostatitis

Ähnlich wie bei der chronisch-unspezifischen Prostatitis ist auch bei der granulomatösen Prostatitis die Konsistenz der Prostata vermehrt. Zum Teil kommt es zur Entwicklung von Knotenbildungen, die bereits klinisch-makroskopisch differentialdiagnostisch an ein Karzinom (Ausbreitungsstadium pT 2–3) denken lassen (Abb. 181).

Das histologische Bild ist durch 3 Stadien geprägt:

1. Drüsendestruktion mit Invasion von granulierten und eosinophilen Leukozyten und Makrophagen in die Drüsenlichtungen nach Art von Kryptenabszessen und Zelldetritus.
2. Granulombildung mit reichlich Makrophagen und Riesenzellbildungen, die offenbar durch phagozytierte Sekretreste initiiert wird (Epstein u. Hutchins 1984) (Abb. 182).
3. Sklerose und Narbenbildung im Sinne einer sog. ausgebrannten granulomatösen Prostatitis (Hohbach u. Dhom 1980).

Die Infiltration durch die Entzündungszellen mit Ausbildung von Granulomen ist in der Regel zu 70% fokal, in 30% der Fälle diffus. Der aggressive granulomatöse Prozeß führt zu einer stärkergradigen Alteration von Drüsenlichtungen und Epithelien. Die Epithelalterationen sind in der Regel stärker ausgeprägt als bei der nicht granulomatösen, chronischen Prostatitis (überwiegend Grad III nach Leistenschneider u. Nagel 1979).

Große differentialdiagnostische Schwierigkeiten kann die granulomatöse Prostatitis machen, weil mitunter das Bild eines undifferenzierten, polymorphzelligen Karzinoms vorgetäuscht wird (Abb. 183).

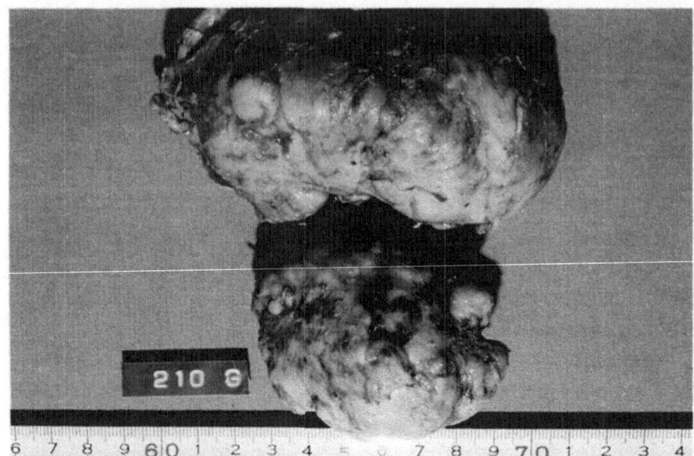

Abb. 181. Knotige, derbe Prostata bei chronisch-granulomatöser Prostatitis.

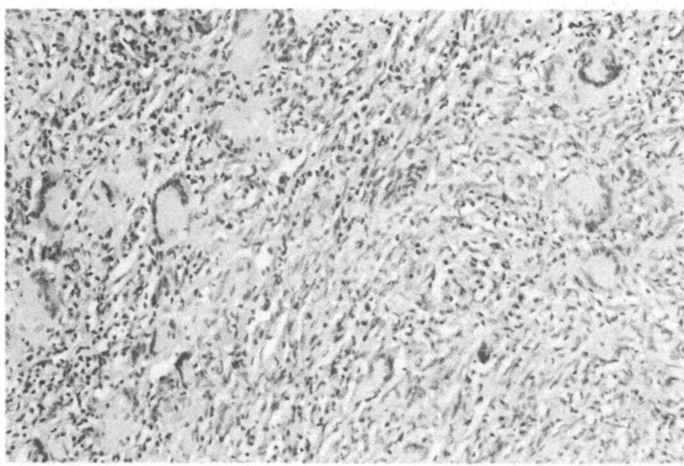

Abb. 182. Riesenzellhaltige granulomatöse Prostatitis. Hämatoxylin-Eosin

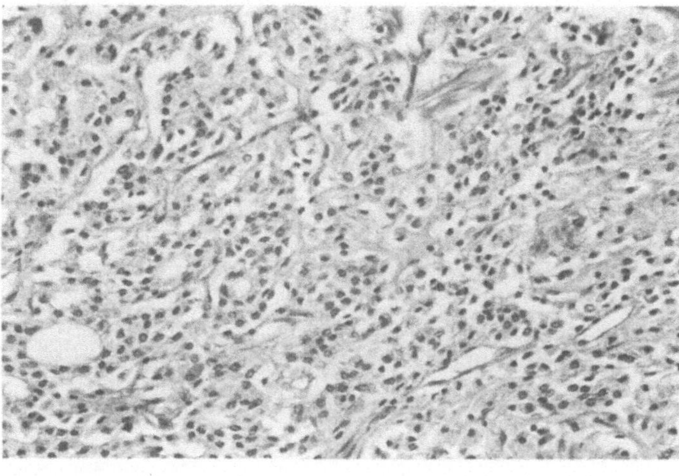

Abb. 183. Differentialdiagnose zu Abb. 182. Wenig differenziertes glanduläres Prostatakarzinom. Hämatoxylin-Eosin

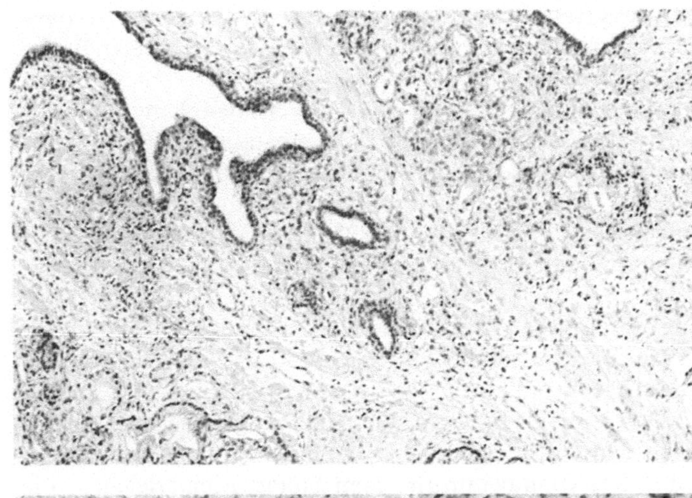

Abb. 184. Chronisch rezidivierende Prostatitis mit Prostatakarzinom. Hämatoxylin-Eosin

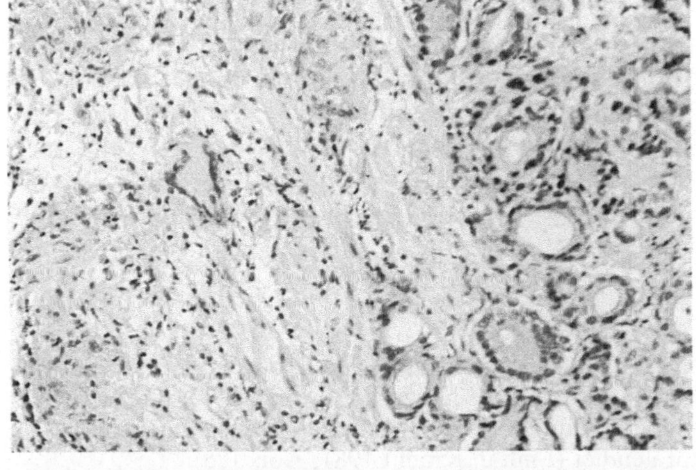

Abb. 185. Granulomatöse Prostatitis und Prostatakarzinom. Hämatoxylin-Eosin

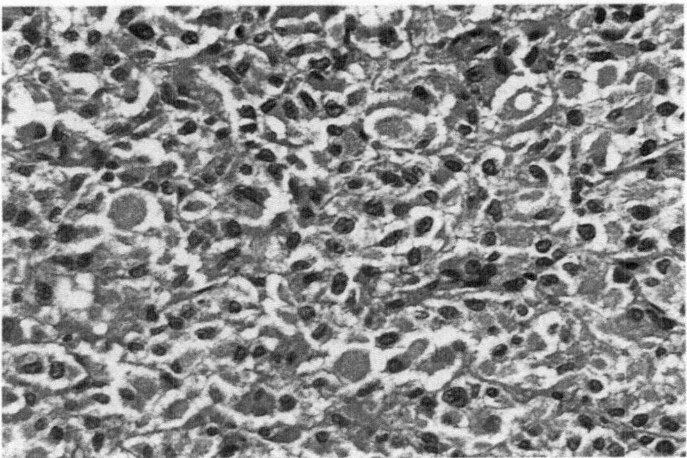

Abb. 186. Malakoplakie mit sog. Michaelis-Gutmann-Körperchen. Hämatoxylin-Eosin

Die knotige Abgrenzung der Granulome mit Ausbildung von Riesenzellen sowie positive PAS-Reaktion der Makrophagen gegenüber undifferenzierten Karzinomzellen erleichtert jedoch die Abgrenzung.

Wie unten aufgeführt, kann heutzutage durch den positiven Ausfall immunhistochemischer Analysen auf prostatasaure Phosphatase oder prostataspezifisches Antigen die Differentialdiagnose in diesem Fall zugunsten des Karzinoms noch genauer gestellt werden.

Es sei jedoch darauf hingewiesen, daß in etwa 10–12% der Fälle von granulomatöser Prostatitis zusätzlich ein Karzinom gefunden wird (Hohbach u. Dhom 1980) (Abb. 184, 185).

Auf dem Boden der schweren Epithelalteration in den Drüsenlichtungen können sich fehlerhafte Reparationen und Entwicklungen reifer und unreifer Metaplasien vollziehen. Zytologisch sind diese mitunter nur schwer klassifizierbar. Die Epithelatypien sind jedoch entzündlich bedingt. Eine kausale Beziehung zwischen granulomatöser Prostatitis und Karzinom, im Sinne der Karzinomentstehung, besteht nicht. Der positive Ausfall der CEA-Reaktion bei urothelialen Metaplasien erleichtert die Differentialdiagnose, ebenso der Nachweis von mehrkernigen Riesenzellen (Wullstein u. Müller 1973; Stiens et al. 1975; Kastendieck 1977; Helpap 1985 a).

Die granulomatöse Prostatitis scheint überwiegend eine Sekundärerkrankung zu sein, wobei ätiologisch der Kontakt des aus zerstörten Drüsenlichtungen austretenden Prostatasekrets mit dem Stroma eine wichtige Rolle spielen dürfte. Dabei entwickeln sich offenbar auch lokal gebildete Autoantikörper. Eine primäre Autoaggressionserkrankung ist jedoch weniger wahrscheinlich (Towfighi et al. 1972; Ablin 1976; Helpap 1980 a).

3.5.2.5 Malakoplakie

Hier werden innerhalb eines makrophagenreichen Granulationsgewebes kalk- und eisenhaltige konzentrisch geschichtete sog. Michaelis-Guttmann-Körperchen beobachtet. Diese seltene Veränderung in der Prostata geht zumeist mit einer solchen in der Harnblase oder Urethra einher (Link u. Kracht 1981; Abb. 186).

3.5.3 Spezifische Prostatitis

3.5.3.1 Tuberkulose

Die isolierte Prostatatuberkulose ist äußerst selten. In der Regel ist sie mit einer Urogenitaltuberkulose vergesellschaftet (50–70%) (Lenk et al. 1987). Da auch diese selten ist, ist der Prozentsatz einer tuberkulösen Prostatitis im Routine-Untersuchungsgut sehr gering. So konnten unter 10000 Prostatagewebsbiopsien 44 spezifisch-tuberkulöse Prozesse gefunden werden (0,4%) (Helpap 1984, 1985).

Der Infektionsweg ist kanalikulär oder (selten) haematogen. Die Prostatatuberkulose kann als kavernöse Form oder verkäsend als Konglomerattuberkulose auftreten. Ältere Herde verkreiden und werden bindegewebig abgekapselt (Abb. 187).

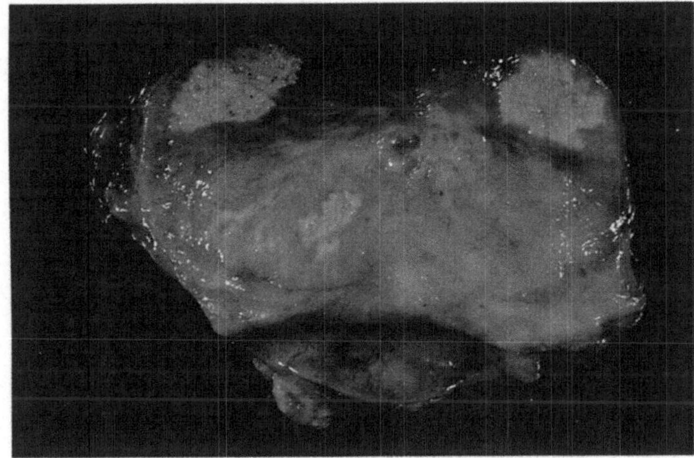

Abb. 187. Verkäsende tuberkulöse Prostatitis.

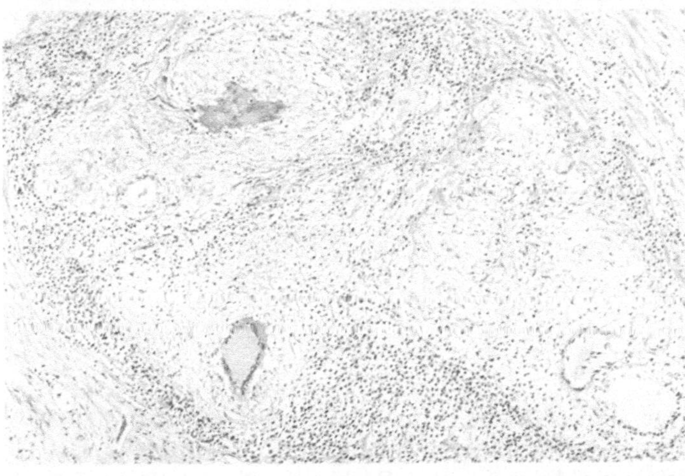

Abb. 188. Granulomatöse epitheloidzell-riesenzellhaltige Prostatitis bei Urogenitaltuberkulose. Hämatoxylin-Eosin

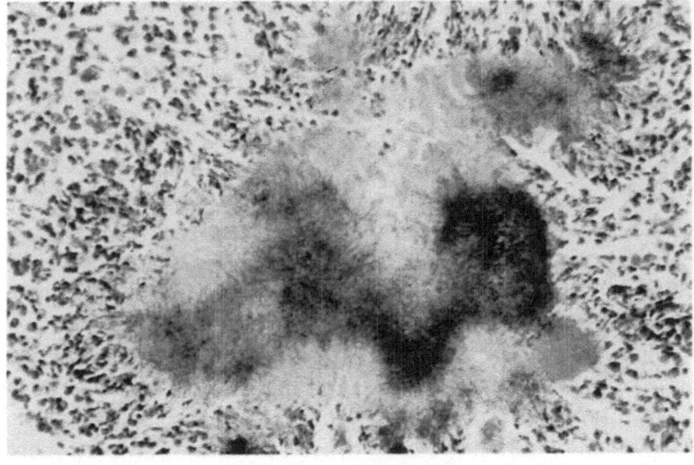

Abb. 189. Aktinomykose. PAS

Die knotige derbe Oberfläche läßt makroskopisch mitunter an eine karzinomatöse Infiltration denken.

Histologisch finden sich ausgedehnte käsige Nekrosen, die randständig durch die palisadenartige Aufreihung von Epithelzellen, eingestreute mehrkernige Riesenzellen vom Langhans-Typ und einen äußeren Lymphozytensaum gekennzeichnet sind (Abb. 188).

Außerhalb der käsigen Tuberkel können kleinere epitheloidzellige Granulome in oder um Drüsenschläuche gefunden werden. Oft konglomerieren die Tuberkel und führen dann zu umfangreichen nekrotischen Gewebszerstörungen. Bei Gewebsstanzen transrektal werden in solchen Fällen nur nekrotische Gewebspartikel gewonnen. Von der Prostata greift die Tuberkulose in der Regel auf Samenblasen und die Ductus deferentes über und führt dann zu einer Nebenhodentuberkulose. Der histologische Nachweis von Tuberkelbakterien gelingt nur in den seltensten Fällen, so daß eine bakteriologische Untersuchung und ein kultureller Nachweis unbedingt erforderlich sind.

3.5.3.2 Aktinomykose

Die äußerst seltene Aktinomykose der Prostata ist durch drusenartige Ansammlungen von Bakterien mit Ausbildung eines makrophagozytären, pseudoxanthomzellreichen Granulationsgewebes und eingestreuten polymorphkernigen Leukozyten charakterisiert. Mit histologischen Spezialfärbungen (PAS-Reaktion) sind die Aktinomycesdrusen leicht erkennbar, so daß die Differentialdiagnose gegenüber einer Tuberkulose, einer unspezifischen granulomatösen Prostatitis oder einer Prostatitis bei Pilzbefall relativ einfach ist (Abb. 189, 190).

3.5.3.3 Bilharziose

Auch hier sind die parasitären Einschlüsse im Granulationsgewebe der Prostata vielfach in Kombination mit einer entsprechenden Entzündung der Harnblase so charakteristisch, daß keine differentialdiagnostischen Probleme auftreten. Dies gilt auch bei positivem Nachweis von Pilzhyphen (Abb. 191).

3.5.4 Differentialdiagnose

3.5.4.1 TUR-Prostatitis

Weitaus schwieriger kann die Differentialdiagnose zwischen spezifischer und unspezifischer granulomatöser Prostatitis sein, wenn, für den Pathologen evtl. unbekannt, ein transurethral-elektrochirurgischer Eingriff (TUR) kurz- oder längerfristig vorausgegangen ist.

Diese nach vorausgegangener transurethraler Prostataresektion sich im Restorgan entwickelnde, zumeist herdförmige Prostatitis (Hak-Hagir 1985) zeigt morphologische Bilder, die dem gesamten Spektrum der aufgezeigten Entzündungsformen der Prostata entsprechen. Neben initialen Nekrosen, leukozytären Infiltrationen,

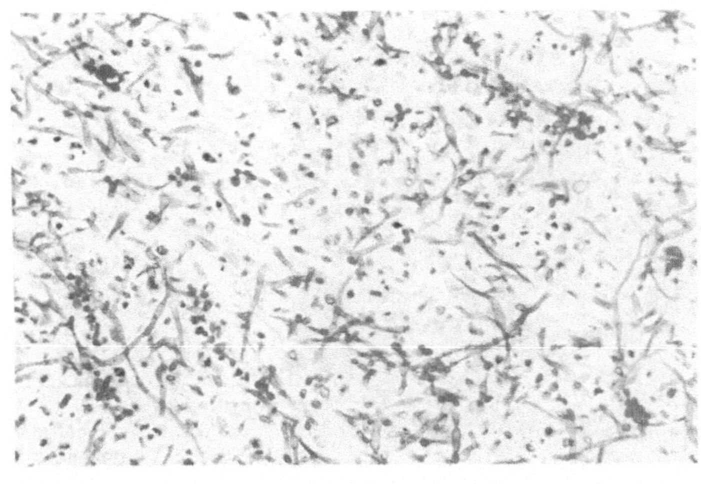

Abb. 190. Candida-albicans-Mykose. PAS

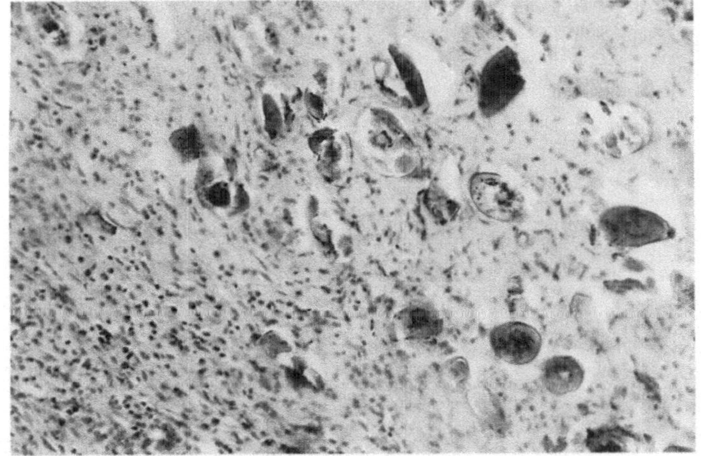

Abb. 191. Bilharziose. Hämatoxylin-Eosin

mitunter unter dem Bild einer fast abszedierenden, jedoch mikrofokalen Prostatitis, können diffuse oder herdförmige lympho-plasmazelluläre Infiltrate, durchmischt von einzelnen polymorphkernigen Leukozyten und wechselndem Gehalt an aktivierten Makrophagen, die mitunter siegelringzellähnlichen Charakter haben und differentialdiagnostisch ein Karzinom vortäuschen können (Alguacil-Garcia 1986), aber auch lymphofollikuläre Strukturen vorherrschen.

7–10 Tage nach TUR, persistierend über mehrere Wochen und Monate, entwikkeln sich makrophagen- und epitheloidzellreiche Granulome mit mehrkernigen Riesenzellen, teils vom geordneten und teils vom ungeordneten Typ, sog. iatrogene Granulome (Sorensen u. Marcussen 1987). Bei exakter Durchmusterung dieser Granulome vor allem mit Hilfe der Eisenfärbung ist karbonisiertes, bräunliches Pigment nachweisbar, nicht selten innerhalb von mehrkernigen Riesenzellen, so daß die Folgen der Elektroresektion, nämlich die Gewebskarbonisierungen, offenbar Ursache dieser Granulombildung sind. Dies konnte experimentell in zahlreichen menschli-

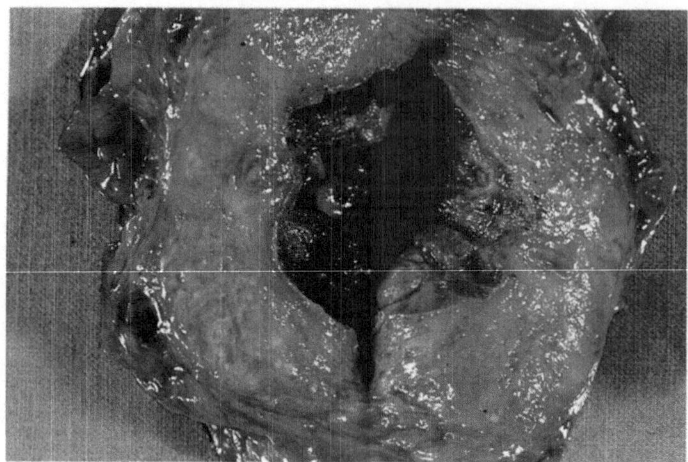

Abb. 192. Zustand nach transurethraler Resektion einer Prostatahyperplasie mit frischer Wundzone.

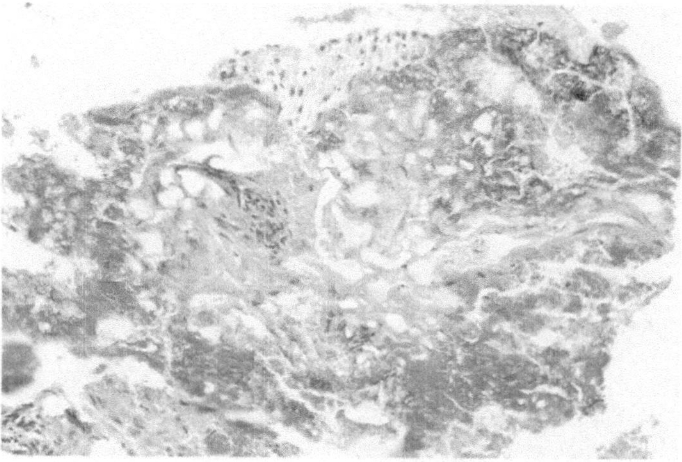

Abb. 193. Nekrosematerial mit frischen Karbonisierungen aus einer TUR-Wunde der Prostata. Hämatoxylin-Eosin

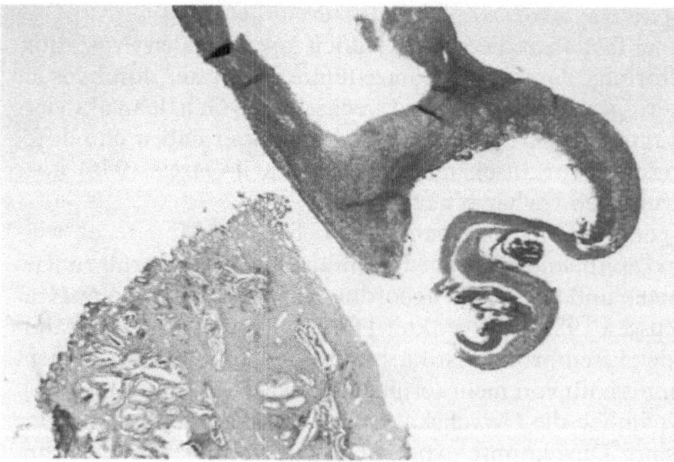

Abb. 194. Prostatastanzzylinder mit zellreichem Granulationsgewebe. Zustand nach TUR. Hämatoxylin-Eosin

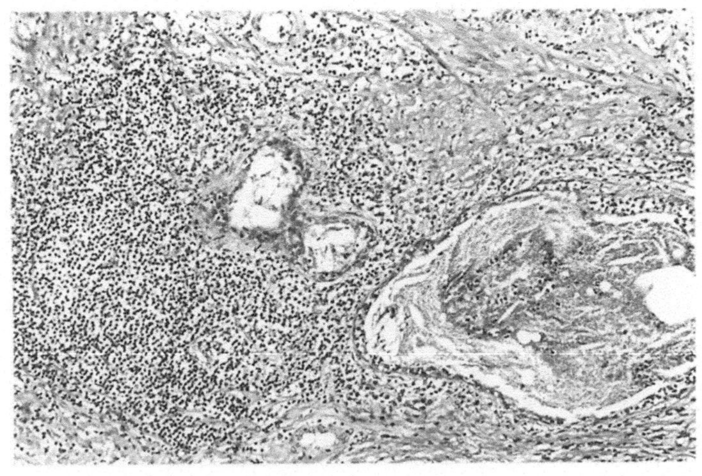

Abb. 195. Florider Schub einer periglandulären Prostatitis nach TUR mit Sekretstau und Epithelalteration. Hämatoxylin-Eosin

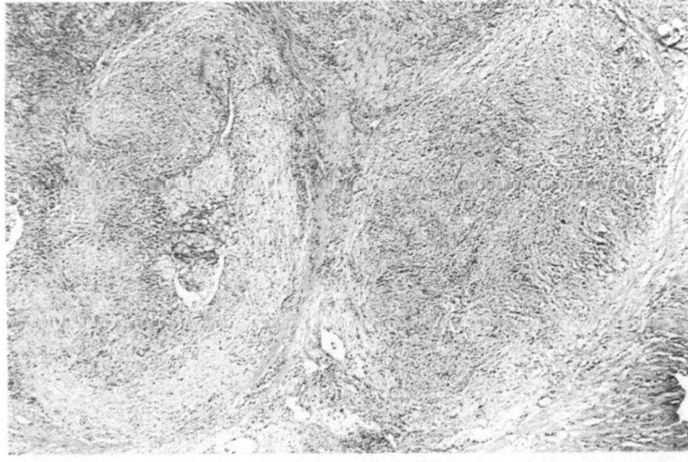

Abb. 196. TUR-(Thermo-) Granulome mit Epitheloidzellen und mehrkernigen Riesenzellen. Hämatoxylin-Eosin

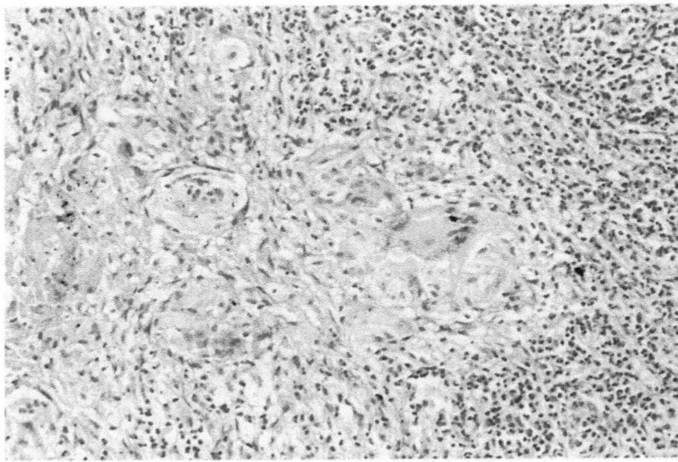

Abb. 197. Karbonisationsreste in mehrkernigen Riesenzellen vom Fremdkörpertyp einer TUR-Prostatitis. Hämatoxylin-Eosin

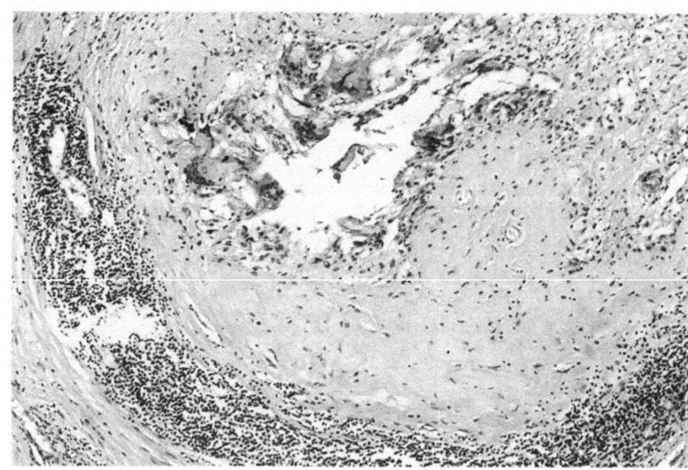

Abb. 198. Sklerosierung eines TUR-Granuloms in der Prostata. Hämatoxylin-Eosin

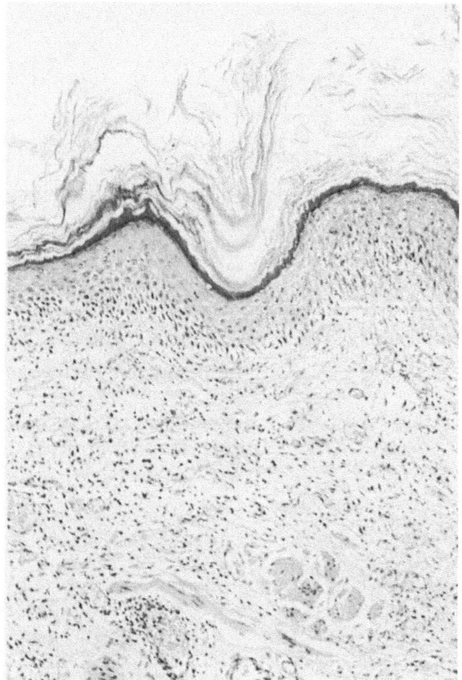

Abb. 199. Plattenepithelmetaplasie im urethralen Anteil der Prostata nach transurethraler Resektion mit absehilfernden Hornlamellen (epidermaler Typ). Hämatoxylin-Eosin

chen und tierischen Organen, die einer elektro-laserchirurgischen Behandlung zugänglich sind, nachgewiesen werden (Übersicht Helpap 1983a, b) (Abb. 192–197). Hin und wieder finden sich jedoch auch Granulome, die spezifischen Tuberkeln so ähnlich sind, daß die Differentialdiagnose außerordentlich schwierig wird. Dieser Umstand hat zu entsprechenden Fehldiagnosen geführt, die langwierige tuberkulostatische Behandlungen zur Folge hatten. Die Organisation und Resorption des

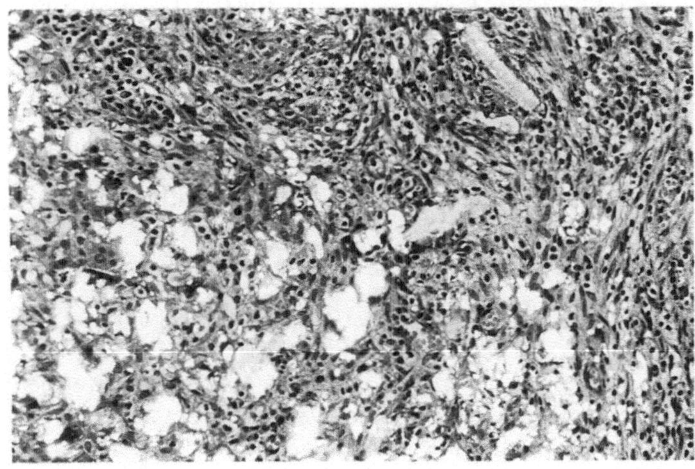

Abb. 200. Ablagerungen von kristallinem Material im Granulationsgewebe einer TUR-Prostatitis. Polarisationsoptisch, Hämatoxylin-Eosin

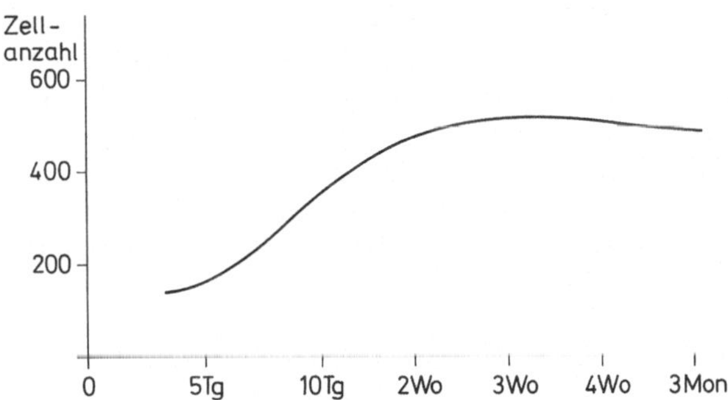

Abb. 201. Zelldichte-Verlauf aus dem Granulationsgewebe einer TUR-(Thermo-)Läsion mit noch hohen Zellzahlen 3 Monate nach dem chirurgischen Eingriff

karbonisierten Materials führt zu Fibrosierungen und Sklerosierungen des Stromas mit Narbenbildungen und kristallinen Einlagerungen (Abb. 198).

In dem urethralen Bereich der Prostata kann es zur Ausbildung von ausgedehnten Plattenepithelmetaplasien mit leukoplakischen Verhornungen, in tieferen Zonen zu unreifen urothelialen Metaplasien kommen (Abb. 199–200).

Zelluläre Analysen von sog. TUR-bedingtem Granulationsgewebe und Granulationsgewebe frei von Karbonisierungen zeigen, daß die mittlere Zelldichte 4 Wochen nach einfacher Entzündung stark abnimmt, während sie bis zu 3 Monate nach elektrochirurgischem Eingriff persistiert (Abb. 201). Die unkomplizierte Wundheilung mit Reepithelialisierung kann durch lokale Instillation von Streptokinase-Streptodornase signifikant beschleunigt werden (Lupp et al. 1985).

Die differentialdiagnostischen Überlegungen in jüngster Zeit haben die Abgrenzung gegenüber rheumatoiden Knötchen, Malakoplakie, eosinophilenreicher granulomatöser Prostatitis bzw. allergischer Prostatitis sowie histiozytenreicher granulomatöser Prostatitis mit siegelringzellähnlichen Makrophagen aufgeworfen (Towfighi et al. 1972; Schmitt 1973; Hedelin et al. 1981; Lee u. Schepherd 1983; Epstein u.

Hutchins 1984; Feiner u. Avitabile 1984; Kopolovic et al. 1984; Mies et al. 1984; Schned 1984; Sorensen u. Marcussen 1987).

Entsprechende serologische Untersuchungen und die Kenntnis der sog. TUR-Prostatitis mit eingeschlossenem Karbonisationsmaterial erleichtert jedoch die Abgrenzung (Helpap u. Vogel 1986a, b).

Nach transurethralen Stanzresektionen durch sog. cold punch Technik mit dem kalten tubulären Messer treten solche granulomatösen TUR-Prostatitiden nicht auf (Frohmüller et al. 1985).

3.5.5 Immunhistochemie der Prostatitis

Der Lysozymnachweis ist vor allem in der granulomatösen makrophagenreichen Prostatitis fokal stark ausgeprägt (Pickartz u. Jautzke 1980; Seifert et al. 1980; Sorensen u. Marcussen 1987). Die akute eitrige Prostatitis zeigt positive polymorphkernige Leukozyten. Die epithelialen Formationen sind durch Lysozym nicht anfärbbar. Auch die lymphofollikuläre, chronische Prostatitis ist negativ. Alpha-1-Antichymotrypsin zeigt eine starke Expression bei der chronischen Stauungsprostatitis und in Makrophagen bei granulomatöser riesenzellhaltiger Prostatitis (Meister et al. 1980). Prostata-saure Phosphatase, Prostata-spezifisches Antigen und z.T. auch karzinoembryonales Antigen lassen eine Abnahme der färberischen Intensität drüsiger Elemente bei Zunahme der Drüsenepitheldestruktionen erkennen. Urotheliale Metaplasien bei Prostatitis exprimieren ähnlich wie das Urothel der Harnblasenschleimhaut und urotheliale Karzinome CEA sowie TPA (Abb. 202–204; Tab. 32–34).

3.5.6 Zellkinetik

Die zellulären Atypien in den Drüsenepithelien bei chronisch rezidivierender, vor allem auch granulomatöser Prostatitis sowie bei metaplastischen Vorgängen sind durch die Einteilung von Leistenschneider u. Nagel (1979, 1984) graduiert worden. Die Atypiegrade lassen sich auch mit der 3-H-Thymidin-Autoradiographie nachweisen. Gegenüber ruhendem, bzw. leicht aktiviertem Prostataepithel zeigen die alterierten Epithelien bei chronischer Prostatitis bis um den Faktor fünf erhöhte Proliferationswerte. Besonders ausgeprägt ist dies bei der granulomatösen riesenzellhaltigen Prostatitis (Stiens et al. 1975) (Tab. 35).

3.5.7 Kritische Betrachtung zu den Entzündungsformen der Prostata

Von den dargestellten Entzündungsformen der Prostata ist die akute eitrige Prostatitis ein ausgesprochen klinisches Problem, das bereits durch das Prostataexprimat und durch die typische Schmerzsymptomatik diagnostizierbar ist (Weidner 1988). Die sog. chronische Begleitprostatitis bei paraurethraler, nodulärer Hyperplasie hat

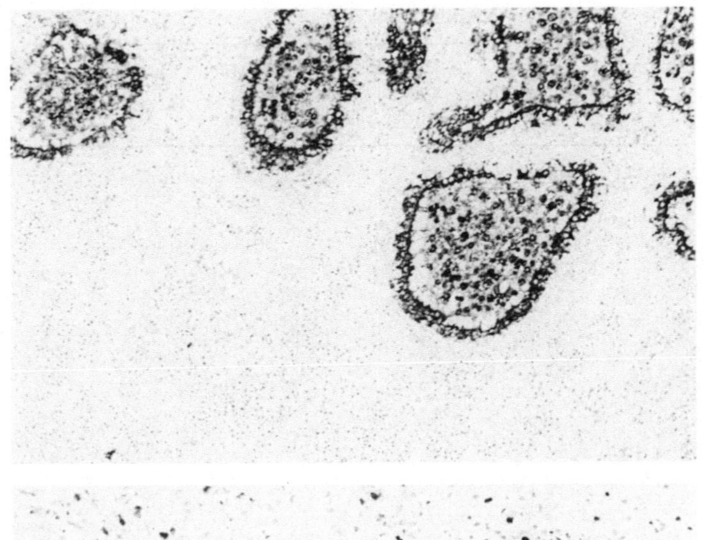

Abb. 202. Alpha-1-Antichymotrypsin-Expression bei Stauungsprostatitis (PAP-Technik)

Abb. 203. Lysozymnachweis bei chronisch granulierender Prostatitis (PAP-Technik)

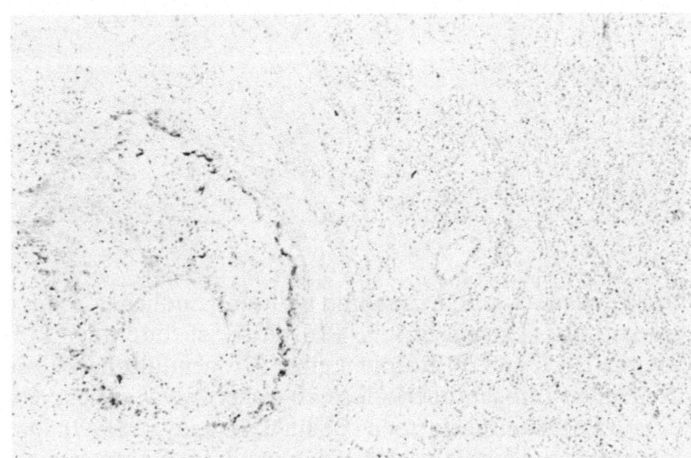

Abb. 204. Schwacher Nachweis von Prostata-spezifischem Antigen in Drüsenresten bei chronisch-granulierender Prostatitis nach TUR (PAP-Technik)

Tabelle 32. Immunhistochemische Analyse von Entzündungszellen

Zellart	Lysozym	Alpha1-antichymotrypsin	Prostata-spezif. saure Phosphatase	Prostata-spezif. Antigen	CEA	TPA
Leukozyten	+++	–	–	–	–	–
Monozyten	++	–	∅	∅	(+)	∅
Makrophagen	+++	++	∅	∅	(+)	∅
Riesenzellen						
ungeordnet	∅	∅–(+)	∅	∅	(+)	∅
geordnet	+	∅	∅	∅	∅	∅
Lymphozyten	∅	∅	∅	∅	∅	∅
Keimzentrumszellen	∅	∅	∅	∅	∅	∅
Plasmazellen	∅	∅	∅	∅	∅	∅
Nekrosen mit						
Leukozyten	+	+/∅	∅	∅	∅	∅
Sekret	+	+	++	++	++	∅

Tabelle 33. Immunhistochemische Analyse von Prostatitisformen

Pathologisch-anatomische Diagnose	Lysozym	α_1-Anti-Chymotrypsin	prostata-spezifische saure Phosph.	prostata-spezifisches Antigen	CEA Drüsen	TPA (Drüsen)
Akute eitrige Prostatitis	Leukozyten +++ Epithelien ∅	∅	∅	∅	(+)/∅	+→+++
Periglanduläre chronische Prostatitis	(+)	+/∅	(+)/+	(+)/+	(+)	+/++
Periduktale chronische Prostatitis	(+)	+/∅	(+)/+	(+)/+	(+)	+/++
Chronische Stauungs-prostatitis	+++	Sekret +++	–	–	–	+/++ Sekret ∅
Interstitielle chronische Prostatitis	+	–	(+)	∅/(+)	∅	∅→++
Granulomatöse Prostatitis (riesenzellhaltig)	∅/+++	(+)/++	–	–	–	∅/+
Lymphofollikuläre chronische Prostatitis	∅	∅	∅	∅	∅	∅/+

keinen entscheidenden Krankheitswert, mit Ausnahme akut-entzündlicher Schübe im Rahmen der Stauungsprostatitis. Die spezifische Prostatitis ist durch den kulturellen Nachweis von Tuberkelbakterien im Rahmen einer Urogenitaltuberkulose oder einer haematogen streuenden Lungentuberkulose zu sichern. Das gleiche gilt für parasitäre und pilzbedingte Entzündungsformen (Bellin u. Bhagavan 1973). Das Schwergewicht der histologischen und zytologischen Diagnostik im Rahmen chro-

Tabelle 34. Immunhistochemische Analyse der sog. TUR-Prostatitis

Pathologisch-anatomische Diagnose	Lysozym	α_1-anti-Chymotrypsin	prostata-spezifische saure Phosph.	prostata-spezifisches Antigen	CEA	TPA
Akute Phase Nekrosen/Leukozyten	+	(+)	∅	∅	∅	∅
Makrophagenreich	++	(+)/+	∅	∅	∅	∅
Granulomatös riesenzellenhaltig	(+)/∅	∅/(+)	∅	∅	∅	∅
Lymphoplasmazellulär	∅	∅	∅	∅	∅	∅
Narben	∅	∅	∅	∅	∅	∅

Tabelle 35. Zellkinetische Analysen von Prostatitisformen

Histologische Diagnose	n	Markierungsindex (%)	S-Phase (h)
Atrophie	17	0,24 ± 0,08	–
Noduläre Hyperplasie			
ohne Entzündung	65	0,49 ± 0,4	9,9 ± 3,2
mit Entzündung	6	0,66 ± 0,04	9,7 ± 2,9
Unspezifische chronische Prostatitis	20	1,5 ± 0,8	10,3 ± 4,5
Granulomatöse Prostatitis	3	2,1 ± 0,3	9,8 ± 1,8
Urotheliale Metaplasien	8	0,29 ± 0,08	14,7 ± 3,2
Plattenepithel-Metaplasien	17	4,3 ± 2,2	10,2 ± 2,2

nisch-entzündlicher Prozesse der Prostata liegt jedoch in der differentialdiagnostischen Abklärung gegenüber einem weitgehend undifferenzierten Karzinom (Drost u. Müller 1988). Das makrophagenreiche Infiltrat kann streckenweise so monomorph sein, daß es mit den üblichen Methoden von einem hellzelligen, wenig bis undifferenzierten Karzinom kaum zu unterscheiden ist. Neben typischen Riesenzellen und PAS-positiven Makrophagen, eosinophil granulierten Leukozyten und Plasmazellen ist die Anwendung immunhistochemischer Methoden mit dem negativen Ausfall prostatasaurer Phosphatase oder prostata-spezifischen Antigens im Granulationsgewebe hilfreich gegenüber dem zumindestens partiell positiven Karzinom (Abb. 205). Erschwert wird diese Differentialdiagnose dadurch, daß die unspezifische und spezifische granulomatöse Prostatitis auch mit einem Karzinom vergesellschaftet sein kann (Drost u. Müller 1988). In solchen Fällen sollten mehrfache bioptische Kontrollen erfolgen. Die iatrogen bedingte TUR-Prostatitis, ausgelöst durch sog. Thermogranulome, ist in ihrer Häufigkeit abhängig vom therapeutischen Vorgehen des Urologen bei transurethraler Resektion einer BPH oder eines Karzinoms. Die Kenntnis der TUR-Prostatitis ist vor allem wichtig bei der Abgrenzung spezifisch-tuberkulöser Prozesse sowie systemischer, hyperergischer Entzündungsformen mit Ausbildungen von Palisadengranulomen. Die therapeuti-

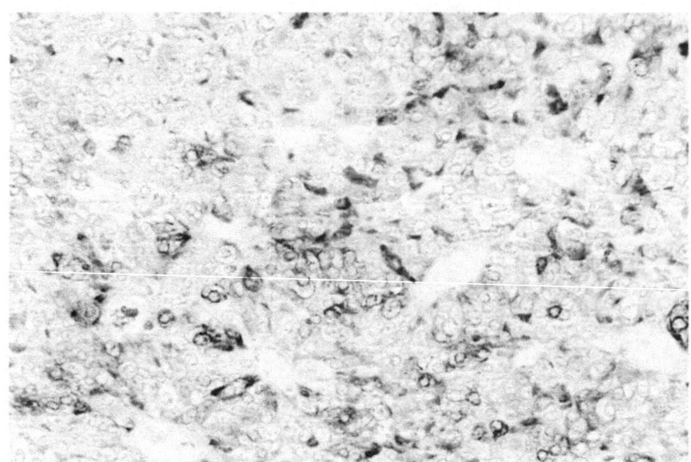

Abb. 205. Kräftiger Nachweis von Prostata-spezifischer saurer Phosphatase bei wenig differenziertem Karzinom (Differentialdiagnose zu chronisch-granulomatöser Prostatitis) (PAP-Technik)

sche Maßnahme der Wahl ist die nicht-elektrische Resektion makroskopisch erkennbarer Karbonisationsbezirke (Frohmüller et al. 1985). Danach kommt es zu einer raschen Abheilung dieser Prostatitisform, wie dies entsprechende Maßnahmen in der Harnblase, am Dickdarm, Kehlkopf und Mundhöhlenbereich gezeigt haben.

3.6 Prostatahyperplasie

3.6.1 Pathogenese der Prostatahyperplasie

3.6.1.1 Kausale Pathogenese

Die noduläre Prostatahyperplasie wird in über 80% bei Männern nach dem 4. Lebensjahrzehnt beobachtet. Sie entwickelt sich nicht nach praepuberaler Kastration und kann bei voller Entwicklung durch Kastration zur Regression gebracht werden. Eine hormonale Ätiologie der nodulären Prostatahyperplasie, verbunden mit dem Alterungsprozeß, ist somit wahrscheinlich. Untersuchungen der letzten Jahre haben gezeigt, daß das wirksame Androgen, das die Prostata als androgenes Zielorgan beeinflußt, der Testosteronmetabolit Dihydrotestosteron (DHT) nach Reduktion von Testosteron durch das Enzym 5α-Reduktase ist (Aumüller et al. 1988). Das DHT wird an Rezeptorproteine gebunden und im Kern des Drüsenepithels angereichert. Danach werden die RNA- und DNA- sowie die Proteinsynthesen aktiviert. Der weitere Abbau erfolgt über 3-Alpha-Androstandiol, das ebenfalls noch eine hohe Androgenwirkung besitzt (Becker et al. 1973; Jakobi 1977, 1978a, b; Hohbach 1981; Senge 1983; Tunn u. Schweikert 1983; Krieg u. Tunn 1988; Schweikert et al. 1988).

Wie die normale Prostata enthält auch die nodulär-hyperplastische Prostata das Dihydrotestosteron, wobei es um das vier- bis sechsfache der Norm angereichert ist. Aber auch 3-Alpha-Androstandiol ist signifikant vermehrt, und zwar vornehmlich in den glandulären Anteilen der nodulären Hyperplasie. Daneben spielen jedoch auch Östrogene eine wichtige Rolle. So konnten beim Hund, der eine dem Menschen ähnliche Prostatahyperplasie entwickelt, erhöhte Östrogenwerte im Plasma gefunden werden. Der wachstumssteigernde synergistische Effekt von Östrogenen betrifft jedoch nur 3-Alpha-Androstandiol und beeinflußt offenbar nicht die Aktivität der 5-Alpha-Reduktase (Jakobi et al. 1978). Ferner wird vermutet, daß auch Prolaktin bei der Entwicklung der nodulären Prostatahyperplasie eine Rolle spielt. Der gegenwärtige Stand der Forschung unterstreicht jedoch die Priorität der androgenen Steuerung der normalen und hyperplastischen Prostata (Hohbach 1981; Senge 1983; Tunn u. Schweikert 1983; Schweikert et al. 1988). Jüngste Analysen über die Wirkung des Enzyms 5 α-Reduktase weisen darauf hin, daß die Entwicklung der Prostatahyperplasie mit kontinuierlichen altersabhängigen Veränderungen im Androgenmetabolismus verknüpft ist. Während im Stroma die DHT-Bildungsrate über den gesamten Altersbereich konstant bleibt, verliert das Epithel mit zunehmendem Alter seine Fähigkeit, DHT aus Testosteron zu bilden. Diese Dissoziation im Altersgang der DHT-Bildungsraten führt zu einem relativen Übergewicht der DHT-Bildung im Stroma. Damit müssen die für die Ätiologie der Prostatahyperplasie relevanten Hypothesen auch unter dem Aspekt des Alterns gesehen werden (Krieg u. Tunn 1988).

3.6.1.2 Formale Pathogenese

Die noduläre Hyperplasie der Prostata wird durch eine Proliferation des mesenchymal-stromalen und des glandulär-epithelialen Anteiles ausgelöst. Der Proliferationsbeginn liegt wahrscheinlich primär im Stroma. Die Proliferation des Drüsenepithels wird sekundär induziert. Die sekretorische Aktivität der Drüsenschläuche nimmt gegenüber der unveränderten Prostata leicht ab. Eine entscheidende Rolle spielt dabei der erhöhte Spiegel der 3-Alpha-Androstandiolkonzentration, der viel höher ist als im muskulären Anteil (Jacobi 1977; Hohbach 1981 b).

Pathomorphogenetisch kommt bei der Hyperplasie dem Stroma die größere Bedeutung zu. Bezogen auf das Einheitsvolumen im Zytoplasma findet sich eine signifikante Zunahme der Zellorganellen der glatten Muskelzellen. Dies wird bei der vollausgebildeten Hyperplasie durch die Abnahme des Drüsenparenchymteils gegenüber dem stromalen Gewebsanteil sichtbar (Bartsch u. Rohr 1979, 1982). Der periphere eigentliche Prostataanteil wird durch den hyperplastischen, paraurethralen Prozeß kapselförmig komprimiert.

Die noduläre Hyperplasie entwickelt sich aus einer geordneten, langsam ablaufenden glandulären Proliferation bei erhaltener Epithel-Stroma-Komponente. Bei gesteigerter glandulärer Proliferation kann es zu unvollständig ausdifferenzierten Drüsen kommen. Hieraus resultiert dann die Form der unreifen nodulären Hyperplasie (Kastendieck 1977; Helpap 1983 d).

Bei einer Störung der Epithel-Stromaeinheit und gesteigerter zellulärer Proliferationstendenz in den Drüsenschläuchen sowie Ausbildung atypischer Epithelkomplexe, jedoch bei scharfer Stromagrenze resultiert das Bild der atypischen Hyperplasie. Kommt es zu einer sekundären Epithelproliferation in kleinalveolären, aber auch zystisch-atrophischen Drüsenschläuchen, so spricht man von der sekundären (postatrophischen) Hyperplasie (Tab. 36).

3.6.2 Zur Klassifikation und Nomenklatur der Prostatahyperplasie

Die klinische Diagnose der Prostatahyperplasie ist eindeutig. Die Morphologie kann jedoch Überraschungen ergeben, wie atypische Formationen in der hyperplastischen Prostata und klinisch unbekannte Karzinome, die sog. inzidenten Karzinome. Das morphologische Muster der verschiedenen hyperplastischen Anteile des Epithels und des Mesenchyms der Prostata sowie hyperplastische Prozesse auf dem Boden einer Prostatainvolution oder Atrophie haben eine Vielzahl von nomenklatorischen Eigenheiten ergeben. Sie haben im klinischen Sprachgebrauch zu den Begriffen Hypertrophie und Adenom geführt. Da der hyperplastische Prozeß morphologisch, zellkinetisch und DNA-zytophotometrisch belegt ist, und ein autonomes Wachstum, wie es für Adenome gefordert wird, nicht vorliegt, können die Begriffe Hypertrophie und Adenom verworfen werden.

Ähnlich wie bei der Klassifikation des Prostatakarzinoms sollte auch für die Prostatahyperplasie eine einheitliche Nomenklatur angestrebt werden.

Einteilung nach Franks

Franks (1954 a) hat die nicht malignen und nicht entzündlichen Prostataveränderungen in gutartige noduläre Hyperplasien mit stromalen, fibromuskulären, muskulären, fibroadenomatösen, fibromyoadenomatösen und rein adenomatösen Anteilen unterteilt. Unter dem Oberbegriff Atrophie wurde, neben der einfachen Atrophie mit und ohne Zysten und der sklerosierenden Atrophie, die postatrophische Hyperplasie postuliert, einmal als lobuläre Hyperplasie und als sklerosierende Atrophie mit Hyperplasie. Davon zu trennen ist die sekundäre Hyperplasie (Tab. 36).

Einteilung nach Kastendieck

In dieser Einteilung wird die Hyperplasie der Prostata in eine unreife, eine reife nodulär-primäre typische und atypische Hyperplasie unterschieden (Kastendieck 1977). Die Atrophie schließt die sekundäre Hyperplasie als fokale intraduktale, pseudopapilläre Epithelproliferation und die postatrophische Hyperplasie mit nach außen gerichteter (zentrifugaler) Epithelproliferation ein. Darüber hinaus sind von Kastendieck (1980 c) die Begriffe Dysplasie und sog. Borderlineläsion geprägt worden (Tab. 37).

Einteilung nach Elbadawi

Elbadawi (1980) unterteilt die Prostatahyperplasie folgendermaßen:

1. Die noduläre Hyperplasie setzt sich einerseits aus der Stromahyperplasie durch proliferierende Fibroblasten und Myoblasten, auch als leiomyo-fibromatöse Hyperplasie bezeichnet, und aus der glandulären Hyperplasie einer multifokalen Drüsenproliferation in der Peripherie um einen zentralen Gang oder von einem peripheren Duktus ausgehend, zusammen. Die gemischte stromo- und glanduläre Hyperplasie ist dabei der häufigste Vorgang. Als histologische Atypien werden die fokale, stromale und glanduläre Atypie, Atypien in einer juvenilen Hyperplasie, Atypien bei Infarkten, Entzündungen, Basalzellenproliferationen und Atypien im Rahmen der kribriformen Mittellappenhyperplasie hervorgehoben (Elbadawi 1980) (Tab. 38).

2. Von der nodulären Hyperplasie wird die duktale Prostatahyperplasie unterschieden. Hierzu gehören die planophytische, papilläre, fibroadenoide, entzündlich regenerative und adenomatoide duktale Prostatahyperplasie.
3. wird die sekundäre oder postatrophische Hyperplasie mit der lobulären Hyperplasie und der postsklerotischen Hyperplasie herausgestellt.
4. wird die Plattenepithelmetaplasie der Prostata aufgeführt. Sie wird unterteilt in eine unreife und eine reife, nicht keratinisierende (vaginale) und keratinisierende Form (Tab. 38).

Einteilung nach Dhom

Die Einteilung nach Dhom (1979) unterscheidet unter den Epithelveränderungen der alternden Prostata: die primäre Hyperplasie mit der einfachen, adenomatösen, kleindrüsigen, kribriformen und papillären Hyperplasie sowie die Atrophie mit der einfachen, zystischen, sklerotischen Atrophie. Dazugerechnet werden die postatrophische lobuläre und postsklerotische Hyperplasie. Die Metaplasie wird in eine Transitionalzellmetaplasie (Basalzellhyperplasie) und in eine Plattenepithelmetaplasie differenziert (Tab. 39).

Einteilung der WHO und nach Mostofi und Price

Mostofi u. Price (1973) haben im AFIP-Atlas die primäre typische Hyperplasie der Prostata mit ihrer glandulären und stromalen Form von der atypischen Hyperplasie und der sekundären Hyperplasie unterschieden (Tab. 40, 41). In der WHO-Klassifikation der Prostatatumoren (Mostofi et al. 1980) werden die noduläre Hyperplasie, die lobuläre Hyperplasie mit azinärer Proliferation um einen Duktus und die intraazinäre Proliferation mit kribriformen Mustern angeführt. Zu dem Überbegriff postatrophische Hyperplasie wird auch die atypische glanduläre Hyperplasie gezählt.

Tabelle 36. Prostatahyperplasie, Einteilung nach Franks 1954

Nicht maligne Prostataerkrankung (Franks 1954)
Gutartige noduläre Prostatahyperplasie
Stromale Hyperplasie
Fibro-muskuläre Hyperplasie
Muskuläre Hyperplasie
Fibroadenomatöse Hyperplasie
Fibromyo-adenomatöse Hyperplasie
Adenomatöse Hyperplasie
Atrophie
Einfache Atrophie mit und ohne Zysten
Sklerosierende Atrophie
Postatrophische Hyperplasie
Lobuläre Hyperplasie
Sklerosierende Atrophie mit Hyperplasie
Sekundäre Hyperplasie

Tabelle 37. Prostatahyperplasie, Einteilung nach Kastendieck 1977/1980

Prostatahyperplasie (Kastendieck 1977/1980)
Primäre Hyperplasie
Unreife noduläre Hyperplasie
Reife noduläre Hyperplasie
Diffuse Hyperplasie
Primäre atypische Hyperplasie
Sekundäre Hyperplasie (postatrophische Hyperplasie)
Metaplasie
Unreife urotheliale Metaplasie
Reife Plattenepithelmetaplasie
Dysplasie
Borderline-Läsion

Tabelle 38. Prostatahyperplasie, Einteilung nach Elbadawi 1980

Prostatahyperplasie (Elbadawi 1980)	
Noduläre (paraurethrale) Prostatahyperplasie Stromahyperplasie Glanduläre Hyperplasie Atypien in der nodulären Prostatahyperplasie Fokal-stromale Atypie Diffuse stromale und glanduläre Atypie Atypien in juveniler Hyperplasie Atypien im Infarkt (Plattenepithelmetaplasien) Atypien bei Entzündung (unreife, urotheliale Metaplasie) Atypien von Basalzellen	Atypien bei der kribriformen Mittellappenhyperplasie Duktale Hyperplasie Histologische Typen Planophytische (Reservezell-)Hyperplasie Papilläre Hyperplasie Fibroadenoide Hyperplasie Entzündlich-regenerative Hyperplasie Sekundäre (postatrophische) Hyperplasie Lobuläre Hyperplasie Postsklerotische Hyperplasie Metaplasie

Tabelle 39. Prostatahyperplasie, Einteilung nach Dhom 1979

Epithelveränderungen in der alternden Prostata (Dhom 1979)

Primäre Hyperplasie	Atrophie	Metaplasie
Einfache Hyperplasie	Einfache Atrophie	Transitionalzellmetaplasie (Basalzellenhyperplasie)
Adenomatöse Hyperplasie	Zystische Atrophie	Plattenepithelmetaplasie
Kleindrüsige Hyperplasie	Sklerotische Atrophie	
Kribriforme Hyperplasie	Postatrophische, lobuläre Hyperplasie	
Papilläre Hyperplasie	Postsklerotische Hyperplasie	

Tabelle 40. Prostatahyperplasie, Einteilung nach Mostofi und Price 1973

Prostatahyperplasie (Mostofi und Price 1973 AFIP)
Primäre prostatische Hyperplasie glandulär stromal
Primäre atypische Hyperplasie
Sekundäre Hyperplasie
Atrophie
Metaplasie

Tabelle 41. Prostatahyperplasie, Einteilung nach Mostofi et al.; WHO 1980

Prostatahyperplasie (WHO 1980)
Tumorähnliche Läsionen und Epithelabnormalitäten
Noduläre Hyperplasie
Andere Hyperplasien 1. Postatrophische Hyperplasie 2. Sekundäre Hyperplasie 3. Basalzellenhyperplasie
Atrophie
Plattenepithelmetaplasie
Entzündung 1. Chronische Prostatitis 2. Granulomatöse Prostatitis 3. Malakoplakie

Tabelle 42. Prostatahyperplasie, Einteilung nach Helpap 1980/1983

Prostatahyperplasie (Helpap 1980/1983)	
Primäre typische (noduläre) Hyperplasie glandulär/stromal reif/unreif (Basalzellenhyperplasie)	Primäre atypische Hyperplasie Mikroglandulär/papillär Kribriform/adenomatös Atypiegrade I (leicht), II (mäßig), III (schwer) Sekundäre Hyperplasie (postatrophische Hyperplasie)

Es liegt somit eine Vielfalt von Unterbegriffen für die Prostatahyperplasie vor. Von praktischem, chirurgisch-urologischem und pathologisch-anatomischem Interesse ist jedoch eine möglichst einfache Einteilung, die als Hauptgruppen umfassen sollte:

I. Die primäre typische, noduläre Hyperplasie in ihrer reifen und unreifen, glandulären und stromalen Form.
II. Die primäre atypische Hyperplasie.
III. Die sekundäre Hyperplasie (Helpap 1980b, 1983c, d) (Tab. 42).

3.6.3 Allgemeine Morphologie der Prostatahyperplasie

Enzymhistochemische und ultrastrukturelle Untersuchungen haben keine nennenswerten Unterschiede zwischen Epithel- und Stromazellen von normalen und hyperplastischen Prostatae ergeben (Aumüller 1972, 1979). Die sekretorische Aktivität in der hyperplastischen Prostata ist niedriger als in der normalen glandulären Prostatazelle (Mao et al. 1965; Fisher u. Sierachi 1970). Der Gehalt an saurer Phosphatase, Aminopeptidase, unspezifischen Esterasen, Beta-Glukuronidase und Sukzinatdehydrogenase sind in der hyperplastischen Prostata ähnlich verteilt wie in den nicht hyperplastischen Drüsen. Die alkalische Phosphatase wird nur in Gefäßwänden beobachtet. Die Beta-Glukuronidase ist im Karzinomgewebe stärker enthalten (Kirchheim et al. 1964).

3.6.4 Immunhistochemie der Prostatahyperplasie

Prostata-spezifische saure Phosphatase und prostata-spezifisches Antigen, innerhalb von funktionellen Lysosomen und in sekretorischen Vakuolen nachweisbar, werden von den sekretorisch aktiven, hyperplastischen Prostatazellen kräftig exprimiert (Zondervan et al. 1986). Neben deutlich positiven Drüsenarealen können jedoch auch schwächer exprimierende Zonen gefunden werden (Abb. 217). Die Basalzellen sind negativ. Die Keratine 8 und 18 sind, ähnlich wie in normalen Prostatae, auch in der hyperplastischen nachweisbar. Keratin 7 wird nur fokal exprimiert, z. T. findet sich auch eine Koexpression von Keratinen und Vimentin. Das Keratin aus dem Stratum corneum ist in den ausdifferenzierten hyperplastischen, sekretorisch aktiven Zellen nicht nachweisbar. Basalzellen exprimieren jedoch das Stratum corneum Keratin z.T. kräftig (Wernert u. Dhom 1984; Wernert et al. 1986a, d) (Abb. 216, 234). Ferner sind Peptid-Hormon- und Serotonin-immunreaktive Zellen zwischen den Drüsenepithelien der hyperplastischen Azini und Gänge nachweisbar (Abrahamsson et al. 1986).

3.6.5 Spezielle Pathomorphologie

3.6.5.1 Primäre typische Prostatahyperplasie

Makroskopisch ist die hyperplastische Prostata knotig aufgebaut, von grau-weißer Farbe und wird vielfach von kleinen zystischen Hohlräumen durchsetzt. Bei prominenter Seiten- und Mittellappenhyperplasie kann es zu einer obstruktiven Harnabflußstörung mit Ausbildung einer mehr oder weniger starken Balkenharnblase kommen (Abb. 206–209). Wenn eine noduläre aglanduläre, fibromuskuläre Hyperplasie vorliegt, ist die Konsistenz der grauweißen Prostata derber. Zystische Hohlraumbildungen fehlen in der Regel (Abb. 210, 211).

Histologisch ist der knotig-läppchenförmige Aufbau der Prostata erhalten. Die Drüsen werden von einem mehrreihigen, papillär gefalteten, hochzylindrischen Epithel ausgekleidet. Z.T. entwickeln sich auch kribriforme Muster (Abb. 215). Ein zytologischer Unterschied zur nicht hyperplastischen Prostata besteht nicht (Abb. 212–215).

Mitunter sind die Drüsenschläuche auch zystisch ausgeweitet. Bei der fibromuskulären nodulären Hyperplasie finden sich aglanduläre Knotenbildungen, die unterschiedlich stark vaskularisiert sein können (Abb. 212).

Immunhistochemisch ist die Expression von prostatasaurer Phosphatase und prostata-spezifischem Antigen in allen Drüsenepithelien gleichmäßig stark. Die sekretorisch aktiven Zellen sind zytokeratinnegativ (Abb. 216, 217).

Zellkinetisch ist nur eine geringe Proliferationsrate meßbar (Abb. 218; Tab. 35).

Bei der unreifen juvenilen (Basalzellen-) Prostatahyperplasie liegen die Drüsenschläuche dichter beieinander. Die papillären Auffaltungen fehlen. Das Epithel ist mehrreihig (Cleary et al. 1983). Bei verstärkter Proliferationstendenz sind muskuläre Invasionen bis hin zum echten Basalzellenkarzinom der Prostata möglich. Die prostataspezifischen Marker sind negativ, Zytokeratin vom Stratum corneum-Typ ist positiv (Abb. 219, 220).

3.6.5.1.1 Noduläre Hyperplasie und Entzündung

In einem unausgewählten histologischen Untersuchungsgut der Prostata finden sich die aufgezeigten Formen der primären typischen nodulären Hyperplasie in durch-

Abb. 206. Prostatahyperplasie mit Ausbildung eines prominenten Mittellappens ▸

Abb. 207. Vornehmlich fibromuskuläre paraurethrale Prostatahyperplasie mit prominenten Seitenlappen. Nach Sandritter W, Thomas C (1975) Makropathologie. Schattauer, Stuttgart

Abb. 208. Balkenharnblase mit Zustand nach Resektion einer paraurethralen Prostatahyperplasie

Abb. 209. Schnittfläche einer knotigen, stromo-glandulären paraurethralen Prostatahyperplasie

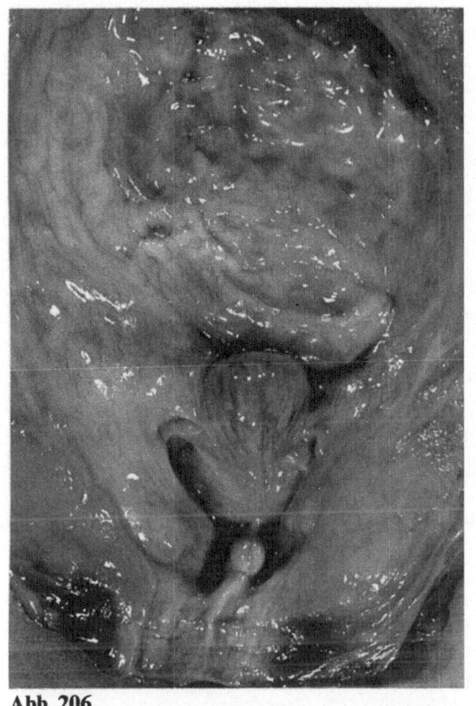
Abb. 206

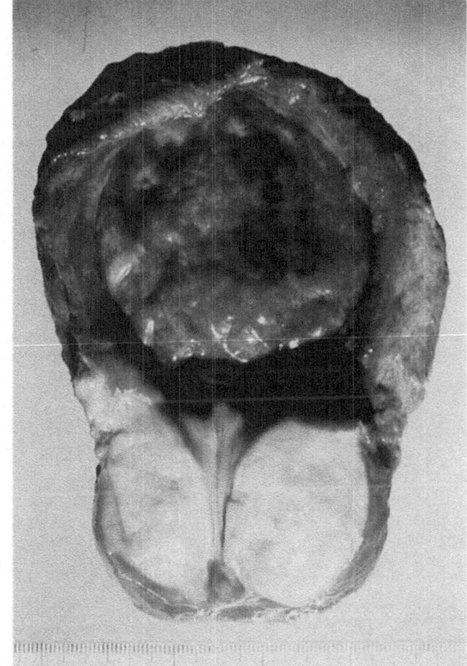
Abb. 207

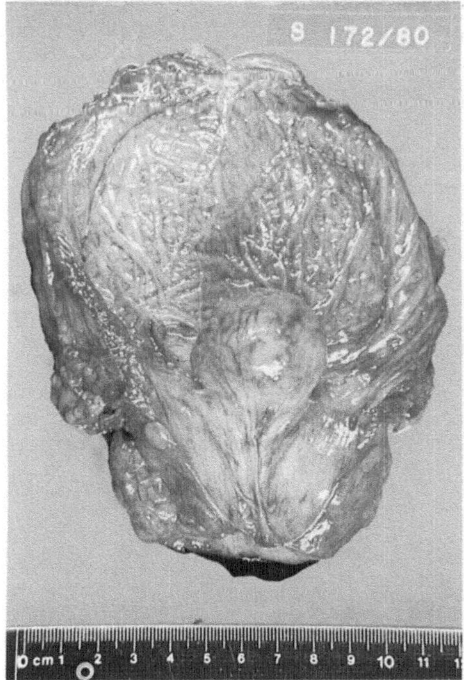

Abb. 208

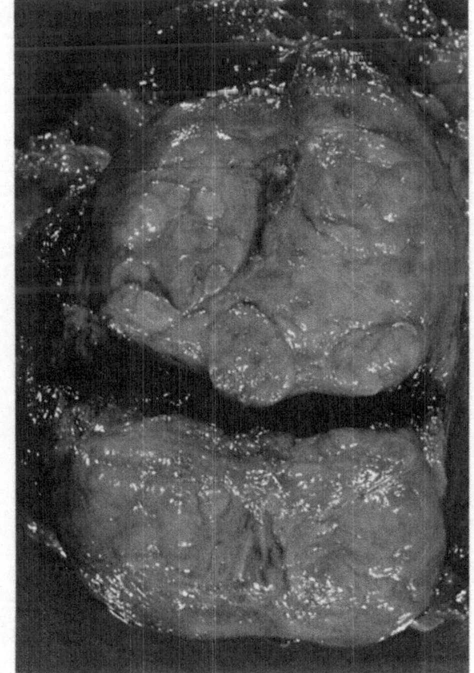
Abb. 209

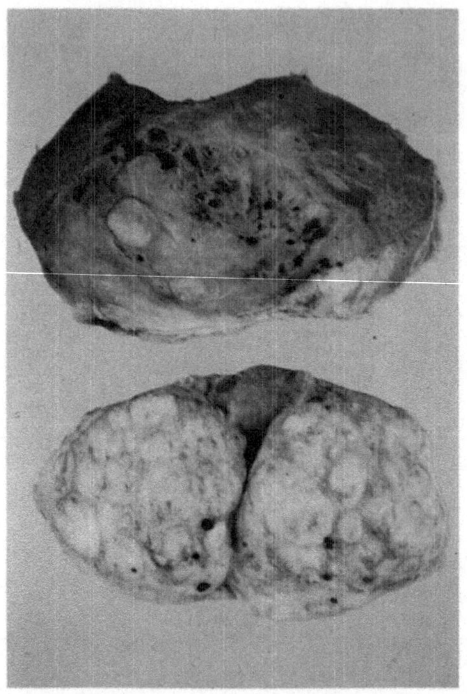

Abb. 210. Zysten und Mikrokonkremente in der Prostata bei nodulärer Hyperplasie (Schnupftabak-Prostata). Nach Sandritter W, Thomas C (1975) Makropathologie. Schattauer, Stuttgart

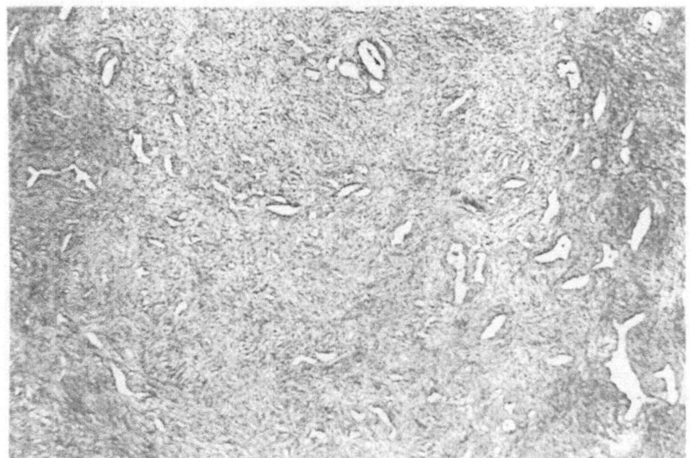

Abb. 211. Fibroleiomyomatöse Prostatahyperplasie. Hämatoxylin-Eosin

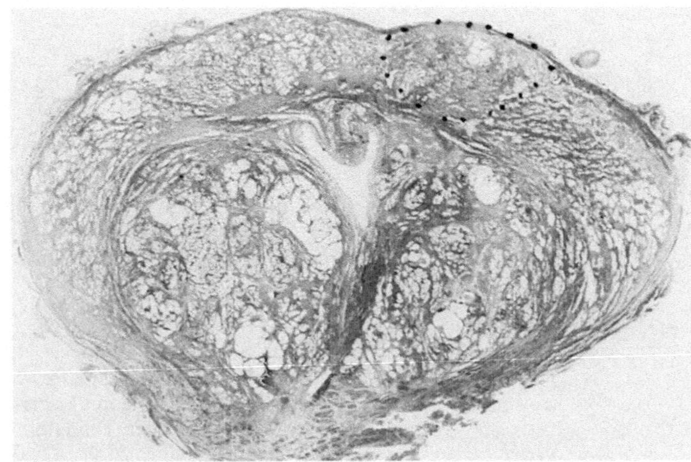

Abb. 212. Großflächenschnitt einer paraurethralen, glandulär-zystischen Prostatahyperplasie mit zusätzlichem peripheren Karzinom (schwarz gepunktet). van Gieson

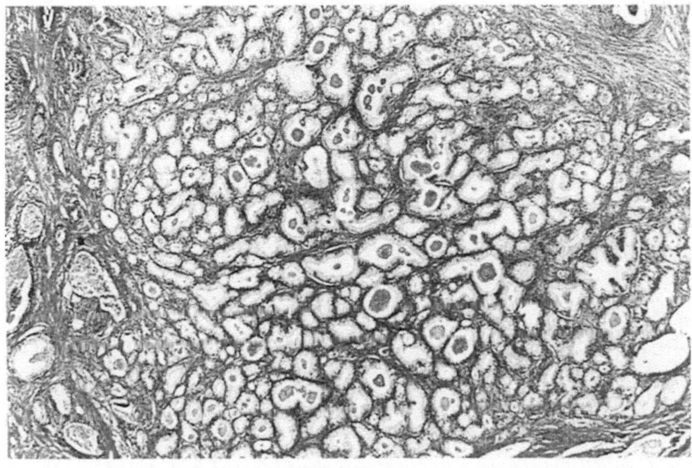

Abb. 213. Typische noduläre, glanduläre Prostatahyperplasie. Hämatoxylin-Eosin

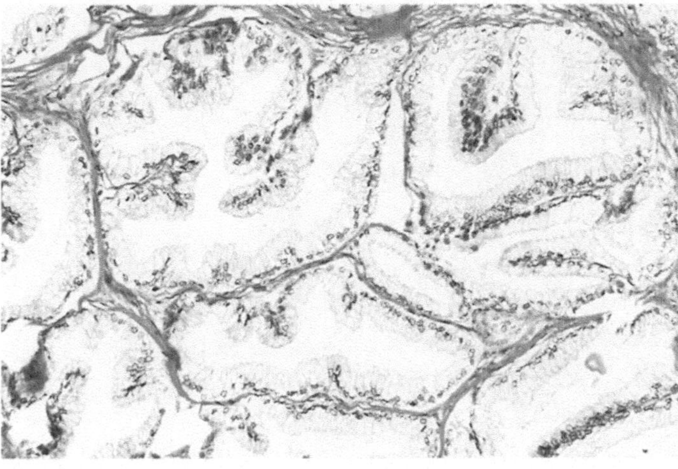

Abb. 214. Hochzylindrisches, papilläres, sekretorisches Epithel einer glandulären Prostatahyperplasie. Hämatoxylin-Eosin

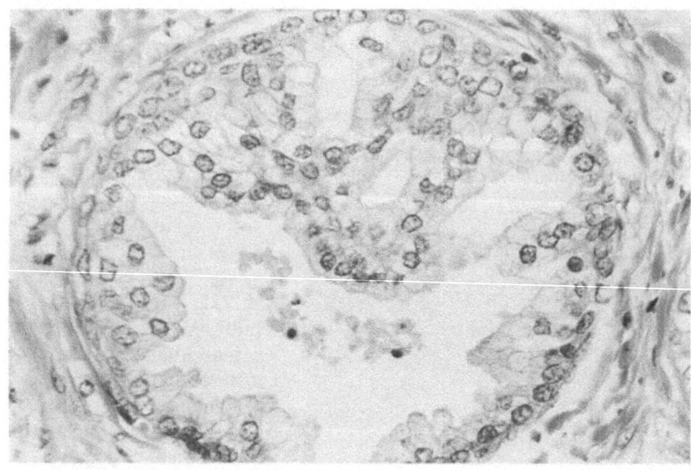

Abb. 215. Glanduläre Prostatahyperplasie mit kribriformem Muster. Hämatoxylin-Eosin

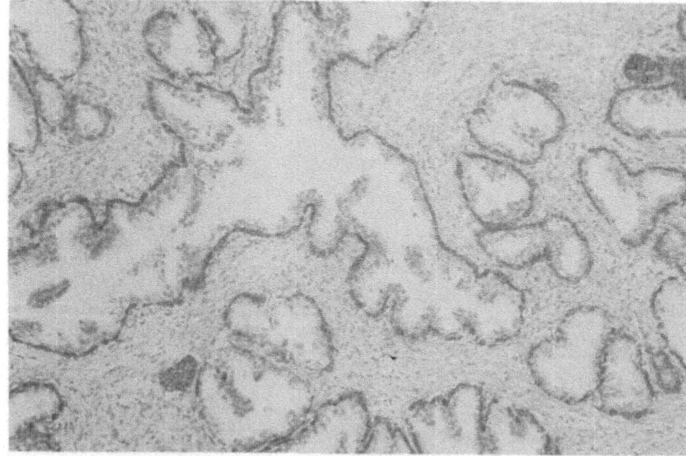

Abb. 216 a. Übersicht. Zytokeratin-Nachweis in den Basalzellen einer beginnenden Prostatahyperplasie (ABC-Technik)

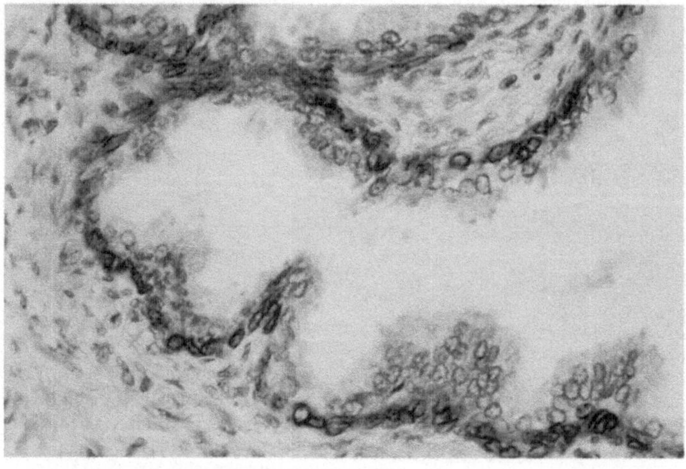

Abb. 216 b. Ausschnitt

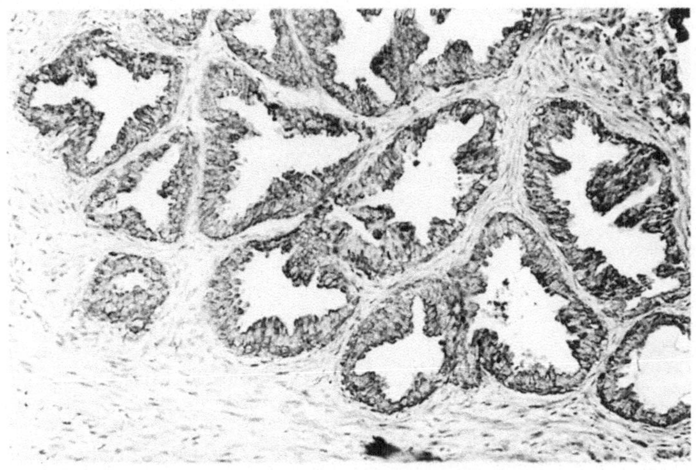

Abb. 217. Prostata-spezifisches Antigen. Nachweisbar in den zylindrischen, sekretorischen Epithelien einer glandulären Prostatahyperplasie (PAP-Technik)

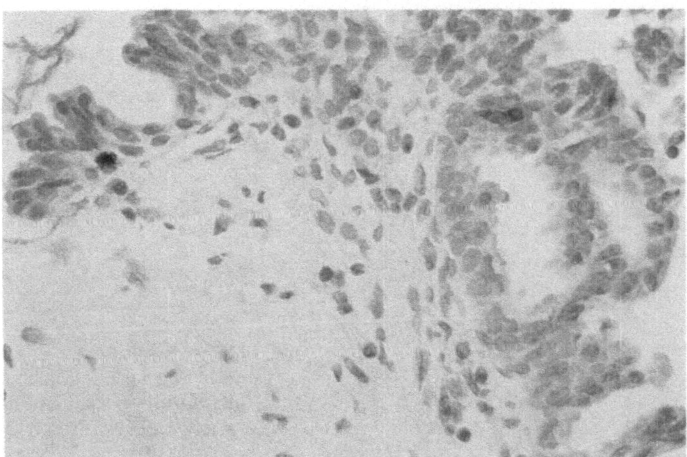

Abb. 218. Stripping-Film-Autoradiogramm einer glandulären Prostatahyperplasie mit einzelnen radioaktiv markierten sekretorischen (zylindrischen) Zellen. Hämalaun-Eosin

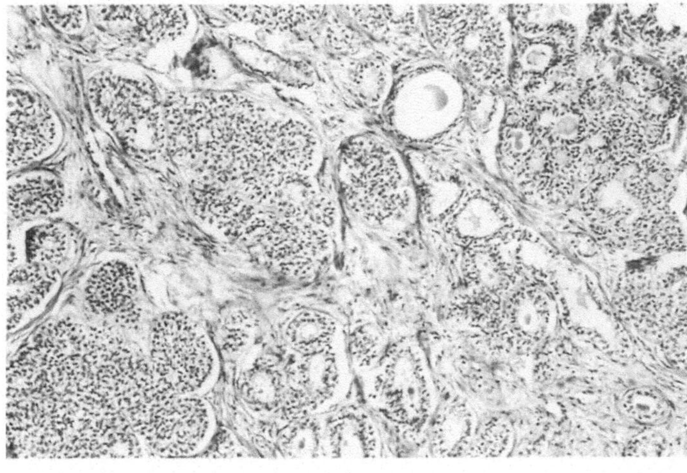

Abb. 219. Basalzellenhyperplasie der Prostata, sog. juvenile Prostatahyperplasie mit gesteigerter Proliferationstendenz. Hämatoxylin-Eosin

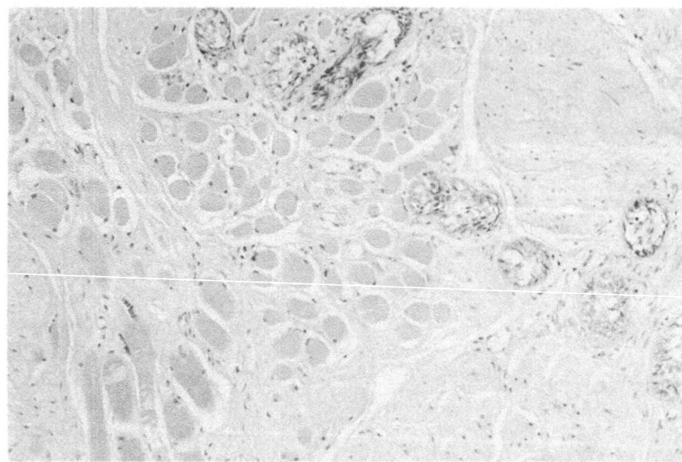

Abb. 220. Muskulär-stromale Invasion, ausgehend von einer Basalzellhyperplasie. Hämatoxylin-Eosin

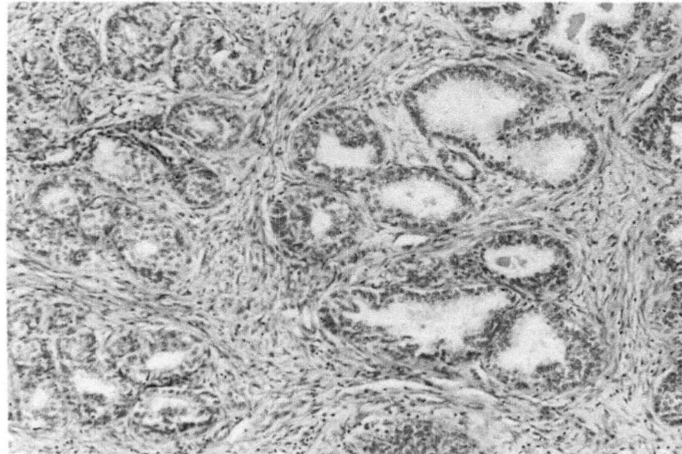

Abb. 221. Glanduläre Prostatahyperplasie mit leichter Entzündung (periglanduläre reaktive Prostatitis). Hämatoxylin-Eosin

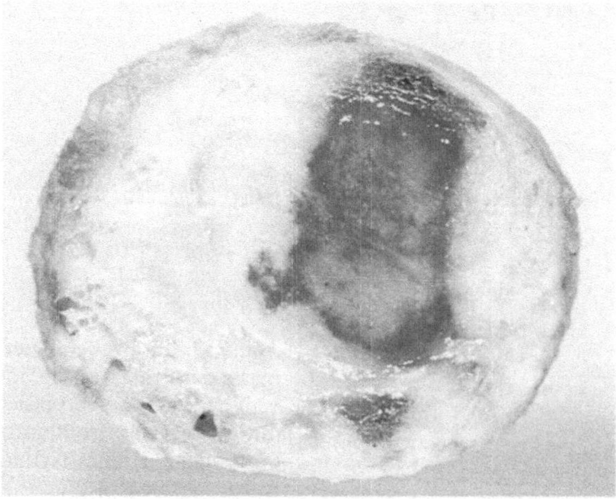

Abb. 222. Infarkt in einer Prostatahyperplasie

schnittlich 70% der Fälle. Da nicht selten in den erweiterten Drüsenschläuchen schollig eingedickte Sekretreste und Konkremente zu finden sind, die makroskopisch zu der Bezeichnung Schnupftabakprostata geführt haben, entwickeln sich periglandulär unspezifische, chronisch resorptiv-entzündliche Begleitreaktionen. Diese resorptive „chronische Prostatitis" ist in 50% der primären nodulären Hyperplasie nachweisbar und sollte von den chronisch-granulomatösen Entzündungen ohne Hyperplasie getrennt werden. Epithelmetaplasien werden bei diesen entzündlichen Reaktionen nicht beobachtet (Abb. 221).

3.6.5.1.2 Noduläre Hyperplasie und Kreislaufstörungen

Im Gegensatz zur normalen Prostata ist das Kapillarnetz reduziert. Die Arteriolen sind ausgezogen und peitschenartig gelagert (Aumüller 1979). Aufgrund der vaskulären Mangeldurchblutung kommt es in der nodulär-hyperplastischen Prostata des alten Mannes nicht selten zur Ausbildung anämischer Infarkte, die mitunter fast ¼ des Parenchyms einnehmen können (Abb. 222).

Histologisch finden sich an der Grenze anämischer Infarkte proliferierende Drüsenschläuche, wie sie auch bei der unreifen juvenilen Form der Hyperplasie auftreten. Ferner entwickeln sich Plattenepithelmetaplasien, die in gleicher Weise auch bei der Hormontherapie von Prostatakarzinomen beobachtet werden und somit differentialdiagnostisch beachtet werden sollten.

3.6.5.2 Primäre atypische Hyperplasie

Die atypische Prostatahyperplasie ist durch proliferierende, irreguläre atypische Drüsenepithelformationen gekennzeichnet (Moore 1943; Tannenbaum 1977; Mc Neal 1965, 1969, 1975, 1981, 1983, 1988).

Da mitunter deutlich atypisch veränderte Drüsenformationen nur schwer von einem Karzinom zu unterscheiden sind, wird die atypische Hyperplasie den präkanzerösen Drüsenalterationen zugeordnet (Mostofi u. Price 1973; Kastendieck 1977; Dhom 1979; Kastendieck 1980; Helpap 1980a, 1983c, d; Gleason 1985; Schulze u. Isaacs 1986; Tannenbaum u. Droller 1987). Der Nachweis von Atypien in intraduktalen und azinären Drüsenformationen hat dazu geführt, daß auch der Begriff intraduktale Dysplasie bzw. intraepitheliale Neoplasie benutzt wird (Mc Neal u. Bostwick 1986; Bostwick u. Brawer 1987).

3.6.5.2.1 Morphologie

Die atypische Hyperplasie unterscheidet sich von der typischen nodulären Hyperplasie durch ungewöhnliche Proliferationsmuster und Aufhebung der geordneten Epithel-Stromabeziehung. Es werden azinäre, kribriforme, papilläre, tubulär-duktale und adenomatöse Strukturen mit uniformen und pluriformen Mustern beobachtet (Kovi et al. 1988) (Abb. 223–231). Die Kerne liegen nicht mehr polar und sind unregelmäßig gestaltet und vergrößert (Gleason 1985). Vielfach sind sie durch prominente zentral gelegene Nukleolen gekennzeichnet. Z. T. deutet sich auch eine exzentrische Lagerung an (Helpap 1988) (Abb. 232, 233).

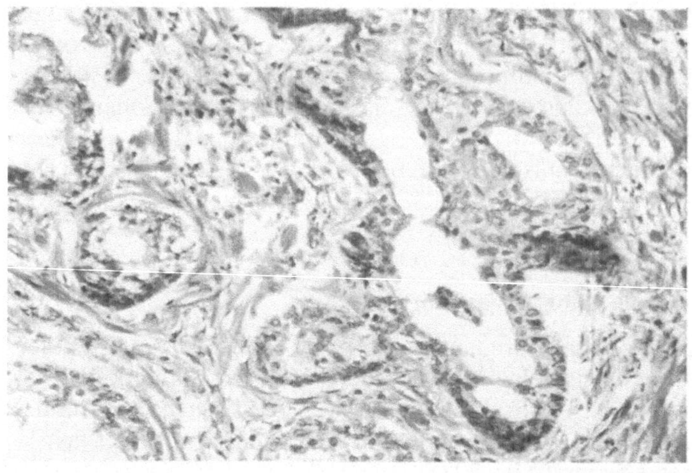

Abb. 223. Intraduktale, leicht bis mäßig atypische glanduläre Prostatahyperplasie. Hämatoxylin-Eosin

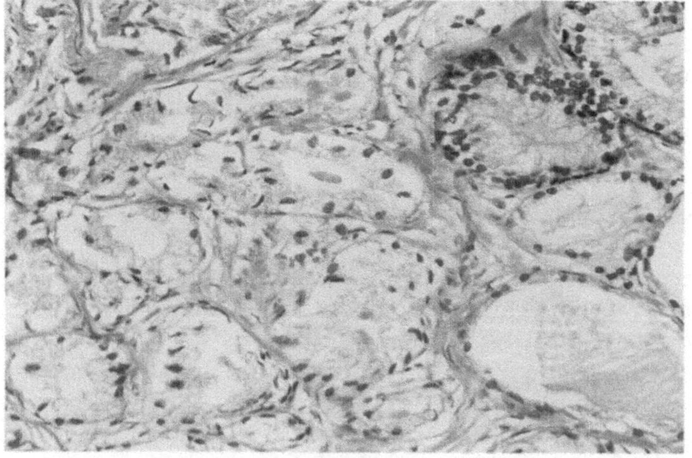

Abb. 224. Mikroglanduläre, hellzellige atypische Prostatahyperplasie (Grad I). Hämatoxylin-Eosin

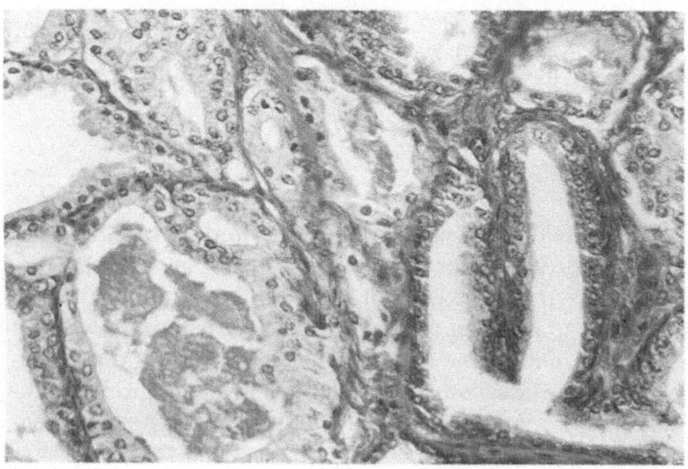

Abb. 225. Atypische glanduläre Prostatahyperplasie mit papillärem Proliferationsmuster. Hämatoxylin-Eosin

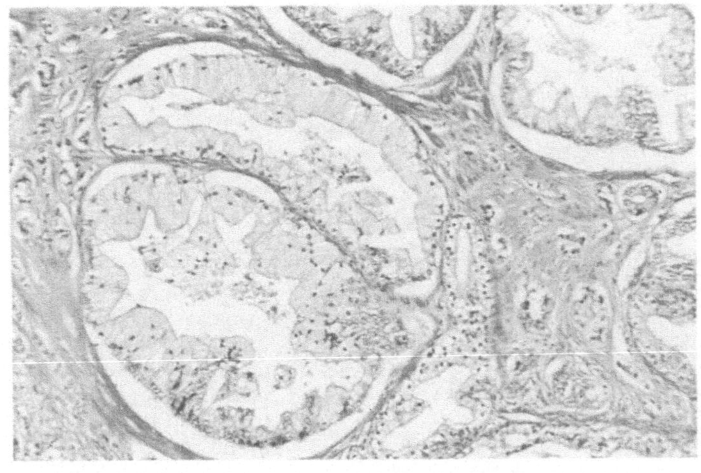

Abb. 226. Papilläre, intraglanduläre, hellzellige Prostatahyperplasie (Grad II). Hämatoxylin-Eosin

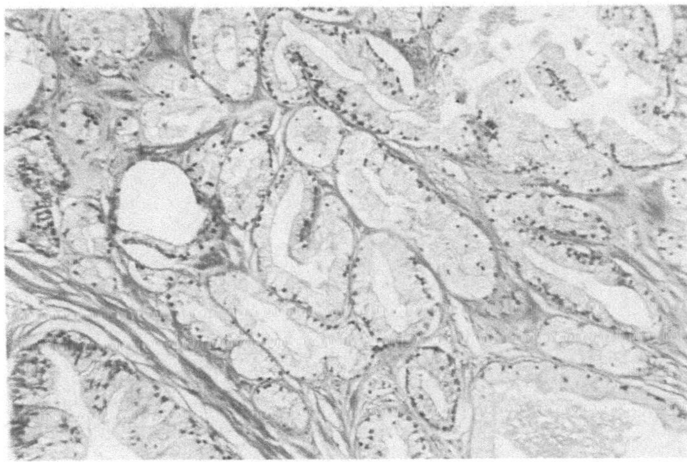

Abb. 227. Mikroglanduläre, hellzellige, atypische Prostatahyperplasie mit Übergang in hochdifferenziertes glanduläres Karzinom (Borderline-Läsion). Hämatoxylin-Eosin

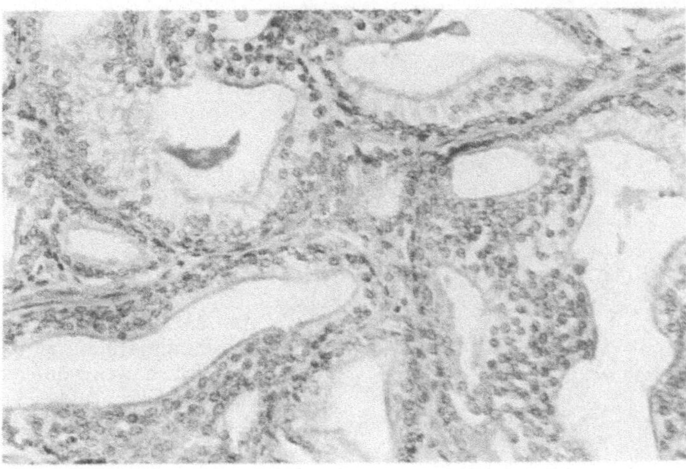

Abb. 228. Leicht atypische kribriforme Prostatahyperplasie (Grad I). Hämatoxylin-Eosin

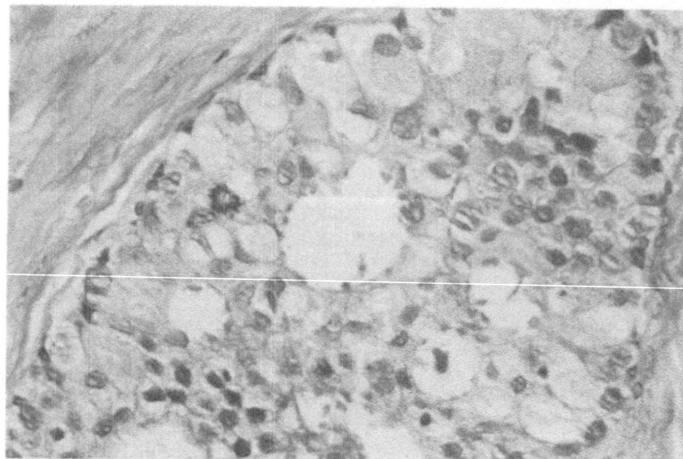

Abb. 229. Schwere kribriforme atypische Prostatahyperplasie mit atypischer Mitose (Grad III). Hämatoxylin-Eosin

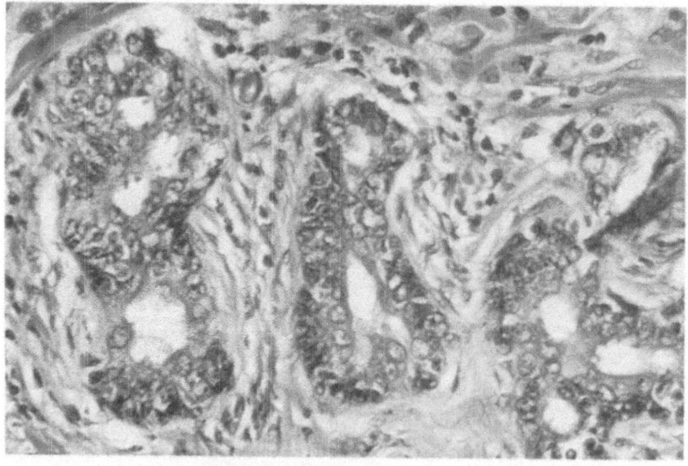

Abb. 230. Intraduktale schwere atypische Prostatahyperplasie (sog. intraepitheliale Neoplasie) Grad IV (Borderline-Läsion). Hämatoxylin-Eosin

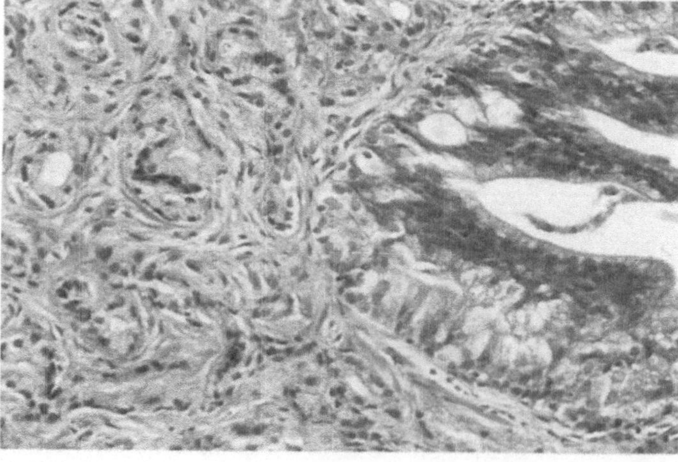

Abb. 231. Schwere atypische Prostatahyperplasie mit manifestem, wenig differenziertem, mikroglandulärem Prostatakarzinom. Hämatoxylin-Eosin

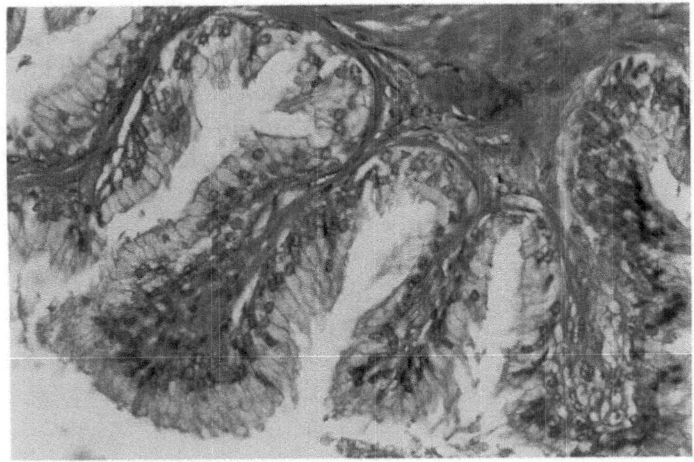

Abb. 232. Glanduläre Prostatahyperplasie. Zellkerne ohne Nukleolen. Hämatoxylin-Eosin

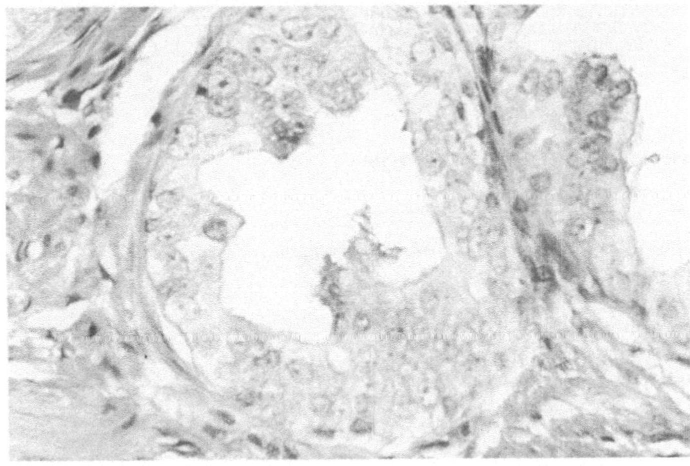

Abb. 233. Schwere atypische Prostatahyperplasie mit prominenten, z. T. exzentrischen Nukleolen. Hämatoxylin-Eosin

Mikroglandulär-papillär-hellzellige atypische Hyperplasie

Bei dieser Form der atypischen Hyperplasie liegen die Drüsen sehr viel dichter. Mikroglanduläre Strukturen finden sich neben großen Drüsenkomplexen mit papillären und pseudopapillären Epithelaussprossungen. Hier entsteht das Bild eines pseudogland-in-gland-Musters (Mostofi u. Price 1973). Die Größe der mikroglandulären Drüsen ist unregelmäßig. Ihr Epithel ist einreihig und kubisch (Abb. 224–227).

Kribriforme, intraglanduläre, adenomatöse atypische Hyperplasie

Es finden sich intraglanduläre, teilweise große azinäre Epithelaussprossungen, die kein Stroma mehr aufweisen. Die Drüsen liegen Rücken an Rücken. Das Drüsenepithel ist wechselnd hoch, oft mehrschichtig angeordnet und besitzt vergrößerte Zellkerne mit prominenten Nukleolen (Dhom 1979; Wernert u. Dhom 1984; Ayala et al. 1986; Mc Neal u. Bostwick 1986; Tannenbaum u. Droller 1987; Kovi et al. 1988) (Abb. 228, 229).

.6.5.2.2 Histologisches und zytologisches Grading der atypischen Hyperplasie

)ie atypische Hyperplasie weist keinen einheitlichen Proliferationsgrad auf. Die hi- .ologischen und zytologischen Atypiegrade werden unterschiedlich bewertet. Bei .arker Ausprägung wird jedoch einheitlich von der prämalignen Läsion bzw. auch ɔn der intraepithelialen Neoplasie gesprochen (Mc Neal u. Bostwick 1986; Bost- ick u. Brawer 1987; Kovi et al. 1988) (Tab. 43–45).

abelle 43. Histologisches Muster der atypi- :hen Prostatahyperplasie

istologisches Muster	
ubulär/mikroglandulär	
.ribriform	Uniform
apillär	
denomatös	Pluriform

abelle 44. Histologie, Zytologie und Gradeinteilung der atypi- :hen Hyperplasie

radeinteilung: leicht–schwer
istologie
Irreguläre glanduläre Architektur
Einreihiges hellzelliges Drüsenepithel
Desorganisation der Epithel-Stroma-Beziehung
Unscharfe Basalmembrangrenze bis zum beginnenden Durch/Einbruch
ytologie
Kernpolymorphie–Atypie
Prominente singuläre Nukleolen
Nukleolenverlagerung von zentral-peripher

abelle 45. Histologisch-zytologisches Grading der atypischen rostatahyperplasie

typische Prostatahyperplasie	
istologisch-zytologisches Grading	
rad I	Leichte Veränderungen
rad II	Mäßige Veränderungen
rad III	Schwere Veränderungen
rad IV	Ausgeprägte Veränderungen mit Übergang in Karzinom
	Borderline Läsion

Leichte Form (Grad I)

Die Veränderungen weichen nur leicht von dem Bild einer typischen Hyperplasie ab. Die Kerne sind geringgradig vergrößert, die Epithel-Stroma-Beziehung ist fast normal. Jedoch ist das Drüsenepithel eindeutig einreihig, das Zytoplasma ungewöhnlich hell. Betroffen sind meist nur kleinere Bezirke in der paraurethralen zentralen Region, selten auch in der Außendrüse (Helpap 1983c) (Abb. 224).

Mäßig ausgeprägte Form (Grad II)

Die Veränderungen weichen deutlich von der einfachen Hyperplasie ab. Die Drüsenschläuche liegen dicht beieinander. Die Stromabrücken sind deutlich reduziert. Die Kernplasmarelation liegt bei 1:4. Die noduläre Anordnung ist teilweise unscharf. Größere zentral-paraurethrale Areale sind zumeist betroffen (Helpap 1983c) (Abb. 225, 226).

Schwere Form (Grad III)

Das histologische Bild gleicht hier z. T. den Veränderungen eines wenig differenzierten glandulären Karzinoms. Die Zellen sind klein und hell. Die Kernplasmarelation ist zugunsten des Kernes verschoben. Das Epithel ist einreihig und kubisch. Zum Teil finden sich prominente, jedoch singuläre Kernnukleolen, teilweise bereits in exzentrischer Lage. Die Basalmembran ist jedoch intakt. Die noduläre Anordnung ist zwar aufgehoben, Zeichen einer echten Stromainvasion liegen jedoch nicht vor (Abb. 227, 233).

Borderline-Läsion (Grad IV)

Hier gleicht das histologische Bild einem glandulären Karzinom mit abnormen und wechselnd großen Kernen. Die Kernplasmarelation ist zugunsten des Kernes verschoben. Auch die Epithel-Stroma-Beziehung ist vielfach aufgehoben. Basalmembranen sind z. T. nur noch undeutlich abgrenzbar. Sehr prominente exzentrisch gelagerte Kernnukleolen liegen vor. Diese schweren Formen können multifokal entwickelt sein und haben dann eine besonders hohe Frequenz im Übergang zum invasiven Karzinom (Mc Neal u. Bostwick 1986). Der Ein- und Durchbruch der Basalmembran entspricht der prostatischen intraepithelialen Neoplasie mit früher Invasion. Dieser Vorgang ist bei der schweren intraepithelialen Neoplasie in 56% der Fälle nachweisbar (Bostwick u. Brawer 1987) (Abb. 229–231).

3.6.5.2.3 Immunhistochemie der atypischen Prostatahyperplasie

Immunhistochemisch ist eine Expression von Keratinen aus dem menschlichen Stratum corneum nachweisbar, d. h. die Basalzellagen sind immunhistochemisch charakterisiert. Auch mit dem monoklonalen Antikörper gegen Keratin-Proteine 49, 51, 57 und 66 ist eine selektive Basalzellanlage anfärbbar.

Prostataspezifisches Antigen und prostataspezifische saure Phosphatase werden heterogen exprimiert.

Liegt ein reine atypische Basalzellhyperplasie vor, sind die Keratin-Marker deutlich positiv, die prostataspezifischen Marker jedoch negativ. Mit zunehmenden Atypiegraden der atypischen Hyperplasie bzw. intraepithelialen Neoplasie wird die Ke-

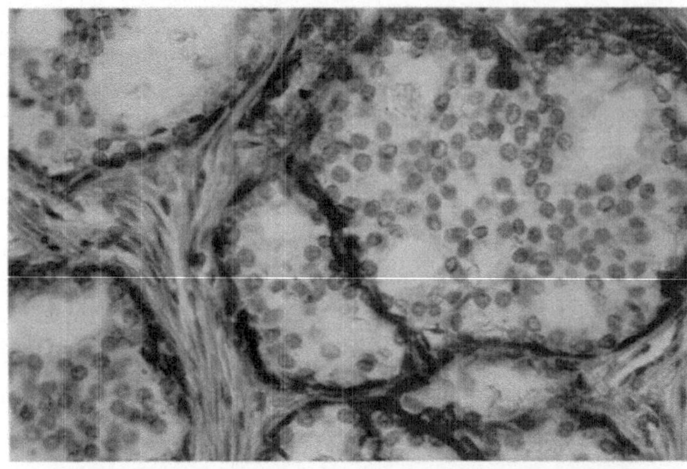

Abb. 234. Zytokeratin-Nachweis in den Basalzellen einer typischen Prostatahyperplasie mit kribriformen Mustern (ABC-Technik)

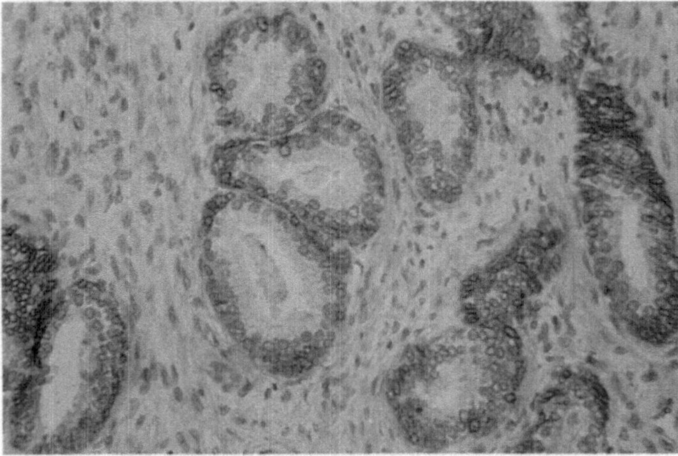

Abb. 235 a. Beginnender fleckförmiger Verlust der Keratinanfärbbarkeit der Basalzellen einer adenomatösen Prostatahyperplasie (ABC-Technik)

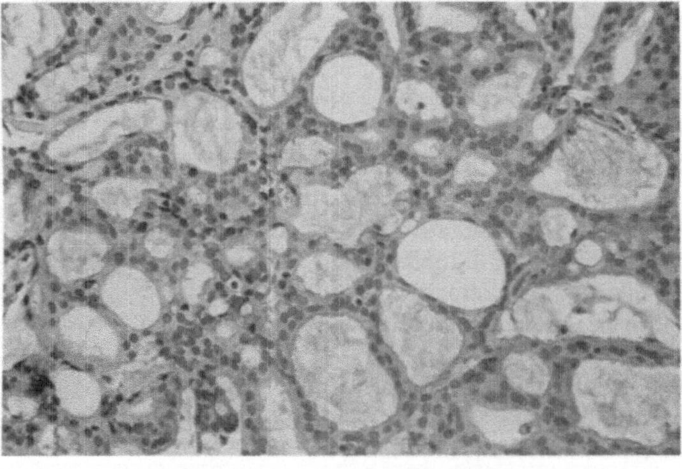

Abb. 235 b. Vereinzelt noch Keratin-positive Basalzellen einer schweren, kribriformen atypischen Prostatahyperplasie, bis hin zum kribriformen Karzinom (ABC-Technik)

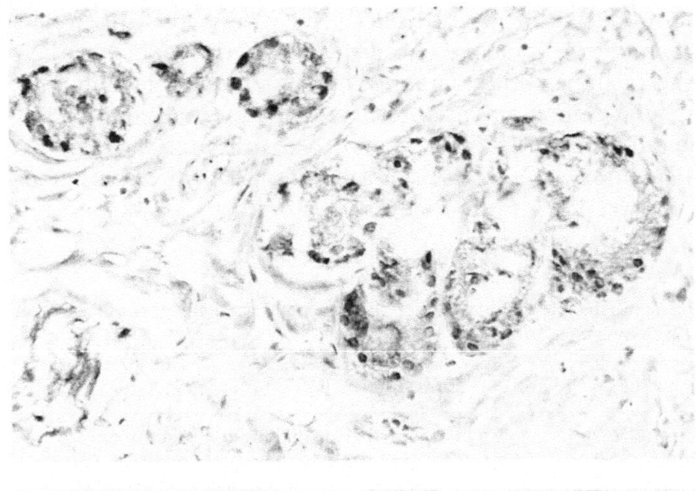

Abb. 236. Schwere, teilweise kribriforme atypische Hyperplasie mit heterogenem Nachweis von Prostata-spezifischem Antigen (PAP-Technik)

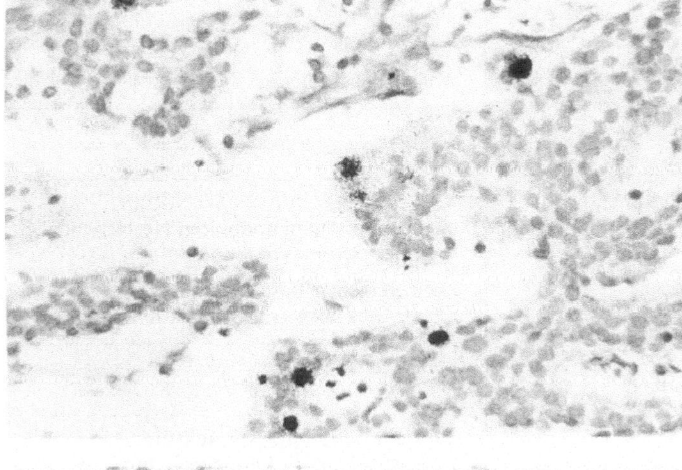

Abb. 237. Stripping-Film-Autoradiogramm einer kribriformen atypischen Prostatahyperplasie mit einzelnen radioaktiv-markierten Zellkernen. Hämalaun-Eosin

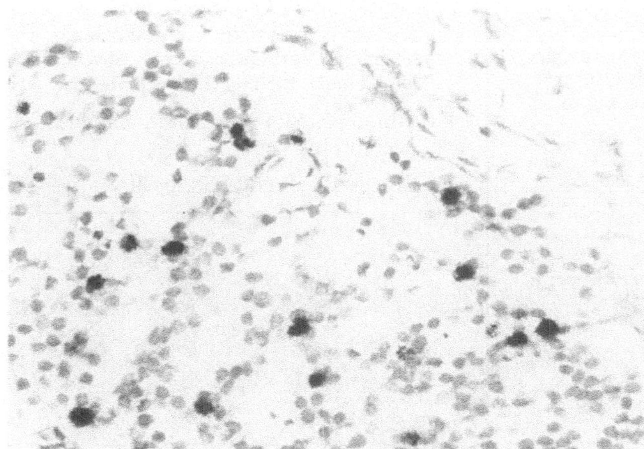

Abb. 238. Radioaktiv markierte Tumorzellkerne in einem kribriformen Prostatakarzinom. Stripping-Film-Autoradiogramm, Hämalaun. Der Markierungsgrad ist ähnlich wie bei Abb. 237

ratin-Expression schwächer und fleckförmiger. Bei den schweren Atypieformen sind die basalen Zellkeratine kaum oder gar nicht mehr nachweisbar. Besonders deutlich wird dies bei den Borderline-Läsionen mit Übergang zum Karzinom. Die immunhistochemische Abgrenzung von Karzinomvorläufern und manifesten glandulären Karzinomen ist somit gegenüber nicht neoplastischen Prozessen durch die Charakterisierung von Basalzellelementen möglich (Wernert u. Dhom 1988; Wernert et al. 1986, 1987a; Bostwick u. Brawer 1987) (Abb. 234–236) (Tab. 46).

Tabelle 46. Immunhistochemische Kriterien der atypischen Prostatahyperplasie, granulomatösen Prostatitis und Karzinomen. (Aus Wernert 1987)

Atypische postatrophische Hyperplasie	Granduläres Karzinom
Architektur: läppchenartige alveoläre Aussprossungen um atrophische Drüsen Keratin teilweise kräftig positiv	Ungeordnet infiltrierendes Wachstum. Selten nodulär begrenzt (inzidentetes Karzinom in nodulärer Hyperplasie) Keratin in ca. 50% lediglich in einzelnen Zellen positiv Keine Basalzellen
Atypische adenomatöse Hyperplasie	Kribriformes Karzinom
Hyperplastischer Knoten mit fibromuskulärem Stromaanteil Meist Keratin-positive Basalzellage (beweisend) z. T. fleckförmig abnehmend	Ungeordnetes diffuses Wachstum, Ausbreitung in nodulären Nestern möglich. Keine Stromakomponente Keine eigenen Basalzellen (cave: intraduktales kribriformes Karzinom)
Atypische kribriforme Hyperplasie	Solides Karzinom
Hyperplastischer Knoten mit fibromuskulärem Stromaanteil Meist Keratin-positive Basalzellage z. T. fleckförmig abnehmend	Diffus infiltrierendes Wachstum. Ausbreitung in knotigen Komplexen möglich. Ausgeprägte Kernatypien. Hellzellige Varianten. Keine Entzündung. Keine eigene Stromakomponente Keratin in ca. 50% lediglich in einzelnen Zellen positiv Fast immer PSP- und PSA-positiv
Atypische Basalzellhyperplasie	
Rundliche knotige Komplexe, teilweise hyperplastischer Knoten mit Stromaanteil Meist kräftig Keratin-positiv PSP- und PSA-negativ	
Granulomatöse Prostatitis	
Granulomatöses buntes entzündliches Infiltrat mit eosinophilen Granulozyten. Hellzellige Makrophagen mit Kernunruhe eventuell vorherrschend PSP- und PSA-negativ	

(„Keratin" = Keratine aus Stratum corneum)

Tabelle 47. Zellkinetische Analysen der typischen und atypischen Prostatahyperplasie

Autoradiographische Ergebnisse von Prostatabiopsien nach Inkubation mit ^{3}H- und ^{14}C-Thymidin

Histologische Differenzierung	n	Mitoseindex %	Markierungs-index %	S-Phase (h)
Atrophie	17	–	0,24 ± 0,08	–
Postatrophische Hyperplasie	11	0,03	1,60 ± 0,80	9,2 ± 1,7
Einfache Hyperplasie				
ohne fokale Entzündung	65	<0,01	0,49 ± 0,40	9,9 ± 3,2
mit fokaler Entzündung	3	–	0,66 ± 0,04	–
Atypische Hyperplasie in Nachbarschaft von Karzinomen	15	0,06	1,50 ± 0,84	9,4 ± 3,5
wenig diff. glanduläre Karzinome	13	0,02	0,88 ± 0,65	8,9 ± 3,9
Kribriforme Karzinome	11	0,04 ± 0,06	2,70 ± 1,90	10,4 ± 2,3

Tabelle 48. Übersicht über zellkinetische Literaturangaben bei Prostatitis und Hyperplasie

Autoradiographische Befunde an Prostatagewebe

Autor	Jahr	Diagnose	L. I. (%)
Magasi, Ruszinko	1976	Prostatitis	0,13 ± 0,01
		Hyperplasie	0,095 ± 0,04
Senius et al.	1974	Hyperplasie	0,24 ± 0,04
Rabes, Faul	1973	Hyperplasie	0,04
Neagu et al.	1979	Hyperplasie	0,013
		Hyperplasie mit Entzündung	0,017

3.6.5.2.4 Proliferationskinetik der atypischen Prostatahyperplasie

Nach 3 H-Thymidininkorporation mit Hilfe der in vitro-Methode zeigen sich vereinzelt radioaktiv markierte Kerne sowohl in den Basalzellagen, als auch in höheren Schichten. Insgesamt ist der Markierungsindex (L.I.) jedoch sehr gering. Nur bei der schweren Form der atypischen Hyperplasie (Grad III) finden sich Werte, wie sie bei mäßig bis wenig differenzierten glandulären Karzinomen auftreten können (Helpap 1980b) (Abb. 237, 238) (Tab. 35, 47, 48).

3.6.5.2.5 Häufigkeit der atypischen Hyperplasie

Im üblicherweise durch transurethrale Resektion gewonnenen Prostatamaterial findet sich eine atypische Hyperplasie bzw. eine intraepitheliale Neoplasie in 4–6% der Fälle, bei der großdrüsigen Form bei Patienten zwischen 36 und 60 Jahren in 37,9%. Es überwiegt die leichte Form mit 40%. Die schweren Formen und die Borderline-Läsionen betragen 26% (Tab. 49) (Helpap 1980b, 1983c, d; Mc Neal u. Bostwick 1986). In 50–87% der Fälle besteht eine Kombination von schwerer atypischer Hy-

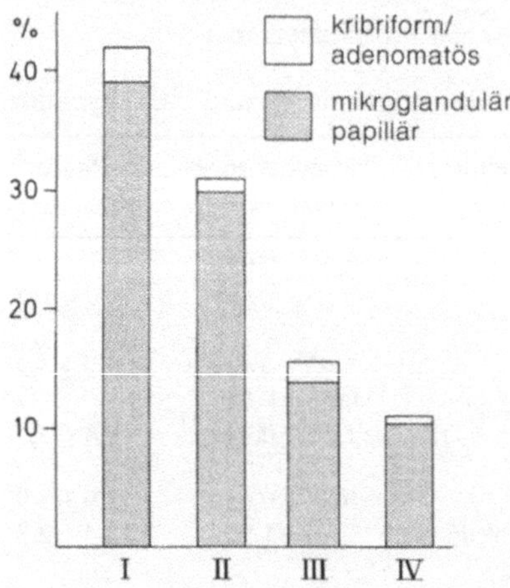

Abb. 239. Korrelation zwischen histologischem Muster und zytologischem Grading der atypischen Hyperplasie

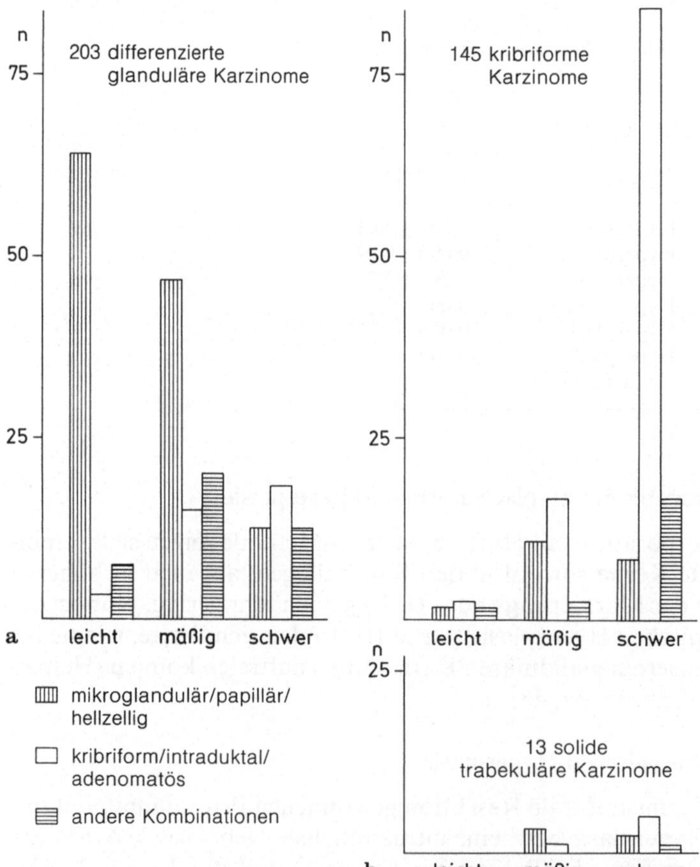

Abb. 240 a, b. Korrelation zwischen zytologischem Grading, atypischer Hyperplasie und verschiedenen Prostatakarzinomformen. **a** Glanduläre Karzinome. **b** Kribriforme und solide-trabekuläre Karzinome.

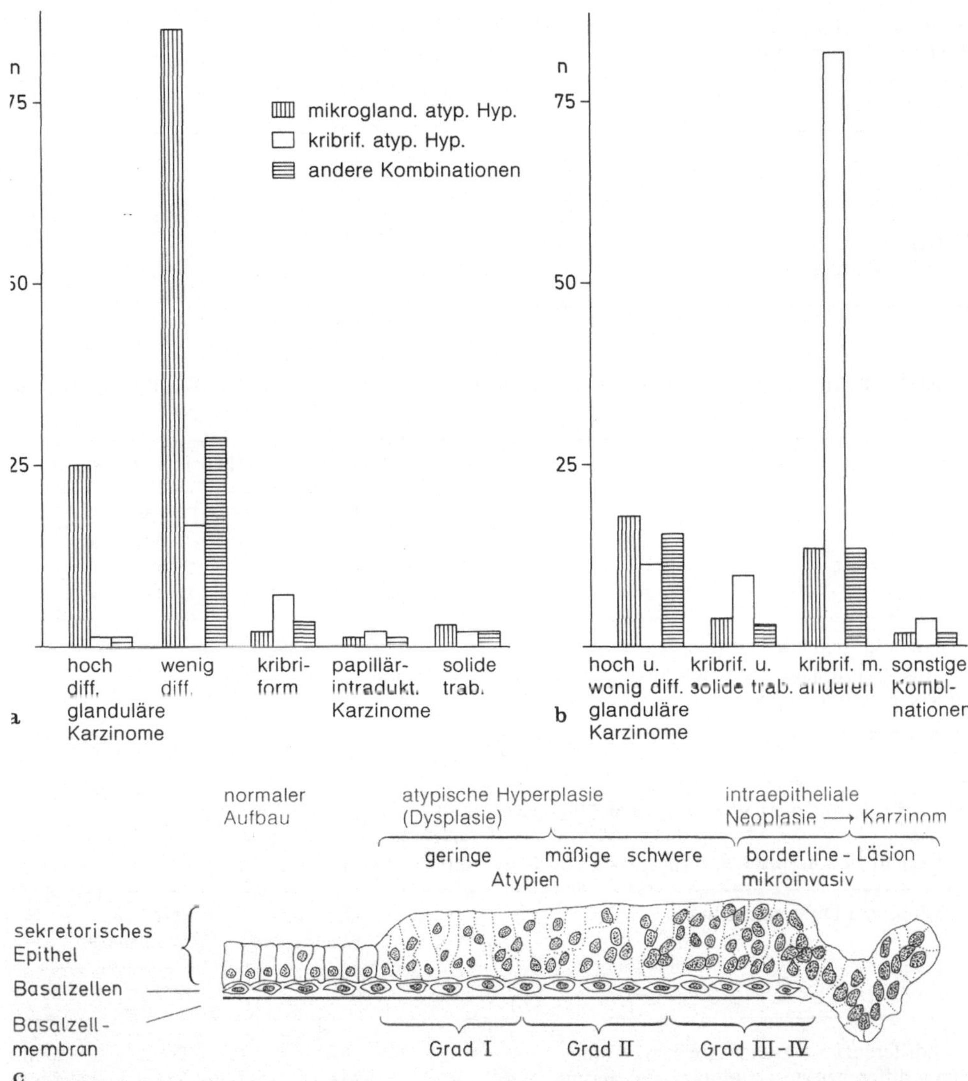

Abb. 241 a–c. Histologische Muster und Verteilung der atypischen Hyperplasie. **a** Uniformes Prostatakarzinom, **b** pluriformes Prostatakarzinom, **c** Schema zur Entwicklung eines Karzinoms aus einer atypischen Hyperplasie/intraduktalen Dysplasie der Prostata. Über eine Zunahme der Atypiegrade entwickelt sich eine Grenzsituation, bei der die Basalzellenlage schwindet, die Basalmembran sich lockert und atypische sekretorische Epithelien über eine stromale Mikroinvasion in ein frühes Stadium des invasiven Karzinoms übergehen. Die Expression prostataspezifischer Gewebsmarker ist in den atypischen Zellen deutlich nachweisbar. Durch den Schwund von Basalzellen ist die Expression von menschlichem Stratum-corneum-Keratin zunächst fleckförmig, dann vollständig geschwunden (modifiziert nach Bostwick und Brawer 1987)

Tabelle 49. Häufigkeit der Schweregrade bei atypischer Hyperplasie

Schweregrad	n	%
I (leicht)	76	42,0
II (mäßig)	57	31,5
III (schwer)	28	15,5
IV (schwer mit Übergang in ein Karzinom)	20	11,1

Tabelle 50. Korrelation zwischen histologischem Muster und zytologischem Grading der atypischen Hyperplasie

Histologie	Zytologisches Grading der atypischen Hyperplasie			
	leicht (I) n=76 (42,0%)	mäßig (II) n=57 (31,5%)	schwer (III) n=28 (15,5%)	mit Übergang (IV) n=20 (11,1%)
Mikrogland./papillär/hellzellig	93,4%	94,7%	89,3%	95,0%
Kribriform/intragland./adenomatös	5,3%	3,5%	10,7%	–
Andere Kombinationen	1,3%	1,8%	–	5,0%

Tabelle 51. Koinzidenz von atypischer Hyperplasie und Karzinom der Prostata

Koinzidenz von atypischer Hyperplasie und Karzinom der Prostata			
Histologische Differenzierung	Uniforme Karzinome	Atypische Hyperplasie	
	n	n	%
Hochdifferenzierte glanduläre Karzinome	67	26	38,8
Wenig differenzierte glanduläre Karzinome	233	127	54,5
Kribriforme Karzinome	28	12	42,9
Papillär-intraduktale Karzinome	8	3	37,5
Solide, trabekulär-anaplastische und undiff. Karzinome	35	5	14,3
Urotheliale Karzinome	2	–	–
Plattenepithel-Karzinom	1	–	–
	Pluriforme Karzinome		
Hoch- und wenig differenzierte glanduläre Karzinome	65	49	75,4
Kribriforme und solide Karzinome	35	17	48,6
Kribriforme Strukturen in anderen Karzinomtypen	169	114	67,5
Andere Kombinationen	17	8	47,1
	660	361	54,7

Tabelle 52. Histologie und zytologisches Grading der atypischen Hyperplasie und ihre Beziehung zur Histologie der Karzinome

Histologie der Karzinome	Histologie und zytologisches Grading der atypischen Hyperplasie								
	I (leicht) n=80			II (mäßig) n=118			III (schwer) n=163		
	m %	kr %	k %	m %	kr %	k %	m %	kr %	k %
Adenokarzinome (n=365)	18,1	0,9	2,2	13,2	4,1	5,5	3,6	3,0	5,2
Kribriforme Karzinome (n=240)	0,4	0,8	–	4,6	7,1	0,8	3,3	36,3	7,1
Solide trabekulär/undifferenzierte Karzinome (n=52)	–	–	–	5,8	1,9	1,9	3,8	9,6	1,9

m = mikroglandulär/papillär/hellzellig.
kr = kribriform/intraglandulär/adenomatös.
k = andere Kombinationen.

perplasie und manifestem Karzinom (Helpap 1983c, d; Kovi et al. 1988). Dies gilt auch für die prostatische intraepitheliale Neoplasie (Tab. 50). Bei der intraepithelialen Neoplasie Grad I sind in 10,7%, bei Grad II in 15% und bei Grad III in 56% Ein- und Durchbrüche der Basalzellenlage nachweisbar (Bostwick u. Brawer 1987). Die Korrelationen zwischen histologischem Muster und zytologischem Grading der atypischen Hyperplasie sowie zwischen atypischer Hyperplasie und Morphologie der Karzinome lassen das Überwiegen mikroglandulärer hellzelliger Formationen erkennen, aber auch die Verwandtschaft mit dem histologischen Muster von Karzinomen, insbesondere bei kribriformen Formationen (Abb. 239, 240a, b; 241a, b) (Tab. 50–52).

3.6.5.2.6 Wertigkeit der atypischen Hyperplasie

Der präkanzeröse Charakter der atypischen Hyperplasie und der intraepithelialen Neoplasie ist somit gekennzeichnet:

1. durch die hohe Koinzidenz von über 50% zwischen schwerer atypischer Hyperplasie und Karzinom (Altenähr et al. 1979b; Kastendieck 1980c; Helpap 1980b, 1983c, d; Gleason 1985; Mc Neal u. Bostwick 1986; Bostwick u. Brawer 1987; Tannenbaum u. Droller 1987; Kovi et al. 1988).
2. durch die topographische Assoziation zwischen atypischer Hyperplasie und Karzinom. Die atypische Hyperplasie manifestiert sich überwiegend in den paraurethralen zentralen und ventralen, kaum jedoch in den peripheren dorsalen und lateralen Regionen (Byar u. Mostofi 1972).
3. durch die histomorphologische Ähnlichkeit zu Karzinomen, vor allem zu wenig differenzierten, glandulären und kribriformen Karzinomen. Die Ähnlichkeit ist oft so groß, daß eine differentialdiagnostische Abgrenzung schwer fällt (Kastendieck 1980c; Helpap 1983c, d; Gleason 1985; Tannenbaum u. Droller 1987).

4. Histologisch, zytologisch, immunhistochemisch und morphometrisch korrelieren mäßig und schwer atypische Prostataformationen mit dem Differenzierungsgrad der Prostatakarzinome (Battaglia et al. 1985; Kovi 1985; Oyasu et al. 1986).

3.6.5.2.7 Klinisch-prognostische Relevanz

Während die reife noduläre Hyperplasie der Prostata als absolut benigne angesehen wird (BPH), ist die schwere atypische Hyperplasie, vor allem bei unter 60jährigen, als Präkanzerose bzw. intraepitheliale Neoplasie zu klassifizieren (Battaglia et al. 1985; Mc Neal u. Bostwick 1986; Oyasu et al. 1986; Schulze u. Isaacs 1986; Tannenbaum u. Droller 1987; Bostwick u. Brawer 1987; Kovi et al. 1988).

Der morphologische Nachweis einer alleinigen schweren atypischen Hyperplasie, vor allem in der zentralen Prostata, muß daher klinisch zur intensiven Suche nach einem bereits manifesten Prostatakarzinom veranlassen (Helpap 1983 c, d).

3.6.5.3 Atrophie

3.6.5.3.1 Morphologie

Die einfache Atrophie wird in jeder Prostata des alternden Mannes angetroffen (Dhom 1974). Unterschieden wird einmal die diffuse Atrophie, die der senilen Organinvolution entspricht und abhängig von der Androgenproduktion ist. Sie kann experimentell durch Kastration hervorgerufen werden. Zum anderen wird die fokale Drüsenatrophie abgegrenzt, die zumeist Folge einer Kompression hyperplastischer Knoten ist und durch langandauernden Sekretstau oder durch Konkremente hervorgerufen wird.

Histologisch zeigen die Drüsenschläuche ein abgeflachtes kubisches Epithel. Vielfach finden sich Zellen vom Typ der Basalzellen (Dhom 1974) (Abb. 242).

Bei der diffusen Atrophie liegen die z. T. auch zystisch erweiterten Drüsenschläuche dicht beieinander. Auch das periglanduläre Bindegewebe weist Veränderungen auf. Es kommt zur degenerativen Umwandlung bis hin zur progressiven Hyalinisierung und Sklerosierung (sklerosierende Atrophie – Franks 1954 a; sklerosierende Adenose – Brawn 1982; Young u. Clement 1987).

3.6.5.3.2 Immunhistochemie und Zellkinetik der Atrophie

Immunhistochemisch werden sowohl PSP und PSA in wechselnder Intensität als auch Zytokeratin und S 100-Protein exprimiert (Young u. Clement 1987) (Abb. 243). Die Proliferationstendenz ist sehr gering (Abb. 244) (Tab. 47).

3.6.5.4 Postatrophische (sekundäre) Hyperplasie

In den zystisch-atrophischen Drüsenarealen kann es zur regenerativen, fokalen Epithelaktivierung mit intraduktalen pseudopapillären Aussprossungen kommen. Die Epithelproliferation kann dabei nach innen und außen gerichtet sein (Abb. 245). Dieser Prozeß wird als postatrophische (sekundäre) Hyperplasie bezeichnet (Mostofi u. Price 1973; Kastendieck 1977). PSP und PSA können positiv, aber auch negativ

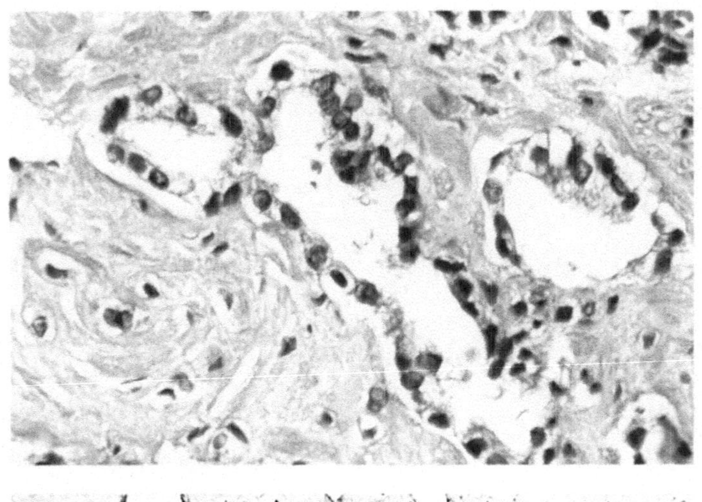

Abb. 242. Atrophische Drüsen einer Prostata. Hämatoxylin-Eosin

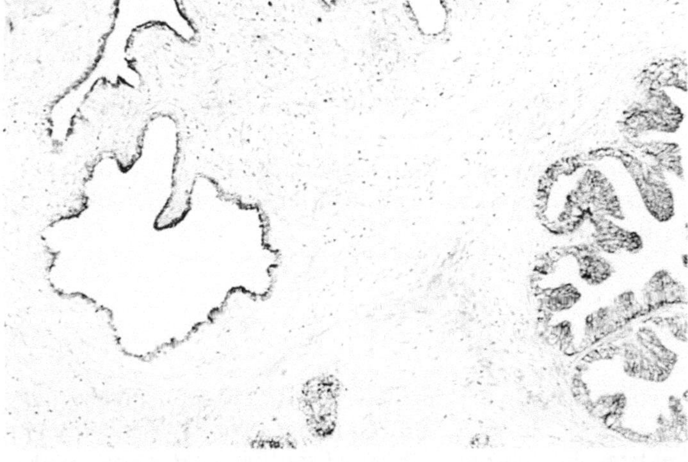

Abb. 243. Nachweis von Prostata-spezifischer saurer Phosphatase sowohl in atrophischen wie hyperplastischen Drüsenepithelien (PAP-Technik)

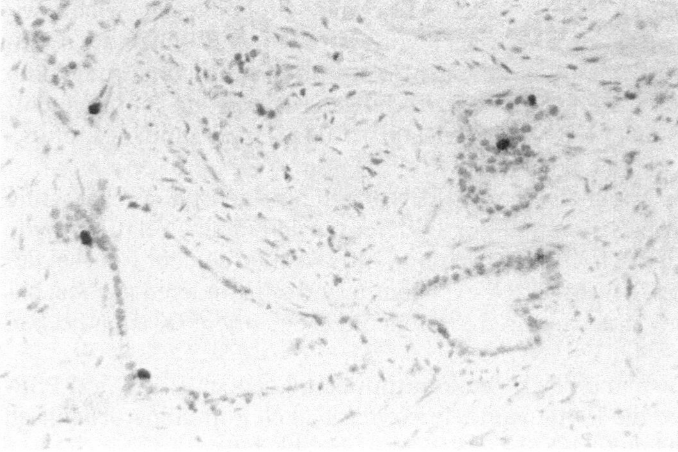

Abb. 244. Vereinzelte radioaktiv markierte Zellkerne in atrophischen Drüsen einer Prostata (Stripping-Film-Autoradiogramm). Hämalaun

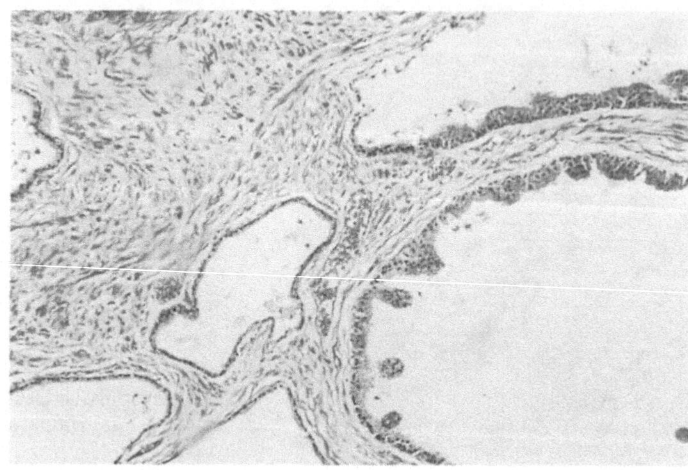

Abb. 245. Postatrophische (sekundäre) Prostatahyperplasie. Hämatoxylin-Eosin

bei der postatrophischen Hyperplasie sein. Zytokeratin ist nahezu in allen Zellen nachweisbar.

Die Zellen atrophischer Drüsen und der Drüsen bei der postatrophischen Hyperplasie haben somit immunhistochemisch die Eigenschaften sowohl des sekretorischen Epithels als auch der Basalzelle.

3.7 Metaplasien in der Prostata

Metaplasie ist der Ersatz eines differenzierten Gewebes durch ein feingeweblich meist weniger spezialisiertes anderes Gewebe. Umwandlungen von Drüsenepithel in Plattenepithel oder Urothel bzw. Transitionalzellepithel sind in der Prostata relativ häufig. Kausal-pathogenetisch ist von Bedeutung einmal ein Ungleichgewicht zwischen Androgen und Östrogen mit Überwiegen von Östrogen im Rahmen der nodulären Hyperplasie und vor allem durch Östrogentherapie in Karzinomen, zum anderen spielen chronische Reizzustände wie Entzündungen, Sekretstau, Konkrementbildung, traumatische Läsion (TUR) und Kreislaufstörung (Hyperämie) mit Infarkten eine Rolle.

Formalpathogenetisch kommt es nach einer ortsständigen Epithelschädigung über eine Basalzellenhyperplasie einmal zur Differenzierung in eine relativ unreife Zelle, die proliferationskinetisch, histologisch und ultrastrukturell dem Urothel der Harnblase ähnlich ist und CEA und TPA exprimiert, und zum anderen zur Ausbildung einer reifen Zelle, die ultrastrukturell Plattenepithel entspricht (Kastendieck u. Altenähr 1975) (Abb. 246–248; Tab. 53).

Beide Metaplasieformen sind stark zytokeratin-positiv, jedoch PSA- und PSP-negativ. Somit verhält sich die Plattenepithelmetaplasie auch immunhistochemisch wie die Basalzelle (Wernert et al. 1986a, 1987a, b; Abb. 249, 250).

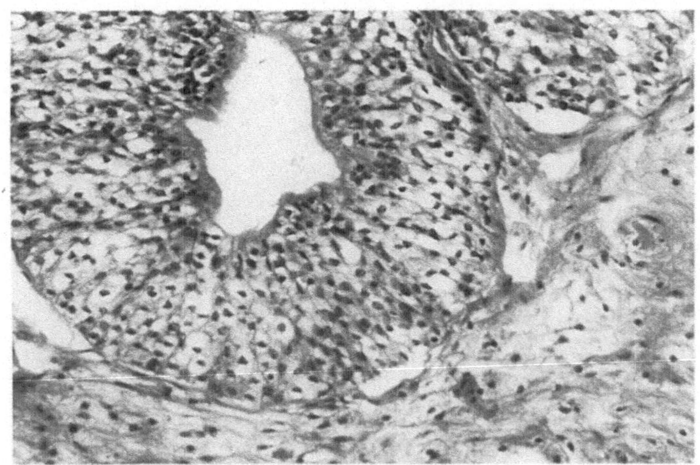

Abb. 246. Urotheliale unreife Metaplasie. Hämatoxylin-Eosin

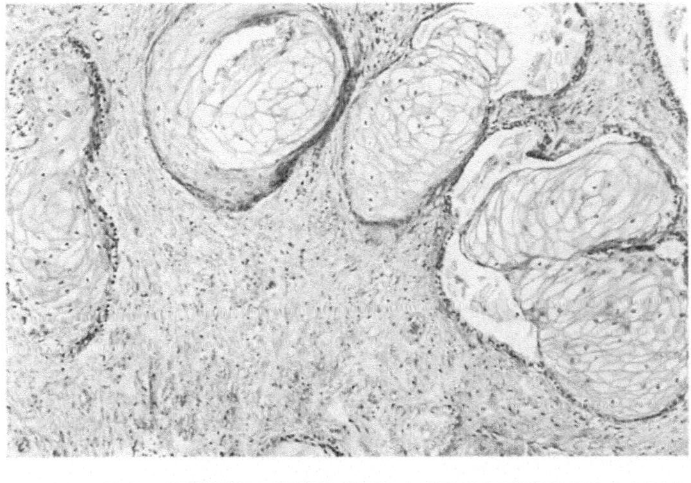

Abb. 247. Reife plattenepitheliale Metaplasie. Hämatoxylin-Eosin

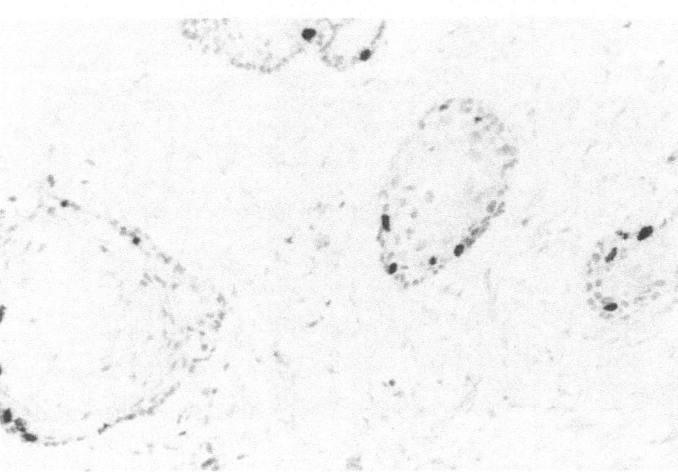

Abb. 248. Stripping-Film-Autoradiogramm einer Plattenepithelmetaplasie mit radioaktiv markierten Zellkernen im Bereich der Basalzellenzone. Hämalaun

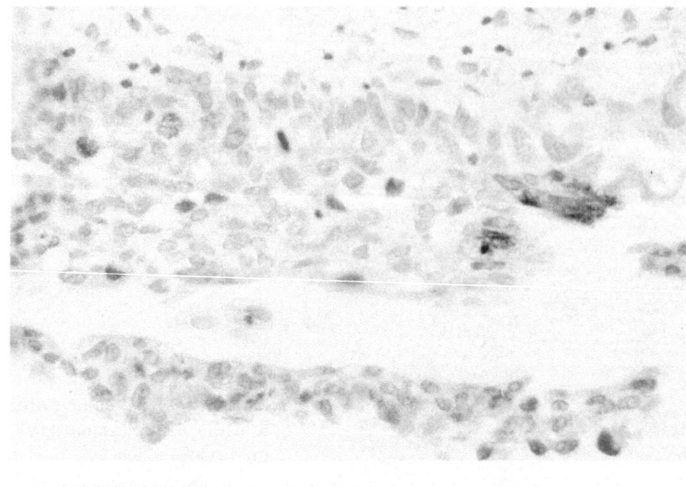

Abb. 249. CEA-Expression in einer urothelialen Metaplasie (PAP-Technik)

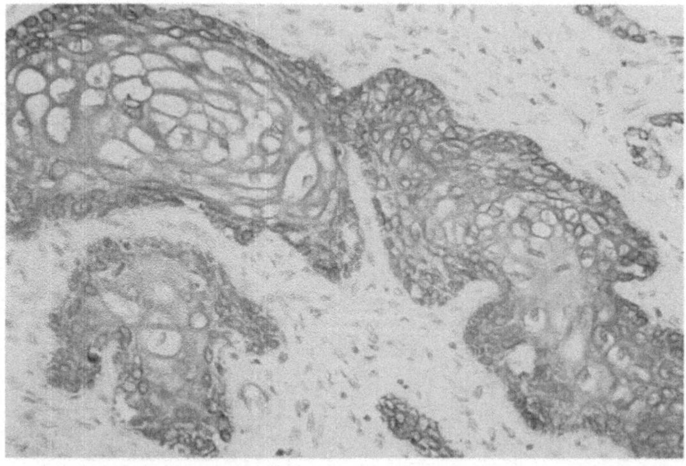

Abb. 250. Kräftige Zytokeratin-Expression in einer Plattenepithelmetaplasie (ABC-Technik)

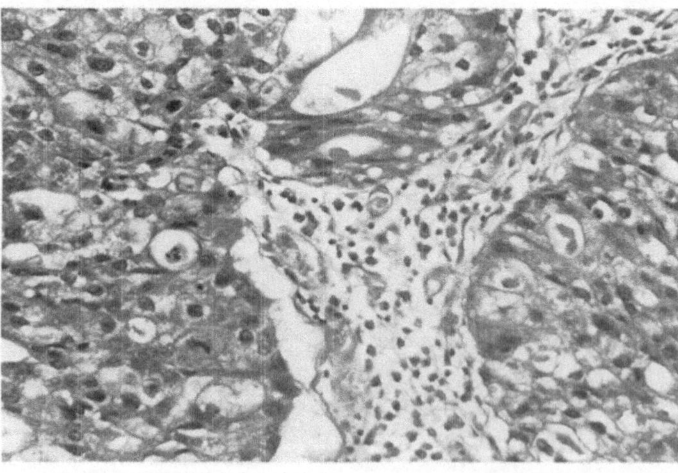

Abb. 251. Proliferierende atypische urotheliale Metaplasie. Hämatoxylin-Eosin

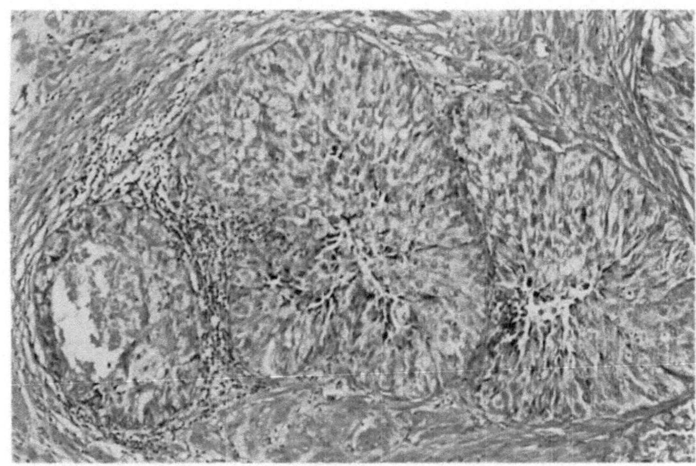

Abb. 252. Intraprostatisches urotheliales Karzinom. Hämatoxylin-Eosin

Tabelle 53. Immunhistochemische Analyse von Hyperplasie und Metaplasie in der Prostata

Path.-Anat. Diagnose	Lysozym	α_1-anti-Chymotrypsin	Prostata-spezifische saure Phosphate	Prostata-spezifisches Antigen	CEA	TPA
Hyperplasie reif	∅	+++ (herdförmig)	+++	+++	++ (Drüsenabschluß)	(+)→++
Hyperplasie unreif	∅	(+)	(+)	(+)	+	(+)/+
Atrophie	∅	(+)	∅(+)/+	+	+/∅	+/++
Plattenepithelmetaplasie	∅	∅	∅	∅	+ (herdförmig)	∅/(+)
Urotheliale Metaplasie	∅	∅	∅	∅	+	∅/(+)
Karzinom	∅	+++	+/++ (herdförmig)	+/++ (herdförmig)	+ (herdförmig)	+/++

Im metaplastischen Plattenepithel ist immunhistochemisch das Östrogenrezeptor-assoziierte Protein ER-D5 nachweisbar (Seitz et al. 1986). Vereinzelt ist metaplastisches Plattenepithel Vimentin-positiv.

Die Transitionalzell- oder Urothelzellmetaplasie findet sich vor allem in den Drüsenausführungsgängen, während Plattenepithelmetaplasien überwiegend in den Drüsenazini angetroffen werden.

Trotz hoher Proliferationsaktivität ist die Plattenepithelmetaplasie nicht als potentiell maligne anzusehen (Helpap u. Stiens 1975). Dagegen kann aus einer Urothelzell-Metaplasie in seltenen Fällen ein Urothelkarzinom der Prostata entstehen (Dhom u. Mohr 1977) (Abb. 251, 252; Tab. 35).

3.8 Prostatakarzinom

3.8.1 Pathogenese des Prostatakarzinoms

3.8.1.1 Kausale Pathogenese

Die Ätiologie des Prostatakarzinoms ist bislang nicht eindeutig geklärt. Die partielle Hormonabhängigkeit scheint mehr eine Rolle im Rahmen der Wachstumsprozesse manifester Karzinome zu spielen als bei der Entstehung. So weichen die Plasmatestosteronwerte von Karzinompatienten nicht signifikant von denen Gesunder ab. Genetische Faktoren, immunologische Fehlsteuerungen, entzündlich-venerische Reaktionen und sexuelle Faktoren werden ebenso wie exogene Noxen wie z. T. Kadmium als mögliche Teilursache diskutiert. Eine klare Beweisführung steht jedoch derzeit aus (Tulinius 1977; Schulze u. Isaacs 1986; Morrison 1987; Schulze et al. 1988). Inwieweit erhöhte Prolaktinwerte einen endokrinologisch gesteuerten Entstehungsmechanismus stützen, ist ebenfalls noch nicht bewiesen (Bartsch et al. 1977).

3.8.1.2 Epidemiologie, Morbidität, Mortalität

Das Prostatakarzinom ist die zweit- bzw. dritthäufigste Krebstodesursache aller Männer in den westlichen Industriestaaten. In der Bundesrepublik Deutschland ist das Prostatakarzinom mit über 8000 Todesfällen pro Jahr die dritthäufigste Krebstodesursache. Neben der hohen Mortalitätsrate besteht auch eine hohe jährliche Inzidenzrate (Seitz et al. 1988). Unter den neuentdeckten Krebserkrankungen bei Männern sind 17% Prostatakarzinome. Wird die derzeitige Lebenserwartung zugrunde gelegt, wird jeder 30. Mann an einem Prostatakarzinom sterben, bzw. sich bei jedem 11. Neugeborenen ein Prostatakarzinom manifestieren. Wahrscheinlich wird in den nächsten 20 Jahren eine der häufigsten Krebstodesursachen bei Männern das Prostatakarzinom sein (Schulze u. Isaacs 1986; Schulze et al. 1988). Alter und Rassenzugehörigkeit sowie geographische Aspekte sind bei der kausalen Pathogenese des Prostatakarzinoms jedoch zu beachten. Schwarze Bewohner der USA sowie männliche Bewohner in Nord- und Westeuropa haben die höchsten Mortalitätsziffern, vor allem gilt dies für Skandinavien, während das Prostatakarzinom in Japan und China sowie in Mexiko kaum eine Rolle spielt. Orientalen in den USA haben sehr niedrige Mortalitätsraten (Wynder et al. 1971; Nagel 1975; Tulinius 1977; Dhom 1978 a, b c; Zaridse et al. 1984; Petersen 1986). Das Prostatakarzinom tritt vor dem 40. Lebensjahr kaum auf. Nach dem 50. Lebensjahr setzt dann aber eine Frequenzsteigerung mit Maximalwerten von 75% zwischen dem sechsten und siebten Lebensjahrzehnt ein (Nagel 1975; Owen 1976; Hutchison 1981; Petersen 1986). Viele Prostatakarzinome werden erst durch die Autopsie diagnostiziert. Sie waren klinisch nicht entdeckt. Diese latenten Karzinome sind zwischen dem 40. und 49. Lebensjahr in etwa 4–8% anzutreffen (Abb. 253), nach dem 50.–80. Lebensjahr und älter in 34–53% (Petersen 1986). Entsprechend der Morbidität streut auch die Mortalitätsrate erheblich. In Japan, China, im vorderen Orient und Ägypten finden sich 1–5 Todesfälle auf 100000 Männer pro Jahr. In Südamerika und Südosteuropa lie-

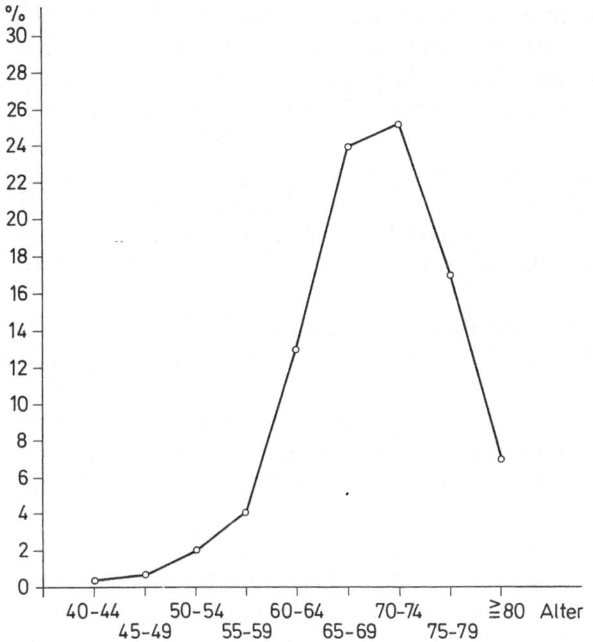

Abb. 253. Altersverteilung der Prostatakarzinome nach Dhom und Hohbach 1982

gen die Werte zwischen 5 und 10. In West- und Mitteleuropa sowie in den skandinavischen Ländern, Nordamerika und Australien schwanken die Werte zwischen 10 und 35 (Klosterhalfen 1982; Petersen 1986).

3.8.1.3 Formale Pathogenese

Als zytologischer Ausgangspunkt des gewöhnlichen Prostatakarzinoms wurde bislang eine primär atypische Basalzelle diskutiert, die sich über eine undifferenzierte, proliferationsaktive DNA-synthetisierende Karzinomzelle zur glandulär-differenzierten Zelle mit disproportionierter Organellenvermehrung entwickelt (Kastendieck 1977). Aufgrund neuerer zellkinetischer und immunhistochemischer Analysen scheint die Karzinomentwicklung offenbar primär von einer atypisch sekretorisch aktiven Drüsenzelle auszugehen, die PSA- und PSP-positiv und Zytokeratin-negativ ist und sich damit von der Basalzelle mit positiver Zytokeratinexpression und negativer PSA/PSP-Expression unterscheidet (Wernert et al. 1987) (Abb. 216, 217).

Sekretorisches Prostataepithel und Karzinome verhalten sich immunhistochemisch völlig gleichartig. Sie unterscheiden sich durch die Expression der Marker PSP und PSA sowie die Keratine 8 und 18, Vimentin, CEA und ACT von der Basalzelle, die keines dieser Antigene enthält. In der Basalzelle werden dagegen Keratine aus Stratum corneum nachgewiesen, die im sekretorischen Epithel überhaupt nicht und im Karzinom nur in ganz vereinzelten Fällen vorkommen (Wernert et al. 1987).

Diese Befunde legen den Schluß nahe, daß das Karzinom direkt aus dem maligne transformierten sekretorischen Epithel und nicht aus der Basalzelle hervorgeht. Hierfür spricht in funktioneller Hinsicht auch die bekannte Tatsache, daß Östrogene, die das Karzinomwachstum hemmen und zu einer Atrophie des sekretorischen Epithels führen, die Basalzellen zu einer Hyperplasie stimulieren. Die weitere Entwicklung läuft dabei formal-pathogenetisch in Richtung Plattenepithelmetaplasie. Hierbei besteht die Möglichkeit der Entartung zum Plattenepithelkarzinom unter Östrogentherapie. Eine Analogie findet sich in der Bronchialschleimhaut. Hier kommt es ebenfalls über eine Basalzellhyperplasie und Plattenepithelmetaplasie zur Dysplasie (Atypie) mit Ausbildung eines Carcinoma in situ und zum manifesten Plattenepithelkarzinom. Insgesamt kann festgestellt werden, daß es kein drüsiges Organ gibt, in dem ein Adenokarzinom nachgewiesenermaßen aus Basalzellen oder Myoepithelien entsteht.

Aus den jeweiligen Proliferations- und Reifungsstadien der Tumorzellen leiten sich glanduläre, kribriforme, solide und trabekuläre Strukturmuster ab (Abb. 267–281).

Die Proliferationsaktivität, gemessen an der Einbaurate radioaktiv markierten Thymidins (3-H-Thymidin) im Rahmen der DNA-Synthese, nimmt mit dem Grad der Differenzierung ab bzw. steigt an mit Zunahme des Atypiegrades (Helpap 1985d) (Tab. 63).

In der Anfangsphase besteht das (Mikro-) Karzinom der Prostata aus kleinen solitären oder multiplen Komplexen hochdifferenzierter Drüsenzellen. Diese bewirken durch ein primär nach außen gerichtetes (zentrifugales) Wachstum eine Stromadestruktion und Infiltration mit Anlagerung an glatte Muskelfasern. Die strukturelle Organisation ist damit geändert. Das kribriforme und solide Strukturmuster ist durch ein zunächst nach innen (zentripetal) gerichtetes intraduktales Wachstumsverhalten proliferationsaktiver Zellen charakterisiert.

In der Folgephase kommt es zur stärkergradigen Destruktion des Organs mit Invasion und Infiltration (Kastendieck 1977). Das glanduläre Muster wird unregelmäßig. Es finden sich mikroglanduläre Strukturen. Die Zellatypie nimmt zu. Die soliden und kribriformen Anteile brechen aus dem primär duktalen Verband aus und zeigen ebenfalls verdrängendes Wachstum. Insgesamt ist die Proliferationsaktivität gesteigert. Das Tumorvolumen hat mehr als 10% des Organvolumens überschritten.

In der Endphase resultiert ein völlig undifferenziertes anaplastisches Strukturmuster, das zytologisch und ultrastrukturell alle Zellformen einschließt (Kastendieck 1977). Zahlenmäßig überwiegen jedoch die undifferenzierten proliferationsaktiven Zellen mit hoher DNA-Syntheseaktivität (Helpap et al. 1976).

3.8.2 Pathomorphologie des Prostatakarzinoms

3.8.2.1 Präneoplasien

Zur Entstehung und Entwicklung des Prostatakarzinoms gehört auch die Frage nach neoplastischen Vorstufen in der Prostata (Tab. 54, 55).

Die Genese des Prostatakarzinoms ist insgesamt noch ungeklärt. Vor allem ist noch offen, ob sich die Prostatakarzinogenese in einem Einzelschritt oder in multiplen Schritten abspielt. Unter der Voraussetzung, daß die Prostatakarzinogenese in einem einzelnen Schritt abläuft, müßte sich das klinisch manifeste Karzinom konti-

Tabelle 54. Atypische Prostatahyperplasie – Präneoplasie

Architekturstörung der Drüsenläppchen
Einreihiges hellzelliges Epithel
Unscharfe Basalmembran – möglicher Einbruch
Intraduktale Epithelproliferationen
Zytologische Atypien
Zellkinetische Ähnlichkeit zum Karzinom
Immunhistochemisch heterogener Zytokeratin-Verlust an der Basalmembran
PSP und PSA heterogen positiv

Tabelle 55. Atypische Prostatahyperplasie – prämaligner Prozeß

Einteilung nach Mc Neal (1965, 1983), Bostwick (1986, 1987)

1. Prämaligne intraduktale Dysplasie
   (intraepitheliale Neoplasie – invasives Karzinom?)
2. Prämaligne adenomatöse Hyperplasie
   DD hochdifferenziertes glanduläres Prostatakarzinom

Tabelle 56. Korrelation von histologischen Atypiegraden zu Frequenz und Lokalisation von Nukleolen, Zellkinetik und Immunhistochemie der atypischen Prostatahyperplasie

Histologie	Atypische Hyperplasie (mikroglandulär, papillär)		
Atypiegrade	Leicht (I)	Mäßig (II)	Schwer (III)
Zytologie–Nukleolen			
1n/N	0,5 ± 0,2%	1,6 ± 0,4%	5,3 ± 1,3%
1n/N	–	–	–
Lokalisation			
zentral	100,0%	97,9%	82,9%
intermediär	–	2,1%	10,3%
peripher	–	–	6,8%
Zellkinetik			
3H-Index	0,49 ± 0,4%		1,5 ± 0,84%
S-Phase	9,9 ± 3,2 h		9,4 ± 3,5 h
Immunhistochemie			
PSP	++	++	+(+)
PSA	++	++	+(+)
CEA	+	+	+
TPA	(+)	+	+(+)
Keratine			
Str. corneum	Basalzellen +++	Basalzellen +++	Basalzellen (+)
7,19	+	+	+
8,18	+	+	+
Östrogenrezeptor	∅	∅	∅

nuierlich aus einer Karzinomzelle entwickeln, ohne daß morphologische Anhaltspunkte für zwischengeschaltete prämaligne Vorstufen vorhanden sind. Läuft die Prostatakarzinogenese in mehrfachen Stufen ab, ist von einer Heterogenität unterschiedlicher Zellen innerhalb des Prostatakarzinoms auszugehen. Dies setzt voraus, daß sich Zellklone entwickeln, die möglicherweise nur in einem Teil den notwendigen Transformationsschritten zu einem Karzinom unterzogen worden sind. Solche Zellen oder auch zellulären Strukturen sind dann als prämaligne Läsionen einzustufen (Schulze u. Isaacs 1986; Schulze et al. 1988). Im Tierexperiment ist an Ratten gezeigt worden, daß das Prostatakarzinom in seiner Entwicklung über ein Vorstadium läuft, das durch die Progression atypisch-hyperplastischer Läsionen gekennzeichnet ist (Isaacs 1984). Es entwickeln sich jedoch nicht alle hyperplastischen Läsionen progredient zu einem Prostatakarzinom. Offenbar müssen noch andere Faktoren hinzukommen, damit aus diesen hyperplastischen Läsionen ein Karzinom entsteht. Dies wird dadurch gestützt, daß ein großer Teil der Prostatakarzinome nur histologisch nachweisbar ist und sich zu Lebzeiten des Tumorträgers nicht zu einem klinisch manifesten Tumor entwickelt. Die Inzidenzrate der nur mikroskopisch nachweisbaren Prostatakarzinome bei Männern, die älter als 45 Jahre sind, liegt weltweit bei ca. 20%. Die Inzidenzrate klinisch manifester Karzinome variiert dagegen beträchtlich. In den Vereinigten Staaten von Amerika beträgt die Inzidenzrate, bezogen auf 100000 Männer, 61%, in Japan nur 6,4%. Wahrscheinlich wird das mikroskopische Prostatakarzinom durch ubiquitär in gleicher Häufigkeit vorkommende Faktoren induziert, während die Progression eines solchen mikroskopischen Prostatakarzinoms zu einem klinisch manifesten Karzinom weitere Faktoren erfordert, die offenbar nicht in gleicher Weise ubiquitär vorhanden sind (Schulze et al. 1988).

Im Kapitel „Prostatahyperplasie und Atrophie“ sind die verschiedenen hormonal abhängigen Umbauvorgänge der Prostata aufgezeigt worden.

Hervorgehoben wurde die primäre atypische Hyperplasie (Helpap 1980b, 1983c, d; Kastendieck 1980c, 1984; Brawn 1982; Schütze 1984a, b; Gleason 1985) und die intraepitheliale Neoplasie (Mc Neal u. Bostwick 1986; Bostwick u. Brawer 1987).

Aufgrund zytologischer Kriterien, insbesondere dem Nukeolenverhalten in Frequenz und Lokalisation sowie aufgrund zellkinetischer Parameter ist auch bei der atypischen Hyperplasie bzw. intraepithelialen Neoplasie ein histologisch/zytologisches Grading möglich. Danach können leichte, mäßiggradige und ausgeprägte Atypiegrade unterschieden werden (Helpap 1980b, 1987; Mc Neal u. Bostwick 1986; Bostwick u. Brawer 1987) (Abb. 223–233; Tab. 44, 49, 56).

Eine jüngste Analyse hat ergeben, daß fließende Übergänge zwischen einer atypischen Hyperplasie mit ausgeprägter nukleärer Atypie und wenig differenzierten, glandulären und kribriformen Karzinomen bestehen (Mc Neal u. Bostwick 1986; Oyasu et al. 1986; Bostwick u. Brawer 1987; Tannenbaum u. Droller 1987). Im Gegensatz zur typischen nodulären Hyperplasie ist das Proliferationsverhalten der Zellen bei schwerer atypischer Hyperplasie und wenig differenzierten Prostatakarzinomen fast identisch (Helpap 1980c, 1983c, d; Kastendieck 1984; Isaacs 1984; Schulze u. Isaacs 1986). Dabei kann zunächst ein vorwiegend duktaler Ausbreitungstyp des Karzinoms resultieren, der in 48% bei Prostatakarzinomen beobachtet wird (Kovi et al. 1985) (Abb. 230, 231).

Auch das immunhistochemische Verhalten stützt diese Übergänge. Der Keratinverlust und morphometrische Charakteristika haben Battaglia u. Mitarbeiter (1985) dazu veranlaßt, die atypische mikroglanduläre Hyperplasie bereits als Mikrokarzinom zu klassifizieren. Befunde von Bostwick u. Brawer (1987) haben einen inkompletten bis kompletten Keratinverlust in der schweren Form der intraepithelialen Neoplasie aufzeigen können (Abb. 235 a).

Schlußfolgerungen zu Vorstufen des Karzinoms

Die Analyse der verschiedenen Formen der Atypien/Dysplasien bis hin zur intraepithelialen Neoplasie mit Einbeziehung des inzidenten Karzinoms haben gezeigt, daß es Vorstufen des Prostatakarzinoms gibt. Sie sind charakterisiert durch (Abb. 241 c):

1. eine beginnende Auflösung der Architektur der azinären und duktalen Strukturen mit fokaler Destruktion der Basalzellenlagen.
2. die Ausbildung von zellulären Atypien leichten bis schweren Grades.
3. zytologisch nachweisbare prominente, singuläre Nukleolen mit zunehmender exzentrischer Lagerung.
4. zellkinetische und immunhistochemische Ähnlichkeiten mit manifesten Karzinomen, vor allem durch den zunehmenden Verlust der Basalzellage und der Keratin-Expression.

Die Vorstufen des Prostatakarzinoms können daher folgendermaßen eingeteilt werden:

a. zentrale atypische Hyperplasie Grad I–III über Borderline-Läsion bis hin zum *„zentralen"* (inzidenten) Karzinom Typ T Ia (A 1)
b. periphere intraduktale und azinäre Dysplasie über intraepitheliale Neoplasie zum „inzidenten" Karzinom Typ T Ib (A 2) als wahrscheinlicher Vorläufer des peripheren Prostatakarzinoms mit duktaler Ausbreitung (Kovi et al. 1985, 1988).

Typische noduläre paraurethrale Hyperplasie und Basalzellenhyperplasie

Trotz hoher Koinzidenz von typischen nodulären Hyperplasien, postatrophischen (sekundären) Hyperplasien und Atrophien zum Karzinom kommt diesen Veränderungen keine nennenswerte Bedeutung als Präkanzerose zu (Dhom 1979).

Die Basalzellhyperplasie oder auch Transitionalzellmetaplasie kann erhebliche Atypien aufweisen. Aus solchen Veränderungen können Transitionalzellkarzinome der Prostata hervorgehen, wobei nicht selten diese Karzinomform mit gleichzeitigen Harnblasen- und Urethralkarzinomen kombiniert ist.

3.8.2.2 Lokalisation des Prostatakarzinoms

Die Prädilektionsstelle des Prostatakarzinoms ist die Peripherie der Prostata bzw. das Außenorgan (Moore 1935; Franks 1954 b; Dhom 1977). Das zentrale Karzinom der Innendrüse ist sehr viel seltener (Moore 1935; Byar u. Mostofi 1972). Seine Häufigkeit wurde zunächst mit 2–4% (Hohbach 1981 c), in einer jüngsten Studie von Kastendieck (1987) mit 10–15% angegeben. Das zentrale Karzinom scheint der Ausgangspunkt sogenannter inzidenter Karzinome zu sein und steht in engem Zusam-

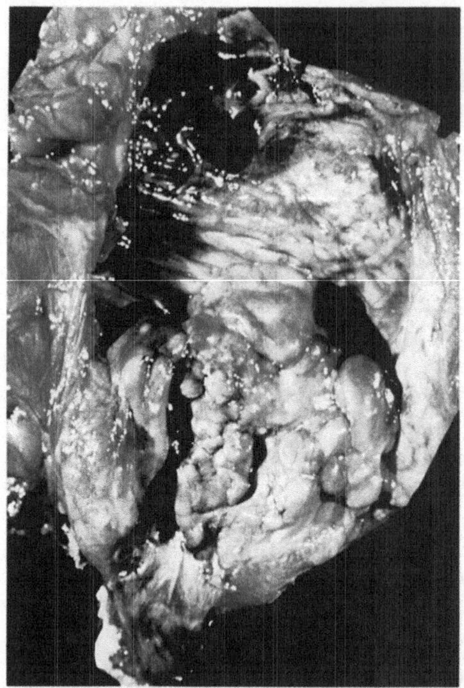

Abb. 254. Fortgeschrittenes Prostatakarzinom mit Harnblasenwandeinbruch. Nach Sandritter W, Thomas C (1975) Makropathologie. Schattauer, Stuttgart

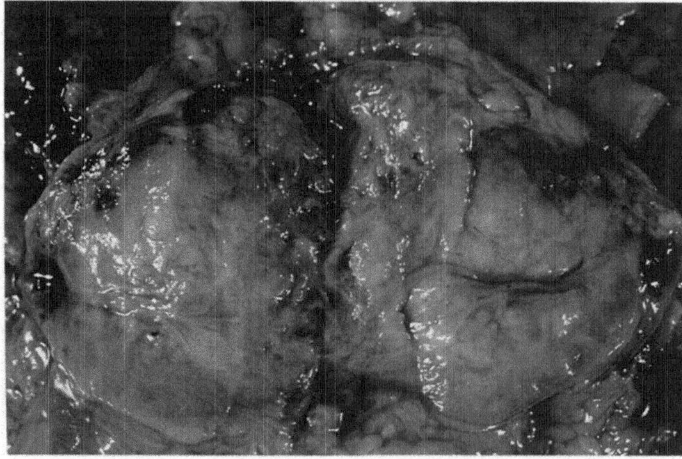

Abb. 255. Invasives, die Kapsel überschreitendes Prostatakarzinom

menhang mit der primären, atypischen Hyperplasie (Helpap 1983c, d). Die Ausbreitung schließt nicht nur die dorso-lateralen, sondern auch die ventralen Anteile ein. Die dorso-kaudalen und apikalen Areale der Prostata sind in fast 80% der Fälle von Tumorgewebe durchsetzt. Eine bevorzugte Seitenlokalisation besteht nicht. In der Regel sind linke und rechte Organhälften gleichermaßen betroffen (Kastendieck 1977). Auf Großflächenschnitten der Prostata läßt sich feststellen, daß in den mei-

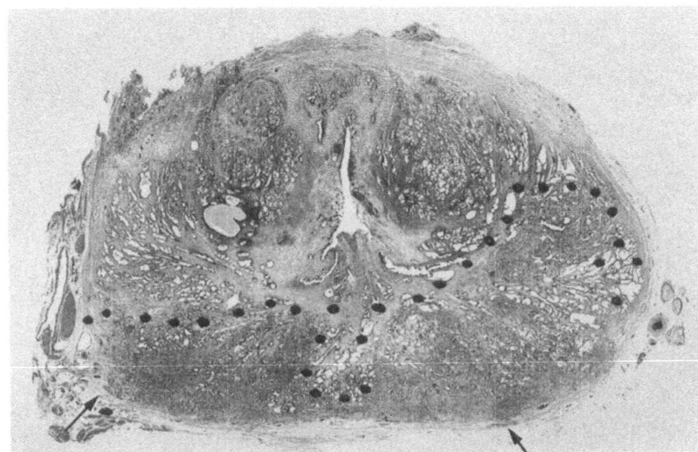

Abb. 256. Sagittalschnitt eines Prostatektomiepräparates mit peripherem kapselinvasivem Karzinom. Hämatoxylin-Eosin. (Aufnahme H. Kastendieck, 1987)

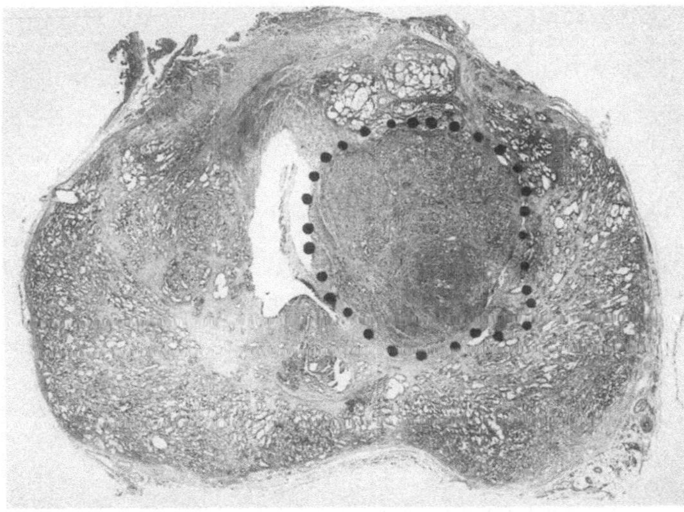

Abb. 257. Zentrales Prostatakarzinom, Großflächenschnitt. Hämatoxylin-Eosin. (Aufnahme H. Kastendieck, 1987)

sten Fällen bereits primär ein multifokales Tumorwachstum besteht. Mitunter sind die einzelnen Krebsherde mikroskopisch klein (Kastendieck 1980c) (Abb. 254–257).

Die Tumorausbreitung verläuft intraprostatisch parallel zur Urethra. Nur bei fortgeschrittenem Tumorwachstum wird die Schleimhaut der Urethra durchsetzt. Entsprechend der primären peripheren Lokalisation ist die Kapselinvasion ein sehr frühes Merkmal, auch bei noch sehr kleinen Tumoren (Moore 1935). Der komplette Kapseldurchbruch tritt jedoch erst bei größeren Tumoren auf. Offenbar stellt die Denonvillier'sche Faszie über längere Zeit eine Barriere gegenüber dem Tumorwachstum dar. Mit dem Kapseldurchbruch ist in der Regel eine Tumorinvasion in das periprostatische Gewebe mit Samenblaseninfiltration und Metastasierung in regionäre Lymphknoten sowie hämatogene Ausbreitung in verschiedenste Organe verbunden (Abb. 258–266) (Byar u. Mostofi 1972; Mostofi u. Price 1973).

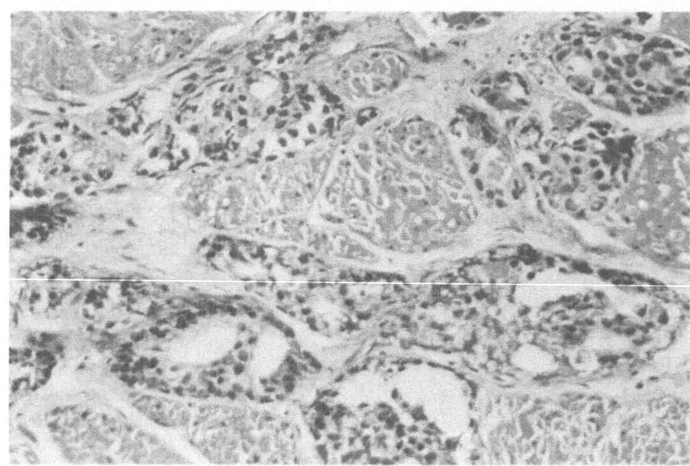

Abb. 258. Muskuläre Invasion eines kribriformen Prostatakarzinoms. Hämatoxylin-Eosin

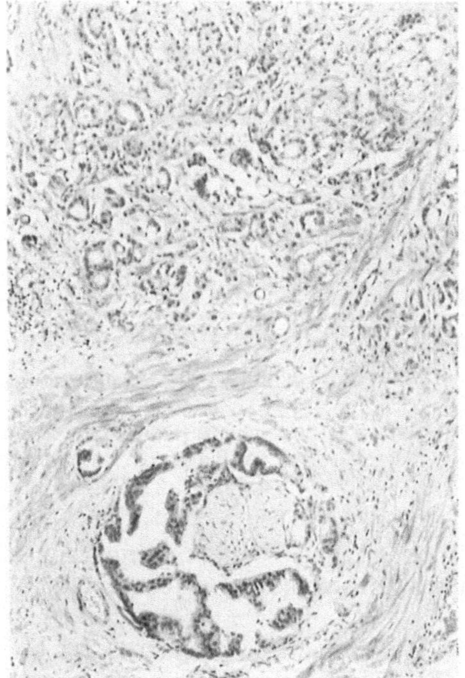

Abb. 259. Perineurale Invasion eines kribriformen Prostatakarzinoms. Hämatoxylin-Eosin

3.8.2.3 Stadien des Prostatakarzinoms

Aufgrund der nur relativ selten indizierten totalen Prostatektomie wird das Ausbreitungsstadium eines Prostatakarzinoms in der Regel nicht durch den morphologisch-makroskopischen, sondern durch den klinischen, d. h. rektalen Palpationsbefund bestimmt.

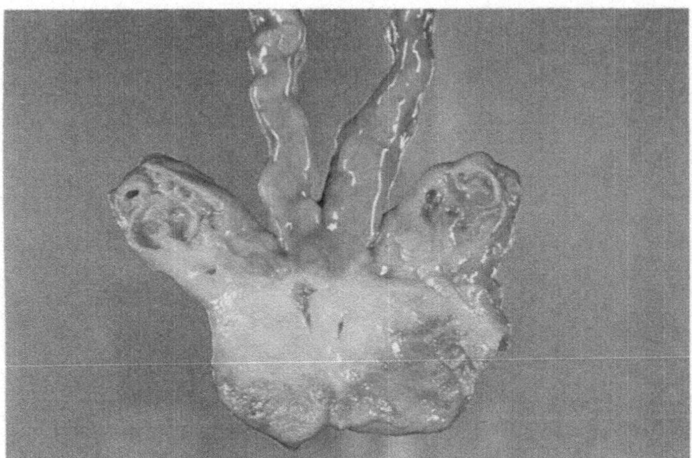

Abb. 260. Infiltration der Samenblasen durch Prostatakarzinom

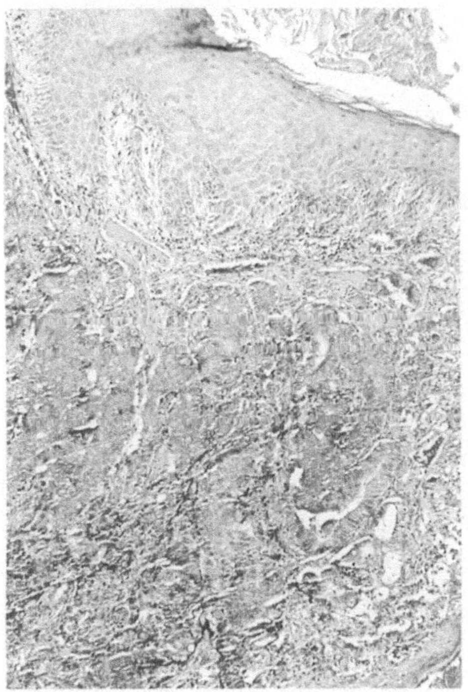

Abb. 261. Prostatakarzinomausbreitung in die Glans penis. Hämatoxylin-Eosin

Folgende Ausbreitungsstadien haben sich in der urologischen Praxis durchgesetzt, die mit den Ziffern 0–IV oder den Buchstaben A–D bezeichnet werden. In der Bundesrepublik Deutschland ist das Flocks-Schema neben dem TNM/UICC-Schema das gebräuchlichste (Hermanek u. Sobin 1987). Es werden hier die Stadien A_0–D bzw. T_1–T_4 unterschieden. Das Stadium A_0/T_1 liegt dann vor, wenn ein Prostatakarzinom klinisch nicht nachweisbar ist, jedoch bei einer transurethralen Resektion

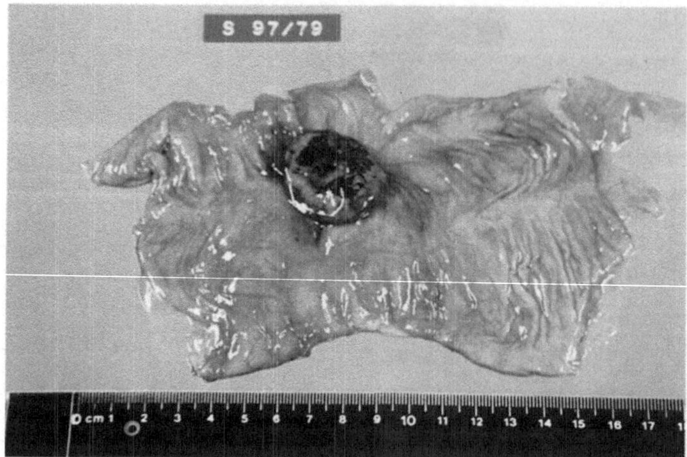

Abb. 262a. Knotiger Einbruch eines Prostatakarzinoms in die Wand des Rektums

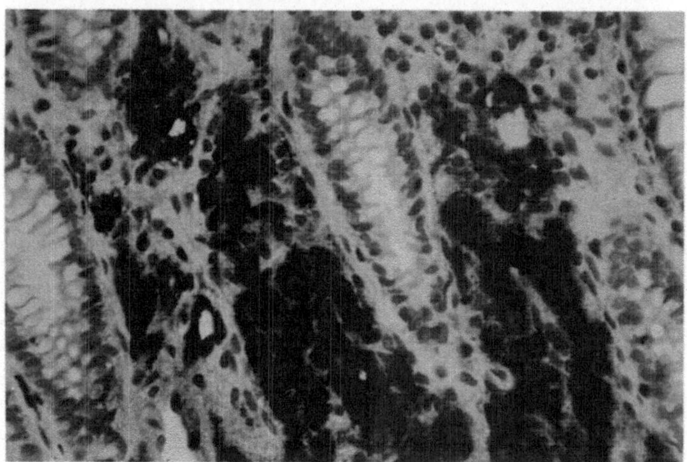

Abb. 262b. PSA-positive Karzinomzellen im Stroma der Rektumschleimhaut (ABC-Technik)

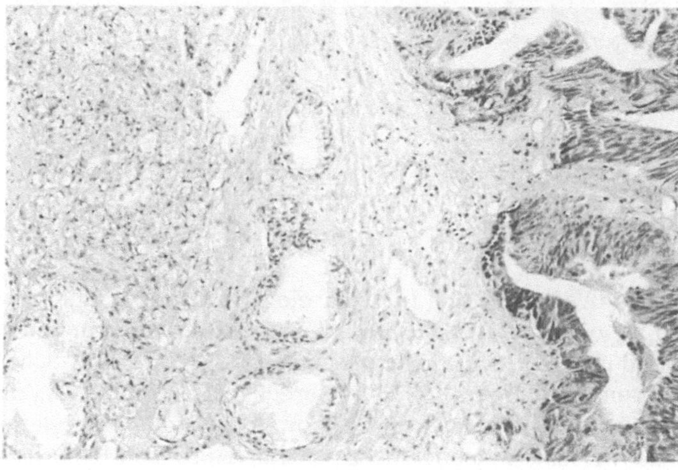

Abb. 263. Invasion eines Rektumkarzinoms in die Prostata bei glandulärem Prostatakarzinom. Hämatoxylin-Eosin

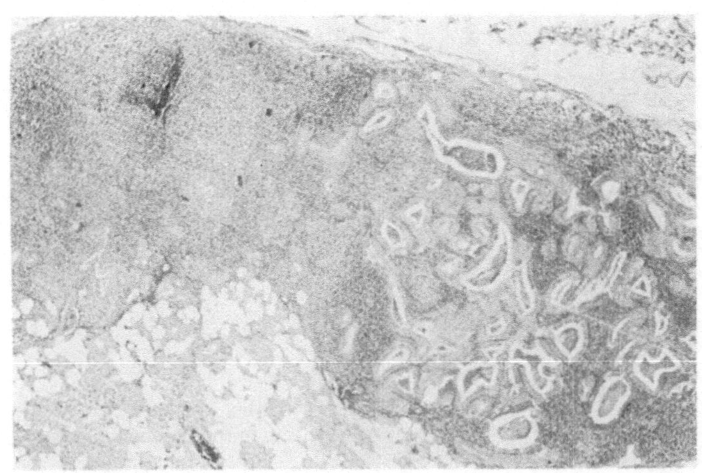

Abb. 264. Lymphknotenmetastase eines Prostatakarzinoms. Hämatoxylin-Eosin

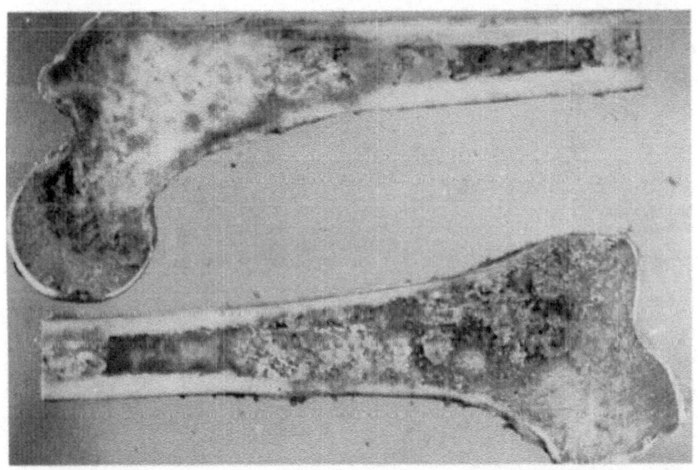

Abb. 265 a. Femurmetastasen eines Prostatakarzinoms

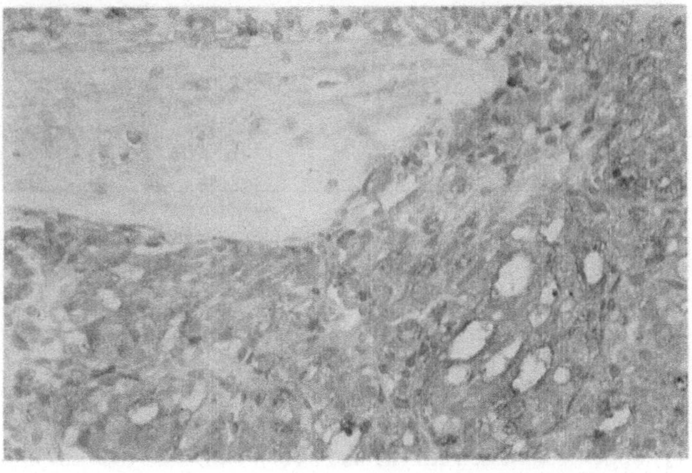

Abb. 265 b. PSA-positive Zellen in einem metastatischen Knochenherd (ABC-Technik)

Abb. 266. Lungenmetastasen (peribronchial) eines Prostatakarzinoms

Tabelle 57. Ausbreitungsstadien des Prostatakarzinoms (Floks 1969 und TNM/UICC 1987)

Amerikanisches System		1987 TNM/UICC
A_0 (I)	Zufällig entdecktes Karz. im OP-Präparat (G I–G III)	T_1
A_1	Histologisch hochdiff. fokales G I-Karz. mit Biopsievolumen unter 10%	$T_{1a} N_0$
A_2	Histologisch mäßig bis schlecht diff. Karz. mit Biopsievolumen mehr als 10% und diffuser Ausbreitung	$T_{1b} N_{1-3}$
B (II)	Palpatorisch auf Prostata begrenzt; intakte Kapsel	T_2
B_1	Kleiner Knoten (kleiner bis gleich 1,5 cm ∅ in einem Lappen)	$T_{2a} N_{0-2}$
B_2	Größer als 1,5 cm im ∅ in einem oder beiden Lappen	$T_{2b} N_{0-2}$
C (III)	Kapselüberschreitendes Karz.	T_3
C_1	Kein Befall der Samenblasen Tumordurchmesser kleiner als 6 cm	
C_2	Befall der Samenblasen Tumordurchmesser größer als 6 cm	$T_3 N_{0-2}$
D (IV)	Karz. mit Metastasen	T_4
D_1	Befall von Beckenlymphknoten Harnleiterobstruktion, Stauungsniere	$T_4 N_{2/3} M_0$
D_2	Skelettmetastasen – juxtaregionale Metastasen	$T_4 N_4 M_1$

zufällig entdeckt wird. Es handelt sich dann um das inzidente Karzinom. Wird bei der Autopsie ein Prostatakarzinom zufällig gefunden, handelt es sich um ein latentes Prostatakarzinom. Das Stadium A (T_1) entspricht einem isolierten Knoten in einem der Lappen. Bei Stadium B (T_2) sind ein oder beide Lappen ohne Überschreiten der Organgrenzen befallen. Das Stadium C (T_3) ist ein Karzinom, das bereits die Organgrenzen überschritten hat. Es besteht ein palpables extraprostatisches Tumorwachstum. Beim Stadium D (T_4) liegen zusätzlich Metastasen vor (Tab. 57; Abb. 267).

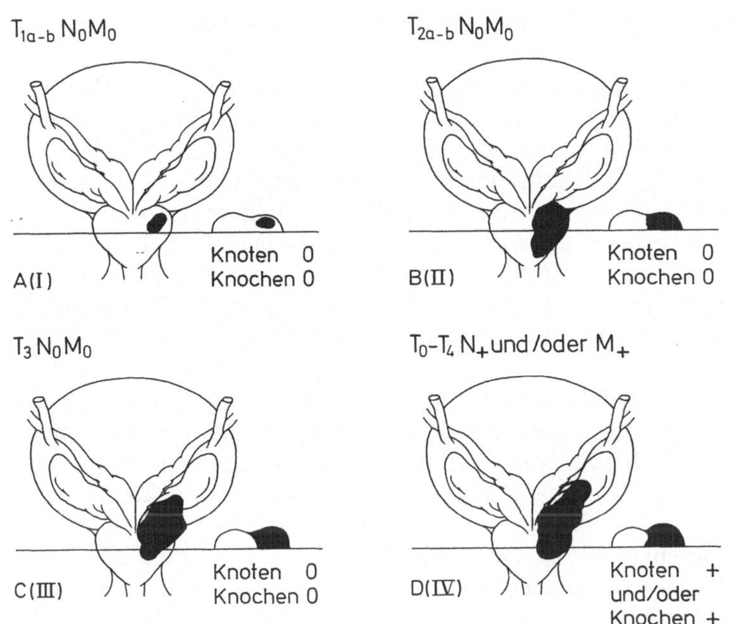

Abb. 267. Schema der Ausbreitungsstadien des Prostatakarzinoms (TNM, 1987)

Das Staging-System wird mit geringen Variationen weltweit angewandt. Es sollte jedoch bedacht werden, daß die exakte Ausbreitung des Prostatakarzinoms letztlich nur durch die morphologische Untersuchung möglich ist (Dhom 1977). Die klinische Erfahrung hat gezeigt, daß die Stadien T_1 und T_2 in der Regel durch die klinische Untersuchung unterbewertet werden. Histomorphologisch findet man in den Stadien T_{1b} und T_2 in bis zu 50% der Fälle ein Überschreiten der Organgrenzen bzw. bereits Lymphknotenmetastasen, so daß in Wirklichkeit ein Stadium C oder D vorliegt (Kastendieck u. Bressel 1980; Catalona 1987).

Zusätzlich haben klinische Verläufe gezeigt, daß ein Teil der Patienten mit einem Prostatakarzinom Stadium A (T_1) kaum eingeschränkte Lebenserwartung hat, ein anderer Teil der Patienten (7–40%) eine rasche Tumorprogression mit Lymphknotenmetastasen aufweist. Die günstig verlaufende Variante wird deshalb als Stadium A_2 (T_{1a}), die ungünstige als Stadium A_2 (T_{1b}) bezeichnet (Jewett 1975; Hermanek u. Sobin 1987).

Diese Unterteilung ist jedoch ganz wesentlich vom histologisch-zytologischen Malignitätsgrad des Karzinoms abhängig (Helpap 1985b; Faul et al. 1985; Wernert et al. 1986a). Die diffuse Durchsetzung ist zudem prognostisch ungünstiger als der lokale Tumorbefall (Jewett 1975; Hohbach 1981c; Helpap 1985b).

Beim Stadium B hat es sich als günstig erwiesen, die Größe des Karzinoms zu berücksichtigen, wobei Knoten mit weniger als 15 mm Durchmesser als Stadium B_1 (T_{2a}), die darüberliegenden als Stadium B_2 (T_{2b}) bezeichnet werden. Die morphologische Analyse hat auch hier ergeben, daß die Fälle mit ungünstiger Prognose eine schlechtere histologische Differenzierung und einen höheren Malignitätsgrad aufweisen (Tab. 57).

Ferner weist ein großer Teil der Patienten mit einem Stadium B (T_2) bereits Lymphknotenmetastasen auf, wobei histologische Untersuchungen gezeigt haben, daß das echte Stadium B (ohne Lymphknotenmetastasen) mit histologisch mehr oder weniger hochdifferenzierten Karzinomen korreliert, während bei 80% der Prostatakarzinome im Stadium B mit geringer bis schlechter Differenzierung bereits Lymphknotenmetastasen bestehen (Fowler u. Whitmore 1981) (Tab. 57).

Für das Stadium C (T_3) des Prostatakarzinoms gilt die gleiche Feststellung. In den meisten Fällen werden auch hier durch die Lymphadenektomie morphologische Lymphknotenmetastasen gefunden, die zur Höherstufung in das Stadium D führen (Tab. 57).

Das Stadium D (T_4) wird dahingehend unterteilt, daß das Stadium D_1 (T_{4a}) dann vorliegt, wenn kleine Metastasen bestehen, die eine Größe von 3 cm nicht überschreiten und histologisch eine hohe Differenzierung aufweisen, im Gegensatz zum Stadium D_2 (T_{4b}), wo es zu einer massiven Metastasierung gekommen ist (Tab. 57).

Eine Analyse der Stadienverteilung nach TNM-Schema am Prostatakarzinomregister Homburg/Saar hat gezeigt, daß 80% der gesamten Registerfälle auf die fortgeschrittenen Stadien T_{2b}–T_3 entfallen. Nur 20% entsprechen dem Stadium T_1 (Hohbach 1981c; Wernert et al. 1986a).

3.8.2.4 Formen des Prostatakarzinoms

3.8.2.4.1 Manifestes Karzinom

Hierbei handelt es sich um ein klinisch durch rektale Palpation diagnostiziertes Prostatakarzinom, das durch Aspiration, Stanzbiopsie, TUR-Resektion, Prostatektomie oder auch durch die Obduktion bestätigt wird. Zu 80% entspricht es dem Stadium T_2–T_4. 10% aller männlichen Krebstodesfälle werden durch das manifeste Prostatakarzinom verursacht. Es steht somit an 3. Stelle der Krebsmortalität des Mannes. Zwischen dem 65. und 75. Lebensjahr finden sich nach Altersverteilung des Prostatakarzinomregisters Homburg/Saar 52% der Karzinome. 22% der Patienten

Tabelle 58. Formen des Prostatakarzinoms

Manifestes Karzinom	Karzinom mit klinischem Erscheinungsbild
Inzidentes Karzinom	Klinisch unentdeckter, unerwarteter, histologisch zufällig entdeckter Tumor
Okkultes Karzinom	Klinisch nicht entdecktes, durch Metastasen manifestes Karzinom
Latentes Karzinom	Klinisch stummes, postmortal entdecktes Karzinom

sind jünger als 65 Jahre und 8% jünger als 60 Jahre. Die klinisch manifesten Karzinome werden in über 55% der Fälle durch Stanzbiopsien morphologisch gesichert. In 28% werden sie im Rahmen einer transurethralen Resektion diagnostiziert (Dhom 1978b; Dhom u. Hohbach 1982) (Tab. 58).

Wird ein Prostatakarzinom bei Männern unter 55 Jahren gefunden, so spricht man vom juvenilen Karzinom. In 70% der Fälle liegen hier jedoch bereits fortgeschrittene Stadien T_2–T_4 vor (Dhom u. Hohbach 1982; Hohbach 1981c; Huben et al. 1982).

3.8.2.4.2 Latentes Karzinom

Dieses Prostatakarzinom ist zu Lebzeiten des Patienten mit klinischen Methoden nicht nachweisbar gewesen, sondern wird erst durch die Obduktion verifiziert. Latente Prostatakarzinome nehmen vom 40. Lebensjahr an stetig zu. Die Häufigkeit beträgt 20–30%. Oberhalb des 75. Lebensjahres werden in 60–80% der Fälle latente Prostatakarzinome gefunden (Scott et al. 1969; Altenähr 1982; Schütze 1984a, b). Mit zunehmendem Lebensalter nimmt die Größe der latenten Prostatakarzinome zu. Auch der Malignitätsgrad steigt mit Zunahme des Lebensalters an (Schmassmann u. Mihatsch 1983) (Tab. 58). Insgesamt überwiegen jedoch hochdifferenzierte, glanduläre Karzinome mit geringem Malignitätsgrad. Dieser histologische Prädilektionstyp, der nur eine äußerst geringe Mitosefrequenz aufweist, ist wahrscheinlich die Ursache für die fehlende klinische Manifestation des Karzinoms (Franks 1954b, 1977; Dhom u. Hohbach 1982; Dhom 1978a, b, c).

Ebenso wie bei den manifesten Karzinomen werden primäre latente Karzinome in der Innendrüse der Prostata nur in etwa 4–10% der Fälle beobachtet (Hohbach 1981c).

3.8.2.4.3 Okkultes Karzinom

Dieses Karzinom ist klinisch unentdeckt geblieben, ist jedoch durch Metastasen manifest geworden (Tab. 58).

3.8.2.4.4 Inzidentes Karzinom

Dieses Karzinom ist klinisch unbekannt und wird zufällig in einem TUR- oder Ektomiepräparat bei operativer Therapie einer Prostatahyperplasie histologisch durch den Pathologen gefunden (Tab. 51). Die Häufigkeit dieses Befundes hängt von der Ausdehnung der Resektion (TUR) und auch von der Intensität der histologischen Aufarbeitung ab (Newmann et al. 1982; Moore et al. 1986; Mostofi 1986; Murphy et al. 1986; Kastendieck 1987; Rohr 1987; Faul u. Partecke 1988).

Wird von einem TUR-Resektionsmaterial pro 3 g Gewebe ein Paraplastblock aufgearbeitet, können in 8–15% inzidente Karzinome gefunden werden (Dhom 1981, 1985; Kastendieck 1987). In 45–50% ist das Tumorvolumen der inzidenten Prostatakarzinome geringer als 10%. Es liegen nur mikroskopisch ein bis drei winzige Krebsherde bzw. Karzinomherde in drei Resektionsstreifen vor. Diese Form wird als hochdifferenziertes Mikrokarzinom Stadium T_{1a} (früher A_1) klassifiziert (Dhom u. Hautumm 1975; Jewett 1975; Kastendieck 1984, 1985–1987; UICC-Klassifikation 1987; Hermanek u. Sobin 1987). Der überwiegende Anteil (50–55%) der inzidenten Karzinome hat bereits ein Volumen von 10% überschritten mit mehr als drei Krebsherden, entsprechend dem Stadium T_{1b} (A_2) (Battaglia et al. 1981), oder hat bereits die Organgrenzen der Prostata durchbrochen, so daß ein Ausbreitungsstadium T_3 vorliegt (Newmann et al. 1982; Dhom u. Hautumm 1975) (Tab. 58). Pathologisch-anatomisch wird nach der zweiten transurethralen Resektion, evtl. lappengetrennt, häufig, d.h. in 50–90% der Fälle, noch Residualtumor gefunden (Parfitt et al. 1983; Elder et al. 1985; Kastendieck 1984, 1987; Faul u. Partecke 1988). Somit ist es nicht gerechtfertigt, inzidente Karzinome mit einem Mikrokarzinom generell gleichzusetzen. Wichtig für die Aussage zu einer möglichen Tumorprogression und Prognose sind das im Resektionsmaterial bestimmte Tumorvolumen und der Malignitäts- bzw. histologische Differenzierungsgrad. A_1 (T_{1a}) Tumoren sind überwiegend als günstig einzustufen, während der A_2 (T_{1b}) Tumor eine progressive Potenz besitzt und entsprechend aggressiv bzw. radikal zu behandeln ist.

Untersuchungen von Kastendieck (1984) haben aufgezeigt:

1. daß das inzidente Prostatakarzinom mit einer klinisch manifesten, im Resektionsmaterial bestätigten benignen Hyperplasie vergesellschaftet ist,
2. daß das inzidente Karzinom, wenn es noch begrenzt ist, zentral anzutreffen ist, dort wo auch die Noduli der BPH lokalisiert sind,
3. daß das inzidente Karzinom oft multifokal entwickelt ist und dabei den nodulären Bau der Hyperplasien einer klassischen BPH bewahren oder nachahmen kann (Dhom u. Hautumm 1975; Parfitt et al. 1983),
4. daß das inzidente Karzinom sich vorzugsweise in die ventralen paraurethralen Organzonen auszubreiten scheint, und nicht wie das gewöhnliche klinische Karzinom in der Außenzone der Prostata entsteht,
5. daß das inzidente Karzinom histologisch häufig der glandulären Proliferation im Rahmen der typischen BPH oder der atypischen Hyperplasie so ähnlich ist, daß die histologische Abgrenzung am einzelnen Fall im Hinblick auf ein Karzinom problematisch sein kann (Helpap 1983d, 1985; Battaglia et al. 1978, 1985; Kastendieck 1984, 1985–1987).

Bei dem Problem „inzidentes Karzinom“ ist somit zu beachten, daß etwa 10–15% aller Prostatakarzinome ausschließlich in zentralen und ventralen, bzw. intermediären Organzonen entstehen, dort, wo auch die benigne oder atypische paraurethrale Prostatahyperplasie vorkommt.

Da die Prozentsätze atypischer Hyperplasien und inzidenter zentraler Karzinome mit ca. 10% sehr ähnlich sind, kann die atypische Hyperplasie ebenso wie die intraepitheliale Neoplasie als Vorläufer der späteren zentralen Karzinome angesehen werden (Bostwick u. Brawer 1987; Kastendieck 1987).

Der atypischen Prostatahyperplasie kommt bei der Suche nach einem in Entwicklung befindlichen inzidenten, zentralen Karzinom daher eine besondere Bedeutung zu (Helpap 1980b, 1983d).

Im Gegensatz dazu entwickeln sich die manifesten Karzinome in den dorsoperipheren Zonen der Prostata, der sog. chirurgischen Kapsel. Die Ausbreitung richtet sich zunächst in die lateralen intermediären und ventralen Organzonen. Die zentrale periurethrale Region bleibt dagegen lange tumorfrei (Dhom u. Hautumm 1975; Kastendieck 1984, 1987).

Tabelle 59. Klassifikation und Grading von inzidenten Prostatakarzinomen

Grading	pT_{1a}[a] (A_1[b])		pT_{1b} (A_2)	
	n	%	n	%
Ia	37	13,4	–	–
Ib	102	36,7	35	12,7
IIa	–	–	79	28,5
IIb	–	–	15	5,5
III	–	–	9	3,2

[a] TNM 1987; [b] Jewett 1975.

Vom morphologischen Standpunkt aus ergeben sich prinzipiell bei der histologischen Klassifikation und dem Grading zwischen manifesten und inzidenten Prostatakarzinomen keine Unterschiede. Inzidente Karzinome sind jedoch insgesamt häufiger höher differenziert als klinisch manifeste Karzinome, die fast in der Hälfte der Fälle ein pluriformes Muster zeigen (Tab. 59). Inzidente Prostatakarzinome T_{1a} (A_1) weisen überwiegend Malignitätsgrade Ia und Ib, d.h. zusammen von über 50% auf. Im A_2 (T_{1b}) Stadium herrschen dagegen Malignitätsgrade Ib und IIa vor (Einzelheiten des Grading s. Kapitel Grading).

Es finden sich jedoch in 8% auch schlecht differenzierte Formen mit hohen Malignitätsgraden IIb und III (Kopper et al. 1983; Helpap u. Weißbach 1984a; Wernert et al. 1986a) (Tab. 59).

3.8.2.4.5 Wertigkeit der inzidenten und klinisch manifesten Karzinome

Tumorstadium, histologische Klassifikation und Malignitätsgrading sind insgesamt die für die Prognose entscheidenden Faktoren bei manifesten und inzidenden Karzinomen. Auch das Lebensalter der Tumorträger spielt eine wichtige Rolle bei den therapeutischen Konsequenzen. Die Berücksichtigung aller klinischen und morphologischen Befunde bestimmt die Form der Behandlung des klinisch manifesten Prostatakarzinoms. Es sind dies endokrine oder radiologische Maßnahmen oder operative Methoden (Bressel 1987).

Das inzidente Prostatakarzinom wird in seiner therapeutischen Beeinflußbarkeit fast ausschließlich von den morphologischen Befunden bestimmt. Das kleine T_{1a} bzw. A_1 inzidente Karzinom, das überwiegend hochdifferenziert ist, wird als prognostisch günstig eingestuft. Die Lebenserwartung des Tumorträgers weicht nicht von der einer tumorfreien Vergleichspopulation ab (Walsh u. Jewett 1980). Ähnlich wie beim hochdifferenzierten glandulären, klinisch manifesten Prostatakarzinom, Malignitätsgrad Ia kann sich der urologische Therapeut abwartend verhalten (Helpap u. Weißbach 1984a; Rohr 1987).

Sicherheitshalber sollte jedoch eine klinische und evtl. bioptische Überwachung des Patienten erfolgen, evtl. auch durch eine Stagingnachresektion (Kastendieck 1985).

Das inzidente Prostatakarzinom T_{1b} (A_2) ist prognostisch schlechter und weist oft eine progressive Potenz auf. Neben den unterschiedlichen Ausbreitungsstadien zeigen diese Karzinome verschiedene histologische Muster und höhere Malignitätsgrade. Bis zu 20% haben die inzidenten Karzinome T_{1b} (A_2) einen hohen Malignitätsgrad, ein fortgeschrittenes Stadium, Lymphknotenmetastasen und insgesamt einen ungünstigen Krankheitsverlauf (Catalona 1987). Diese Form des Karzinoms entspricht somit dem klinisch manifesten Karzinom, das mit abnehmendem Differenzierungs- bzw. steigendem Malignitätsgrad durch eine stärkere Aggressivität, höhere Ausbreitungsstadien und bei schlechterer Ansprechbarkeit auf eine endokrine Therapie insgesamt durch eine schlechtere Prognose gekennzeichnet ist (Böcking u. Sinagowitz 1980; Gleason 1981; Hohbach 1981 c; Helpap u. Weißbach 1984 a; Dhom 1985; Wernert et al. 1986 a; Kastendieck 1987).

Bei jungen Tumorträgern mit höherer Lebenserwartung ist jedoch die Prognose von inzidenten und klinisch manifesten Karzinomen gegenüber älteren Tumorträgern deutlich ungünstiger, da sich auch bei langsamem primärem Wachstum Ausbreitungsstadium und Malignitätsgrad verschlechtern können (Schröder u. Belt 1975; Huben et al. 1982; Kastendieck 1987).

Folgende Feststellung ist daher wichtig: Durch die histologische und zytologische Klassifikation bzw. Bestimmung des Malignitätsgrades eines Prostatakarzinoms kann im Einzelfall nicht entschieden werden, welches biologische Wachstumsverhalten der Tumor einschlagen wird (Helpap et al. 1976; Helpap 1982 b; Kastendieck 1980 b, 1987).

Bezogen auf das inzidente Karzinom bedeutet dies, daß bei den T_{1b} (A_2) Karzinomen prinzipiell therapeutische Maßnahmen erforderlich sind. Die Therapieplanung ist auf den einzelnen Patienten abzustellen.

Die Therapie ist, abhängig von Tumorvolumen und Differenzierungs- bzw. Malignitätsgrad, entsprechend aggressiv zu gestalten, auch in Abhängigkeit vom Alter (Catalona u. Scott 1978; Göttinger u. Schmiedt 1979; Schröder 1983; Kastendieck 1984, 1987).

3.8.3 Histologische Diagnostik

Die morphologische Diagnostik des Prostatakarzinoms basiert auf folgenden Kriterien: irreguläre Architektur der Drüsen, zelluläre Atypien und invasives Wachstum. Der zytologische Malignitätsgrad beruht auf der Schwere der nukleären Atypien. Histologie und Zytologie müssen immer zusammen beurteilt werden, da es Prostatakarzinome mit äußerst geringer nukleärer Atypie und gutartige Veränderungen der Prostata gibt mit z. T. schweren zellulären Atypien (Helpap 1983 d). Das typische Prostatakarzinom ist ein drüsenbildendes Karzinom, bei dem die irreguläre Architektur durch dichte Zusammenlagerung großer oder kleiner tubulärer Formationen oder intraluminaler kribriformer Wachstumsmuster gekennzeichnet ist. Die atypischen Drüsenformationen splittern das fibro-muskuläre Netzwerk auf. Um die seltenen Drüsenschläuche finden sich keine kollagenen Fasern. Sie dringen in die glatte Muskulatur vor. Charakteristisch ist die perineurale Invasion, die anzeigt, daß das Tumorwachstum die Organperipherie erreicht hat (Dhom 1977, 1985; Kastendieck 1977, 1980 b).

3.8.3.1 Histologische Klassifikation

Die histologische Klassifizierung des Prostatakarzinoms wird durch die Architektur der Tumorformation bestimmt. Im deutschen Sprachraum hat der pathologisch-urologische Arbeitskreis „Prostatakarzinom" 1982 eine Klassifikation vorgelegt (Müller et al. 1982), die in ihren Grundzügen vergleichbar ist mit der Karzinomeinteilung des amerikanischen Armed Forces Institute of Pathology (Mostofi u. Price 1973), der WHO-Einteilung (Mostofi et al. 1980) sowie mit einer Variation von Kastendieck u. Mitarbeitern (s. a. Kastendieck 1980b; Melicow u. Uson 1976; Dhom 1985; Helpap 1982b, 1985b) (Tab. 60, 61).

Tabelle 60. Klassifikation von Prostatakarzinomen nach WHO und Dhom

WHO	Dhom
Adenokarzinome	Uniforme Karzinome
mikroglandulär	hoch diff. Adenokarzinome
makroglandulär	wenig diff. Adenokarzinome
kribriform	kribriforme
solide/trabekulär	solide anaplastische
andere	Pluriforme Karzinome
(endometrioide, papilläre zystadenoide, schleimbildende Karzinome)	hoch – wenig diff. Adenokarzinome
Transitionalzellkarzinome	kribriforme und solide anapl. Karzinome
Plattenepithelkarzinome	kribriforme Muster in anderen Karzinomen
Undifferenzierte Karzinome	andere Karzinome
	Urothelkarzinome
	Plattenepithelkarzinome
	Schleimbildende Karzinome
	Endometroide Karzinome

Tabelle 61. Prostatakarzinom-Klassifikation des pathologisch-urologischen Arbeitskreises „Prostatakarzinom"

Histologische Klassifikation von Prostatakarzinomen	
Gewöhnliche Prostatakarzinome	
uniformer Aufbau	pluriformer Aufbau
glandulär (papillär, muzinös)	glandulär (kribriform)
kribriform	kribriform (glandulär)
solid/trabekulär	kribriform/solid
Ungewöhnliche Prostatakarzinome	
Urotheliale Karzinome	
Plattenepithelkarzinome	
(Endometroide Karzinome)	
(Schleimbildende Karzinome)	
Karzinoide bzw. glanduläre Karzinome mit karzinoiden Anteilen	
Undifferenzierte (nicht klassifizierbare) Prostatakarzinome	

3.8.3.1.1 Gewöhnliche Prostatakarzinome

Das gewöhnliche Prostatakarzinom hat folgende Grundstrukturen:

3.8.3.1.1.1 Das hochdifferenzierte glanduläre Karzinom bildet mittelgroße bis große Drüsenschläuche mit einreihigem Epithel und hellem Zytoplasma. Die Kerne sind regelmäßig gestaltet. Nur vereinzelt sind Nukleolen zu finden. Mitosefiguren sind nicht nachweisbar (Mitoseindex unter 0,01%) (Abb. 268–272). Die Expression von PSP und PSA ist apikal-luminal und gleichmäßig (Tab. 66–68).

3.8.3.1.1.2 Das wenig differenzierte glanduläre Karzinom zeigt unregelmäßig konfigurierte Drüsenareale mit stärkeren Zell- und Kernatypien sowie Ausbildung von Nukleolen. Die Mitosefrequenz kann bis 0,02% betragen (Abb. 273–276). Die Expression von PSP und PSA, aber auch von TPA und von CEA ist wechselnd stark, häufig bereits diffus zytoplasmatisch (Tab. 66–68).

Die glandulären Muster können in papilläre und schleimbildende Formen übergehen (glandulär-papillär und muzinöse).

3.8.3.1.1.3 Das kribriforme Karzinom ist durch ein siebplattenartiges Geschwulstwachstum gekennzeichnet. Zwischen den Epithelformationen ist kein Stroma ausgebildet. Die Kernpolymorphie ist erheblich, die Nukleolen sind prominent. Vielfach werden mehr als 2 Nukleolen pro Kern angetroffen. Der Mitoseindex kann bis 0,1% betragen (Abb. 277, 278).

3.8.3.1.1.4 Das solide-trabekuläre Karzinom kann ein solides medulläres, aber auch szirrhöses Wachstum aufweisen, d. h., daß sich ähnlich wie beim Mammakarzinom Stroma und Epithel bei der medullären Form wie 1 : 2, bei der soliden Form wie 1 : 1 und bei der szirrhösen Form wie 2 : 1 verhalten. Die Kernpolymorphie ist stark ausgeprägt. Das Zytoplasma der Tumorzellen ist teils hellzellig vakuolisiert, teils stark basophil. Die Mitosefrequenz kann über 1% betragen (Abb. 279–282) (Helpap 1980c, 1981).

Immunhistochemisch exprimieren kribriforme und solide trabekuläre Karzinome PSP und PSA sehr unregelmäßig diffus. Häufig ist auch kein Antigen nachweisbar. Demgegenüber wird TPA häufig sehr stark, CEA im Mittel gering bis mäßig exprimiert (Hofstädter 1986; Wacker u. Müller 1986; Vogel u. Helpap 1986, 1988) (Tab. 66–68).

3.8.3.1.2 Häufigkeit und Verteilungsmuster

95% der Prostatakarzinome entsprechen dem gewöhnlichen Typ. Die Grundstrukturen des gewöhnlichen Prostatakarzinoms – es überwiegen glanduläre Muster (35%) – werden bei uniformem Aufbau in 47–49% angetroffen. Der pluriforme Aufbau findet sich in 50–56% der Fälle. Hier überwiegen Kombinationen mit glandulär-kribriformem Muster (30%) (Dhom 1983; Helpap u. Weißbach 1984a) (Tab. 62).

3.8.3.1.3 Ungewöhnliche Prostatakarzinome

Zu den ungewöhnlichen Formen der Prostatakarzinome gehören das Urothelkarzinom, das Plattenepithelkarzinom sowie Karzinoide bzw. glanduläre Karzi-

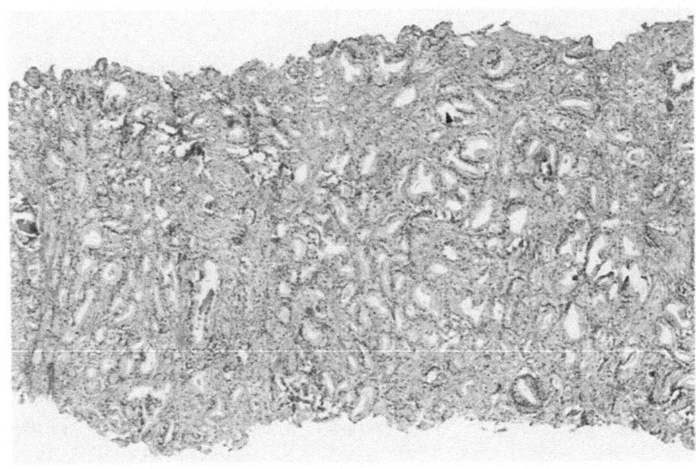

Abb. 268. Hochdifferenziertes glanduläres uniformes Prostatakarzinom. Hämatoxylin-Eosin

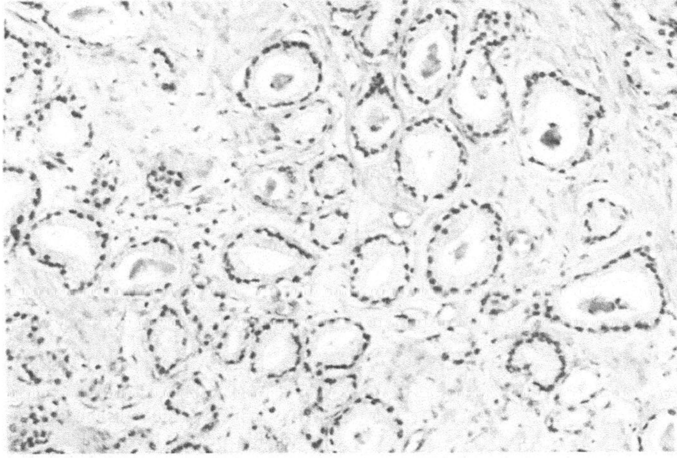

Abb. 269. Hochdifferenziertes glanduläres uniformes Prostatakarzinom mit gleichgroßen Drüsen. Hämatoxylin-Eosin

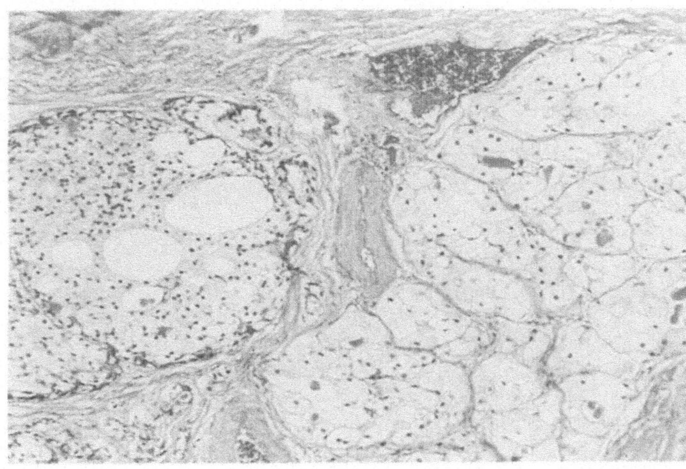

Abb. 270. Hellzelliges, mäßig differenziertes, glanduläres Prostatakarzinom. Hämatoxylin-Eosin

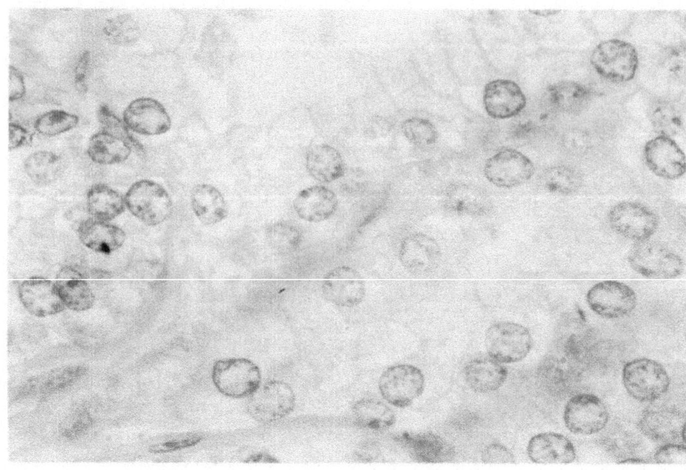

Abb. 271. Zytologischer Aspekt von Zellkernen bei hochdifferenziertem Prostatakarzinom. Nur ganz vereinzelt zentrale Nukleoli. Malignitätsgrad Ia. Hämatoxylin-Eosin

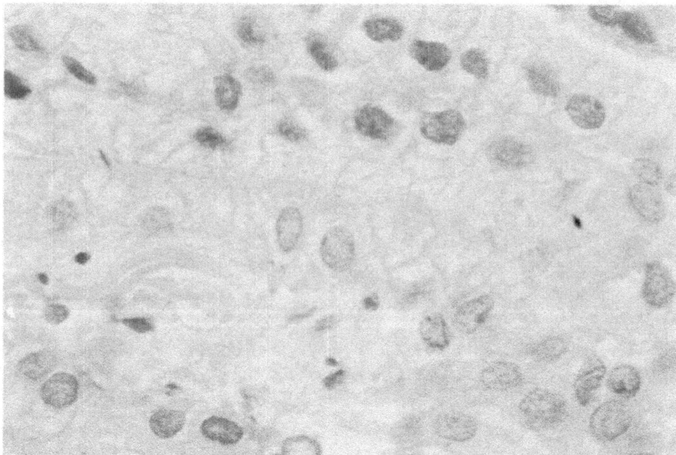

Abb. 272. Geringfügige Kernpolymorphie und Hyperchromasie bei hochdifferenziertem Prostatakarzinom. Malignitätsgrad Ib. Hämatoxylin-Eosin

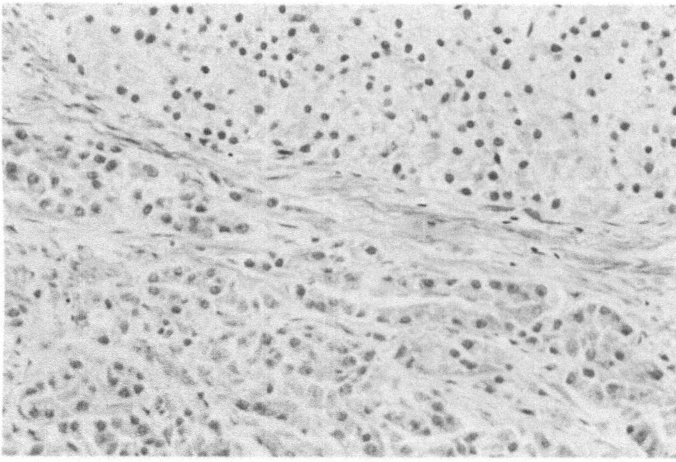

Abb. 273. Wenig differenziertes glanduläres Prostatakarzinom. Hämatoxylin-Eosin

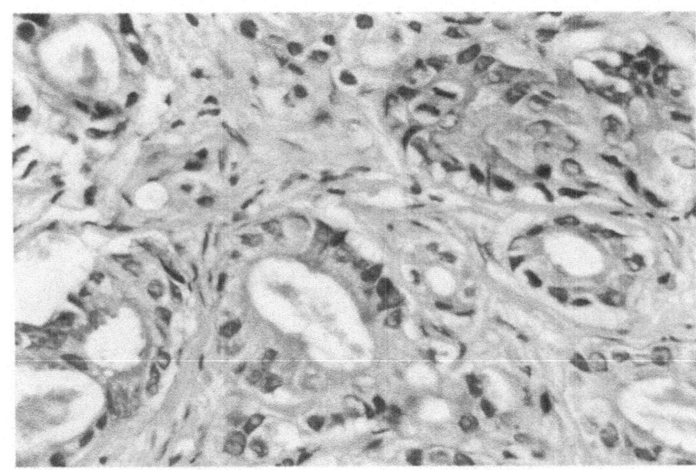

Abb. 274. Architektionische und zelluläre Unregelmäßigkeiten bei wenig differenziertem glandulären Prostatakarzinom. Hämatoxylin-Eosin

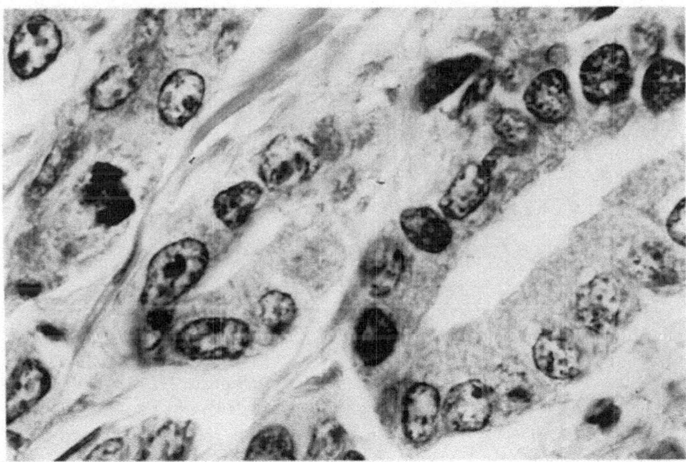

Abb. 275. Atypische Mitosefigur und Hyperchromasie sowie zentrale Nukleolen und ein exzentrischer Nukleolus bei wenig differenziertem, glandulären Prostatakarzinom. Malignitätsgrad IIa. Hämatoxylin-Eosin

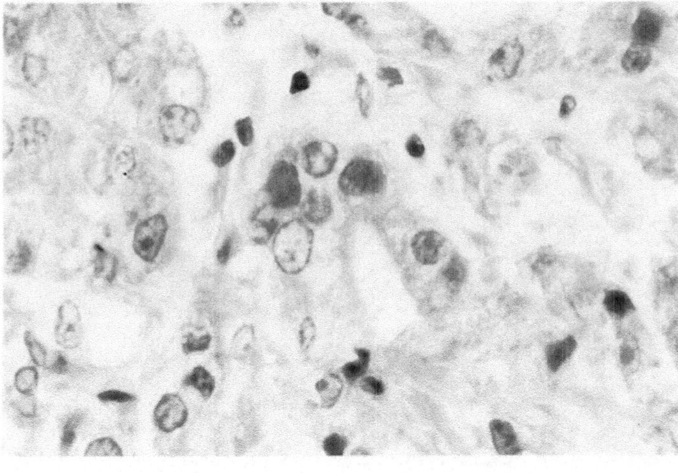

Abb. 276. Deutliche zelluläre Atypien bei wenig differenziertem, glandulärem Prostatakarzinom. Malignitätsgrad IIb. Hämatoxylin-Eosin

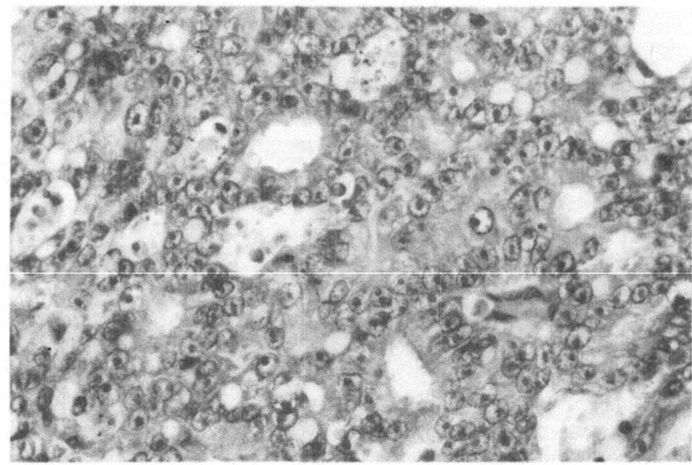

Abb. 277. Kribriformes Prostatakarzinom. Hämatoxylin-Eosin

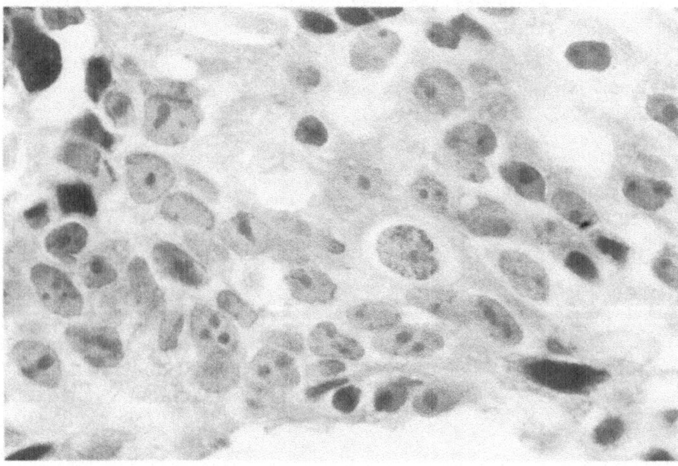

Abb. 278. Bis zu 3 prominente, vielfach exzentrisch gelagerte Nukleolen bei kribriformem Prostatakarzinom. Malignitätsgrad III. Hämatoxylin-Eosin

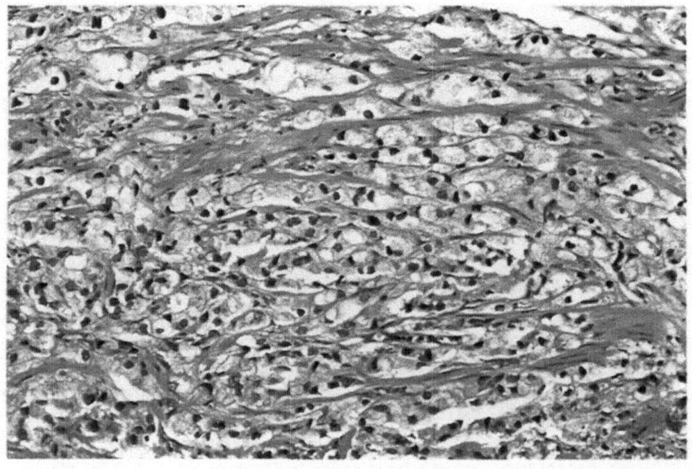

Abb. 279. Trabekuläres Prostatakarzinom. Hämatoxylin-Eosin

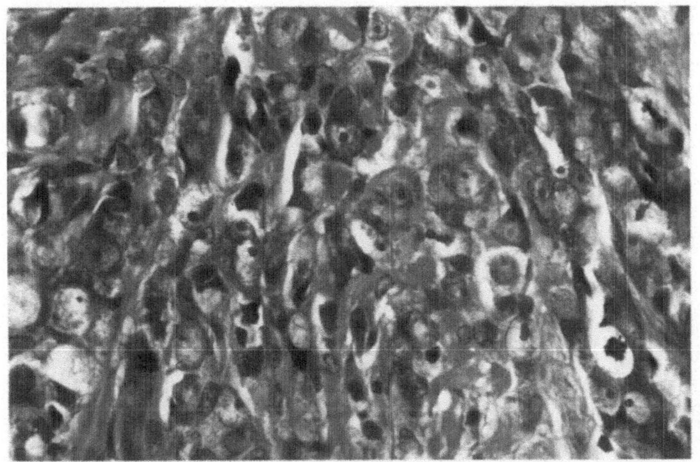

Abb. 280. Überwiegend exzentrische Nukleolen bei trabekulärem wenig differenzierten Prostatakarzinom. Malignitätsgrad III. Hämatoxylin-Eosin

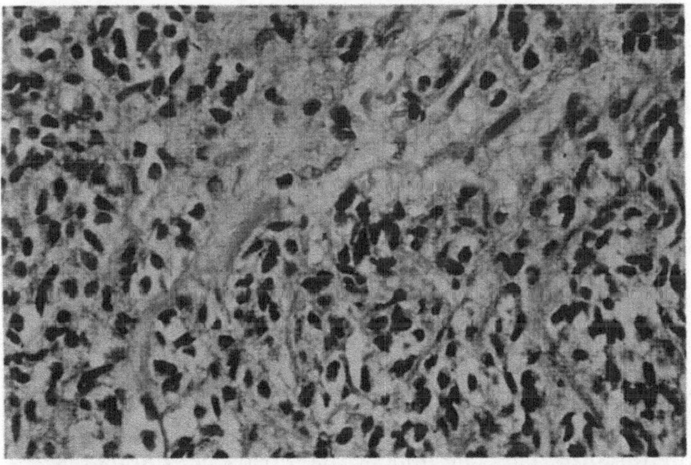

Abb. 281. Trabekuläres und solides, wenig differenziertes Prostatakarzinom. Hämatoxylin-Eosin

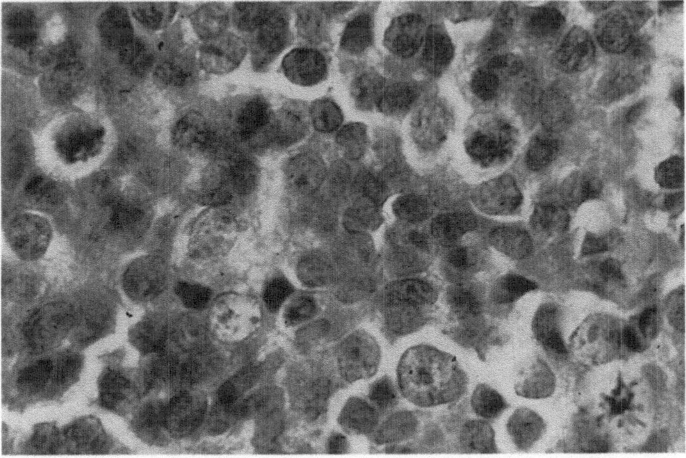

Abb. 282. Erhöhte Mitosefrequenz, atypische Mitosen sowie prominente Nukleolen bei undifferenziertem, solidem Prostatakarzinom. Malignitätsgrad III. Hämatoxylin-Eosin

Tabelle 62. Häufigkeit, Klassifikation und Grading von Prostatakarzinomen

Gewöhnliche Prostatakarzinome	95,2%
Uniformer Aufbau	49,6%
Pluriformer Aufbau	50,4%
G I	5,3%
G II	59,5%
G III	35,2%
Ungewöhnliche und undifferenzierte Prostatakarzinome	14,8%

nome mit karzinoiden Anteilen. Das schleimbildende (muzinöse) Karzinom und das papilläre Karzinom vom endometrioiden Typ werden aufgrund ihres immunhistochemischen Verhaltens mit positiver Expression von PSA und PSP neuerdings zu den gewöhnlichen Prostatakarzinomen gerechnet. Diese ungewöhnlichen Prostatakarzinome sind insgesamt selten und machen etwa 1,5% aller Prostatakarzinome aus (Dhom 1985) (Tab. 62, 77); s. a. S. 248 und 304 (10.3.1.3 u. 10.7.5, 10.7.6).

3.8.3.1.4 Undifferenzierte Prostatakarzinome

Diese nicht näher klassifizierten *Prostatakarzinome* sind in etwa 4% der Fälle anzutreffen.

3.8.3.2 Morphologische Aussagekraft von Stanzbiopsien bei der Prostatakarzinomdiagnostik (gewöhnlicher Typ)

Die an großen Fallzahlen herausgearbeiteten Verteilungsmuster uniformer und pluriformer Karzinome haben gezeigt, welche Bedeutung das histologisch-zytologische Grading besitzt. Naturgemäß ist eine eindeutige Klassifikation eines Prostatakarzinoms nur am Präparat nach totaler Prostatektomie oder nach einer ausgedehnten transurethralen Resektion durchführbar. Die übliche diagnostische Maßnahme besteht jedoch in über 50% der Fälle in einer transrektalen oder transperinealen Stanzbiopsie. Jüngste Untersuchungen zur Aussagekraft der Stanzbiopsie hinsichtlich Differenzierung, Grading, Tumorlokalisation und Volumenbestimmung haben gezeigt, daß die stanzbioptische Befundaussage nicht immer als repräsentativ für den Gesamttumor gelten muß. Es besteht die Gefahr, daß das Prostatakarzinom durch die Stanzbiopsie als zu hoch differenziert bewertet wird (Kastendieck 1980; Müller et al. 1980; Faul et al. 1985; Mills et al. 1986). Ein solches Undergrading kann in 30% der Fälle auftreten (Catalona et al. 1982) (Tab. 63).

Auch die Tumorlokalisation stimmt nur in etwa 60% mit dem Prostatektomiepräparat überein. Eine Übereinstimmung zwischen Stanzbiopsie und Prostatektomiepräparat bei der Bestimmung des Tumorvolumens ist ebenfalls nur in knapp der Hälfte der Fälle möglich (Kastendieck 1980; Ackermann u. Müller 1981). Es muß jedoch betont werden, daß die diagnostische Trefferquote der Stanzbiopsie hinsichtlich der Karzinomsicherung über 90% liegt und somit eine zuverlässige Methode ist (Mihatsch et al. 1983). Aufgrund eines sehr exakten zytologisch-histologischen Gra-

Tabelle 63. Vergleich von Stanz- und Ektomiepräparat beim Prostatakarzinom

Übereinstimmung	Lokalisation	Volumen	Histologie[a]
Vollständig	66,6%	43,3%	62,5%
Teilweise	27,9%	45,8%	28,3%
Fehlt	10,5%	10,8%	9,2%

[a] Karzinom in Stanze zu gut klassifiziert.

dings ist darüberhinaus gezeigt worden, daß pluriform aufgebaute Prostatakarzinome mit a priori schlechterer Prognose als hochdifferenzierte glanduläre Karzinome zytologisch keine Befunde ergeben, die einem geringen Atypiegrad entsprechen (Helpap u. Otten 1982). Diese Tatsache wertet die histologisch-zytologische Aussagekraft der Stanzbiopsie auf.

3.8.3.3 Postoperative morphologische Klassifikation

Die morphologische Analyse an Prostatektomiepräparaten hat gezeigt, daß das klinische Stadium nicht selten korrigiert werden muß. In 60% besteht Übereinstimmung für das Stadium. Ein Understaging wird vor allem bei pT_1 und pT_2 Tumoren beobachtet, die im Prostatektomiepräparat jeweils ein Stadium höher eingestuft werden müssen, d. h. in diesen Fällen liegt bereits ein organüberschreitendes Wachstum vor. Die Größe der Tumoren stimmt in ihrer Abschätzung in fast 80% der Fälle überein (Kastendieck u. Hüsselmann 1982).

3.8.3.4 Zellkinetik des Prostatakarzinoms

Mit der autoradiographisch-zellkinetischen Methode mittels radioaktiv markiertem Thymidin konnte an inkubiertem (in vitro) analysiertem Prostataresektionsmaterial und Stanzgewebe in homologem Patientenplasma festgestellt werden, daß unter Berücksichtigung der Zellzyklusabläufe proliferierender und nicht proliferierender (ruhender) Tumorzellen (Helpap 1980) (Abb. 283–285) mit Zunahme des Malignitätsgrades bzw. Abnahme des Differenzierungsgrades der Karzinome die Proliferationsaktivität bzw. der Markierungsindex ansteigen und die Nukleolenfrequenz sowie die Nukleolen-Nukleus-Relation zunehmen. Übereinstimmung mit der Literatur besteht dabei insofern, als Prostatakarzinome eine sehr geringe Proliferationsrate zeigen (Rabes u. Faul 1973; Nordenskjöld et al. 1974; Magasi u. Ruszinko 1986; Coffey u. Isaacs 1981; Helpap et al. 1974, 1976; Helpap 1985d) (Abb. 286–296; Tab. 64, 65).

Bei der Gegenüberstellung von zellkinetischen und zytologischen Parametern wie unterschiedlichen Kerngrößenklassen, Kernformen, Kernchromasiegraden, Kernplasmarelationen und Nukleolenhäufigkeit (Helpap 1981) wurde festgestellt, daß bei einem sehr geringen Markierungsindex von 0,4% einheitliche Kerngrößenklassen, vornehmlich runde Kernformen, eine geringe Kernhyperchromasie und eine Kernplasmarelation von 1:4 vorliegen (Abb. 288–290).

Histologisch entsprechen die Karzinome hochdifferenzierten glandulären Formen. Bei ähnlichem histologischem Muster und einem Markierungsindex von 0,5–

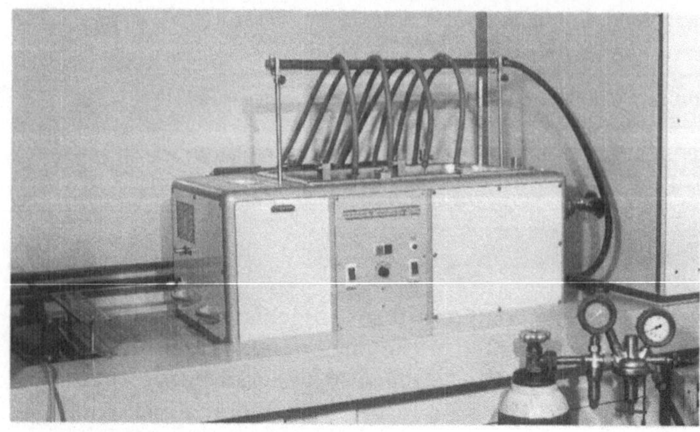

Abb. 283. Inkubationsanlage zur radioaktiven Markierung von Gewebsproben unter erhöhtem Karbogen-Druck (2,2 atü); 95% O_2 – 5% CO_2).

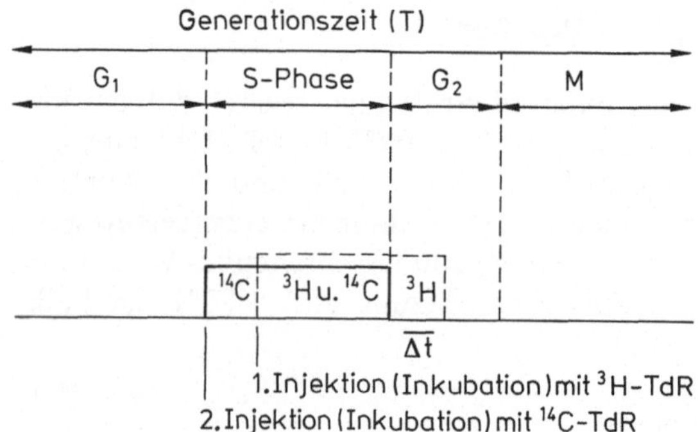

Abb. 284. Schema des Generationszyklus proliferierender Tumorzellen, Doppelmarkierung nach Inkubation mit ^{3}H- und ^{14}C-Thymidin. (Aus Helpap 1980, 1983)

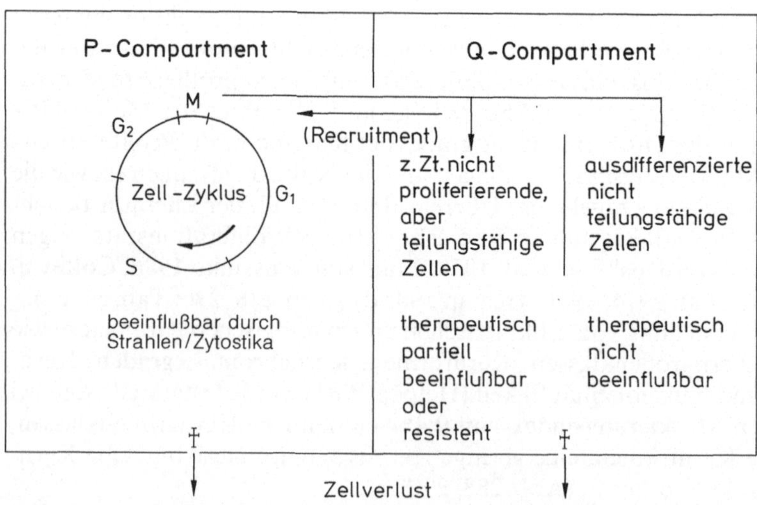

Abb. 285. Proliferierende und ruhende Zellkompartimente von Tumoren unter Berücksichtigung des Rekruitments

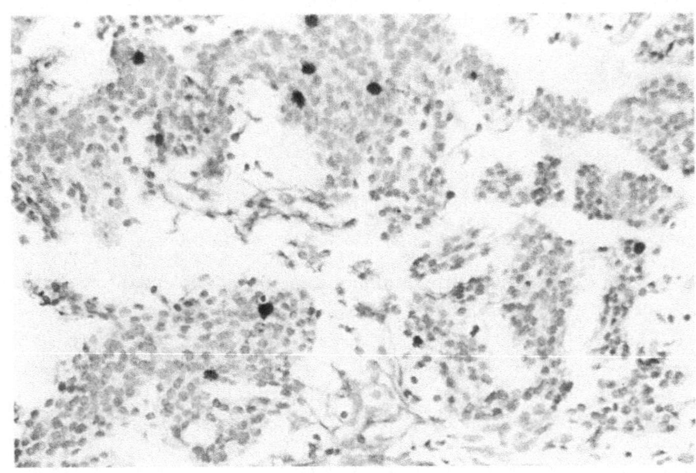

Abb. 286. Kribriformes Prostatakarzinom mit zahlreichen radioaktiv markierten Tumorzellkernen. Stripping-Film-Autoradiogramm. Hämalaun

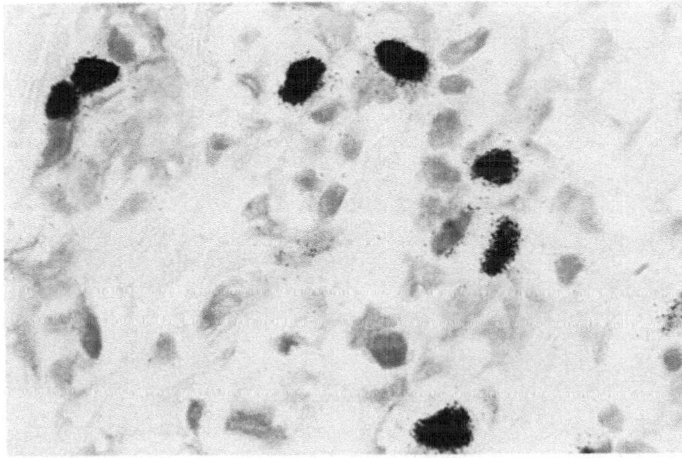

Abb. 287. Radioaktiv markierte Tumorzellkerne bei wenig differenziertem, glandulären Prostatakarzinom. Stripping-Film-Autoradiogramm. Hämalaun

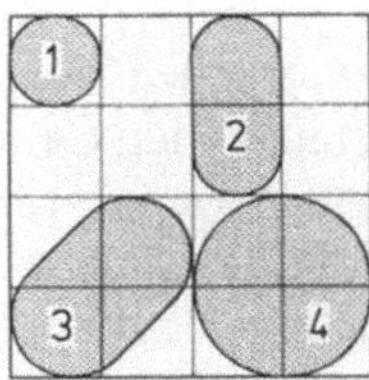

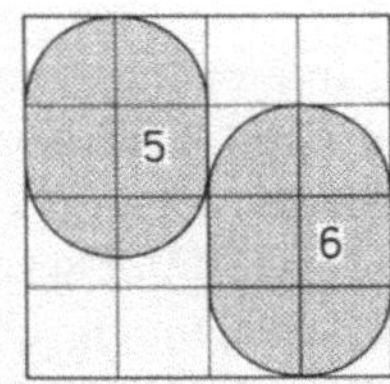

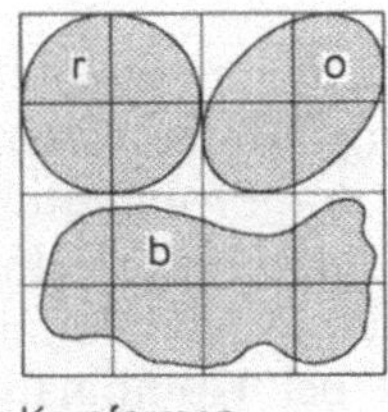

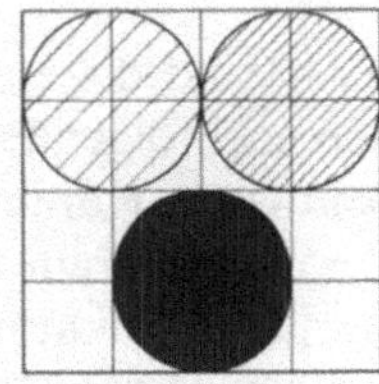

Abb. 288. Zytologische Parameter für das Malignitäts-Grading (Kerngrößenklassen, Kernformen, Kernchromasie)

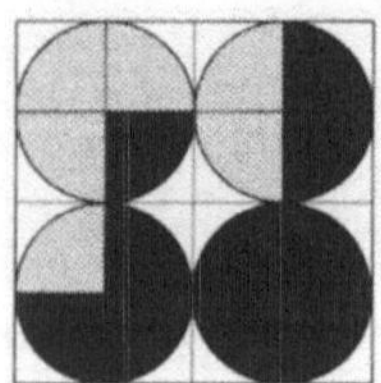

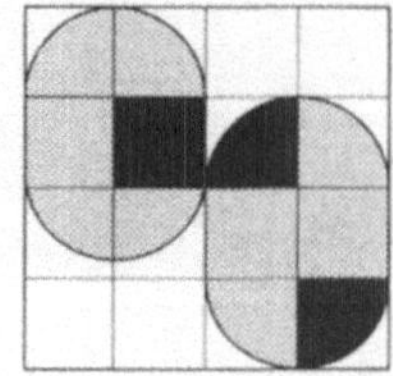

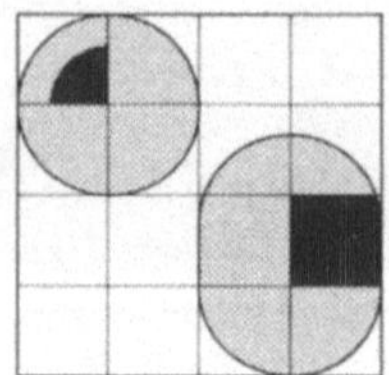

Abb. 289. Zytologische Parameter zum Grading von Prostatakarzinomen (Nukleolenzahl, Nukleolus-Nukleus-Relation)

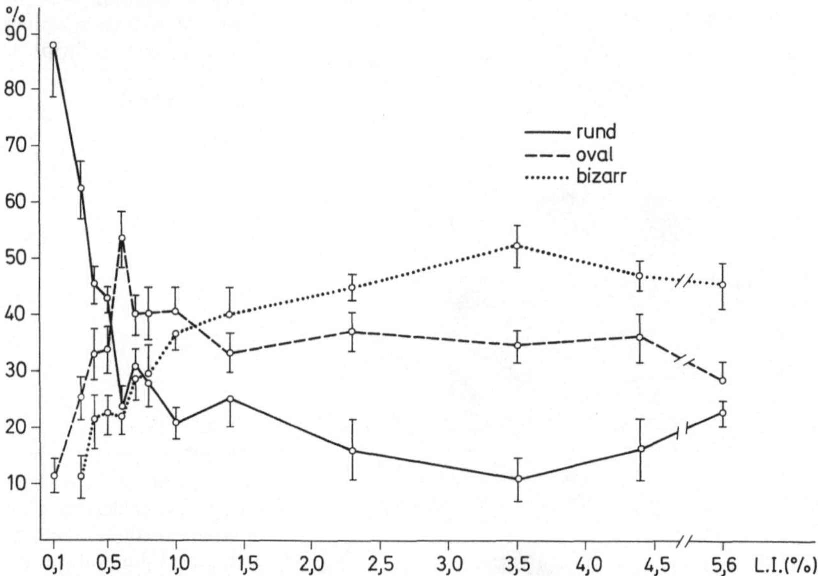

Abb. 290. Korrelation von Kernformen (rund, oval, bizarr) zum ^{3}H-Markierungsindex von Prostatakarzinomen

0,7% sind diese einheitlichen zytologischen Parameter nicht mehr zu erheben. Bei den nachfolgenden, wenig differenzierten, glandulären, kribriformen und solide trabekulären Karzinomen mit Proliferationsindizes bis zu 5,6% liegen ausgeprägte Kernatypiegrade vor (Helpap 1981; Helpap u. Otten 1982). Dieses Verhalten ist auch bei pluriform aufgebauten Prostatakarzinomen zu erkennen. Die günstigen zytologischen Parameter sind bei Kombinationsformen nicht nachweisbar (Abb. 291–296).

Daraus ist die Definition des hochdifferenzierten Prostatakarzinoms in folgenden Punkten abgeleitet worden (Helpap 1981, 1985d, 1987):

Histologie

Hochausdifferenzierte, glanduläre Strukturen in groß-, mittel- und kleinalveolärer Anordnung.

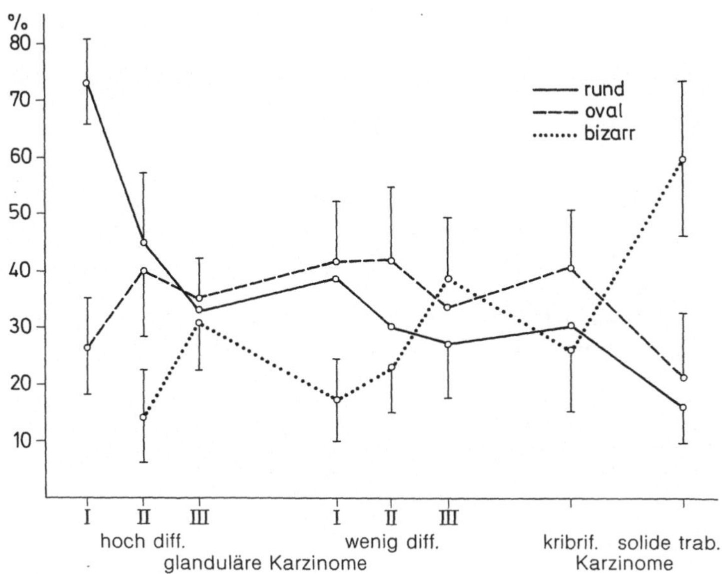

Abb. 291. Korrelation von Kernformen (rund, oval, bizarr) zum histologischen Muster von Prostatakarzinomen

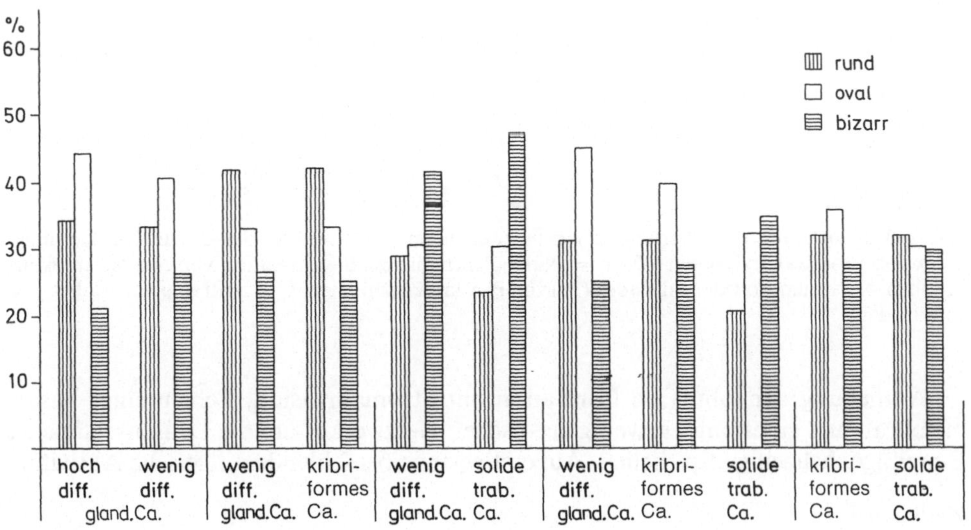

Abb. 292. Korrelation von Kernformen zu pluriformen Prostatakarzinomen

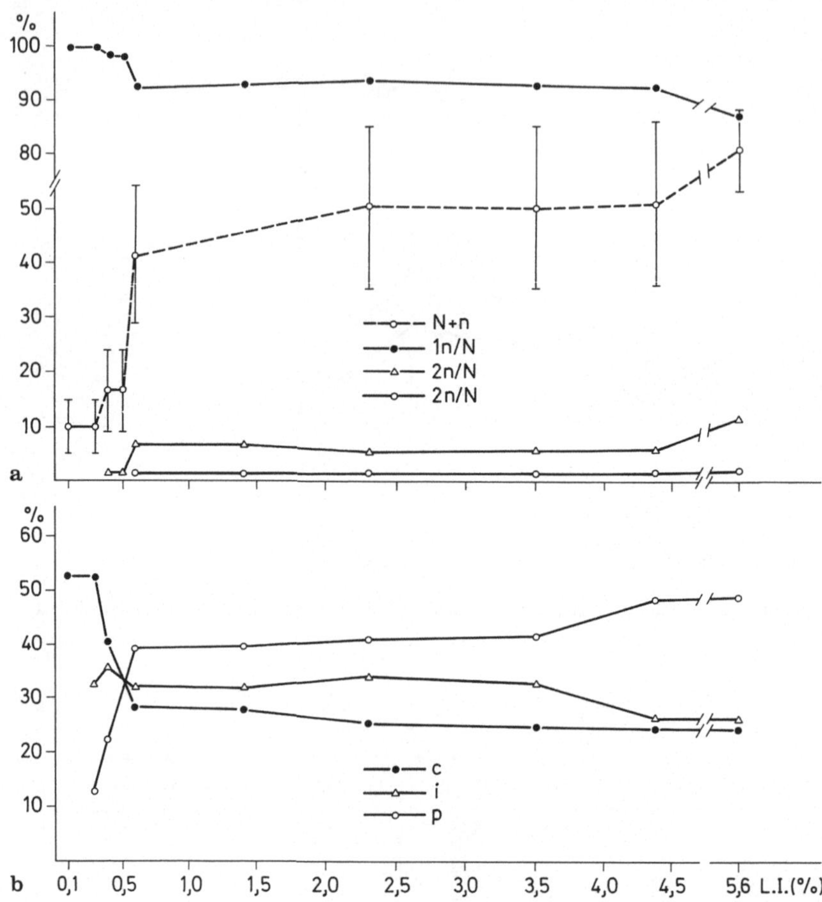

Abb. 293. a Korrelation von Kernen mit einem, zwei und mehr als zwei Nukleolen zum Markierungsindex von Prostatakarzinomen (N + n = Nukleolenfrequenz). **b** Korrelation von Nukleolenlokalisation im Kern zum Markierungsindex (%) von Prostatakarzinomen. C = zentral; p = peripher; i = intermediär

Aufhebung der lobulären Formation mit Stromainvasion, Fehlen einer Basalmembran und eines bindegewebig elastischen Netzwerkes um die Drüsenschläuche. Einreihige, hellzellige Epithelien. Äußerst geringe bis fehlende mitotische Aktivität.

Zellkinetik

Proliferationsindex kleiner als 0,4%.

Zytologie

Dominante Kerngrößenklassen (überwiegend einer Kerngrößenklasse) mit Vorherrschen runder Zellkerne, Vorherrschen einer schwachen Kernchromasie. Kern-Plasma-Relation kleiner als 0,25. Einkernigkeit, Vorherrschen seltener solitärer Nukleolen. Relation Nukleolus/Nukleus kleiner als 0,125 (Helpap 1981, 1985, 1988).

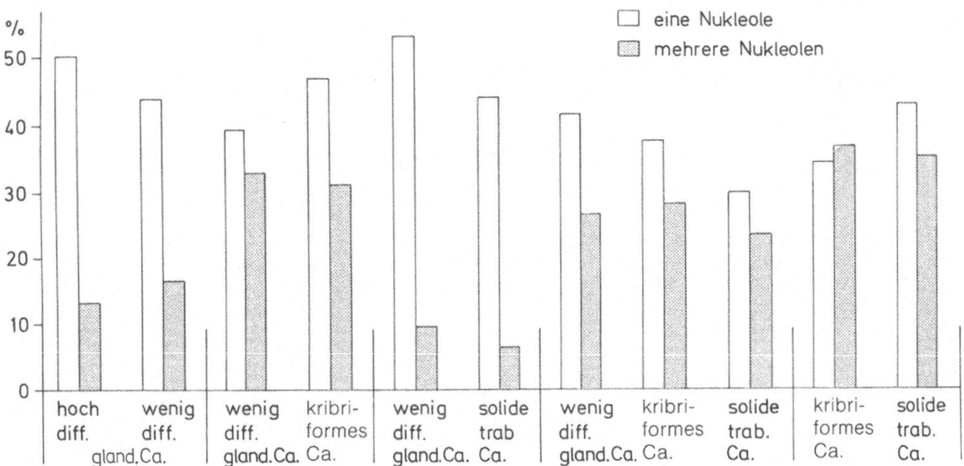

Abb. 294. Kerne mit nur einem oder mehreren Nukleolen in pluriformen Prostatakarzinomen

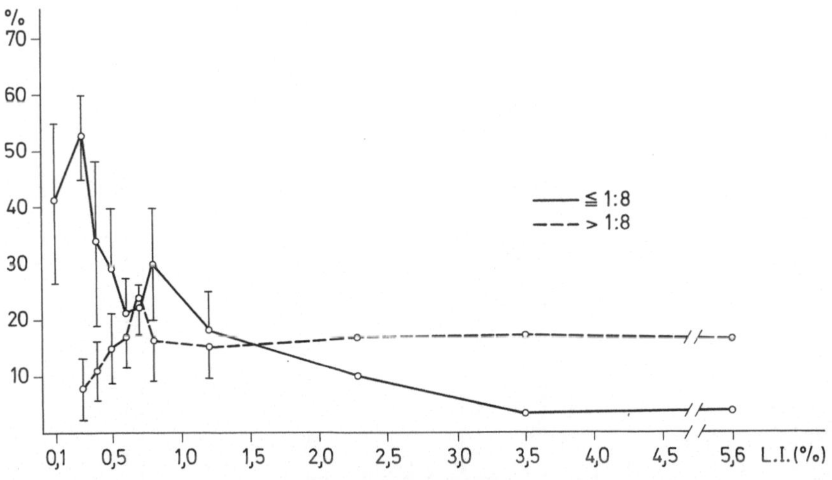

Abb. 295. Nukleolus-Nukleus-Relation zum Markierungsindex von Prostatakarzinomen

Auf dem Boden dieser zellkinetischen Studien beruht das Subgrading der gewöhnlichen Prostatakarzinome mit Unterteilung der Malignitätsgrade I–III in Untergruppen a und b (Tab. 73).

3.8.3.5 DNA-Zytophotometrie

Nach DNA-Zytophotometrie sind G I-Karzinomzellen zu 68% diploid. Die Aneuploidrate liegt bei 20,8%. G II-Karzinome sind in 23,8% diploid, in 25,2% polyploid und in 51% aneuploid. Bei G III-Karzinomen liegt die Rate diploider Zellkerne bei 4,2%, die polyploide Rate beträgt 24,8%, die Aneuploidierate 71,8%. Die

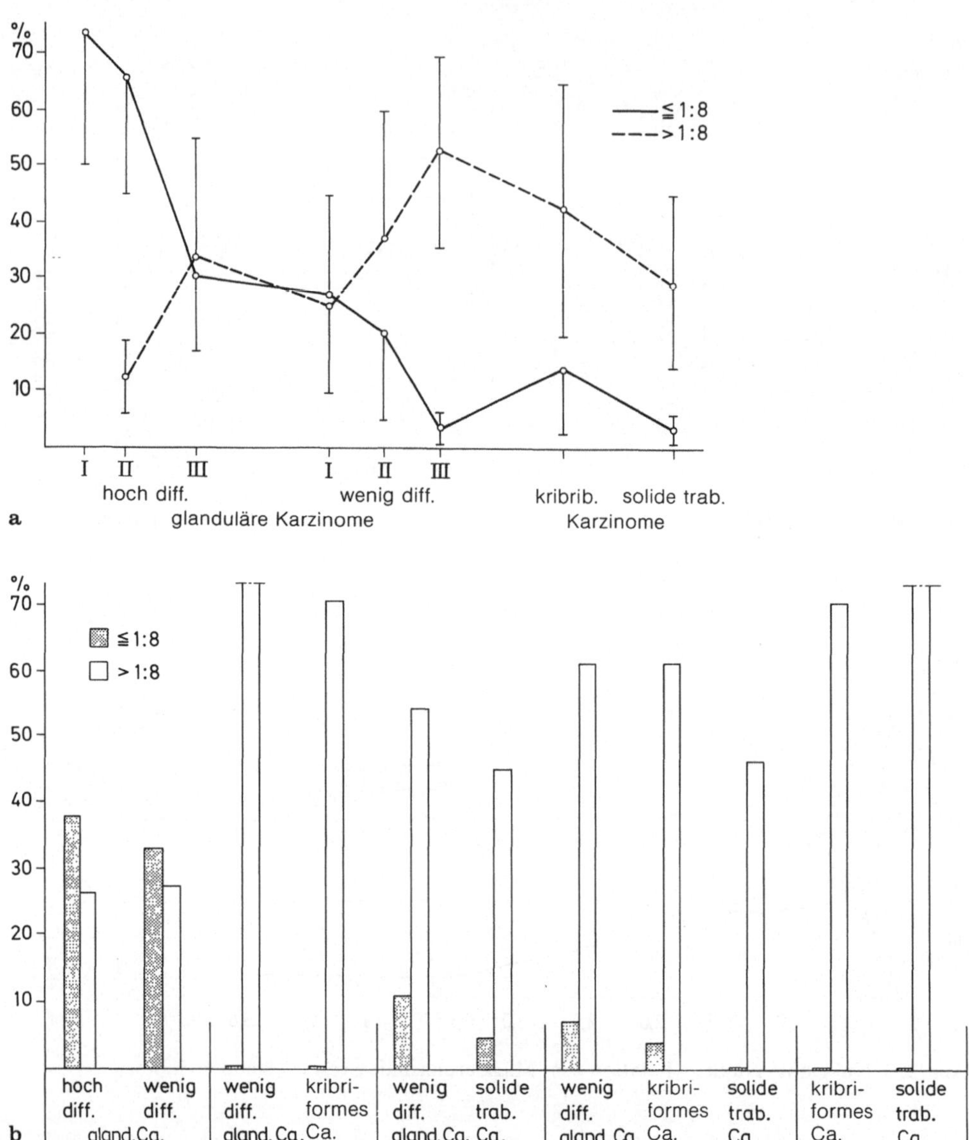

Abb. 296a, b. Nukleolus-Nukleus-Relation in **a** unterschiedlich differenzierten uniformen Prostatakarzinomen, **b** in pluriformen Karzinomen

Tabelle 64. Übersicht über autoradiographierte Prostatakarzinome mit entsprechenden Markierungsindizes, Mitoseindizes und S-Phasenlängen

Histologische Differenzierung	n	Mitoseindex (%)	Markierungs-index (%)	S-Phase (h)
Hoch diff. gland. Karzinom	35	0,01	0,1 −1,4 x̄ 0,48±0,3	10,4±3,5
Niedrig diff. gland. Karzinom	13	0,01–0,02	0,2 −2,4 x̄ 0,88±0,65	8,9±3,9
Kribriformes Karzinom	11	0,04–0,06	0,4 −5,7 x̄ 2,7 ±1,9	10,4±2,3
Solide trabekuläres Karzinom	9	0,06–0,6	0,7 −7,0 x̄ 2,8 ±1,8	9,8±2,7

Tabelle 65. Literaturangaben über zellkinetische Analysen von Prostatakarzinomen

Autor	Jahr	Diagnose	L. I. (%)
Nordenskjöld et al.	1974	Karzinome	0,7 ±0,53 0,9 ±0,43
Magasi, Ruszinko	1976	Karzinome	0,67 ±0,24
Rabes, Faul	1973	hoch diff. gland. Karz.	0,16 −0,29
		wenig diff. gland. Karz.	1,77 −4,4
		Karzinome (Oestrogenbehandelt)	
Rabes, Faul	1973	kurz	6,4
		lang	0,74
Magasi, Ruszinko	1976		0,45 ±0,21

DNA-Zytophotometrie korreliert somit mit den autoradiographischen Ergebnissen, nach denen mit zunehmendem Malignitätsgrad die Proliferationsrate zunimmt. Ähnlich wie bei hohem Malignitätsgrad und hohem autoradiographischen Proliferationsindex führt auch bei aneuploiden Karzinomen die lokale Progressionsrate und Metastasierung innerhalb kurzer Zeit von 8–22 Monaten zum Tode. Karzinomträger mit diploiden Tumorzellkernen entwickeln innerhalb von 7 Jahren keine lokale Tumorprogression oder Metastasierung (Al Abadi u. Nagel 1987).

3.8.3.6 Immunhistochemie des gewöhnlichen Prostatakarzinoms

Der Nachweis der Expression von prostataspezifischer saurer Phosphatase (PSP) und prostataspezifischem Antigen (PSA) haben gezeigt, daß mit Abnahme des Differenzierungsgrades bzw. Zunahme des Malignitätsgrades die Proliferationsaktivität der Tumorzellen ansteigt und die Expression der Antigene PSP und PSA abnimmt (Steffens et al. 1984) (Tab. 67). Da die Progressionsrate mit Zunahme der Malignitätsgrade ansteigt, ist dieses Verhalten bei T_{1a} (A_1) und T_{1b} (A_2)-Karzinomen überprüft worden. Die Gruppe der T_{1a}-Karzinome zeigte eine relativ gleichmäßige kräftige PSA- und PSP-Positivität, während die Gruppe der T_{1b} (A_2)-Karzinome PSA und PSP schwach positiv bis negativ war. Diese Karzinome waren durch eine rasche Progression gekennzeichnet (Epstein u. Eggleston 1984). In jüngster Zeit mehren sich Fälle mit negativer Reaktion für PSA, jedoch positiver Reaktion für PSP (Feiner u. Gonzales 1986).

Insgesamt ist jedoch der Ausfall der PSA- und PSP-Reaktion in etwa 90–99% bei den gewöhnlichen Prostatakarzinomen positiv (Tab. 68). Die Markerreaktionen im Tumorgewebe sind jedoch heterogen. Der positive Ausfall beider Tumormarker (PSP und PSA) ist vor allem im Rahmen der Klassifikation von wenig differenzierten Karzinomen im Harnblasen-Prostatabereich von Bedeutung und erleichtert die Zuordnung zur Prostata (Epstein u. Eggleston 1984; Ford et al. 1985) (Abb. 297–301; Tab. 66a, b, 68).

Für karzinoembryonales Antigen (CEA) und tissue polypeptide antigen (TPA) zeigt sich eine gering zunehmende Antigenexpression bei Zunahme des Malignitätsgrades. Insgesamt sind TPA in 95% und CEA in 65% positiv (Tab. 68). Auch hier sind die Markerreaktionen im Tumorgewebe oft heterogen. Bei pluriformem Muster der Karzinome ist der kribriforme und solide trabekuläre Anteil stets stärker TPA-positiv. In mikroglandulären Karzinomen überwiegt für TPA und CEA eine luminal-apikale Immunreaktion. In den hochmalignen kribriformen und soliden Karzinomanteilen herrscht eine diffuse zytoplasmatische Reaktion vor (Ghazizadeh et al. 1984; Ellis et al. 1984; Vogel u. Helpap 1986, 1988). Dieses Expressionsmuster ähnelt demjenigen für das vornehmlich papilläre und solide invasive Urothelkarzinom der Harnblase (Helpap et al. 1985) (Abb. 302–306; Tab. 66a, b). Die Analysen von Prostatakarzinomen mit verschiedenen Keratinen, Alpha-1-Antichymotrypsin, Laktoferrin und Vimentin haben gezeigt, daß das Expressionsmuster, das die Basalzellen der Prostata aufweisen, nicht in Karzinomen vorherrscht, sondern deren Verhalten vielmehr dem der sekretorischen Zylinderepithelien ähnelt. Keratine aus menschlichem Stratum corneum sind negativ. Die Keratine 7, 8, 18 und 19 sowie ein Breitspaktrumantikeratin-Antikörper (AE1 + AE3) sind positiv. Vimentin als Marker für Mesenchymzellen ist in 50% positiv. Eine Korrelation der Keratine zum Malignitätsgrad besteht nicht (Abb. 307–309; Tab. 66a, b).

Das immunhistochemische Verhalten der Basalzellen der Prostata mit fehlender Expression von PSA, PSP, Vimentin, Enzymmarkern und Keratinen 8 und 18, aber positiver Expression von Keratinen aus menschlichem Stratum corneum unterstützt die Annahme, daß die Prostatakarzinomzellen direkt aus den sekretorischen Epithelzellen der Prostata entstehen und nicht aus Basalzellen (Aumüller 1984; Wernert u. Dhom 1988; Wernert et al. 1986a, d). Die Expression von Keratinen aus menschlichem Stratum corneum stellt eine polyklonale Antikörperreaktion dar. Antigen sind Keratine aus humanem Stratum corneum. Es ist aber nicht in Immunoblotanalysen geklärt, welches oder welche der Epidermiskeratine genau dargestellt werden. Neueste Untersuchungen haben gezeigt, daß die Basalzellen der Prostata mit einem Antikörper positiv reagieren, der sich wahrscheinlich gegen das Epidermiskeratin 5 richtet (Wernert et al. 1987) (Tab. 66a, b).

Die Frage, ob die Zellen des gewöhnlichen Prostatakarzinoms androgenabhängig sind, ist mit der Analyse der Expression von Erdnußlektinbindungsstellen (PNA)

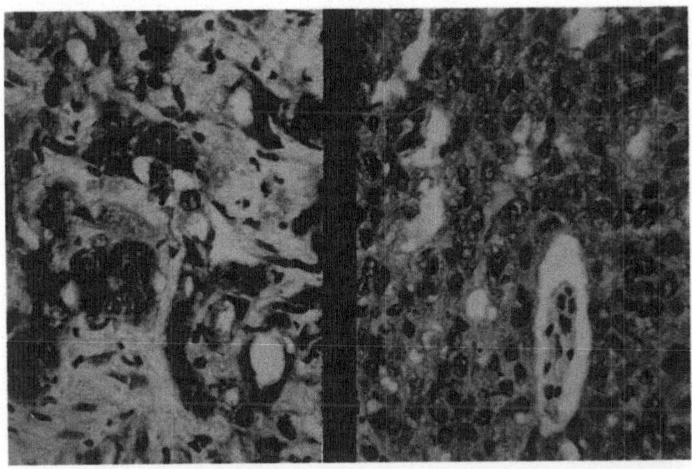

Abb. 297. Nachweis von Prostata-spezifischem Antigen bei wenig differenzierten, glandulären und kribriformen Prostatakarzinomen (ABC-Technik)

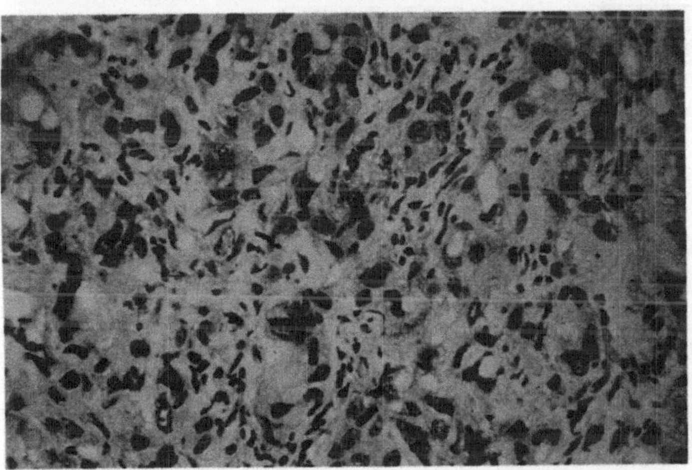

Abb. 298. Wenig differenziertes Prostatakarzinom, Malignitätsgrad III mit heterogener Expression von Prostata-spezifischem Antigen (ABC-Technik)

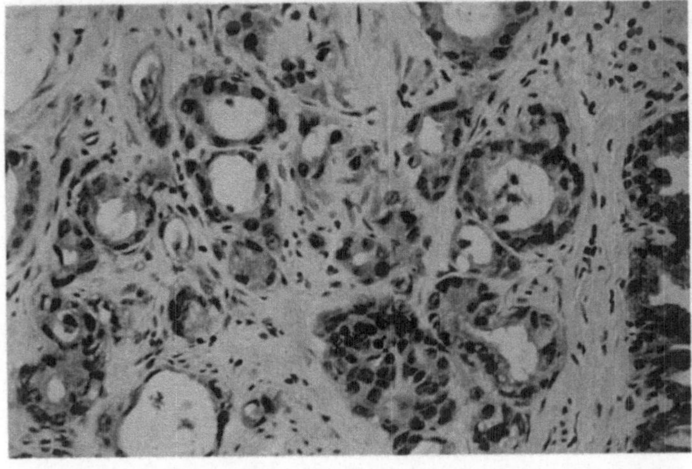

Abb. 299. Heterogenität der Prostata-spezifischen sauren Phosphatase bei mäßig differenziertem glandulären Prostatakarzinom (ABC-Technik)

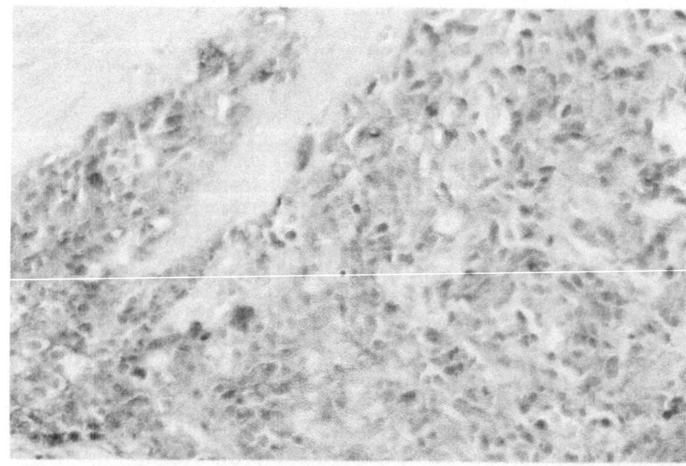

Abb. 300. Kribriformes Prostatakarzinom mit Nachweis von Prostata-spezifischer saurer Phosphatase (ABC-Technik)

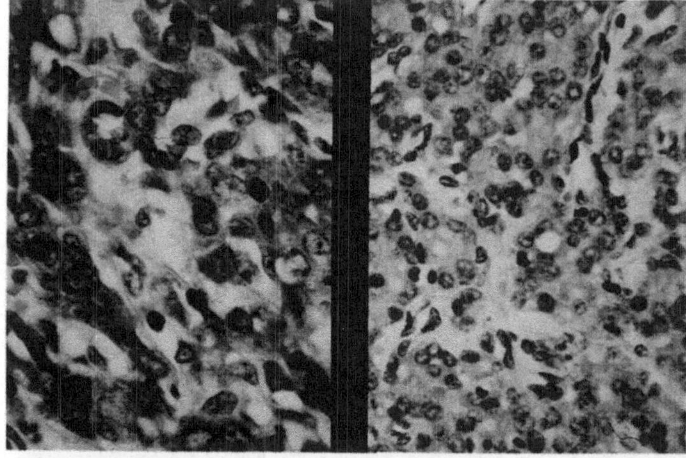

Abb. 301. Heterogenität von Prostata-spezifischer saurer Phosphatase in wenig differenzierten glandulären Prostatakarzinomen (ABC-Technik)

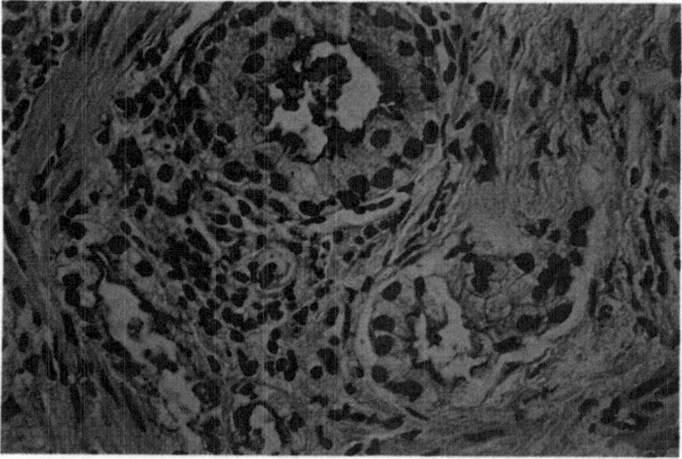

Abb. 302. Luminale membranbetonte Expression von CEA bei mäßig differenziertem glandulärem Prostatakarzinom (ABC-Technik)

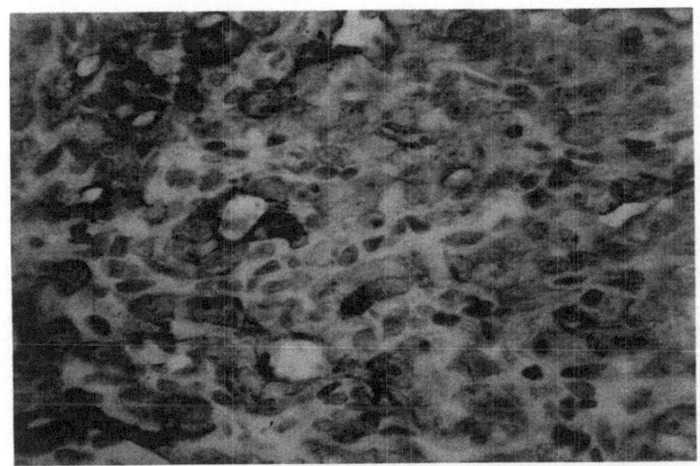

Abb. 303. Diffuse kräftige zytoplasmatische Expression von CEA in wenig differenziertem glandulären Prostatakarzinom (ABC-Technik)

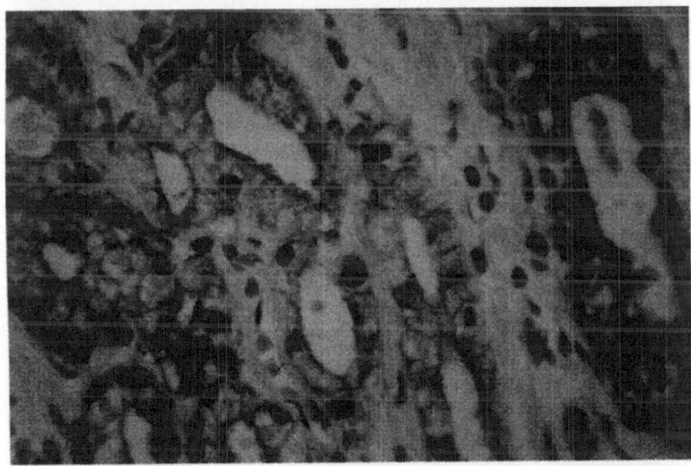

Abb. 304. Luminale membranbetonte Expression von TPA in glandulärem Prostatakarzinom (ABC-Technik)

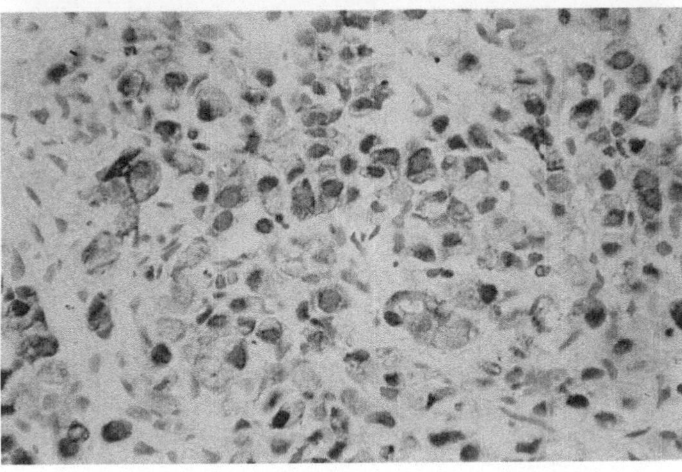

Abb. 305. Kräftige diffuse zytoplasmatische Expression von TPA bei wenig differenziertem glandulär-soliden Prostatakarzinom (aus Vogel und Helpap 1988). (ABC-Technik)

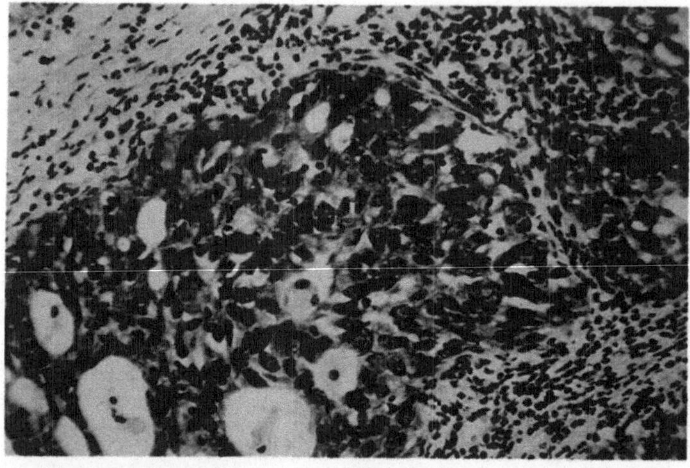

Abb. 306. Kribriformes Prostatakarzinom. TPA-Expression (ABC-Technik)

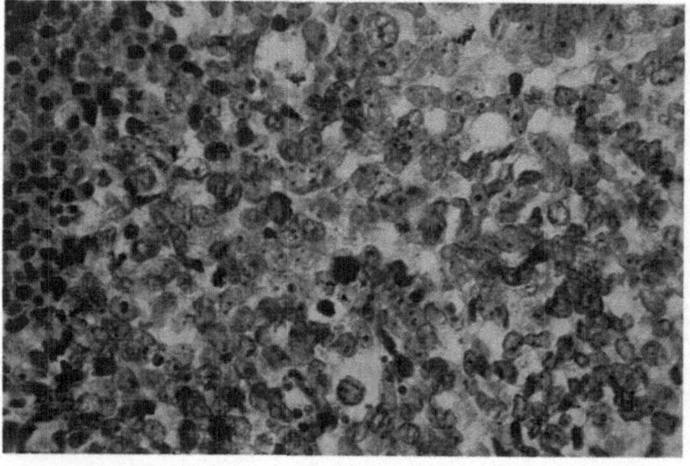

Abb. 307. Glanduläres Prostatakarzinom mit fehlender Zytokeratinexpression (ABC-Technik)

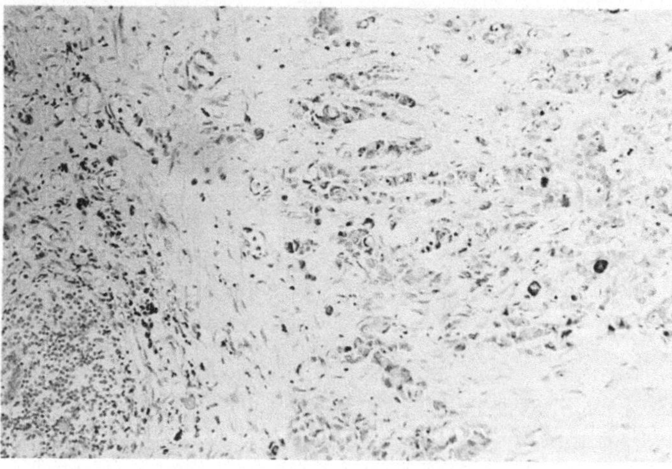

Abb. 308. Laktoferrin-Nachweis in wenig differenziertem, z. T. kribriformen Prostatakarzinom (PAP-Technik)

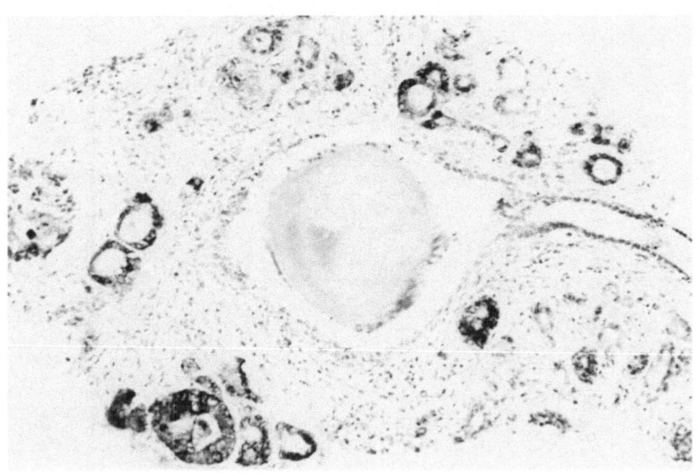

Abb. 309. Alpha-1-Antichymotrypsin-Nachweis im Prostatakarzinom (PAP-Technik)

untersucht worden. In Mammakarzinomen korreliert die Expression von Erdnußlektinbindungsstellen mit dem Gehalt des Tumors an Östrogen- und Progesteronrezeptoren (Klein et al. 1983). Da das Prostatakarzinom in Analogie zum Mammakarzinom ebenfalls in einem hohen Prozentsatz hormonabhängig wächst, wurde untersucht, ob Erdnußlektinbindungsstellen im Prostatakarzinom androgenabhängig exprimiert werden. Hierzu wurde an Karzinomen mit einer alleinigen Androgenentzugsbehandlung überprüft, ob die Synthese von Erdnußlektinbindungsstellen durch Androgenentzug unterdrückt wird, was einem indirekten Rezeptornachweis gleichkäme. In unbehandelten Karzinomen aller Differenzierungen werden Erdnußlektinbindungsstellen mit gleichem Färbemuster wie in normalen Drüsen (s. o.) exprimiert (Söderström 1987). Es besteht insofern eine schwache Korrelation zwischen Malignitätsgrad und quantitativem Ausmaß der Expression, als G I-Karzinome in 100% ausgedehnt positiv sind, während G II- und G III-Karzinome in rund 50% nur mäßig ausgedehnt oder herdförmig positiv sind (Wernert et al. 1986c).

Unter antiandrogener Therapie finden sich im Expressionsmuster keine Änderungen, obwohl die Karzinome deutliche Regressionszeichen aufweisen können. Papilläre Prostatakarzinome gleichen dabei den gewöhnlichen Karzinomen.

Ein indirekter Androgenrezeptornachweis als Grundlage für eine prognostische Aussage zur Therapieansprechbarkeit ist somit nicht gegeben (Wernert et al. 1986).

Das östrogenrezeptorassoziierte Protein ER-D 5 ist immunhistochemisch im fibromuskulären Stroma, vor allem in glatten Muskelzellen deutlich positiv. Basalzellen enthalten das Antigen nur herdförmig. Plattenepithelmetaplasien und Basalzellhyperplasien sind stark positiv. Die sekretorischen Zellen sind überwiegend negativ. Mitunter ist die Reaktion apikal sehr gering positiv.

Die Zellen der gewöhnlichen Prostatakarzinome sind in nur 5% und lediglich fokal positiv (Seitz et al. 1986, 1987). Aus dem Expressionsmuster ist geschlossen worden, daß die Östrogene ihre Wirkung offenbar nicht direkt an den Prostatakarzinomzellen, sondern über eine Blockierung der Hypophysenhormone entfalten (Seitz et al. 1986; Seitz u. Wernert 1987; Wernert et al. 1987).

Tabelle 66a. Immunhistochemische Analysen von Prostataerkrankungen (I)

Pathologisch-anatomische Diagnosen	PSP	PSA	CEA	TPA	Keratine				
					Humanes Str. corneum	7	8	18	19
Normale Prostata									
Sekretorische Zellen	+++	+++	(+)	(+)	∅	(+)	+	+	+
Basalzellen	∅	∅			+	(+)	−	−	+
Typische Hyperplasie	+++	+++	+	+	+ (Basalzelle)	−			−
Atypische Hyperplasie	+−++	+−++	+	+(+)	∅−+ (Basalzelle)				
Postatrophische Hyperplasie	(+)−+	+	(+)	+	+	(+)	+	+	+
Atrophie	0−+	+	(+)	+	+	(+)	+	+	+
Metaplasie									
urothelial (unreif)	∅	∅	+(+)	+(+)	++				
plattenepithelial	∅	∅	+(+)	+(+)	++	(+)	−	−	+
Karzinome									
Hochdiff. gland. G Ia	++−+++	++−+++	0−++	0−+++	∅	(+)	+	+	(+)
Wenig diff. gland. Ib–IIa	+−++	+−++	0−+	+−++	∅	(+)	+	+	(+)
Kribriforme IIa–IIb	(+)−++	+−++	0−+	+−+++	∅	(+)	+	+	(+)
Solide/trabekulär IIIa, b	0−++	0−+	0−+(+)	+−+++	∅	(+)	+	+	(+)
Papilläre	+−++	+−++	+	++		+	+	+	+
Urothelial	∅	∅	+	++	+				
Muzinös	(+)	++							
Plattenepithelial	∅	∅	+	+	+				
Carcinoid like	+								
Kleinzellig	∅	∅							

Tabelle 66b. Immunhistochemische Analysen (II) von verschiedenen Prostataerkrankungen

Pathologisch-anatomische Diagnosen	Vimentin	PNA-Lektin-bindungsstellen	Laktoferrin	Oestrogenrezeptor	Lysozym	Alpha-1-Antichymotrypsin
Normale Prostata						
Sekretorische Zellen	+	+ + +	Ø	Ø	Ø	+ − + +
Basalzellen	Ø			(+)	Ø	Ø
Typische Hyperplasie	+	+ +	Ø	Ø	Ø	+ + (fokal)
Atypische Hyperplasie	(+)	+ +	0 − +	Ø	Ø	+
Postatrophische Hyperplasie	(+)	+ +	Ø	Ø	Ø	(+)
Atrophie	(+)	+	Ø	Ø	Ø	(+)
Metaplasie						
urothelial (unreif)	Ø	+ + +	Ø	+ + +	Ø	Ø
plattenepithelial	0 − (+)	+ + +	Ø	+ + +	Ø	Ø
Karzinome						
Hochdiff. gland. G Ia	(+)	+ +	+ +	Ø	Ø	+ + diffus
Wenig diff. Ia–IIa	(+)	(+)+	+ +	Ø	Ø	+ fokal
Kribriforme IIa–IIb	(+)	+	(+)	Ø	Ø	(+)
Solide/trabekulär IIIa, b	(+)	+	(+)	Ø	Ø	Ø
Papilläre		+	+		Ø	+
Urotheliale			−		Ø	
Muzinöse			+		Ø	
Plattenepitheliale			−		Ø	
Carcinoid-like			−		Ø	
Kleinzellige			−		Ø	

Tabelle 67. Gegenüberstellung von Markierungsindizes und immunhistochemischen Reaktionen an Prostatakarzinomen

Histologische Diagnose	Markierungsindex	Immunhistochemische Reaktionen			
		PSP	PSA	TPA	CEA
Hochdifferenziert glandulär	0,1–0,4	+ → + + → + + +	+ → + + → + + +	+ → + +	0 → f. + / + +
Hoch- und wenig differenziert, glandulär	0,5	+ + → + + +	+ → + + → + + +	+ → + + +	0 → +
Wenig differenziert, glandulär	0,6–1,4	+ / + + → + +	0 → + / + + → + +	+ → + + +	0 → +
Kribriform solid, trabekulär und undifferenziert	2,3–5,6	0 → +	0 → (+)	+ → + + +	0 → (+) → + +

Tabelle 68. Immunhistochemisches Spektrum von PSP, PSA, CEA und TPA-Expressionen bei Prostatakarzinomen

Prostataspezifische saure Phosphatase (PSP)	98,9%
Prostataspezifisches Antigen (PSA)	90,7%
Karzinoembryonales Antigen (CEA)	64,8%
Tissue Polypeptide Antigen (TPA)	94,4%

Der Östrogenrezeptor (ER-ICA-Test, modifizierte APAAP-Methode) kommt vorzugsweise in den Zellkernen des lockeren periglandulären Drüsenstromas sowie teilweise in den Kernen der glatten Muskelzellen vor (Wernert et al. 1987 b). Im Epithel wurde er bislang nicht nachgewiesen. Die Befunde passen zu der Vorstellung, daß Östrogenen eine Bedeutung bei der Auslösung der nodulären Hyperplasie zukommt. Hierbei könnte es zu einer Proliferation des rezeptorpositiven Stromas mit einer sekundären induktiven Epithelproliferation kommen (Wernert et al. 1987) (Tab. 66 a, b).

Die biochemische Rezeptoranalytik wird derzeit noch methodisch verfeinert, um evtl. eine prognostische Relevanz wie beim Mammakarzinom zu erarbeiten (Lämmel et al. 1986). Bislang haben sich keine Korrelationen zwischen pathologischem Stadium, Gleason-Grading und Gehalt für Östrogen- und Progesteron-Rezeptoren ergeben (Wolf et al. 1985).

Für den Androgenrezeptor sind Zusammenhänge zwischen Höhe des Rezeptors und Malignitätsgrad bzw. frühen und späten Krankheitsstadien nach dem Gleasonscore erhoben worden (Habib et al. 1986). Wegen der Mikroheterogenität des Androgenrezeptors im menschlichen Prostatagewebe bzw. Karzinom sind prognostische Aussagen jedoch sehr zweifelhaft (Gorelic et al. 1987).

3.8.3.7 Histologische und immunhistochemische Differentialdiagnose des Prostatakarzinoms

Für den geübten Morphologen ist die Erkennung eines Prostatakarzinoms in der Regel einfach. Es gibt jedoch eine Reihe von Veränderungen, die im Einzelfall problematisch sein können. Dies hängt von der Größe des Materials, von der Bearbeitungsqualität und der morphologischen Erfahrung des Untersuchers ab. Mechanische Quetschartefarkte in Stanzzylindern oder karbonisierte Gewebsanteile nach transurethraler Elektroresektion können die morphologische Aussage einschränken. Eine entzündliche diffuse Reaktion mit Ausbildung bizarrer Makrophagen, z. T. mit siegelringzellähnlichem Aspekt und Fibroblasten nach Elektroresektion kann zur Fehldiagnose eines wenig bis undifferenzierten Karzinoms führen (Alguacil-Garcia 1986). Dies gilt auch für die granulomatöse Prostatitis. Der Nachweis von mehrkernigen Riesenzellen, eosinophil-granulierten Leukozyten, Plasmazellen und PAS-positiven Makrophagen erleichtert die Diagnose einer granulomatösen Prostatitis. Die granulomatöse Prostatitis mit ihren Riesenzellen ist deutlich Lysozym-positiv. Nur kleinste Reste von erhaltenen Drüsen exprimieren noch PSP und PSA. Karzinome

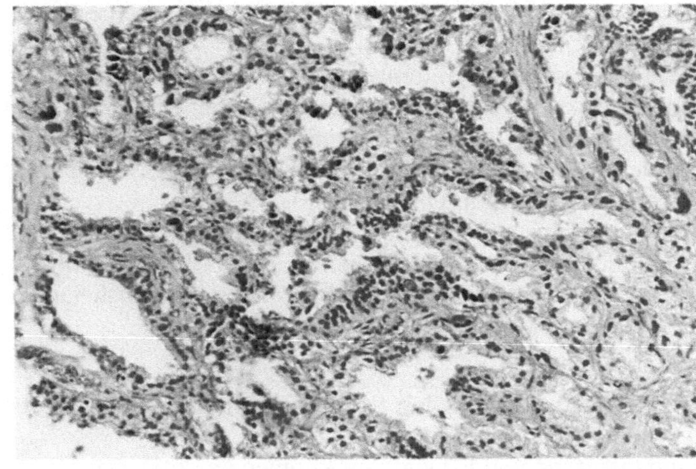

Abb. 310. Z. T. mit Pigment beladene Drüsenepithelien von Samenbläschen. Hämatoxylin-Eosin

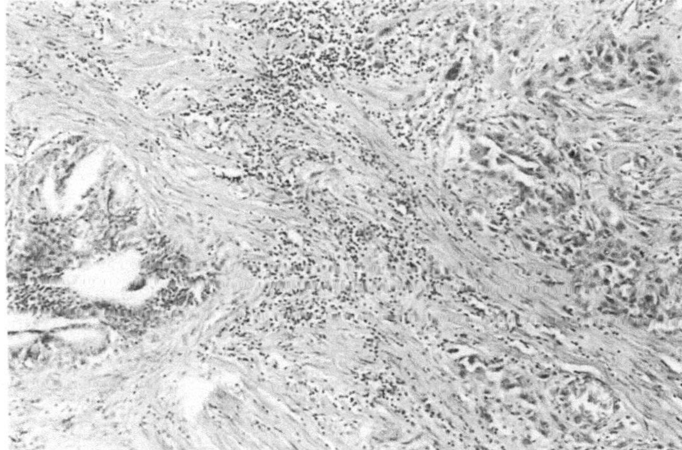

Abb. 311. Einbruch eines urothelialen Karzinoms in die Prostata bei wenig differenziertem glandulären und kribriformen Karzinom. Hämatoxylin-Eosin

sind Lysozym-negativ, entsprechend dem Differenzierungsgrad PSP und PSA, TPA und CEA mehr oder weniger deutlich positiv (Helpap 1985; Vogel u. Helpap 1986; Wacker u. Müller 1986; Tab. 32–34, 66, 67). Die Reaktion auf Laktoferrin und auf Alpha-1-Anti-Chymotrypsin ist positiv (Barresi u. Tuccari 1984). In Zweifelsfällen ist jedoch unbedingt eine Kontrollbiopsie erforderlich, zumal in etwa 10–12% der Fälle von granulomatöser Prostatitis zusätzlich ein manifestes Prostatakarzinom vorliegt (Dhom 1985) (Abb. 184, 185, 308, 309).

Die Atrophie in peripheren Prostataabschnitten (Außendrüse) ist durch ein abgeflachtes Drüsenepithel mit hyperchromatischen Kernen und prominenter Basalzellenreihe charakterisiert. In der Regel liegt eine Zweireihigkeit des Epithels vor, die karzinomatöse Drüsen nicht aufweisen. Eine tangentiale Schnittführung kann jedoch auch hier Schwierigkeiten bei der exakten Diagnose aufwerfen. Hilfreich ist eine Abschätzung der Kern-Zytoplasma-Relation sowie das Auftreten von Nukleolen.

Nicht selten werden auch polymorphe Samenblasenepithelkomplexe als Prostatakarzinome fehlgedeutet (Abb. 310).

Sehr schwierig kann die morphologische Abgrenzung gegenüber einer atypischen Hyperplasie sein. Zytologisch lassen sich hier die leichteren Formen abgrenzen. Schwere atypische Hyperplasien sollten unbedingt durch Kontrollbiopsien weiter morphologisch überwacht werden (Kastendieck 1980; Helpap 1980, 1982, 1983, 1987; Schulze u. Isaacs 1986; Tannenbaum u. Droller 1986).

Schließlich ist die positive immunhistochemische Reaktion von PSP und PSA bei wenig differenzierten, vornehmlich soliden Prostatakarzinomen, mit Einbruch in die Harnblasenregion und umgekehrt, eine Stütze bei der Abgrenzung von urothelialen Karzinomen der Harnblase (Ford et al. 1985) (Abb. 311).

3.8.3.8 Histologisches und zytologische Grading von Prostatakarzinomen

Die Bestimmung der Malignitätsgrade von Prostatakarzinomen hat zum Ziel, Korrelationen zu klinischen Verlaufwerten aufzuzeigen. Verschiedene Grading-Schemata werden angewandt. Die Forderung an sie ist, nicht nur reproduzierbar, sondern auch relativ leicht durchführbar zu sein (Böcking 1981, 1988; Böcking et al. 1988; Albertsen 1982; Bain et al. 1982; Grayhack u. Assimos 1983; Gardner 1982; Swanholm u. Mygind 1985). In das histologische Grading gehen die histologischen Muster und zytologischen Parameter mit unterschiedlicher Bewertung ein. Teilweise basiert das Malignitätsgrading nur auf dem histologischen Muster der Karzinome, teilweise stehen zytologische Kriterien im Vordergrund. Überwiegend werden jedoch Mischformen von histologischer Struktur und Zytologie dem Grading zugrunde gelegt. Bei diesen Mischformen unterliegen die histologischen und zytologischen Kriterien unterschiedlichen Bewertungen und werden für die prognostischen Aussagen verwandt. Im einzelnen sind von Bedeutung (Schröder et al. 1985a, b, c):

1. Form und Größe der Drüsen und Drüsenmuster.
2. Die Struktur der Zellen, Kernformen und Größe, Nukleolenhäufigkeit, Lage und Größe, Kernplasmarelation, Mitosehäufigkeit.
3. Verhalten der Tumorzellen zum Stroma.
4. Entzündliche Begleitreaktionen.

Vier Grading-Systeme werden in den USA und in Europa inklusive der Bundesrepublik Deutschland angewandt:

1. Das Grading-System nach Gleason (1966, 1977, 1981; Gleason u. Mellinger 1974)
2. Das Grading-System nach Mostofi (1975, 1976 und der WHO 1980)
3. Das MDAH-Grading nach Brawn et al. (1982)
4. Das Grading-System nach Dhom und des Pathologisch-Urologischen Arbeitskreises „Prostatakarzinom" (Böcking u. Sinagowitz 1980; Böcking u. Sommerkamp 1981; Müller et al. 1980; Dhom 1981; Helpap 1985b).

3.8.3.8.1 Histologisches Grading nach Gleason

Das histologische Grading-System nach Gleason hat verschiedene Wachstumsmuster des Prostatakarzinoms zur Grundlage, die durch den Verlust der histologischen

Architektur die zunehmende Entdifferenzierung des Karzinoms unterstreichen. Da in Prostatakarzinomen häufig mehrere unterschiedliche Wachstumsmuster vorliegen, ist das Grading-System in ein vorherrschendes primäres und ein sekundäres (weiteres) Muster unterteilt worden. Beide Muster, die in 5 Untergruppen aufgeteilt sind, werden über ein Punktesystem gleichwertig addiert, wobei das Karzinom mit der höchsten Differenzierung den geringsten Grad (1 + 1 = 2) und das Karzinom, das am niedrigsten differenziert ist und entsprechend die höchste Malignität aufweist, den Grad 5 + 5 (10) erhält (Abb. 312).

Dieses histologische Grading ist um das klinische Stadium erweitert worden. Die entsprechenden Punkte des klinischen Stadiums sind hinzuaddiert worden. Durch dieses kombinierte Grading sind gute Korrelationen zum Tumorvolumen und zu Sterberaten der Patienten aufgezeigt worden. Deshalb wird dieser prognostische Index besonders von klinisch-urologischer Seite bevorzugt (Altenähr 1982; Yatani et al. 1986).

Die histologischen Wachstumsmuster sind folgendermaßen charakterisiert (Abb. 312):

Muster 1: Sehr gut differenzierte, dicht gepackte, kleine uniforme Drüsen in umschriebenen Haufen.

Muster 2: Ähnlich wie Muster 1 mit bereits mäßiggradigen Unterschieden in Größe und Form der Drüsen. Es finden sich stärkere Atypien in den einzelnen Zellen. Die Krebsherde sind jedoch umschriebener oder lockerer angeordnet.

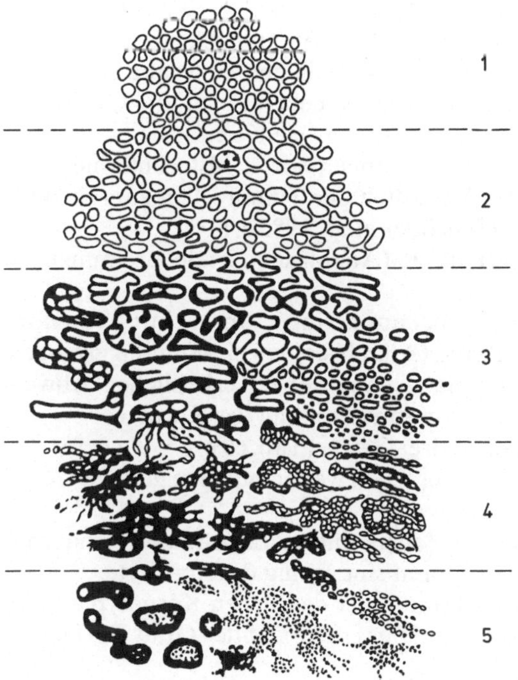

Abb. 312. Histologische Kriterien des Gradings nach Gleason (1966, 1977)

Muster 3: Die Unregelmäßigkeiten hinsichtlich Größe und Form der Drüsen haben zugenommen. Schmale Drüsen und einzelne Tumorzellen wachsen infiltrierend aus umschriebenen Herden heraus.

Muster 4: Hier handelt es sich um große helle Zellen, die diffus wachsen, aber noch eine glanduläre Differenzierung aufweisen können.

Muster 5: Diese Karzinome entsprechen niedrig differenzierten Formen, die ein solides oder diffuses Wachstum mit geringer oder fehlender Differenzierung der Drüsen aufweisen.

Nachuntersuchungen durch verschiedene Morphologen erbrachten eine Übereinstimmung zwischen 38 und 64%. Wurde das morphologische Substrat durch ein und denselben Untersucher überprüft, ergab sich eine Übereinstimmung in 73–81% (Harada et al. 1977).

Dieses Gleason-Grading wird überwiegend in den USA angewandt (Bain et al. 1982). Bei der Diskussion um die Wertung ist das Gleason-System als pathologisches Referenzsystem vorgeschlagen worden. Murphy u. Whitmore (1979) haben jedoch darauf hingewiesen, daß keine Addition von histologischem Grading und klinischem Staging erfolgen sollte.

3.8.3.8.2 Histologisches Grading nach Mostofi

Im Vordergrund dieses Grading-Systems steht der histologische Differenzierungsgrad und der histologisch-zytologische Atypiegrad. Die Differenzierung entspricht der Bildung von Drüsen. Undifferenzierte Tumoren werden mit dem Verlust von Drüsen gleichgesetzt, wie dies z.T. bei kribriformen sowie soliden und papillären Tumoren der Fall ist.

Der Begriff Anaplasie bzw. Atypie wird von Mostofi dahingehend charakterisiert, daß Variationen der Kerne in größerer Form sowie in der Änderung der Chromatinverteilung vorliegen. In einer späteren Studie sind neben Form und Größe der Drüsen vor allem Feinstrukturen der Zellen bzw. Kerne, wie Kernformen und -größen, Nukleolenhäufigkeiten und Kernplasmarelationen sowie Mitosehäufigkeiten berücksichtigt worden, eingeschlossen das Verhalten der Tumorzellen zum Stroma und die entzündlichen Begleitreaktionen (Schröder et al. 1985a, b, c).

Vereinfacht sind von Mostofi die Kernatypie-(Anaplasie)-Grade zusammengestellt worden:

Eine geringe Kernatypie (Anaplasie) liegt bei nur geringer Abweichung von normalen Kernen, eine mäßiggradige Kernatypie (Anaplasie) bei einer mäßiggradigen Kernvariation und eine deutliche Kernatypie (Anaplasie) bei erheblichen Abweichungen von Größe, Form, Anfärbung, Chromatinverteilung der Kerne vor.

Das Grading nach Mostofi umfaßt somit drei Grade (Tab. 69):

Grad I: Der Tumor bildet Drüsen. Die Krebszellen weisen nur eine geringe Kernatypie auf.

Grad II: Der Tumor bildet Drüsen, deren Zellen eine mäßiggradige Kernatypie aufweisen. Die glandulären Strukturen sind wenig differenziert.

Grad III: Der Tumor bildet Drüsen, jedoch mit einer deutlichen Kernatypie, z.T. sind keine Drüsen mehr vorhanden. Hier entspricht der Grad III-Tumor dem undifferenzierten Tumor.

Tabelle 69. Grading von Prostatakarzinomen nach Mostofi (1980)

Grad I
Tumor bildet Drüsen, Krebszellen mit geringem Kernanaplasiegrad

Grad II
Tumor bildet Drüsen, Krebszellen mit mäßigem Kernanaplasiegrad

Grad III
Tumor bildet Drüsen, Krebszellen mit deutlichem Kernanaplasiegrad.
Eingeschlossen: undifferenzierte Tumoren ohne jegliche Drüsenbildung

Dieses Grading-System von Mostofi ist von der WHO (Mostofi et al. 1980) übernommen worden. Die TNM-Klassifikation maligner Tumoren (Hermanek u. Sobin 1987) schließt unter den G III-Karzinomen auch die Variation G IV unter dem Überbegriff „wenig differenziertes bis undifferenziertes Karzinom" mit ausgeprägter Kernanaplasie ein (siehe auch Gaeta 1981).

3.8.3.8.3 Histologisches Grading (MDAH nach Brawn et al. 1982)

Brawn u. Mitarbeiter haben das Gleason- und Mostofi-Grading einem eigenen Vorschlag gegenübergestellt. Es handelt sich um ein vereinfachtes, lediglich auf die Drüsenformation ausgerichtetes Grading. Es werden vier Grade unterschieden.

Im Grad I bildet der Tumor in 75–100% Drüsenschläuche.

Bei Grad II-Tumoren sind 50–75% glanduläre Strukturen vorhanden. In den restlichen 25–50% werden keine Drüsenformationen ausgebildet.

Bei den Grad III-Tumoren sind lediglich in 25–50% noch Drüsenschläuche vorhanden. In 50–75% werden keine glandulären Formationen mehr ausgebildet. Hierin eingeschlossen finden sich kribriforme und papilläre Muster.

Bei den G IV-Tumoren überwiegen undifferenzierte Muster, nur in 0–25% sind noch Reste von glandulären Formationen erkennbar.

Bezogen auf das Mostofi-Grading-System (WHO Mostofi et al. 1980) korrelieren die G I-Tumoren miteinander, die WHO-G II-Tumoren entsprechen G II–G III-MDAH-Tumoren. WHO-G III-Tumoren korrelieren mit den G IV-Karzinomen nach MDAH-Grading. Auch dieses Grading nach Brawn et al. (1982) wird in zahlreichen Studien, vor allem in den USA angewandt und hat mit einer weiteren Zahl von Ansätzen zu einer einheitlichen Klassifikation, zu einem allgemein gültigen Grading der Prostatakarzinome beigetragen (Tab. 70 a, b).

3.8.3.8.4 Histologisches Grading des Pathologisch-urologischen Arbeitskreises „Prostatakarzinom"

Die kritische Analyse der bislang publizierten Grading-Systeme, vor allem das Ergebnis der Auswertung des Prostatakarzinomregisters Homburg/Saar (Dhom 1977)

Tabelle 70. Gradingsystem nach Brawn et al. 1982 mit Vergleich von Gradingsystemen nach Mostofi und Gleason

Mostofi	Gleason	MD Anderson (Brawn)
Grad I	Muster 1	Grad 1
Tumor mit Drüsenbildung, geringe Kernatypie der Drüsenepithelien	Hochdifferenzierte kleine und dicht gepackte uniforme Drüsen vor allem in umschriebenen Haufen	Tumorgewebe mit Drüsen 75–100% Drüsenloser Anteil – 25% Ausgenommen kribriforme papilläre Tumoren
Grad II	Muster 2	Grad 2
Tumor bildet Drüsen mit mäßiger Kernatypie der Drüsenepithelien	Ähnlich Muster 1, mäßiger Unterschied in Größe und Form der Drüsen, stärkere Atypien in Einzelzellen, noch umschriebene Tumorherde, aber lockerer angeordnet.	Tumorgewebe mit Drüsen 50–75% Drüsenloser Anteil 25–50% eingeschlossen Tumoren mit mehr als 50% kribriformem Muster
Grad III	Muster 3	Grad 3
Tumor bildet noch Drüsen. Deutliche Kernatypie der Drüsenepithelien. Eingeschlossen undifferenzierte Tumoren ohne Drüsenbildung	Ähnlich Muster 2, aber deutliche Unregelmäßigkeiten in Größe und Form der Drüsen mit schmalen Drüsen oder einzelnen Zellen, die in das Stroma infiltrieren	Tumorgewebe mit Drüsenanteil von 25–50% Drüsenloser Anteil 50–75%
	Muster 4	Grad 4
	Große helle Zellen in diffusem Muster aber auch mit Drüsenbildung ähnlich einem „Hypernephrom“	Drüsenanteil 0–25% Drüsenloser Anteil 75–100% Diffuses Wachstum undifferenzierter Tumoren
	Muster 5	
	Sehr niedrig differenzierte Tumoren mit soliden Haufen und diffusem Wachstum. Geringe bis fehlende Drüsendifferenzierung	

hat in der BRD zu einem weit verbreiteten Klassifikationsschema der Prostatakarzinome geführt, das sich nicht wesentlich von der WHO-Einteilung (Mostofi et al. 1980) unterscheidet.

Ebenfalls unter Berücksichtigung histologischer und zytologischer Parameter werden danach unterschieden:

Prostatakarzinom Malignitätsgrad I: Hochdifferenziertes glanduläres Karzinom mit geringer Zell- und Kernatypie.

Prostatakarzinom Malignitätsgrad II: Glanduläre Karzinome mit unregelmäßigem Drüsenaufbau und mittelgradiger Kernatypie mit und ohne kribriforme Herde. Grad III-Karzinome entsprechen kribriform oder solide trabekulären Karzinomen mit starker Kernatypie (Tab. 71).

Tabelle 71. Grading nach Dhom 1977

Grad I
Hochdifferenziertes glanduläres Karzinom mit geringer Kernatypie
Grad II
Wenig differenziertes glanduläres Karzinom ohne oder mit einzelnen kribriformen Herden und mäßiger Kernatypie
Grad III
Kribriformes und solides Karzinom mit starker Kernatypie

Tabelle 72. Histologisches Grading des pathologisch-urologischen Arbeitskreises „Prostatakarzinom" (Müller et al. 1980)

	Bewertungsziffer		
Hochdifferenziertes glanduläres Karzinom	0	0	Geringe Kernatypie
Wenig differenziertes glanduläres Karzinom	1	1	Mäßige Kernatypie
Kribriformes Karzinom	2	2	Starke Kernatypie
Solides Karzinom	3		

Summe der Bewertungsziffern	Malignitätsgrad des Karzinoms
0–1	I
2–3	II
4–5	III

(Nach Böcking und Sommerkamp 1980).

Unter Berücksichtigung der zytologischen Untersuchungen von Böcking u. Mitarbeitern (Böcking et al. 1979, 1982) sind von einer Gruppe von Pathologen und Urologen (Müller et al. 1980) die histologischen und zytologischen Kriterien in ein Punktesystem (Score) zusammengefaßt worden (Tab. 72).

Die histologische Bewertung entspricht den Ziffern 0–3, zytologische Bewertung den Ziffern 0–2. Aus der Summe der Bewertung sind die Malignitätsgrade abzuleiten.

Malignitätsgrad I entspricht der Bewertungssumme 0–1. Malignitätsgrad II ist aus der Summe 2–3 ableitbar. Malignitätsgrad III entspricht der Summe 4–5.

3.8.3.8.5 Subgrading (Helpap 1981, 1987)

Durch weitere zytologische und zellkinetische Analysen konnte festgestellt werden, daß bei sehr genauer Beachtung der zytologische Parameter, vor allem auch der Nukleolenhäufigkeit und -lokalisation für eine geringe Kernatypie nur ein kleiner Teil der als hochdifferenziert eingestuften Karzinome diesen Anforderungen entspricht (Helpap 1981; Helpap u. Otten 1982; Helpap 1988a, b) (Abb. 286–296). Der überwiegende Anteil histologisch hochdifferenzierter glandulärer Karzinome zeigt bereits mäßiggradige Kernatypiegrade, so daß die Gruppe Malignitätsgrad I in eine Untergruppe Ia ausschließlich zytologisch und histologisch hochdifferenzierter glandulärer Karzinome und in eine Gruppe Ib ebenfalls histologisch differenzierter glandulärer Karzinome, jedoch mit mäßiggradiger Kernatypie, unterteilt worden ist.

Unter gleichem Ansatz, unter Berücksichtigung wenig differenzierter, glandulärer und kribriformer Anteile ist auch die Malignitätsgruppe II unterteilt worden in eine Gruppe IIa, Bewertungssumme 2. Histologisch liegen mäßig bis wenig differenzierte, zytologisch mäßig differenzierte Karzinome vor.

In der Gruppe IIb (Summe der Bewertung 3) liegen histologisch und zytologisch wenig differenzierte glanduläre und kribriforme Karzinome vor. Auch hier konnte nicht nur zellkinetisch, sondern auch durch die Nukleolenfrequenz und -lokalisation, und vor allem, wie unten aufgeführt, durch retrospektive Studien im Rahmen von Überlebenswahrscheinlichkeiten, der Wert dieses Subgrading untermauert werden (Helpap u. Weißbach 1984a, b; Helpap 1987). Danach unterteilen sich diese Karzinomunterformen in ihrer Prognose sehr deutlich. Karzinome Malignitätsgrad IIa haben eine durchschnittliche Überlebenswahrscheinlichkeit nach 5 Jahren von 60%, die IIb-Tumorträger jedoch nur eine solche von 30% (Tab. 73, 78).

Die Unterteilung des Malignitätsgrades III in Untergruppen a und b umschließt in der Gruppe IIIa vornehmlich solide trabekuläre und kribriforme Muster, während die Gruppe IIIb soliden undifferenzierten Formen entspricht und damit dem Grading-Muster der UICC/TNM (1987; Hermanek u. Sobin 1987) entgegenkommt.

Das Grading des pathologisch-urologischen Arbeitskreises „Prostatakarzinom" ist durch mehrere Publikationen in urologischen und pathologischen Zeitschriften sowie durch zahlreiche Fortbildungsveranstaltungen den Urologen und Pathologen der BRD in vielfältiger Weise nahegebracht worden. Es hat sich in den letzten Jahren durchgesetzt (Müller et al. 1980; Helpap et al. 1985a, b; Helpap 1985) und ist in seiner Wertigkeit bestätigt worden (Hanke et al. 1987, 1988; von Petzinger-Hamdi Bek 1987).

Tabelle 73. Subgrading nach Helpap

Histologische Differenzierung	Bewertungsziffern		Summe der Bewertung	Malignitätsgrad
	Histologie	Zytologie (Kernatypiegrad)		
hoch diff. glandulär	0	0 gering →	0/1	Ia (sehr gering) hist./zyt. hoch diff. Ca
wenig diff.	1			Ib (gering-mäßig) hist./zyt. mäßig diff. Ca
		1 mäßig →	2/3	IIa (mäßig)
kribriform	2			IIb (stark)
		2 stark →	4/5	IIIa, b (stark)
solide/ trabekulär	3			

3.8.3.9 Wertigkeit der verschiedenen Klassifikations- und Gradingsysteme

Die histologische Klassifikation der Prostatakarzinome zeigt keine nennenswerten Differenzen zwischen den einzelnen Klassifikationsschemata. Die Einteilung nach WHO (Mostofi et al. 1980) wird heute überwiegend angewandt.

Die Klassifikation des pathologisch-urologischen Arbeitskreises „Prostatakarzinom" entspricht im Großen und Ganzen dieser WHO-Einteilung. Entsprechend den Vorschlägen von Dhom (1977) sind lediglich die verschiedenen Kombinationsformen getrennt aufgeführt.

Schwierigkeiten bestehen jedoch in der Wertigkeit der verschiedenen Gradingsysteme. Der Gleason-score ist weit verbreitet. Die Reproduzierbarkeit schwankt zwischen 74 und 95% an TUR- und stanzbioptischem Material (Bain et al. 1982). Der Vergleich von TUR- und Biopsiematerial mit den histologischen Präparaten einer totalen Prostatektomie zeigt jedoch lediglich in 51% eine komplette Übereinstimmung. Ein Undergrading findet sich in 45% bei dem TUR- und Biopsiematerial und ein Overgrading in 4%. Bei niedrigem Gleason-score, an der Biopsie gewonnen, sollte ein Kontrollgrading an einer weiteren Biopsie folgen (Mills u. Fowler 1986). In verschiedenen Analysen hat der Gleason-score bei Graden hoher Malignität gezeigt, daß dadurch die Prognose und die Progression der Prostatakarzinome weitgehend bestimmt wird (Mc Gowan et al. 1983). Die Kombination von Gleason-score und dem Nukleolenstatus hat weiterhin gezeigt, daß ein hoher Gleason-score mit zahlreichen prominenten Nukleolen mit der Tumorprogression korreliert (Myers et al. 1982).

Das Subgrading des pathologisch-urologischen Arbeitskreises „Prostatakarzinom" (Helpap 1985) zeigt ebenfalls unter Berücksichtigung des Nukleolenstatus eine schlechte Prognose bei G IIb und G III-Karzinomen, welche prominente, exzentrisch gelegene Nukleolen aufweisen (Helpap 1987, 1988) (Tab. 74–76).

Die Tumorprogression und damit verbunden eine schlechte Prognose korreliert auch eindeutig mit der Kombination von Gleason-Grading und -Staging (Grayhack u. Assimos 1983).

Das Gradingsystem nach Mostofi (WHO) und das von Brawn (1982) inaugurierte Grading korrelieren vornehmlich aufgrund der Analyse des histologischen Musters mit der Tumorprogression und der Prognose. Die zusätzliche Berücksichtigung zytologischer Parameter, wie sie in einer ausführlichen Analyse erprobt worden ist,

Tabelle 74. Nukleolenhäufigkeit in Prostatakarzinomen

Histologische Analyse					
Grading	n	Kerne mit Nukleolen	Zahl der Nukleolen pro Kern		
			1	2	>2
Ia	17	10,0± 7,2%	100.0%	–	–
Ib	30	16,4± 9,6%	98,8%	1,2%	–
IIa	83	41,4±15,5%	92,5%	7,0%	0,5%
IIb	45	50,6±16,5%	93,5%	6,1%	0,4%
III	27	80,1±15,6%	87,4%	11,9%	0,7%

Tabelle 75. Lokalisation von Nukleolen in Kernen von Prostatakarzinomen

Histologische Analyse				
Grading	n	Zentral	Intermediär	Peripher
Ia	17	53,5%	32,9%	13,6%
Ib	30	40,9%	36,6%	22,5%
IIa	83	28,1%	32,2%	39,7%
IIb	45	25,3%	34,6%	40,1%
III	27	24,5%	26,8%	48,7%

Tabelle 76. Korrelation von Grading, Histologie, Zytologie, Zellkinetik und Immunhistochemie von Prostatakarzinomen

Grading	Ia	Ib	IIa	IIb	III
Histologie	Hochdiff. glandulär	Mäßig diff. glandulär	Wenig diff. glandulär kribriform	Kribriform wenig diff. glandulär	Kribriform solide-trabekulär
Zytologie–Nukleolen					
Frequenz	10,0%	16,4%	41,4%	50,6%	80,1%
1n/N	100,0%	98,8%	92,5%	93,5%	87,4%
2n/N	–	1,2%	7,0%	6,1%	11,9%
2n/N	–	–	0,5%	0,4%	0,7%
Lokalisation					
zentral	53,5%	40,9%	28,1%	25,3%	24,5%
intermediär	32,9%	36,6%	32,2%	34,6%	26,8%
peripher	13,6%	22,5%	39,7%	40,1%	48,7%
Zellkinetik					
3H-Index	0,1–0,3%	0,4–0,5%	0,6–1,4%	2,0–4,4%	5,6–7,0%
S-Phase	6,1–18,0 h		5,2–11,7 h	5,2–9,5 h	7,5–9,6 h
Immunhistochemie					
PSP	++–+++	++–+++	+/++–++	+/+ (+)	0–+
PSA	++–+++	+–++–+++	0–++–+++	0–++	0–+
TPA	+–++	+–+++	+–+++	+–+++	+–+++
CEA	0–++	0–++	0–+	0–+	0–+
Keratine					
Str. corneum	Ø	Ø	Ø	Ø	Ø
7,19	(+)/+	(+)/+	(+)/+	(+)/+	(+)/+
8,18	(+)/+	(+)/+	(+)/+	(+)/+	(+)/+
Laktoferrin	++	++	(+)	(+)	(+)
Östrogen-Rezeptor	Ø	Ø	Ø	Ø	Ø

hat dagegen nur eine geringe Reproduzierbarkeit ergeben (Schroeder et al. 1985a, b, c, 1987).

Die Wertigkeit des histologischen und zytologischen Gradingsystems des pathologisch-urologischen Arbeitskreises „Prostatakarzinom“ vor Therapie besteht darin, daß Schwierigkeiten bei der diagnostischen Klassifikation von uniform und pluriform aufgebauten Karzinomen und beim nachfolgenden histologischen Grading vermieden werden, da durch das Grading der am schlechtesten differenzierte Tumoranteil durch die Summe der Bewertungsziffern die Enddiagnose eindeutig bestimmt. Voraussetzung ist jedoch, daß alle Karzinomanteile ausgewertet werden. Untermauert worden sind diese Grading-Analysen durch ausgedehnte Studien mit Hilfe der Morphometrie, der DNA-Zytophotometrie und durch zellkinetische Analysen (Leistenschneider u. Nagel 1984; Seppelt 1983, 1984; Helpap 1981, 1985 d; Helpap u. Otten 1982; Helpap u. Weißbach 1984 a, b; Mihatsch et al. 1986).

Das exakte Grading eines Prostatakarzinoms mit Unterteilung der Malignitätsgrade I–III in Untergruppen a und b hat im Rahmen des prozentualen Verteilungsmusters die Gruppe der hochdifferenzierten glandulären Prostatakarzinome sehr eingeschränkt auf etwa 5%, während der Karzinomtyp Ib und IIa mit mäßig und wenig differenzierten glandulären uniformen und pluriformen Mustern der am häufigsten anzutreffende Karzinomtyp ist (Tab. 77).

Bei exakter Durchführung des Grading hat sich gezeigt, daß diese Malignitätsgruppe eine deutlich günstigere Prognose für den Patienten hat als die Karzinome Malignitätsgrad IIb und III. In diesen Fällen besteht eine hohe Proliferationskinetik

Tabelle 77. Klassifikation und histologisch/zytologisches Grading von Prostatakarzinomen (n = 3131)

Gewöhnliche Karzinome	Grading	n	%
Uniformer Aufbau			
Hochdiff. gland. Karzinome	Ia	157	5,0
Mäßig diff. gland. Karzinome	Ib	420	13,4
Wenig diff. gland. Karzinome mit mäßigen Kernatypien	IIa	580	18,5
Wenig diff. gland. oder kribriforme Karzinome mit deutlichen Kernatypien	IIb	174	5,6
Solide/trabekuläre Karzinome mit schweren Atypien	III	150	4,8
Pluriformer Aufbau			
Überwiegend glanduläre, z. T. kribriforme Karzinome	IIa	778	24,8
Überwiegend kribriforme, z. T. glanduläre Karzinome	IIb	386	12,3
Kribriforme/solide/trabekuläre Karzinome	III	340	10,9
Ungewöhnliche Karzinome			
Urothelkarzinome		30	1,0
Plattenepithelkarzinome		8	0,3
Papilläre sog. endometroide Karzinome		8	0,3
Muzinöse Karzinome		3	0,1
Karzinoide bzw. gland. Karzinome mit karzinoiden Anteilen		3	0,1
Undifferenzierte Karzinome		88	2,8
Maligne Lymphome		6	0,2

Tabelle 78. Sterberaten (in Prozent) bei Prostatakarzinompatienten in Abhängigkeit vom Grading

Jahr	Grad n	Ia 32	Ib 44	IIa 192	IIb 52	IIIa, b 44
0		–	–	–	–	–
1		–	–	–	31%	9%
2		–	–	4%	40%	36%
3		–	–	11%	42%	42%
4		–	7%	24%	53%	61%
5		–	14%	28%	63%	78%

mit schlechter zytologischer und histologischer Differenzierung. Die Absterberate der Patienten liegt, über fünf Jahre gemessen, bei 80%, während die Überlebenswahrscheinlichkeit der Patienten Grad Ib und IIa nach fünf Jahren noch bei 70% liegt (Helpap u. Weißbach 1984a, b; Hanke et al. 1987, 1988; von Petzinger-Hamdi Bek 1987). Diese Werte sind vergleichbar mit Angaben nach dem Gleason-score (Stamey 1982). Die Absterberate von Patienten mit G Ia-Karzinomen liegt in der Regel unter bzw. auf dem Niveau einer vergleichbaren Normalpopulation. Bei entsprechendem Ausbreitungstyp und Allgemeinzustand des Patienten mit einem Prostatakarzinom Malignitätsgrad Ia sind daher aggressive therapeutische Eingriffe nicht notwendig (Tab. 78).

Die Wertigkeit des Malignitätsgrading des pathologisch-urologischen Arbeitskreises „Prostatakarzinom“ ist somit nicht nur retrospektiv durch die Überlebensrate unbehandelter und behandelter Karzinomträger untermauert worden, sondern korreliert eindeutig auch mit den klinischen Stadien (Faul et al. 1985; Wernert et al. 1986a), so wie dies auch für das Gleason-Grading unter Einschluß des Staging gezeigt worden ist (Bain et al. 1982; Wilson et al. 1983). Die Schlußfolgerung lautet somit, daß die Therapieplanung auf das Tumorgrading und Staging abgestimmt werden sollte (Helpap 1985).

3.8.4 Das konservativ therapierte, gewöhnliche Prostatakarzinom

Durch die Möglichkeit, Kontrollbiopsien durchzuführen, sind in den letzten Jahren die morphologischen Befunde von Prostatakarzinomen unter hormonaler und radiologischer Therapie genauer untersucht worden (Alken et al. 1972, 1975, 1977; Dhom 1981, 1985; Dhom u. Degro 1982). Bei Ansprechbarkeit des Karzinoms auf die Therapie kann sich das Tumorvolumen reduzieren (Tab. 79). Morphologisch ist die frühe Phase durch eine grobe Vakuolisierung, hydropische Schwellung und Ballonisierung des Zytoplasmas mit möglicher Ruptur der Zellmembran und durch eine fortschreitende Kernschrumpfung (Pyknose) gekennzeichnet. Nach längerer Therapie entwickelt sich aus einer zunächst ödematösen Stromaverquellung eine zunehmende Fibrose und Sklerose (Tab. 80, Abb. 313–323). Die DNA-Syntheserate der Tumorzellen nimmt deutlich ab (Helpap et al. 1976; Helpap 1985) (Abb. 324) (Tab. 81).

Tabelle 79. Veränderungen der Tumormasse bei Prostatakarzinomen nach Hormon- oder Strahlentherapie

Tumormasse bei Primärdiagnose (n=97)		
	n	%
10%	6	6,2
10–50%	52	53,6
50%	39	40,2

Reduktion der Tumormasse nach Therapie (n=123)		
	n	%
Stark	28	22,8
Mäßig	63	51,2
Keine	32	26,0

Tabelle 80. Morphologische Befunde am Prostatakarzinom nach Hormon- oder Strahlentherapie (Regression)

Zytoplasma:

Grobe Vakuolisierung, hydropische Schwellung
Ballonierung, Ruptur der Zellmembran

Zellkern:

Primäre Vergrößerung, Chromatinverklumpung, bizarre Formen, Nukleolenschwellung bis -schwund, Pyknose

Stroma:

Fibroblastenproliferation, Sklerosierung und Hyalinisierung
Muskelfaserdegeneration

Tumorfreie Prostatadrüsen:

Atrophie des sekretorisch aktiven Epithels, Plattenepithelmetaplasien
Kernatypien (vor allem nach Bestrahlung)
DD: Karzinom-Kerne!

Tabelle 81. Zellkinetische Analyse von behandelten Prostatakarzinomen

Histologische Differenzierung	n	Behandlung	Markierungsindex %
Gland. Karzinome	11	Östrogene	0.16±0,02
Kribriforme Karzinome	1	Östrogene	3,6
Gland. Karzinome	3	Bestrahlung	0,53±0,16
Kribriforme Karzinome	1	Bestrahlung	1,6

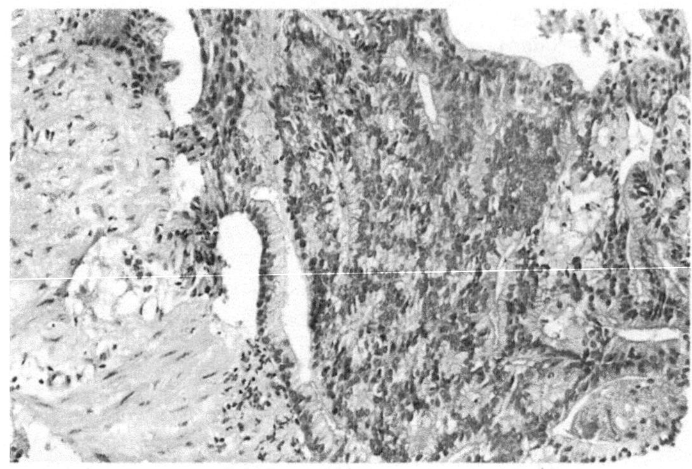

Abb. 313. Kribriformes Prostatakarzinom am Beginn einer Hormonbehandlung. Hämatoxylin-Eosin

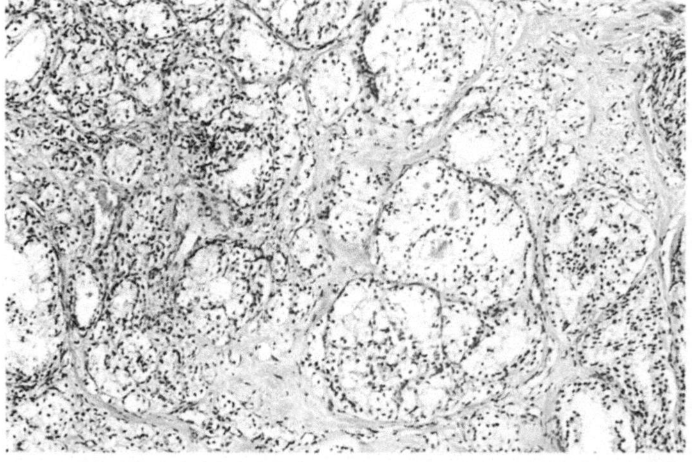

Abb. 314. Regressive hellzellige Elemente in mikroglandulärem Prostatakarzinom nach Orchiektomie und antiandrogener Hormontherapie. Hämatoxylin-Eosin

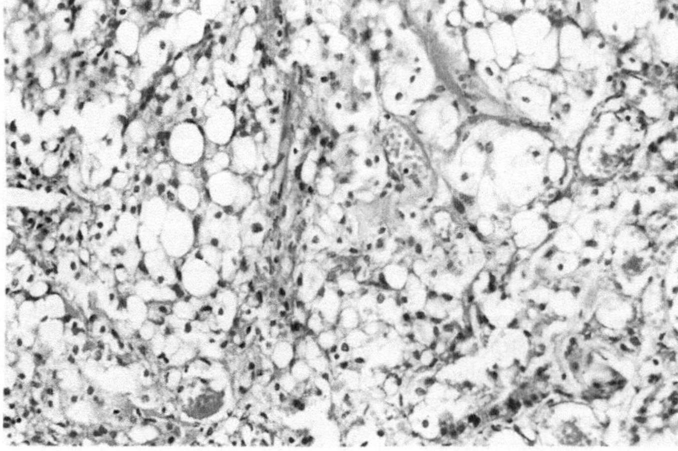

Abb. 315. Deutlich regressiv verändertes, ehemals wenig differenziertes glanduläres und kribriformes Prostatakarzinom. Hämatoxylin-Eosin

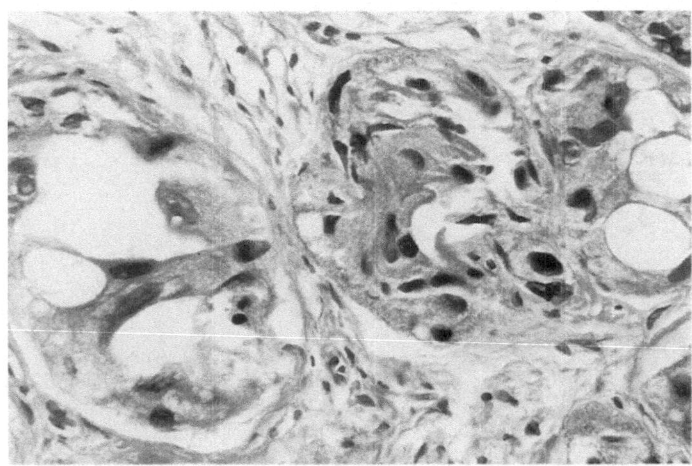

Abb. 316. Therapiebedingte Kernpolymorphien eines kribriformen Prostatakarzinoms nach Strahlentherapie mit leichten Regressionszeichen. Hämatoxylin-Eosin

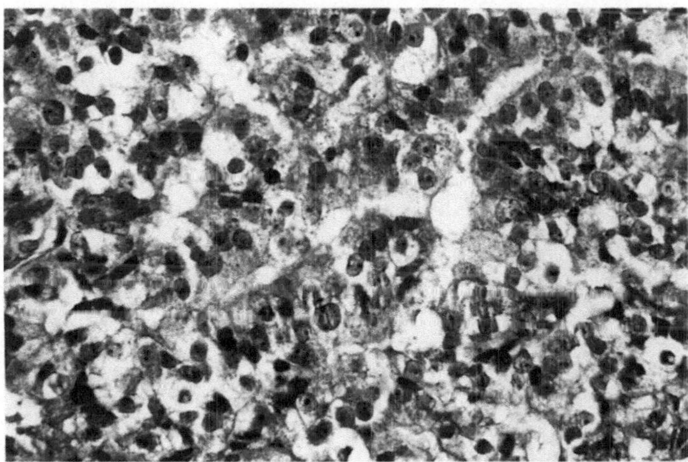

Abb. 317. Wenig differenziertes Prostatakarzinom ohne Zeichen einer Regression mit Harnblasenkarzinom kombiniert. Hämatoxylin-Eosin

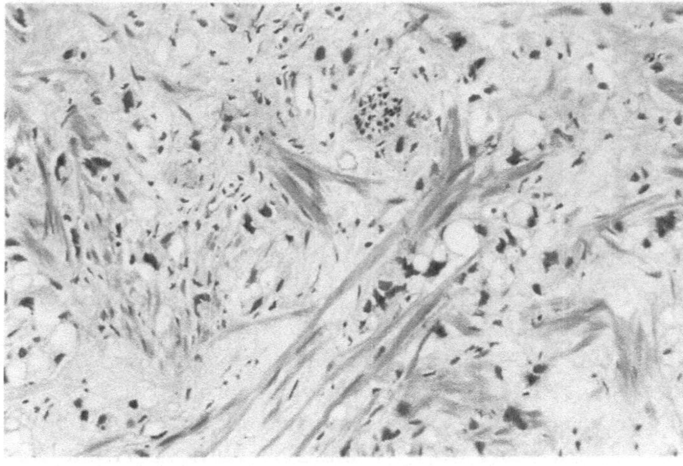

Abb. 318. Polymorphe Stromareaktion mit ödematöser Verquellung und beginnender Fibrosierung nach Hormontherapie eines Prostatakarzinoms. Hämatoxylin-Eosin

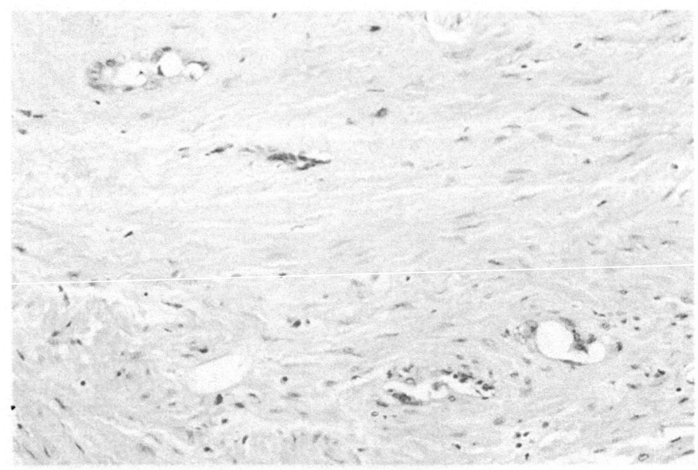

Abb. 319. Ausgeprägte Stromasklerose nach Strahlentherapie eines Prostatakarzinoms. Hämatoxylin-Eosin

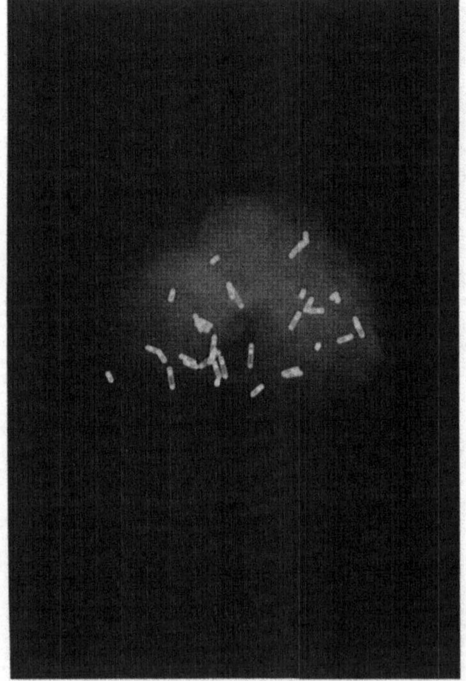

Abb. 320. Interstitielle Strahlentherapie (Spikkung) eines Prostatakarzinoms. (Aufnahme H. Kastendieck)

Antiandrogen-behandelte Prostatakarzinome zeigen immunhistochemisch bei zunehmendem Regressionsgrad insgesamt deutlich abgeschwächte bis fehlende Markerreaktionen. Aber auch hier ist ein heterogenes Expressionsmuster nachweisbar. Es wechseln negative und stark positive Reaktionen ab. Reste vitaler proliferationsaktiver Tumorzellkomplexe bzw. Einzelzellen inmitten stark regressiver Gewebs- und Zellveränderungen heben sich durch Markierung von PSP und PSA sowie TPA mitunter

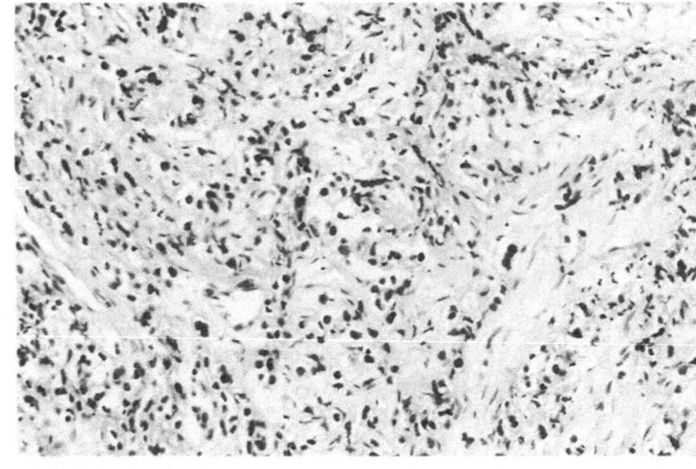

Abb. 321. Zustand nach interstitieller Strahlentherapie eines wenig differenzierten Prostatakarzinoms. Hämatoxylin-Eosin

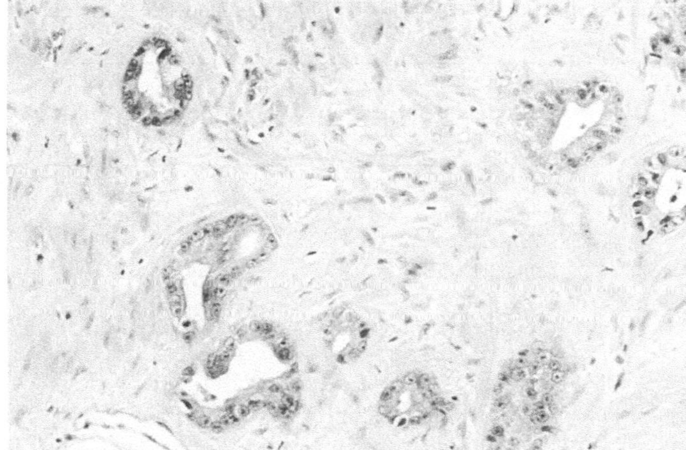

Abb. 322. Strahlenfibrose eines Prostatakarzinoms mit interstitieller Spickung. Hämatoxylin-Eosin

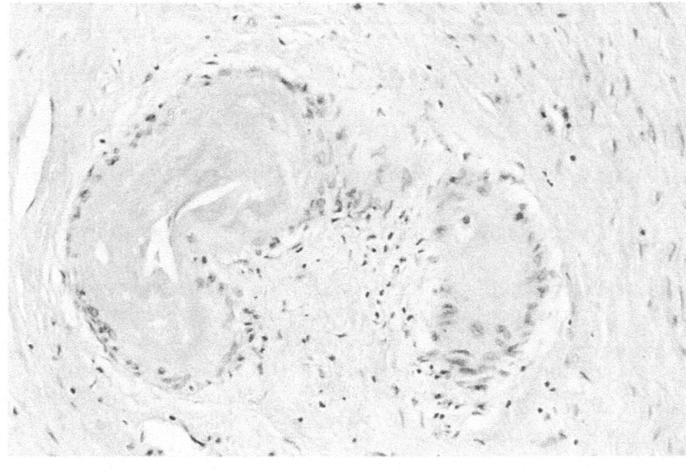

Abb. 323. Hyalinisierende Strahlenvaskulopathie nach Behandlung eines Prostatakarzinoms. Hämatoxylin-Eosin

deutlich ab. Insgesamt muß jedoch festgestellt werden, daß alle Marker, die im unbehandelten Karzinom vorkommen, auch unter einer Androgenentzugsbehandlung bzw. nach einer Radiatio weiterhin exprimiert werden. Das heißt, daß für keinen der untersuchten Marker eine androgenabhängige Expression angenommen werden kann, die einem indirekten Rezeptornachweis gleichkäme (Wernert 1977). In der Kombination von Histologie, Zytologie, Immunhistochemie, DNA-Zytophotometrie und Zellkinetik ist jedoch die Beurteilung der tatsächlichen Regression exakter möglich geworden (Helpap et al. 1976; Vernon u. Williams 1983; Helpap 1985d; Leistenschneider u. Nagel 1980; Dhom 1984; Vogel u. Helpap 1986) (Abb. 325–328; Tab. 82, 83). Ferner können unter der Therapie Plattenepithelmetaplasien in nicht karzinomatös veränderten Drüsenschläuchen auftreten, die sich jedoch auch im Rahmen anderer Erkrankungen entwickeln können und kein typisches Regressionszeichen sind. Äußerst selten kann es hier zum Auftreten sog. metaplastischer Tumoren kommen (Abb. 329, 330). Ein weiterer zytologisch-histologischer Befund ist das vermehrte

Tabelle 82. Immunhistochemischer Nachweis von PSP und PSA an unbehandelten Karzinomen der Prostata

Histologie	PSP prostataspezifische saure Phosphatase	PSA prostataspezifisches Antigen
Hochdifferenzierte gland. Karzinome	+ + (+) (gleichmäßig)	+ + + (gleichmäßig)
Wenig differenzierte gland. Karzinome	+ + (+) (ungleichmäßig)	+ + (+) (ungleichmäßig)
Kribriforme Karzinome	+ − + + (+) (apikale Markierung)	+ − + + (+) (apikale Markierung)
Solid-trabekuläre Karzinome	∅ − + (+)	∅ − + (+)
Normale Drüsen	+ + +	+ + +

Tabelle 83. PSP- und PSA-Expressionsmuster bei behandelten Prostatakarzinomen

Histologie	PSP prostataspezifische saure Phosphatase	PSA prostataspezifisches Antigen
Hochdifferenzierte gland. Karzinome	0 − + (+ +) (je nach Regressionsgrad)	0 − + (+ +) (je nach Regressionsgrad)
Wenig differenzierte gland. Karzinome	0 − + (+ +) (je nach Regressionsgrad)	0 − + (+ +) (je nach Regressionsgrad)
Kribriforme Karzinome	+ − + + (je weniger Regression, desto stärker der Marker)	+ − + + (je weniger Regression, desto stärker der Marker)
Solid-trabekuläre Karzinome	+ − + + (je weniger Regression, desto stärker der Marker)	+ − + + (je weniger Regression, desto stärker der Marker)
Plattenepithelmetaplasien	∅	∅

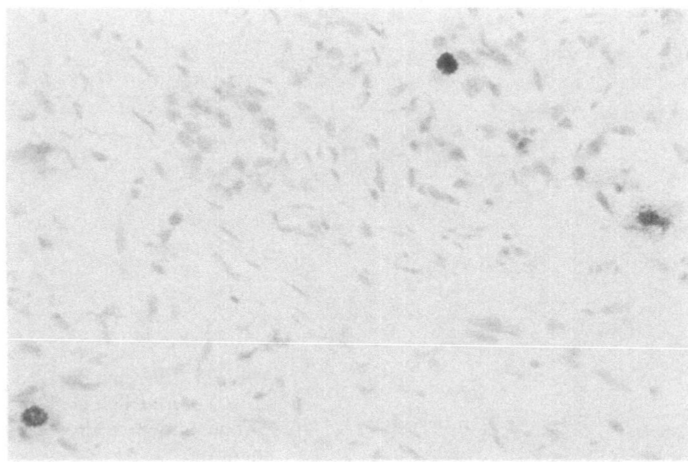

Abb. 324. Einzelne radioaktiv markierte Tumorzellen eines ehemals hochproliferierenden östrogen-therapierten Prostatakarzinoms. Stripping-Film-Autoradiogramm, Hämalaun

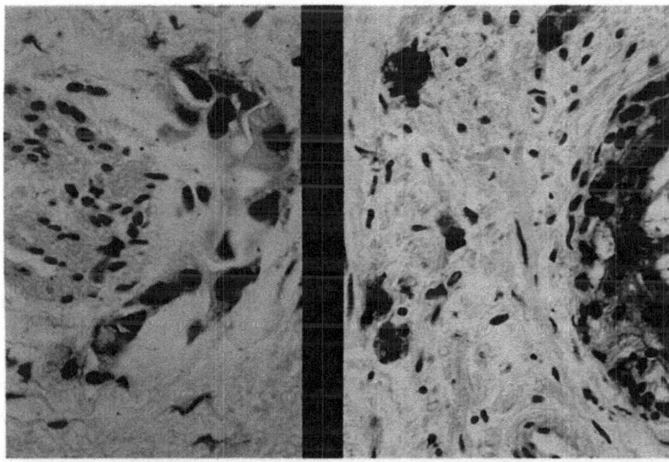

Abb. 325. Regressiv verändertes Prostatakarzinom nach Hormontherapie. Links reduzierte TPA-Expression, rechts CEA-Expression in therapiebedingter Plattenepithelmetaplasie (ABC-Technik)

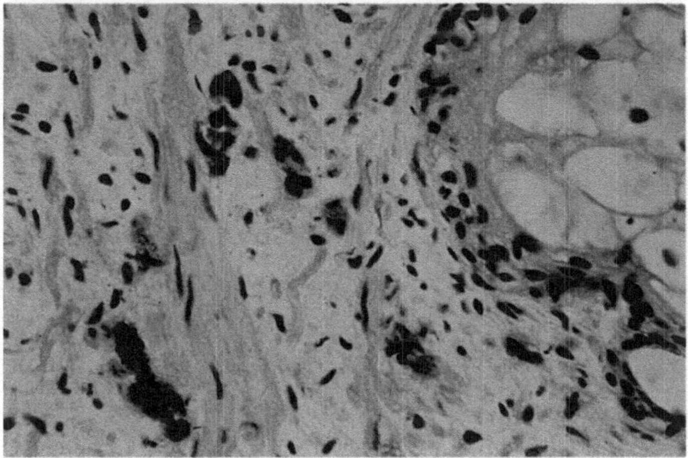

Abb. 326. Reduzierte Expression von Prostata-spezifischem Antigen in hormonbehandeltem Prostatakarzinom (ABC-Technik)

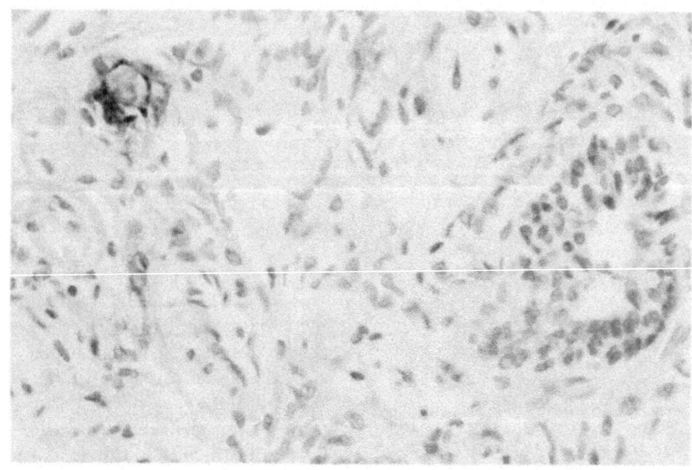

Abb. 327. Einzelne PSA-positive Tumorzellen bei hormonbehandeltem Prostatakarzinom

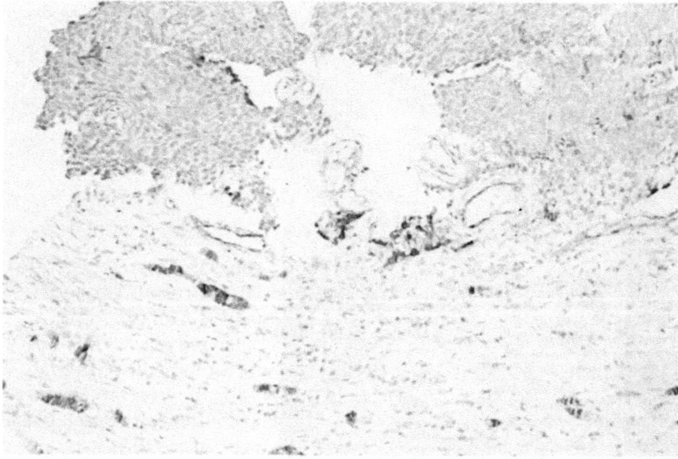

Abb. 328. Kombination von hormonbehandeltem sklerosiertem Prostatakarzinom mit noch deutlicher Expression von Prostata-spezifischer saurer Phosphatase. Zusätzlich PSP-negatives urotheliales Karzinom (ABC-Technik)

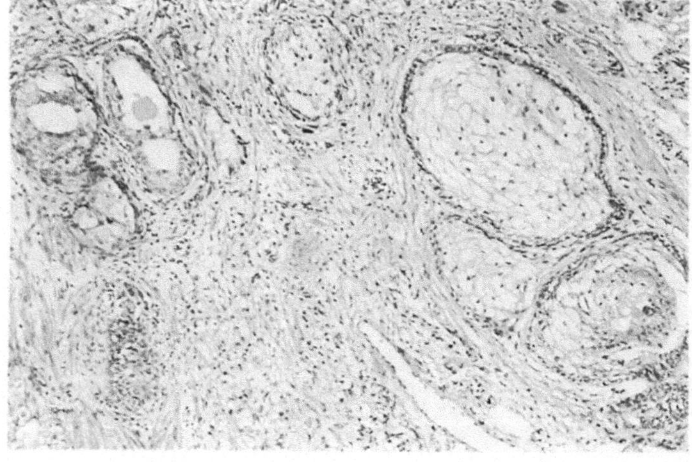

Abb. 329. Plattenepithelmetaplasien in Prostatadrüsen nach Hormonbehandlung. Hämatoxylin-Eosin

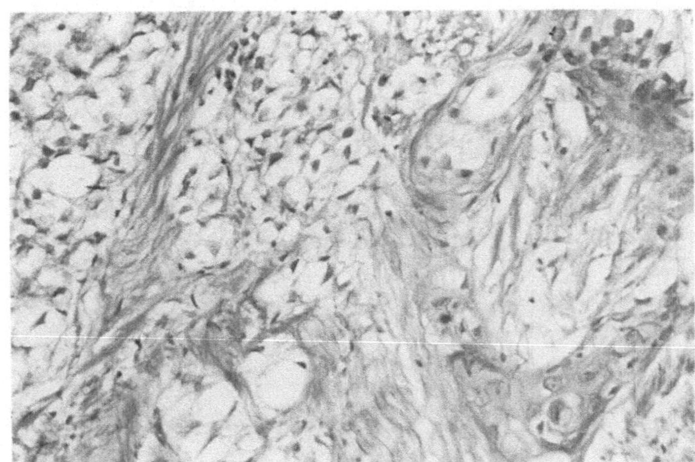

Abb. 330. Sog. metaplastischer Tumor nach langjähriger Östrogentherapie eines wenig differenzierten glandulären, mäßig regressiv veränderten Prostatakarzinoms. Hämatoxylin-Eosin

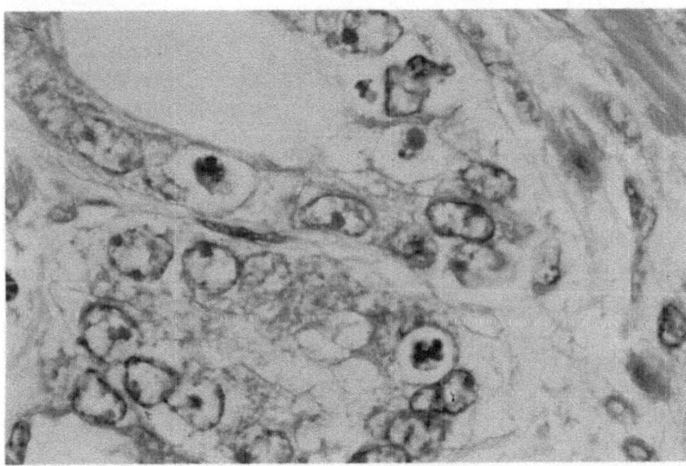

Abb. 331. 2 Apoptosekörper in einem hormontherapierten, glandulären Prostatakarzinom. Hämatoxylin-Eosin

Auftreten von Apoptosekörpern. Bei unbehandelten, differenzierten glandulären Karzinomen beträgt der Apoptose-Index 0,1–0,2%, bei unbehandelten, wenig differenzierten und soliden Karzinomen bis zu 1%. Unter Hormontherapie kann die Apoptose innerhalb der ersten 10 Tage nach Therapiebeginn um den Faktor 10 zunehmen. Unter Strahlentherapie sind ebenfalls vermehrt Apoptosekörper meßbar (Stiens et al. 1981 a, b) (Abb. 331, 332).

3.8.5 Regressionsgrading

Der Grad dieser morphologisch und zytologisch faßbaren Tumorregression wird, unter Berücksichtigung der Veränderungen an Epithel und Stroma des Karzinoms, in einem Regressionsschema punktemäßig festgehalten (Alken et al. 1975; Dhom 1977, 1981, 1985; Dhom u. Degro 1982). Die Gradunterteilung in 10 Punkte ist in drei Regressionsgraden zusammengefaßt (Tab. 84). Keine oder nur geringe Regres-

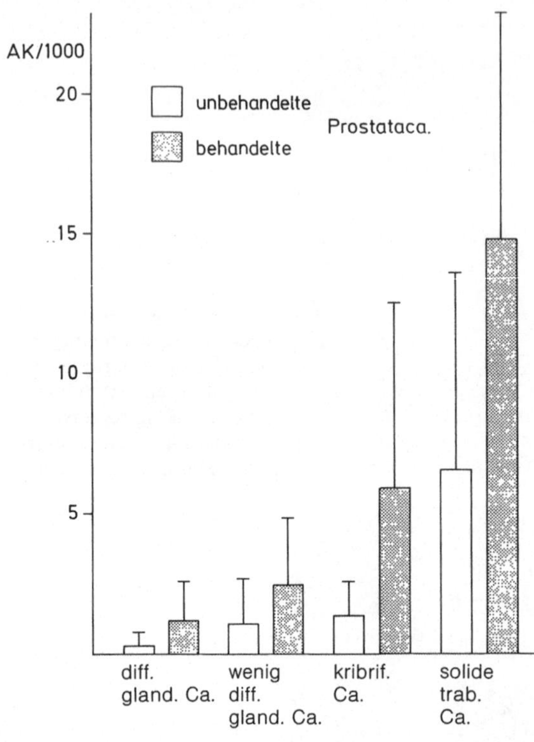

Abb. 332. Apoptosekörper in unbehandelten und antiandrogen behandelten Prostatakarzinomen

Tabelle 84. Histologisches Grading der Tumorregression. (Nach Dhom 1981)

Punkte	Morphologische Charakteristika	Regressionsgrad
10	Keine Regression	I
8	Noch große Tumorausbreitung, nur fokale Regression mit Vakuolisierung und Kernpyknose ohne Nukleolen	
6	Ansteigende Regression in allen Tumoranteilen bei noch breiter Ausdehnung	II
4	Wenige Tumornester mit deutlicher Regression	
2	Wenige winzige Verbände von Zellen, kaum mehr als Tumorzellen identifizierbar	III
0	Kein Tumor nachweisbar	X

Regressionsgrad I = keine oder nur geringe Regression.
Regressionsgrad II = mäßiggradige, aber deutliche Regression.
Regressionsgrad III = starke Regression.
Regressionsgrad X = kein Tumor nachweisbar.
[a] S.a. Dhom 1981; Übersicht Helpap et al. 1985.

sion entspricht dem Regressionsgrad I. Eine mäßiggradige, aber deutliche Regression entspricht dem Regressionsgrad II und eine starke Regression dem Regressionsgrad III (Tab. 84). Ist kein Tumorgewebe nachweisbar, liegt der Regressionsgrad X vor.

Mit diesem Regressionsschema ist der Verlauf unter Therapie durch Mehrfachbiopsien histologisch und zytologisch charakterisierbar und mit den klinischen Befunden vergleichbar (Leistenschneider u. Nagel 1980). In zahlreichen Studien hat sich gezeigt, daß differenzierte glanduläre Karzinome (G Ib–IIa) besser auf eine Hormontherapie ansprechen als kribriforme, solide/trabekuläre und undifferenzierte Karzinome. Auch nach Strahlentherapie sind gute Tumorregressionen beobachtet worden (Alken et al. 1975, 1977; Faul et al. 1978; Helpap et al. 1976; Kastendieck et al. 1976; Spieler et al. 1976; Altenähr et al. 1979a; Kopper et al. 1984).

Ergebnisse des histologisch-zytologischen Regressionsgradings nach Östrogentherapie an uniformen glandulären Karzinomen haben eine gute Regression (Grad III) bis 65% ergeben, gegenüber 17% bei pluriform aufgebauten Karzinomen (Dhom 1981). Die histologische Regression nach Strahlen- oder Hormontherapie ist jedoch in der Regel erst nach einer Einjahreskontrolle exakt zu beurteilen (Tab. 85–87).

Klinisch und morphologisch hat sich gezeigt, daß etwa 20% der Prostatakarzinome gegenüber der hormonalen Therapie primär resistent sind. Der Prozentsatz der Therapieresistenz nimmt unter anhaltender Hormontherapie noch deutlich zu (Dhom 1978b).

Tabelle 85. Tumorregression nach Östrogentherapie von Prostatakarzinomen

Histologische Klassifikation und Grading	Regressionsgrad (%)			
	I	II	III	X
Glanduläre Karzinome (n = 82) (Ib–IIa)	31,1	6,9	41,8	10,2
Kribriforme/solide trabekuläre Karzinome (n = 63) (IIa, IIb, III)	44,8	19,4	35,8	–

Tabelle 86. Tumorregression nach Radiotherapie von Prostatakarzinomen

Histologische Klassifikation und Grading	Regressionsgrad (%)		
	I	II	III
Glanduläre Karzinome (n = 11) (Ib–IIa)	20,6	27,1	52,3
Kribriforme und solide/trabekuläre Karzinome (n = 7) (IIa, IIb, III)	44,8	19,4	28,1

Tabelle 87. Tumorregression von konservativ therapierten Prostatakarzinomen

Histologische Klassifikation und Grading	Regressionsgrad	n	%
Glanduläre Prostatakarzinome (n=93)	I	28	30,1
(Ib–IIa)	II	17	18,3
	III	40	43,0
	X	8	8,6
Kribriforme/solide trabekuläre	I	30	42,9
Karzinome (n=70)	II	15	21,4
(IIa, IIb, III)	III	25	35,7
	X	–	–

Trotz der Fortschritte beim Grading von Prostatakarzinomen haben die bisherigen morphologischen, zytologischen und zellkinetischen Analysen keine Charakteristika erkennen lassen, die es gestatten, aufgrund des histologisch-zytologischen Erstbefundes eine Aussage zu machen, ob ein Prostatakarzinom auf eine hormonale, zytostatische oder radiologische Therapie ansprechen wird (Kastendieck et al. 1976; Helpap et al. 1976; Altwein 1978).

3.8.6 Metastasierung beim Prostatakarzinom

Durch die Anwendung moderner Untersuchungsmethoden wie Knochenscan, Beckenkammbiopsie und Lymphographie lassen sich in mehr als 50% der Patienten mit Prostatakarzinomen bereits Metastasen nachweisen (Murphy 1976; Altwein 1978; Karstens et al. 1979).

Die frühere Vorstellung, daß Prostatakarzinome primär in das Skelettsystem metastasieren, ist revidiert worden, da systematische lymphographische und pathologisch-anatomische Untersuchungen (Schnellschnittuntersuchungen und Abklatschzytologie bei Lymphadenektomie) gezeigt haben, daß Lymphknotenmetastasen dem Skelettbefall vorangehen (Taenzer et al. 1974; Gentry 1986).

Am häufigsten (ca. 30–35%) finden sich Metastasen in den obturatorischen und iliakalen (pelvinen) Lymphknoten (Fowler et al. 1981; Merkel et al. 1984; Faul et al. 1985). Diese entsprechen dem Abflußgebiet aus den hinteren und seitlichen Organabschnitten der Prostata. Es besteht zwischen der Häufigkeit pelviner Lymphknotenmetastasen und dem Tumorstadium und Tumorgrading eine deutliche Abhängigkeit. Prostatakarzinomen T_1 weisen bis 20%, T_2 bis 30% und T_3 bis 45% Lymphknotenmetastasen auf. Metastasierende Karzinome haben in der Regel bereits die Kapsel durchbrochen, infiltrieren die Samenbläschen und haben das prostatische Gewebe fast bis zur Hälfte durchsetzt (Abb. 258–264).

Histologische Analysen haben gezeigt, daß mit zunehmendem Malignitätsgrad sowie pluriformem Aufbau der Prostatakarzinome die Häufigkeit von Metastasen deutlich ansteigt. G I-Karzinome zeigen in 0–5%, G II- in 20–30% und G III-Karzinome in 50–60% Lymphknotenmetastasen (Fowler et al. 1981; Brawn 1983; Merkel et al. 1984; Faul et al. 1985). Auffallend ist die hohe Inzidenz an Lymphknotenmetastasen bei inzidenten Karzinomen (T_{1b}) in etwa 27%. Diese Tatsache unterstreicht die Bedeutung einer Differenzierung von T_{1a}- und T_{1b}-inzidenten Karzinomen (Faul et al. 1985; Catalona 1987).

In $^2/_3$ der Fälle besteht eine identische Differenzierung zwischen Primärtumor und Metastasen. Auch die Immunhistochemie der Lymphknotenmetastasen mit PSP und PSA ist vergleichbar mit dem Primärtumor (Kastendieck et al. 1980; Kramer et al. 1981; Friedmann et al. 1984a, b; Merkel et al. 1984). Damit besteht auch die Möglichkeit bei PSP und PSA positiven Lymphknotenmetastasen eines bis dato unbekannten Primärtumors, das Prostatakarzinom als Ursprung in die Differentialdiagnose miteinzubeziehen (Nadji et al. 1981; Stein et al. 1982; Yam et al. 1983).

Vereinzelt kommt es zu einer Lymphknotenmetastasierung auch oberhalb des Zwerchfelles (Zervikal-Subklavia-Region) ohne klinisch nachweisbare Metastasen in der abdominellen Region (Cho u. Epstein 1987).

Die hämatogene Metastasierung befällt vorwiegend das Skelettsystem, wobei die Wirbelsäule besonders bevorzugt ist. Zum Zeitpunkt der histologischen Diagnosestellung des Primärtumors beträgt die Metastasenhäufigkeit im Skelettsystem 21,8%, wobei uniforme glanduläre Karzinome in 10,5% und pluriform aufgebaute Karzinome in 40,4% Metastasen gesetzt haben (Langhammer et al. 1980; Venable et al. 1983).

Die Metastasierung in das ZNS, in Meningeome, Ösophaguswand oder in die Hoden ist eine große Seltenheit (Core et al. 1982; Bernstein et al. 1983; Castaldo et al. 1983; Baumann 1984). Die Inzidenz der Hodenmetastasierung schwankt zwischen 0,02 und 0,06%. Durch die Einführung immunhistochemischer Techniken sind bei exakter Aufarbeitung des Hodenparenchyms auch kleinste Prostatakarzinomnester im Parenchym erkennbar (Lyngsdorf u. Nielsen 1987; Moskovitz et al. 1987).

Eine Rarität ist die Metastasierung in die Mamma. Bislang sind 24 Fälle beschrieben worden (Kitano et al. 1983; Guzmann et al. 1984). Ebenfalls eine Seltenheit ist der Karzinomeinbruch in die Lymphgefäße der unteren Extremitäten mit dem ungewöhnlichen Bild eines Lymphödems wie bei Filariasis (Antony u. Reddy 1986).

Histologisch handelt es sich bei den metastasierenden Karzinomen überwiegend um wenig differenzierte, glanduläre und solide Karzinome. Die Metastasen im Skelettsystem sind vielfach osteoplastisch. Unter Hormontherapie können sie teilweise zur Regression gebracht werden.

Die Bestimmung des Regressionsgrades zeigt jedoch, daß sich selten gleichartige Rückbildungstendenzen in Primärtumor und Metastase nachweisen lassen.

3.8.7 Ungewöhnliche Prostatakarzinome

3.8.7.1 Urothelkarzinome der Prostata

Urothelkarzinome der Prostata sind im Vergleich zum gewöhnlichen Prostatakarzinom sehr selten. Die Häufigkeit schwankt zwischen 1,0 und 4,5% (Helpap 1985b;

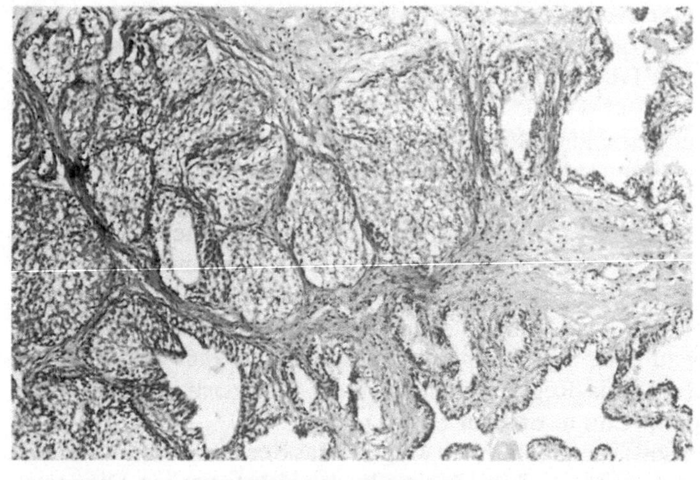

Abb. 333. Urotheliales Karzinom der Prostata. Hämatoxylin-Eosin

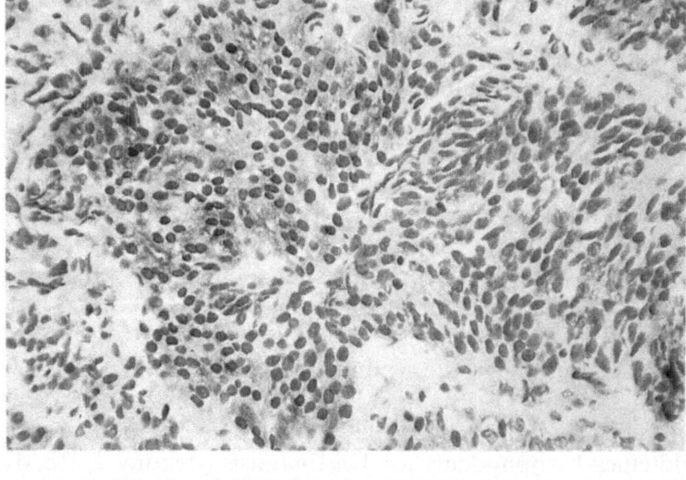

Abb. 334. CEA-Expression eines primären urothelialen Prostatakarzinoms (ABC-Technik, aus Vogel und Helpap 1988)

Abb. 335. PSP-Expression in einem Karzinom in der Prostata mit urothelialem Aspekt (PAP-Technik)

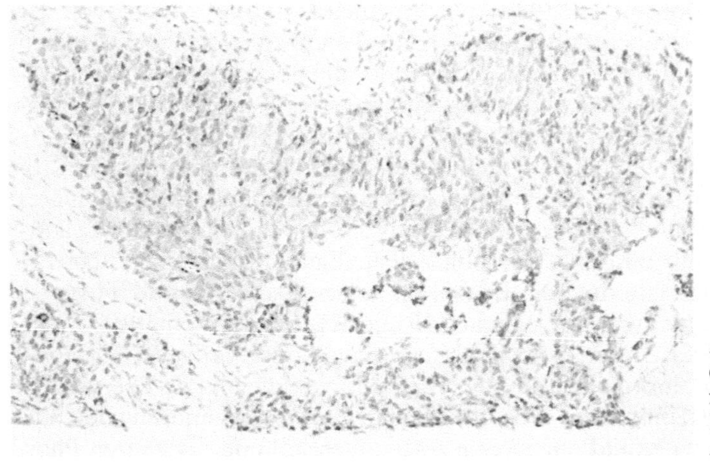

Abb. 336. PSA-Nachweis in einem Prostatakarzinom mit urothelialem Aspekt. Differentialdiagnose zu Abb. 334 (PAP-Technik)

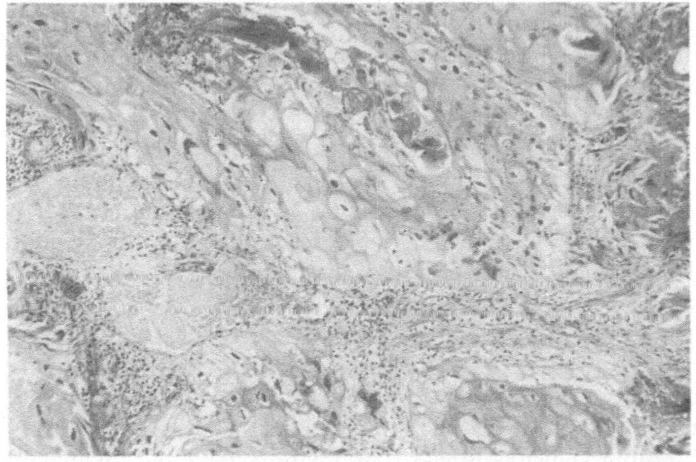

Abb. 337. Plattenepithelkarzinom der Prostata. Hämatoxylin-Eosin

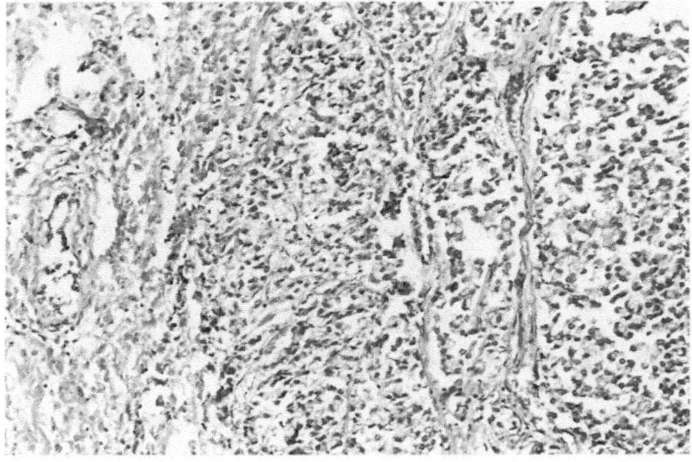

Abb. 338. Karzinoid der Prostata. Hämatoxylin-Eosin

Goebbels et al. 1985; Kopper et al. 1986). Die Urothelkarzinome können von der Harnblase auf die Prostata übergreifen und sich aus dem Urothel der prostatischen Urethra und den periurethralen Drüsen der Prostata, die noch von Urothel ausgekleidet werden, entwickeln. Ferner werden als Ausgangspunkt urotheliale Metaplasien in peripheren und zentralen Drüsenarealen diskutiert (Abb. 333). In der Hälfte der Fälle besteht eine Harnblasenbeteiligung. Neben dem Urothelkarzinom der Prostata findet sich in einem Drittel der Fälle zusätzlich ein gewöhnliches glanduläres Prostatakarzinom (Schujman et al. 1983). Die Ausbreitungsstadien der Urothelkarzinome in der Prostata mit und ohne Harnblasenbeteiligung entsprechen überwiegend T_1/T_2. Bei zusätzlich glandulärem Karzinom liegen Stadien T_3 und T_4 vor.

Die Malignitätsgrade schwanken zwischen II und III. Bei Kombination mit einem typischen Prostatakarzinom kann im Laufe einer konservativen (Hormon-) Therapie das Urothelkarzinom demaskiert werden und volumenmäßig überwiegen. Da die reinen Urothelkarzinome der Prostata auf eine Hormonbehandlung oder Orchiektomie nicht ansprechen und auch keine Aktivitätserhöhung der sauren Phosphatase aufweisen, ist die Prognose der Urothelkarzinome gegenüber den typischen Prostatakarzinomen deutlich schlechter (Greene et al. 1976; Taylor u. Blom 1983; Goebbels et al. 1985). Innerhalb von zwei Jahren waren in einer Kontrollstudie 50% der Patienten mit Urothelkarzinomen der Prostata gestorben (Dhom u. Mohr 1977).

Um den unterschiedlichen prognostischen Aussichten gerecht zu werden, sollten undifferenzierte Prostatakarzinome, die mitunter einen urothelialen Aspekt aufweisen, immunhistochemisch charakterisiert werden. Reine Urothelkarzinome zeigen eine Expression von karzinoembryonalem Antigen (CEA) und tissue polypeptide antigen (TPA) (Abb. 334–336). Sie sind jedoch PSP und PSA negativ.

Als weitere Marker sind im Urothelkarzinom die Keratine 7, 8, 18 und 19 sowie Keratine aus Stratum corneum positiv. Die überwiegend positive Reaktion auf Keratine aus Stratum corneum kann bei der differentialdiagnostischen Abgrenzung von soliden (Basalzell-) Prostatakarzinomen hilfreich sein, da das gewöhnliche Prostatakarzinom für diesen Marker negativ ist. Schließlich werden im Urothelkarzinom Erdnußlaktinbindungsstellen, Alpha-1-Antichymotrypsin und fokal auch Antitrypsin exprimiert.

3.8.7.2 Plattenepithelkarzinome

Noch viel seltener als die Urothelkarzinome sind Plattenepithelkarzinome. Gegenüber den typischen uniform oder pluriform aufgebauten Prostatakarzinomen weisen sie einen Prozentsatz von unter 0,5% auf. Die morphologischen Diagnosen sind eindeutig. Regressive Veränderungen unter einer Hormontherapie sind nicht zu erkennen. Die Prognose gegenüber dem typischen glandulären Prostatakarzinom ist dementsprechend schlechter (Abb. 337).

Plattenepithelkarzinome finden sich nicht selten bei hormonal therapierten gewöhnlichen glandulären Prostatakarzinomen im Rahmen von Metaplasien von Tumorzellen, während metaplastische Plattenepithelien in normalen Prostatadrüsen trotz hoher Proliferationsaktivität nicht oder äußerst selten Ausgangspunkt für Karzinome sind (adenosquamöse Karzinome) (Saito et al. 1984; Moyana 1987).

3.8.7.3 Karzinoide und glanduläre Karzinome mit karzinoiden Anteilen

Die gewöhnlichen glandulären Prostatakarzinome enthalten in 10–14% argentaffine oder argyrophile Zellen. Diese Zellen können immunhistochemisch wie normale endokrine Zellen Serotonin, HCG, ACTH, leu-Enkephalin, beta-Endorphin, Somatostatin, Glukagon und wie kürzlich berichtet auch Kalzitonin und TSH exprimieren (Azzopardi u. Evans 1971; Kazzaz 1974; Almagro 1985; Fetissof et al. 1986; Abrahamsson et al. 1987; Sant Agnese u. Mesy Jensen 1987).

Mitunter bilden sich in den gewöhnlichen Prostatakarzinomkomplexen kleinzellige karzinoidähnliche Strukturen aus mit entsprechender ektopischer Hormonaktivität. Dabei können auch Tumormetastasen argyrophile und immunreaktive Zellen mit ähnlichem Expressionsmuster wie das primäre Prostatakarzinom enthalten. Das reine Prostatakarzinoid ist eine Rarität (Wasserstein u. Goldmann 1979) (Abb. 338). In einem Fall eines metastasierenden Prostatakarzinoids ist eine positive PSP-Reaktion beschrieben worden (Ansari et al. 1981).

3.8.7.4 Kleinzellige Prostatakarzinome

Die kleinzelligen Prostatakarzinome sind häufig mit einem ektopischen ACTH-Syndrom kombiniert (Montasser et al. 1979; Vuitsch u. Mendelsohn 1981; Ghali et al. 1984; Schron et al. 1984; Heine u. Leßmeister 1985; Hindson et al. 1985). Im Experiment ist auch eine Hyperkalzämie erzeugbar (Linehan et al. 1986).

Die kleinzelligen Prostatakarzinome, kombiniert oder reinzellig, haben eine sehr schlechte Prognose (Bleichner et al. 1986).

Die Differentialdiagnose ist nicht selten ein malignes Lymphom (Abb. 339–340). Zumeist werden die Karzinome erst im Stadium III bzw. IV mit Metastasen diagnostiziert. Die Überlebensraten sind gegenüber den schlecht differenzierten, gewöhnlichen Prostatakarzinomen deutlich verkürzt.

Ähnlich wie die kleinzelligen Bronchuskarzinome werden auch sie in Haferkornzell-, Intermediär- und Kombinationstyp unterteilt. Eine kurzfristige Remission kann durch eine Chemotherapie erzielt werden (Hindson et al. 1985; Tetu et al. 1987; Ro et al. 1987). Eine jüngste immunhistochemische Analyse hat gezeigt, daß ein Teil der kleinzelligen Prostatakarzinome negativ für prostataspezifisches Antigen und prostataspezifische saure Phosphatase sind. Diese Fälle exprimieren in der Regel neuronenspezifische Enolase. Ultrastrukturell sind in diesen Fällen neurosekretorische Granula nachweisbar. Bei negativem Ausfall von NSE werden jedoch PSA und PSP exprimiert. Offenbar liegt den kleinzelligen Karzinomen der Prostata eine heterogene Gruppe von Tumoren zugrunde. Ein Teil von ihnen ist als neuroendokrine Karzinome einstufbar, während die andere Gruppe wenig bis undifferenzierten glandulären Prostatakarzinomen entspricht (Ro et al. 1987; Tetu et al. 1987).

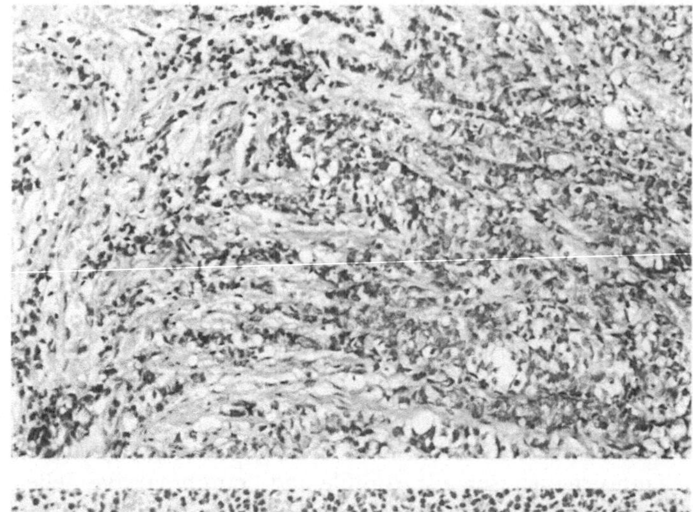

Abb. 339. Undifferenziertes kleinzelliges Prostatakarzinom. Hämatoxylin-Eosin

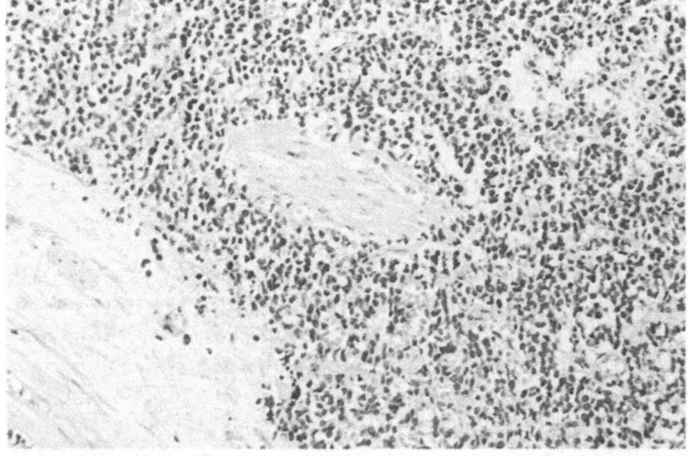

Abb. 340. Malignes Lymphom der Prostata. Hämatoxylin-Eosin

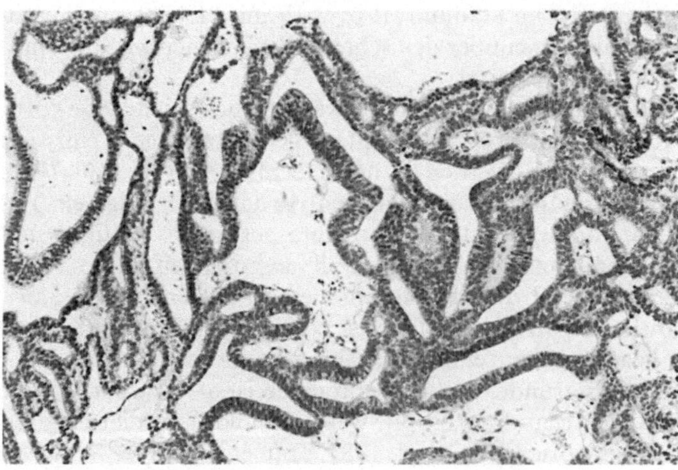

Abb. 341. Papilläres, sog. endometrioides Prostatakarzinom. Hämatoxylin-Eosin

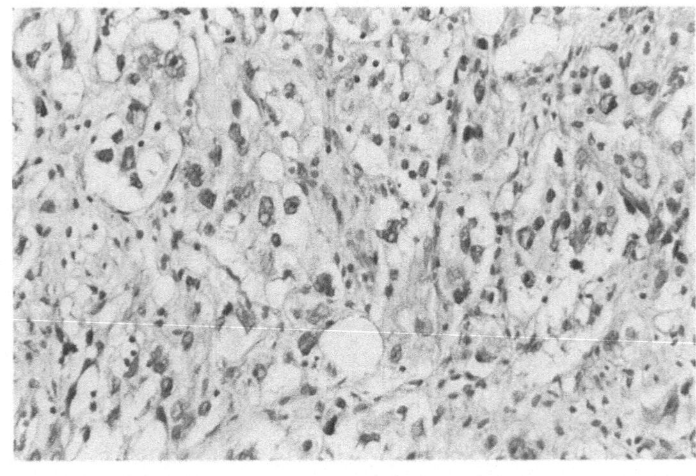

Abb. 342. Solides, sog. endometrioides Prostatakarzinom (sog. Utrikulustumor). Hämatoxylin-Eosin

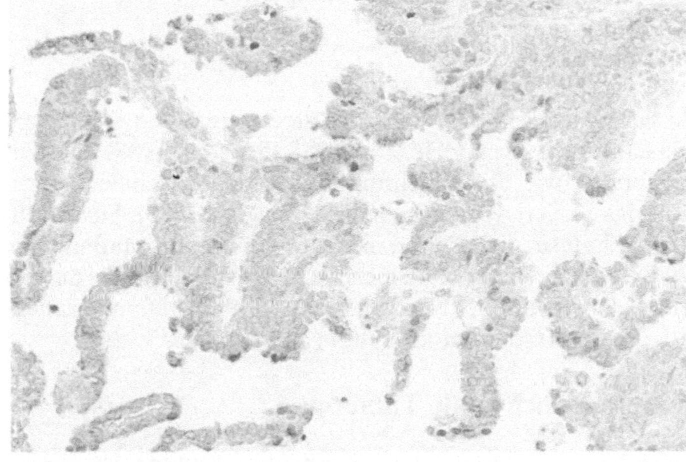

Abb. 343. Heterogene apikale Expression von Prostata-spezifischer saurer Phosphatase bei papillärem Prostatakarzinom (PAP-Technik)

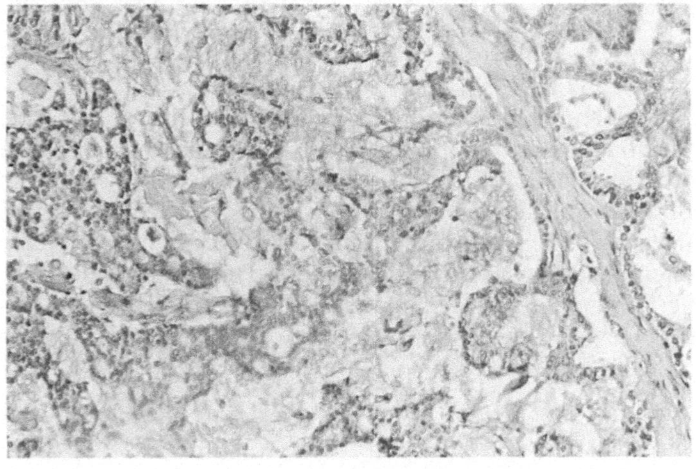

Abb. 344. Muzinöses Prostatakarzinom. PAS

3.8.7.5 Papilläre/endometrioide Prostatakarzinome

Das papilläre, sogenannte endometrioide Karzinom der Prostata, von Melicow und Pachter (1967, 1971) geprägt, ist als Sonderform, vom Colliculus seminalis entstammend, angesehen worden. Es wird in seiner soliden Variante auch als Utrikuluskarzinom bezeichnet (Steffens u. Leistenschneider 1983) (Abb. 341–343).

Seine Häufigkeit unter allen Prostatakarzinomen beträgt 0,1–0,3%. Immunhistochemische Analysen haben ein Expressionsmuster für PSP und PSA gezeigt, das dem der gewöhnlichen Prostatakarzinome entspricht.

Somit liegt bei papillären, sog. endometrioiden Karzinomen eine spezielle papilläre Variante des Prostatakarzinoms vor, die von den prostatischen Gängen ausgeht (Kuhajda u. Mann 1984; Kuhajda et al. 1984; Wernert et al. 1984; Epstein u. Woodruff 1986). Der klinische Verlauf ist im Vergleich zum gewöhnlichen glandulären Prostatakarzinom aggressiver. Oft finden sich jedoch Kombinationsformen.

Die Therapierichtlinien sind daher die gleichen wie beim gewöhnlichen Prostatakarzinom (Jurewicz et al. 1983; Bostwick et al. 1985; Lampante et al. 1985).

3.8.7.6 Muzinöse Prostatakarzinome

Das muzinöse Prostatakarzinom und seine Variante, das Siegelringzellkarzinom, sind ebenfalls sehr selten (Proia et al. 1981; Remmele et al. 1988; Ro et al. 1988). Die Tumorzellen metastasieren, ähnlich wie die schleimhautbildenden urachalen Harnblasenkarzinome, häufig in das Skelettsystem (Helpap u. Wegner 1980). Sie produzieren nicht selten saure Phosphatase und können mit antiandrogenen Maßnahmen therapiert werden. Die Expression von prostataspezifischem Antigen untermauert den prostatischen Ursprung der Tumoren (Nagakura et al. 1986). Die neuronenspezifische Enolase ist z.T. positiv (Odom et al. 1986) (Abb. 344).

3.8.8 Maligne Melanome/mesenchymale Tumoren

Ausgesprochene Tumorraritäten in der Prostata sind Adenomatoid-Tumoren, maligne Melanome und der Befall bei Systemerkrankungen durch maligne Lymphome (Gros et al. 1984; Lewi et al. 1984; Bostwick u. Mann 1985; Ben-Erza et al. 1986; Banerjee u. Harris 1987; Cachia et al. 1987).

Ebenfalls sehr selten sind Karzinosarkome, Rhabdo- oder Leiomyosarkome, Hämangioperizytome, fibro-myxoide Tumoren und maligne fibröse Histiozytome sowie pseudosarkomatöse Läsionen, die nicht nur in der Prostata, sondern auch in der Harnblase und Urethra auftreten können (Wünsch u. Müller 1982; Ekfors et al. 1985; Hafiz et al. 1984; Heising et al. 1985; Hokamura et al. 1985; Young u. Scully 1987). In allen Fällen besteht keine Ansprechbarkeit auf eine Hormontherapie. Prognostisch entsprechen die Tumoren denjenigen in anderen Körperregionen. Die Zufallsdiagnose eines blauen Naevus in der Prostata hat keine therapeutischen Konsequenzen (Abb. 345–351).

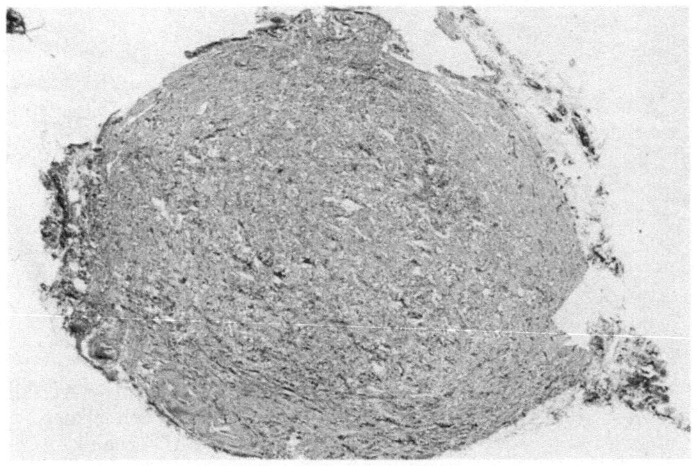

Abb. 345a. Knotiger Aufbau eines Adenomatoidtumors „DD Karzinom". Hämatoxylin-Eosin

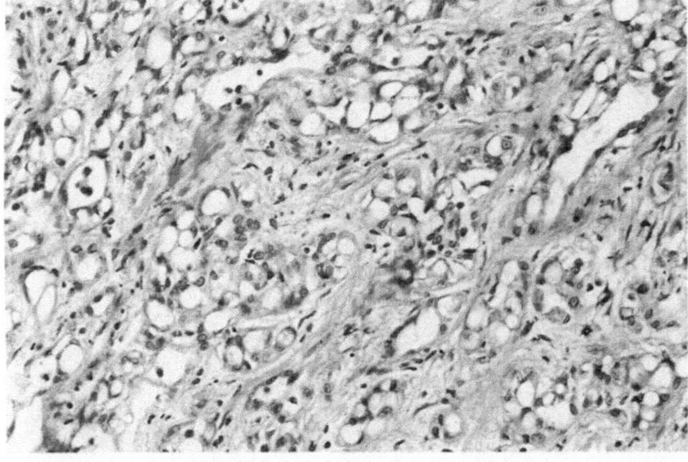

Abb. 345b. Adenomatoidtumor der Prostata. Hämatoxylin-Eosin

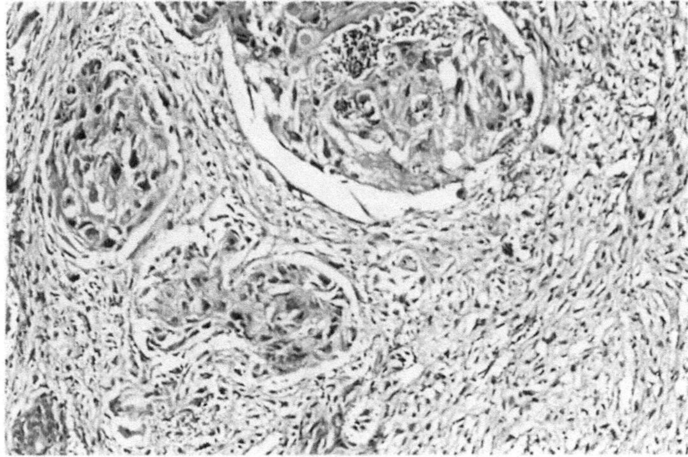

Abb. 346a–e. Wenig differenziertes Prostatakarzinom mit pseudosarkomatöser Stromareaktion. **a** Solide Epithelkomplexe und sarkomatöse Stroma. Hämatoxylin-Eosin

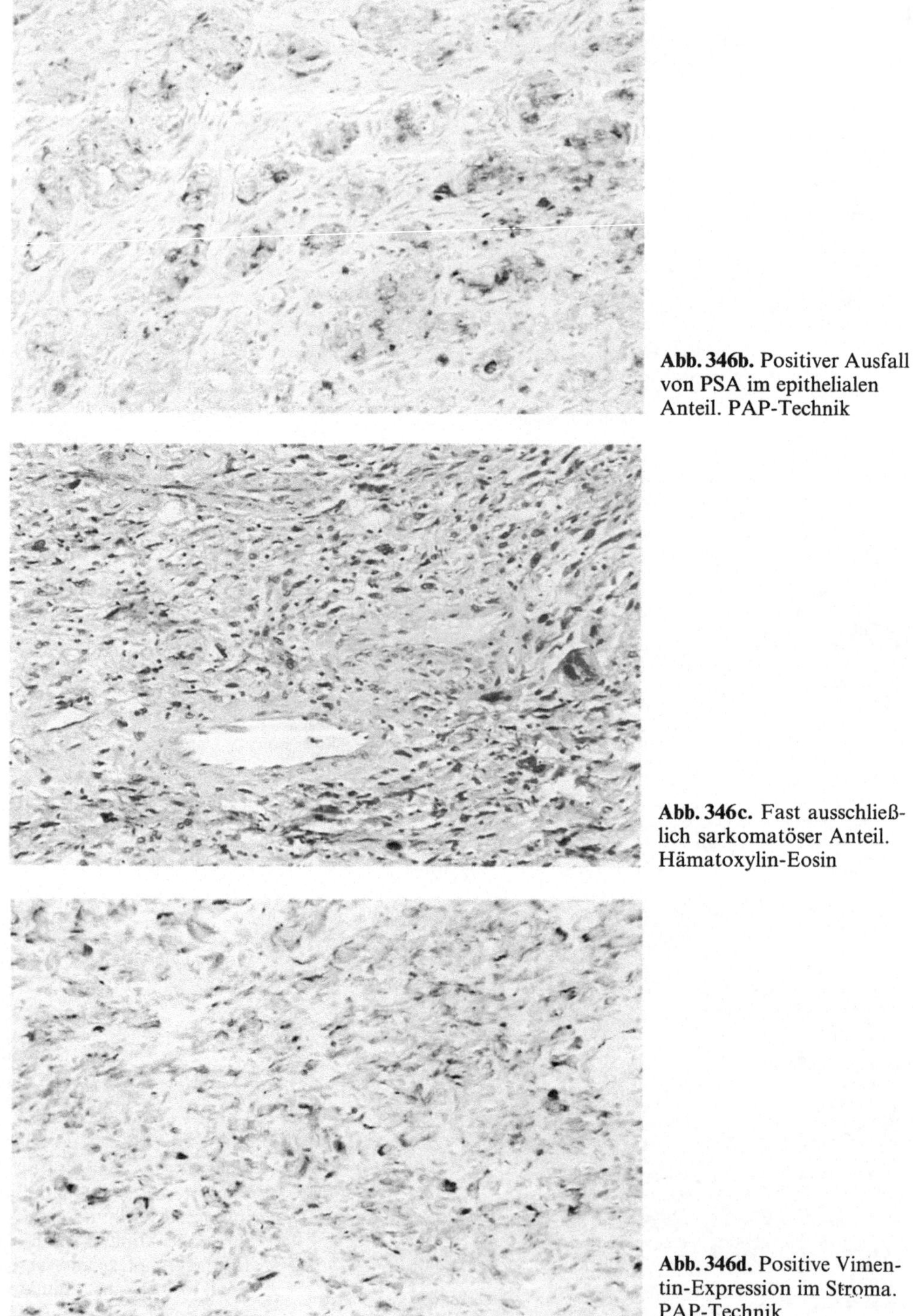

Abb. 346b. Positiver Ausfall von PSA im epithelialen Anteil. PAP-Technik

Abb. 346c. Fast ausschließlich sarkomatöser Anteil. Hämatoxylin-Eosin

Abb. 346d. Positive Vimentin-Expression im Stroma. PAP-Technik

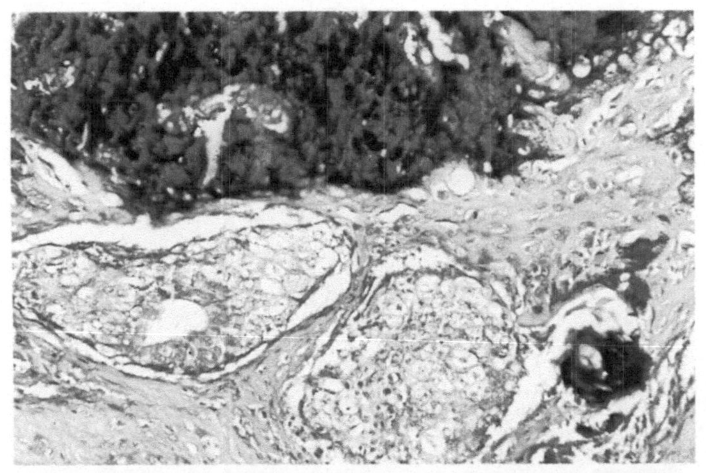

Abb. 346e. Karzinosarkom der Prostata mit metaplastischen Verkalkungen und Verknöcherungen. Hämatoxylin-Eosin

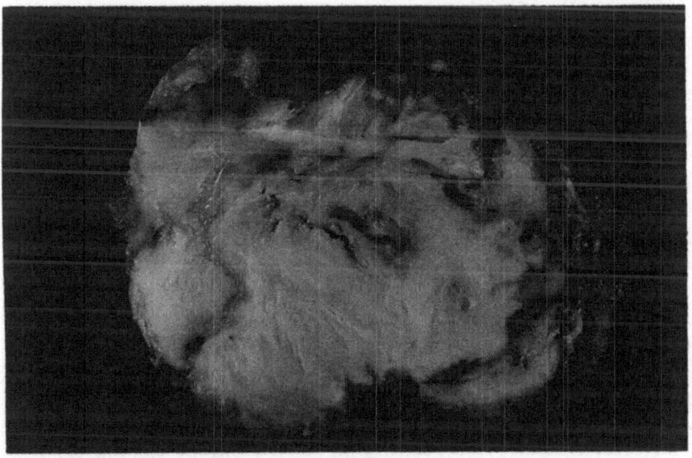

Abb. 347a

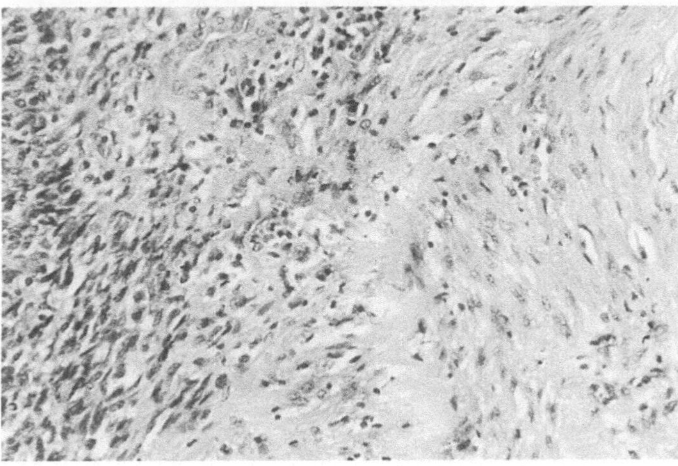

Abb. 347 a, b. Leiomyosarkom der Prostata. **a** Makroskopischer Aspekt. **b** Unterschiedlich zellreiche Tumoranteile. Hämatoxylin-Eosin

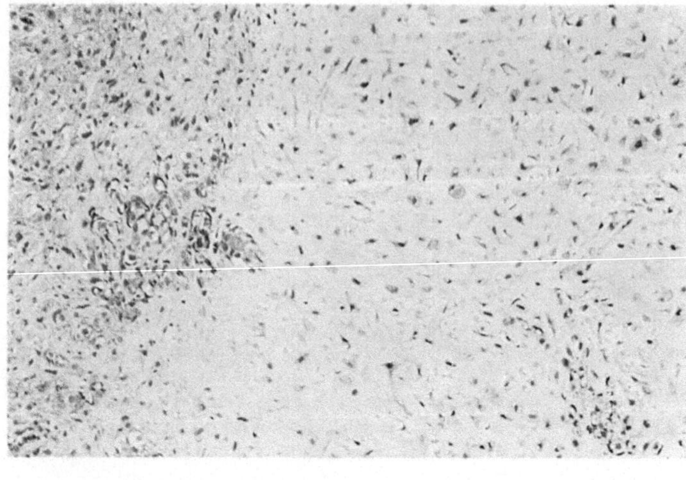

Abb. 348. Chondroides Sarkom der Prostata. Hämatoxylin-Eosin

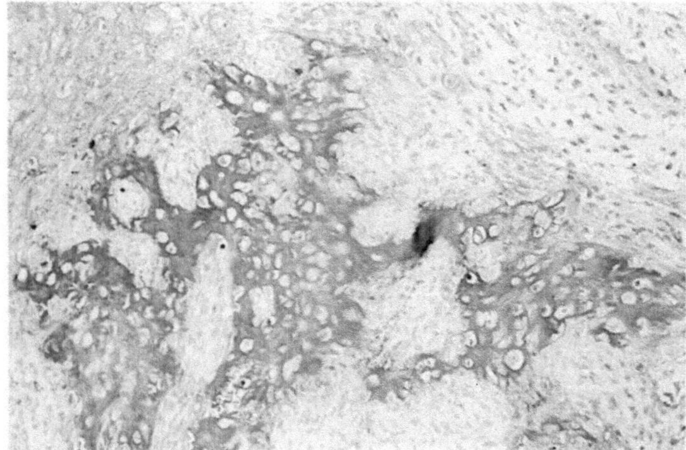

Abb. 349. Osteosarkom der Prostata. van Gieson

Abb. 350. Schwannom der Prostata. Hämatoxylin-Eosin

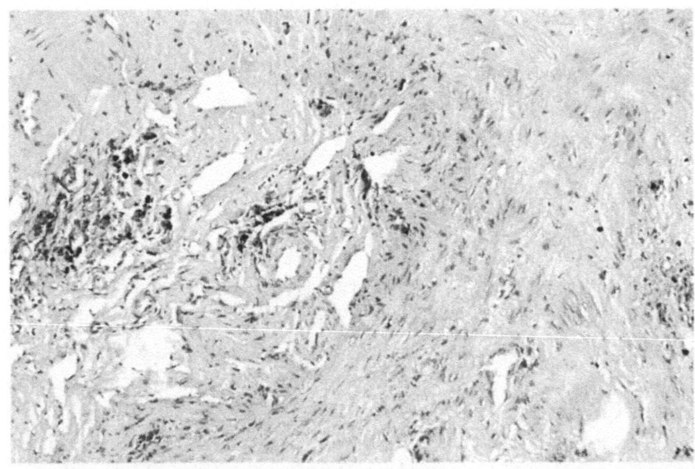

Abb. 351. Blauer Naevus in der Prostata. Hämatoxylin-Eosin

Abb. 352. Prostataresektionsmaterial in einem zur Paraplasteinbettung notwendigen Förmchen. Materialgewicht 3,0 g bei Gesamtgewicht des Resektionsgutes von 81 g

Abb. 353. Vollständige Gewebseinbettung, notwendig für die Suche nach einem Prostatakarzinom

4 Pathologisch-anatomische Untersuchungstechnik

Transrektale oder perineale Gewebsstanzen oder durch transurethrale Resektionstechnik gewonnenes Material sollten sofort nach Entnahme für 12–24 h in 4- bis 6%igem Formalin fixiert werden. Nach Paraplasteinbettung sind folgende Färbungen erforderlich bzw. wünschenswert: Haematoxylin-Eosin, van Gieson oder Siriusrot, PAS, evtl. Versilberung nach Gomori. Bei den bereits aufgeführten differentialdiagnostischen Problemen sollten zusätzlich immunhistochemische Analysen mit Prostatagewebs- und Zellmarkern durchgeführt werden. Das Stanzmaterial ist vollständig einzubetten und in Stufenschnitten aufzuarbeiten. Das durch transurethrale Resektionstechnik gewonnene Spanmaterial sollte bei klinischer Karzinom- oder Hyperplasie-Diagnose bis zu einem Gewicht von 30 g vollständig eingebettet werden. In der Regel entspricht dies 10 Paraplastblöcken. Bei klinischem Verdacht auf ein Karzinom ist die Diagnose histologisch in 95–99% zu verifizieren (Rismyhr et al. 1980; Moore et al. 1986; Mostofi 1986; Vollmer 1986; Mandel 1986; Tchertkoff 1987). Werden in Prostataspänen mit den Zeichen einer paraurethralen, nodulären Hyperplasie zufällig Karzinomverbände gefunden, so ist das Restmaterial ebenfalls vollständig einzubetten und aufzuarbeiten, um das Volumen des inzidenten Karzinoms zu bestimmen. Werden bei Nachresektaten getrennt zentrale und periphere Gewebszonen vom Urologen übersandt, ist dieses Material auch entsprechend getrennt zu untersuchen. Obwohl eine komplette Aufarbeitung von TUR-Material wünschenswert wäre, ist bei großen Resektionsmengen dies in der üblichen pathologisch-anatomischen Praxis nicht möglich. Es sei jedoch darauf hingewiesen, daß die Diagnose eines inzidenten Karzinoms mitunter von einem einzigen winzigen Span abhängig sein kann, in dem Karzinomverbände gefunden wurden (Dhom 1985; Murphy et al. 1986) (Abb. 352–355).

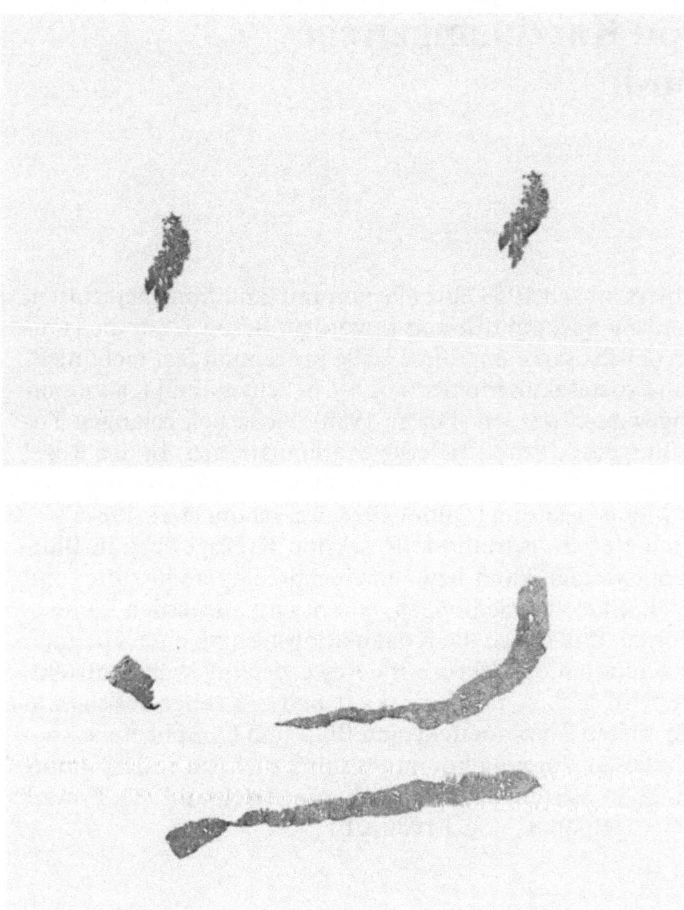

Abb. 354. Nicht ausreichendes Biopsiematerial aus der Prostata. Hämatoxylin-Eosin

Abb. 355. 2 cm lange Stanzzylinder aus der Prostata mit leichtem Schrumpfungsartefakt und zahlreichen Krebsherden. Hämatoxylin-Eosin

5 Ausbreitung von Karzinomgewebe nach Stanzbiopsie

Insgesamt sind in der Weltliteratur seit 1953 elf Fälle von Implantationsmetastasen, nämlich zehn Karzinome und ein Sarkom bekannt geworden. Bezogen auf die Häufigkeit einer Stanzbiopsie in der Prostata sind diese Fälle prozentual fast nicht meßbar. Unter 10000 Fällen von Prostatakarzinomen konnte in keinem Fall Karzinomgewebe im Stichkanal nachgewiesen werden (Dhom 1980). Sicherlich gelangen Tumorzellen in Lymph- und Blutgefäße durch vielerlei Manipulationen. In der Regel werden sie jedoch vom intakten Immunsystem abgefangen und vernichtet und steigern nicht das Risiko einer Metastasierung (Dhom 1978 b, c; Jacobi et al. 1982).

Die Diskussion, ob durch eine transurethrale Resektion Krebsgewebe in Blut- und Lymphgefäße verschleppt werden kann bzw. hineingepreßt werden kann, und dadurch evtl. Metastasen, z. B. Skelettabsiedlungen, hervorgerufen werden können, ist dahingehend zu beantworten, daß durch die Koagulationstechnik eine Koagulations- bzw. mitunter auch Kolliquationsnekrose im Restprostatagewebe entsteht. Dieses nekrotische Gewebe wird leukozytär demarkiert und z. T. abgestoßen, s. a. sog. TUR-Prostatitis. Durch diesen Thermoeffekt sind Blut- und Lymphgefäße koagulativ verschlossen. Durch diesen Vorgang kommt es somit nicht zu einer Tumorzellverschleppung und zu einer Steigerung der Metastasierung (Helpap 1983; Fowler et al. 1984; Kuban et al. 1985; Helpap u. Vogel 1986 a, b).

6 Prostatazytologie

Die zytologische Analyse von Aspirationsmaterial aus der Prostata ist, seit diese Methode von Franzen (1960) in die Praxis eingeführt worden ist, zur Routinemethode geworden, vor allem bei der Primärdiagnostik des Prostatakarzinoms und bei der Therapiekontrolle (Müller 1973; Zajicek 1973; Esposti 1982; Faul 1983; Leistenschneider 1981, 1982; Leistenschneider u. Nagel 1984; Böcking 1983; Koss et al. 1984; Walsh 1986). Es handelt sich um eine transrektale Feinnadelbiopsie, deren Aspirat zu einem zytologischen Ausstrichpräparat verarbeitet wird. Dieses kann verschiedenen Färbemethoden unterworfen werden. Eine kritische und verläßliche zytologisch-pathologische Aussage ist jedoch nur möglich, wenn die Feinnadelbiopsie durch einen erfahrenen Urologen durchgeführt und auswertbare Präparate angefertigt worden sind, denn etwa bis 60% der Routine-Saugbiopsien sind diagnostisch nur eingeschränkt oder überhaupt nicht verwertbar.

6.1 Technik

Die Pathologisch-Urologische Arbeitsgruppe „Prostatakarzinom" hat eine entsprechende Empfehlung zur Technik der Prostatabiopsie für Histologie und Zytologie vorgelegt (Altenähr et al. 1981; Helpap et al. 1983; s. a. Leistenschneider u. Nagel 1984; Koss et al. 1984).

Durchführung der Biopsie: Sie sollte in Steinschnittlage mit sterilen, gut sitzenden Gummihandschuhen durchgeführt werden. Durch ruckartige Punktion suspekter Bezirke ist die Aspiration unter permanentem Sog durchzuführen. Zwei bis drei Biopsien aus suspekten Bezirken sollten wenigstens gewonnen werden. Die Entfernung der Aspirationsnadel aus der Prostata sollte erst nach Ausgleich des Unterdrucksog, unter Loslassen des Spritzenstempels vorgenommen werden. Aspiriertes Material ist auf entfetteten und beschrifteten Objektträgern auszuspritzen, wobei die fixierten Objektträger nach Prostatalappen getrennt beschriftet sein sollten. Das Zellmaterial ist mit einem zweiten Objektträger auszustreichen oder es werden Quetschpräparate angefertigt. Die Fixierung der feuchten Präparate soll in der Regel mit einem Spray (z. B. Mercko-Fix-Spray) über 4–5 s aus etwa 20 cm Sprühentfernung durchgeführt werden. Die Trocknungszeit beträgt 20 min. Die Präparate sind nach der Technik von Papanicolaou oder alternativ nach kurzfristiger Lufttrocknung nach May-Grünwald-Giemsa oder auch mit Haematoxylin-Eosin zu färben. Mindestens 20 mittelgroße, gut erhaltene Zellverbände müssen aus jedem Lappen der Prostata gewonnen werden, um eine klare Diagnose zu stellen (s. a. Koss et al. 1984).

Tabelle 88a. Asservierung und Aufarbeitung einer Stanzbiopsie

Zylinder – Länge des Schneidesektors der Tru Cut-Nadel – ca. 2 cm Länge.
Sofortige Fixation in 4–6%igem Formalin.
Einsendegefäß beschriften! (Name des Patienten, Prostatalappen kennzeichnen links oder rechts.)
Paraplasteinbettung, Stufenschnitte bei Karzinom-Verdacht.
Färbung: Haematoxylin-Eosin, v. Gieson, Sirius-Rot, PAS.

Tabelle 88b. Asservierung und Aufarbeitung der Aspirationsbiopsie

1. Entfernung der Biopsienadel aus Prostata unter Sog (Spritzenstempel loslassen!)
   Ausspritzen auf entfetteten und beschrifteten Objektträger (Name des Patienten, Entnahmedatum)
   Verteilung des Aspirates mit zweitem Objektträger (Quetschpräparat)
2. Sofortige Fixierung, z. B. mit Merckofix-Spray; Sprühdistanz 20 cm, Sprühzeit 4–5 Sekunden, Trocknungszeit 20 Minuten

   Färbung nach Papanicolaou
   Alternativ: schonende primäre Lufttrocknung und May-Grünwald-Giemsa-Färbung.

Tabelle 89. Fehler bei der Auswertung von Aspirationsbiopsien aus der Prostata

Ca. 60% der Saugbiopsien diagnostisch nicht verwertbar.

Häufigste Fehler:

1. Verunreinigung der Objektträger und des Zellmaterials (z. B. Handschuhpulver).
2. Verstopfte Nadel oder luftziehende Spritze: ungenügendes Zellmaterial.
   Weniger als 10 Epithelkomplexe, dann Aspirat nicht verwertbar.
3. Durch andauernden Sog auch nach Entfernung der Biopsienadel aus der Prostata Absaugung des Materials in die Spritze. Material kann nicht mehr auf den Objektträger aufgespritzt werden.
4. Schlechte Materialaufbereitung
   a) Zu kurze Sprühdistanz – Vereisung, Dissoziation
      Zu lange Sprühdistanz – Autolyse
   b) Trocknung in der Sonne – Schrumpfungsartefakte

Die häufigsten Fehler sind folgende: Unsachgemäße Lagerung des Patienten, Verunreinigung der Objektträger, verstopfte Nadel, zu langsames oder zögerndes Einstechen, Ausgleich des Unterdruckes durch Aspiration von Luft oder Rektumschleimhaut. Durch anhaltenden Sog wird Zellmaterial aus der Nadel in die Spritze abgesaugt und kann nicht auf den Objektträger aufgespritzt werden.

Eine schlechte Fixierung durch zu kurze oder zu lange Sprühdistanz, Schrumpfungsartefarkte des Materials durch Trocknen in der Sonne und schlechte Färbequalitäten durch überalterte Farbstoffe oder falsche Färbezeiten sind weitere Unzulänglichkeiten, die die Aussagekraft der zytologischen Präparate mindern (Tab. 88 a, b, 89).

6.2 Das normale Zellbild der Prostata

Die unveränderten Prostataepithelien besitzen kleine, runde, konzentrischliegende, lockere Kerne mit feinen, je nach angewendeter Färbung mehr oder weniger basophilen Granulationen im Zytoplasma. Die Kerne enthalten feine Kernkörperchen. Die Kern-Plasma-Relation ist konstant. Die Epithelien liegen bienenwabenartig eng aneinandergelagert. Die Zellgrenzen sind scharf. Nicht selten sind reichlich Blutbeimengungen oder Rektumschleimhautanteile nachzuweisen (Abb. 356, 357).

6.3 Prostatahyperplasie

Fast nicht von normalen Zellen der Prostata zu unterscheiden sind die Epithelformationen bei nodulärer Prostatahyperplasie. Die Zellgrenzen sind sehr prominent. Wiederum resultiert eine polygonale Bienenwabenstruktur. Es finden sich Blutbeimengungen. Unregelmäßigkeiten des Zytoplasmas oder der Kerne sind nicht nachweisbar. Winzige Nukleolen sind konzentrisch gelagert und kaum erkennbar (Abb. 358).

6.4 Prostatitis

Bei der *akuten eitrigen* und *abszedierenden* Prostatitis überwiegen im Ausstrichpräparat massenhaft polymorphkernige Leukozyten (Abb. 359, 360).

Die *chronische unspezifische* Prostatitis ist durch Monozyten, Lymphozyten, wenige Plasmazellen, einzelne Makrophagen gekennzeichnet. Die Prostataepithelien sind z. T. übereinander gelagert. Die Zellgrenzen erscheinen mitunter etwas verwaschen (Abb. 361).

Bei der *rezidivierenden chronischen* Prostatitis kommen zu den Rundzellen noch Infiltrate von polymorphkernigen Leukozyten. Die Anteile der Makrophagen, vor allem der Lymphozyten sind bei der rezidivierenden periglandulären und periduktalen chronischen Prostatitis deutlich stärker als bei der einfachen chronischen Entzündungsform (Abb. 362).

Bei der *granulomatösen unspezifischen* Prostatitis finden sich neben Rundzellen und Plasmazellen große ein- oder zweikernige Makrophagen und Gruppen von mehrkernigen Riesenzellen mit aufgeblähtem Zytoplasmaleib und schaumig-granulärem Inhalt sowie eosinophil granulierte Leukozyten. Die Riesenzellen sind überwiegend vom ungeordneten und seltener vom geordneten Typ, d. h. sie entsprechen Fremdkörper- oder Langhans-Riesenzellen (Abb. 363).

Die prostatischen Drüsenepithelien können erhebliche Veränderungen im Rahmen dieser Entzündungsformen zeigen. Es kommt zur Zytoplasmaschwellung und Pyknose des Kernes mit deutlichen Kernvakuolen und betonten, jedoch nicht prominenten Nukeolen. Ferner besteht eine Kernpolymorphie und -hyperchromasie. Das Bienenwabenmuster ist aufgehoben. Ferner sind Zell- und Kerndissoziationen nachweisbar.

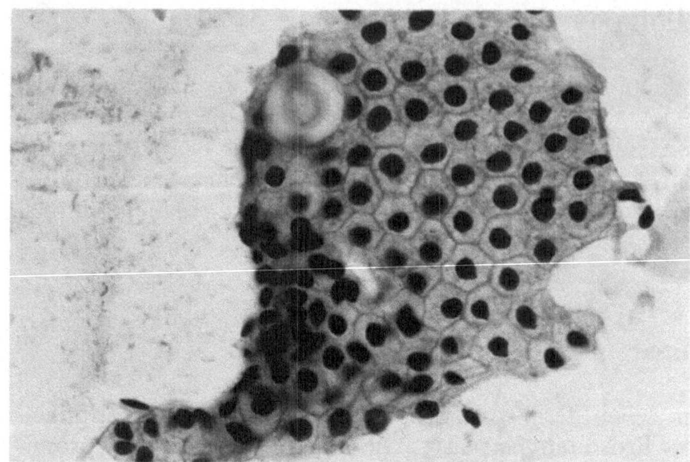

Abb. 356. Drüsenepithelien aus einer unauffälligen Prostata. Hämatoxylin-Eosin

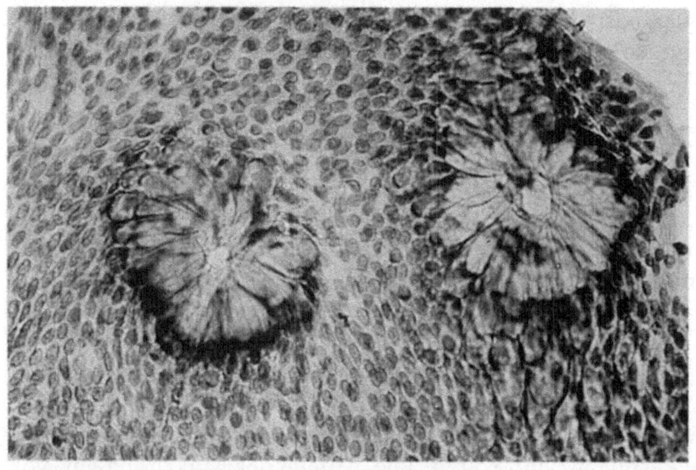

Abb. 357. Rektumschleimhaut statt Prostataepithelien. Hämatoxylin-Eosin

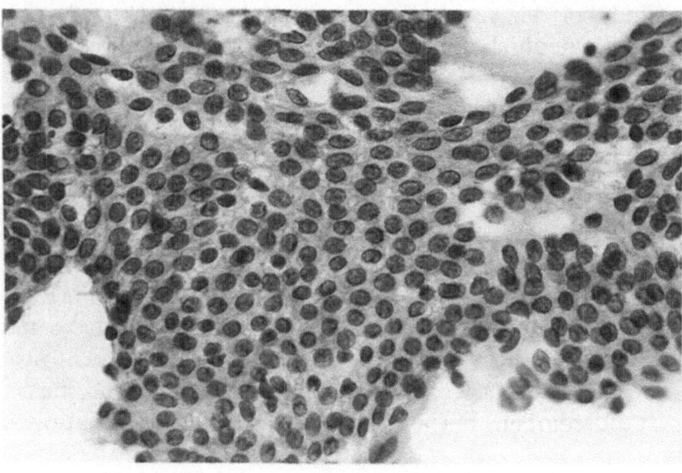

Abb. 358. Aktivierte Prostataepithelien bei paraurethraler Hyperplasie. Hämatoxylin-Eosin

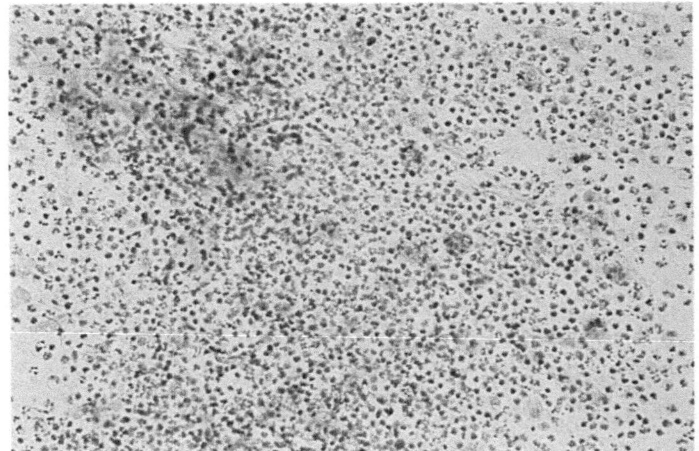

Abb. 359. Eitrige Prostatitis. Giemsa-Färbung

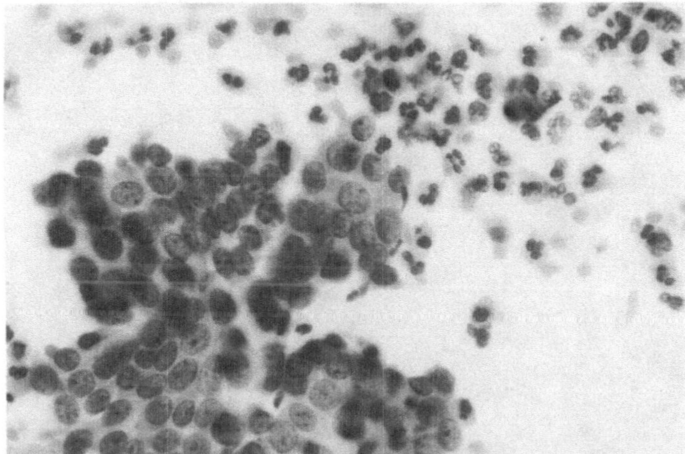

Abb. 360. Leukozytenhaltige rezidivierende Prostatitis. Hämatoxylin-Eosin

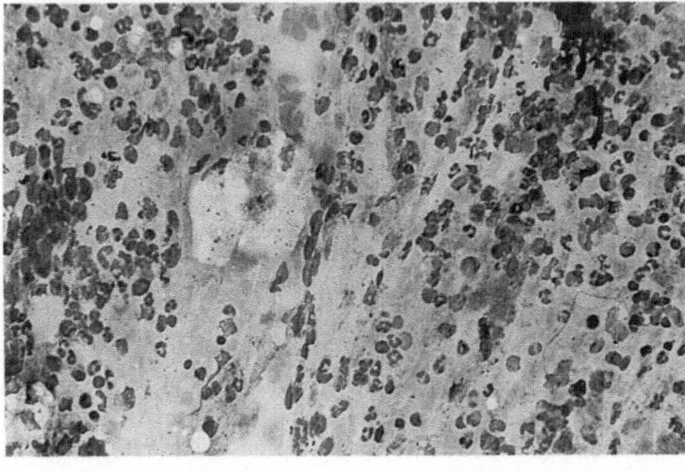

Abb. 361. Ausgeprägte chronisch rezidivierende Prostatitis. Hämatoxylin-Eosin

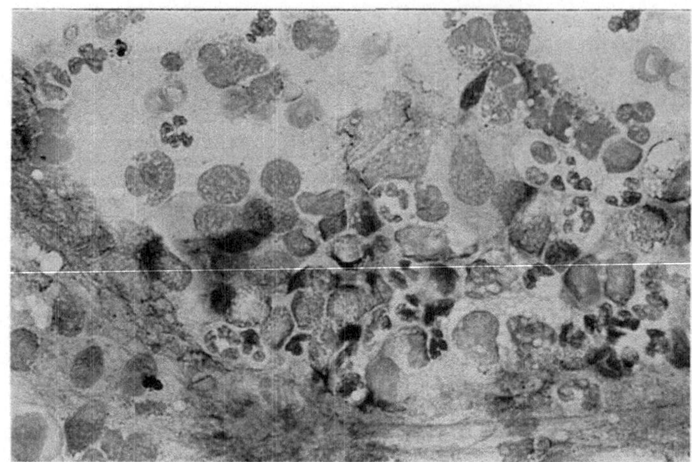

Abb. 362. Eosinophilenreiche chronische Prostatitis. Hämatoxylin-Eosin

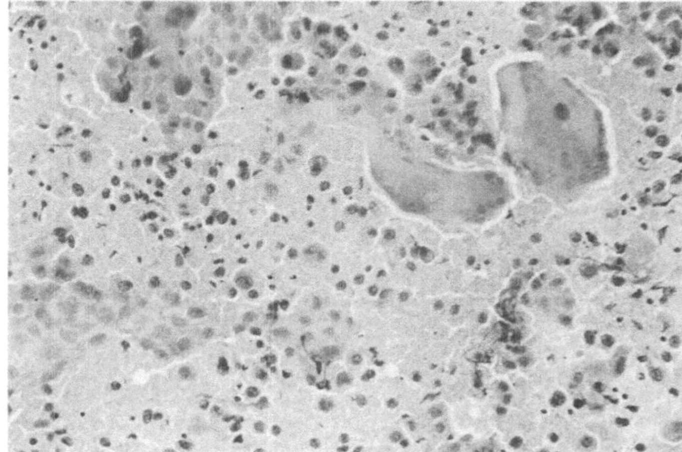

Abb. 363. Riesenzellen bei granulomatöser Prostatitis. Hämatoxylin-Eosin

Diese Epithelveränderungen bei Prostatitis sind von Leistenschneider u. Nagel (1979) in 4 Gruppen unterteilt worden (Tab. 90): Keine Atypie (0), geringe Atypie (I), deutliche Atypie (II), schwere Atypie/Tumorzellverdacht (III) (s. a. Leistenschneider u. Nagel 1984).

Bei der akuten Prostatitis werden gelegentlich geringe Atypien (0–I) beobachtet. Bei der rezidivierenden chronischen Prostatitis sind sehr häufig Atypiegrade I–II, bei der granulomatösen Form vermehrt Atypiegrade II und gelegentlich auch III zu beobachten. So verwundert es nicht, daß – wie am histologischen Präparat bereits aufgezeigt – auch im zytologischen Ausstrichpräparat bei chronischer granulomatöser Prostatitis der Verdacht auf ein Prostatakarzinom gestellt werden kann (Wullstein u. Müller 1973; Zajicek 1973; Leistenschneider u. Nagel 1984). Beim Nachweis von Entzündungszellen und den aufgezeigten Atypiegraden II–III sollte zunächst eine entzündungshemmende Behandlung und nach 8 Wochen eine erneute zytologische

Tabelle 90. Zytologische Analyse von Epithelatypien bei Prostatitis. (Nach Leistenschneider u. Nagel 1984)

Grad I	Keine Atypien	Isokaryose, lockere Chromatinstruktur Kern – Zellmembranen scharf
Grad II	Geringe Atypien	Geringe Anisokaryose, leicht prominente Nukleolen (ein Nukleolus pro Nukleus), Zellgrenzen mitunter unscharf, leichte Verdichtung des Kernchromatins
Grad III	Deutliche Atypien	Deutliche Anisokaryose, verdichtetes Kernchromatin, Nukleolen prominent (ein Nukleolus pro Nukleus) und Zellgrenzen verwaschen
Grad IV	Schwere Atypien (Verdacht auf Tumorzellen)	Hyperchromasie, Anisokaryose, prominente Nukleoli (mehr als ein Nukleolus pro Nukleus), Kernmembranen nicht mehr nachweisbar

Kontrollbiopsie durchgeführt werden (Zajicek 1973; Faul 1975). Häufig hat sich das Zellbild bei Prostatitis wieder normalisiert und insbesondere sind eosinophil-granulierte Leukozyten, Plasmazellen oder auch mehrkernige Riesenzellen geschwunden.

Die spezifisch-tuberkulös-granulomatöse Prostatitis schließt Leukozyten, Lymphozyten, Plasmazellen und Makrophagen, überwiegend epitheloidzellig transformiert, und geordnete Langhans-Riesenzellen ein. Auch hier können Drüsenatypien Grad II auftreten.

Die Treffsicherheit der Zytologie im Vergleich mit der Histologie bei Prostatitisformen wird mit 85–88% angegeben (Leistenschneider u. Nagel 1979, 1984).

6.5 Atypien

Sowohl in den Drüsenarealen als auch in den Ausführungsgängen der Prostata können sich Atypien unterschiedlicher Schweregrade entwickeln, die auch als Dysplasien bezeichnet werden (Helpap 1980b; Kastendieck 1980c; Mc Neal u. Bostwick 1986). Vor allem unter der Kenntnis, daß derartige atypische hyperplastisch-dysplastische Prozesse sehr häufig mit manifesten Karzinomen kombiniert sind, kommt den zytologisch nachweisbaren Atypien eine besondere Bedeutung zu. Bei einer zytologischen Analyse an eigenem Material fanden sich in 44,3% unverdächtige Prostataepithelien, 3,8% wiesen entzündliche Veränderungen auf. In etwa 8% wurden mäßig bis schwer atypische Prostataepithelien nachgewiesen. 22% der Fälle entsprachen Karzinomzellen unterschiedlicher Malignitätsgrade.

Werden die zytologischen und histologischen Befunde gegenübergestellt, wird deutlich, daß atypische Zellen sich sowohl hinter einer atypischen Hyperplasie als auch hinter einem Karzinom verbergen können (Abb. 372). Eine große Schwierigkeit besteht in der Differentialdiagnose von leichter bis mäßiggradiger Atypie bei atypischer Hyperplasie und entsprechenden Atypien bei hoch- bis mäßig differenzierten glandulären Prostatakarzinomen. In Anlehnung an die zytologische Klassifikation von Papanicolaou (1954) sind von Leistenschneider u. Nagel (1984) zytologische Parameter bei Atypien der Prostata in Grad II, III und IV unterteilt. II entspricht Atypien ohne Anhalt für Malignität, III verdächtig, jedoch nicht beweisend für Malignität. Diese beiden Atypiegrade sind bei verschiedenen Formen der Prostatitis (s. o.) zu finden, während die Gruppe IV bei atypischen Hyperplasien hochgradig verdächtig auf Malignität ist. Von Leistenschneider u. Nagel (1984) wird ausdrücklich darauf hingewiesen, daß bei einem mehrfach diagnostizierten PAP IV zur Sicherheit eine Stanzbiopsie erfolgen sollte.

Um keine Interpretationsschwierigkeiten aufkommen zu lassen, werden in der eigenen zytologischen Analyse die drei Atypiegrade mit I–III bezeichnet. Dadurch besteht Übereinstimmung in Histologie und Zytologie.

Wie aus Abb. 372 ersichtlich, sind zytologische Atypien Grad II und III sowohl atypischen Hyperplasien wie auch glandulären Karzinomen Grad Ib und IIa zuzuordnen. Werden diese Variationsbreiten in die differentialdiagnostischen Überlegungen miteingeschlossen, so ist der Sinn einer Prostataaspirationszytologie als Suchmethode voll erfüllt, da bei Kenntnis dieser differentialdiagnostischen Schwierigkeiten der Hinweis zur weiteren Suche nach einem Malignom bzw. Ausschluß desselben mit weiterführenden Methoden aufgezeigt wird.

Ein weiterer zytologischer Befund, der zur Differentialdiagnose atypischer Hyperplasie und Karzinom beitragen kann, ist die Beurteilung der Frequenz und der Lokalisation von Kernnukleolen.

6.6 Nukleolen

Vergleichende histologische und zytologische Untersuchungen an unverändertem Prostatagewebe, typischer und atypischer Hyperplasie, chronischer, vornehmlich granulomatöser Prostatitis und manifesten Karzinomen haben ergeben, daß typische Hyperplasien und normale Prostatadrüsen äußerst selten Nukleolen aufweisen. Diese sind ausschließlich zentral gelagert. Aktivierte Drüsenepithelien bei chronischer Prostatitis können in über 40% kleine bis mittelgroße Nukleolen, wiederum ausschließlich in zentraler Lage, aufweisen. Bei der atypischen Hyperplasie finden sich mit Zunahme des Atypiegrades auch exzentrisch gelagerte Nukleolen. Die pro-

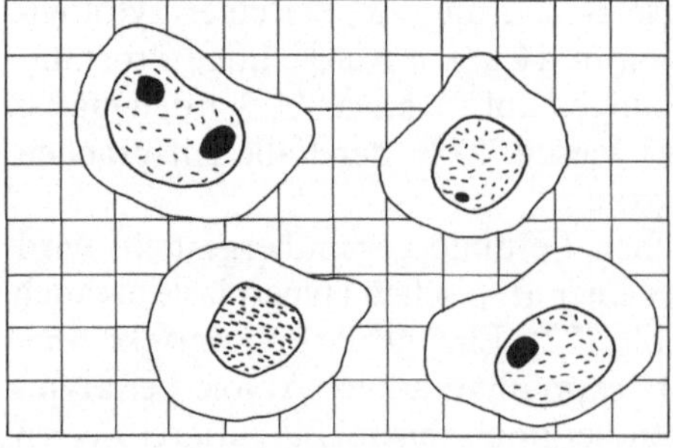

Abb. 364. Raster zur Bestimmung der Nukleolenzahl (1, >1, >2) in Prostatakarzinomkernen

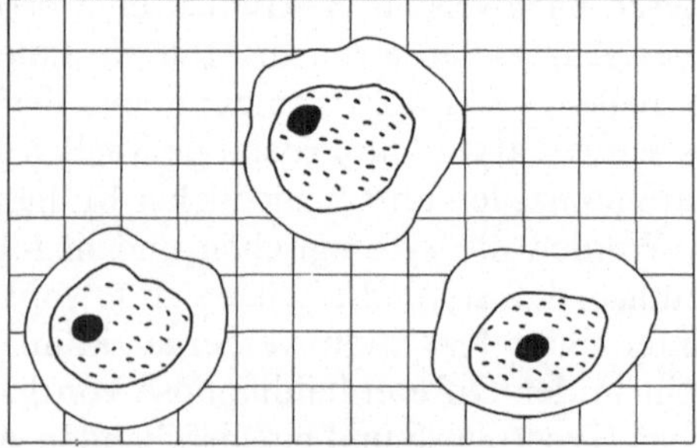

Abb. 365. Lokalisation von Nukleolen in Prostatakernen (zentral, intermediär, peripher)

minenten Nukleolen sind jedoch singulär vorhanden (Tab. 91–93). Bei den Prostatakarzinomen finden sich dagegen mit Zunahme des Malignitätsgrades multiple Nukleolen, die bei G III-Karzinomen in fast 90% eine exzentrische Lagerung aufweisen. Lediglich bei hochdifferenzierten Karzinomen Grad Ia sind die Kernnukleolen selten und ausschließlich zentral gelagert (Helpap 1988 a, b) (Abb. 364, 365, 367–370; Tab. 94, 95).

Tabelle 91. Häufigkeit von Nukleolen in Kernen bei verschiedenen Prostataerkrankungen

Diagnosen	1	>1
Normale Prostata	0 – 0,5%	–
Prostatitis chron. rezidiv./ granulomatös	5,0–48,0%	–
Hyperplasien		
typisch	0,5– 1,1%	–
atypisch	0,5– 5,3%	–
Metaplasien, urotheliale	0,2–16,0%	–
Karzinome	5,0–92,0%	1,2–71,3%

Tabelle 92. Zahl der Nukleolen in Kernen der Prostata bei atypischer Hyperplasie

Grad	n	1	>1
I	55	0,5±0,2%	–
II	24	1,6±0,4%	–
III	25	5,3±1,3%	–

Tabelle 93. Lokalisation von Nukleolen bei atypischer Hyperplasie der Prostata

Grad	n	Zentral	Intermediär	Peripher
I	55	100,0%	–	–
II	24	97,9%	2,1%	–
III	25	82,9%	10,3%	6,8%

Tabelle 94. Zytologische Analyse von Nukeolenzahl bei Prostatakarzinomen

Grading	n	Kerne mit Nukleolen	Zahl der Nukleolen pro Kern		
			1	2	>2
Ia	4	5,8± 2,8%	100,0%	–	–
Ib	37	70,0±21,7%	75,3%	17,4%	7,3%
IIa	28	74,0±18,8%	10,1%	34,1%	55,9%
IIb	15	82,7±26,4%	8,9%	22,7%	68,4%
III	14	91,2±27,6%	6,7%	22,0%	71,3%

Tabelle 95. Zytologische Analyse der Lokalisation von Nukleolen in Prostatakarzinomen

Grading	n	Zentral	Intermediär	Peripher
Ia	4	75,3%	24,7%	–
Ib	37	38,2%	21,7%	40,1%
IIa	28	27,9%	12,9%	59,2%
IIb	15	9,7%	9,4%	80,9%
III	14	2,6%	5,3%	92,1%

6.7 Prostatakarzinom

Die Aspirationszytologie der Prostata hat bei karzinomtypischem Tastbefund die Aufgabe der Sicherung der Diagnose und wenn möglich auch die Bestimmung des Malignitätsgrades (Grading) (Faul u. Prätorius 1973). Somit hängt die zytologische Diagnose ganz wesentlich von der Erfahrung des Klinikers bei der Durchführung der Aspirationstechnik ab (Faul 1975b, 1983; Leistenschneider 1981, 1982; Koss et al. 1984). Bei karzinomtypischem Tastbefund und günstigen Voraussetzungen kann die klinische Diagnose zytologisch in 92–98% bestätigt werden (Kline et al. 1982; Studer et al. 1982; Koss et al. 1984; Piscioli et al. 1985; Carter et al. 1986; Chodak et al. 1986; Ljung et al. 1986). Bei der Suche nach einem Prostatakarzinom ohne charakteristischen Tastbefund bzw. einem atypischen Tastbefund schwankt die Sicherung der Karzinomdiagnose zwischen 17 und 45%. Dies gilt auch unter Einbeziehung der zytologischen Diagnosen „Atypie" (Faul 1975; Droese et al. 1976; Esposti 1982; Leistenschneider u. Nagel 1984).

Die Zuverlässigkeit der Aspirationsbiopsie in der zytologischen Primärdiagnose des Prostatakarzinoms bei einem Vergleich mit dem histologischen Ergebnis von Stanzbiopsien schwankt zwischen 47 und 96% (Epstein 1976a, b; Ackermann u. Müller 1977; Faul u. Zobel 1984; Leistenschneider u. Nagel 1984). Die hohe Trefferrate der transrektalen Feinnadelbiopsie nach Franzen ist deshalb so hoch, weil durch die gezielte Punktion auch kleinste suspekte Bezirke in der Hand des Geübten getroffen werden können. Die Zuverlässigkeit der Stanzbiopsie wird mit 80–90% angegeben (Bissada et al. 1977; Leistenschneider u. Nagel 1984).

Bei negativem Ausfall einer Aspirationszytologie aber auch einer Stanzbiopsie ist zu betonen, daß bei weiterbestehendem klinischen Verdacht auf Karzinom unbedingt weitere morphologische Kontrollen erfolgen müssen, da der negative Befund ein Karzinom nicht ausschließt (s. a. Leistenschneider u. Nagel 1984).

6.8 Allgemeine zytologische Malignitätskriterien des Prostatakarzinoms

Die zytologischen Aspirate bei Prostatakarzinomen sind sehr zellreich. Blutbeimengungen wie bei Hyperplasie oder bei Normalbefund fehlen zumeist. Die Adhäsivität der Zellen ist deutlich vermindert. Es kann jedoch reichlich Zelldetritus auftreten (Abb. 366).

Wie beim zytologischen Grading des Prostatakarzinoms am histologischen Präparat müssen auch am zytologischen Ausstrichpräparat Veränderungen an der Zelle (Zytoplasma) und am Zellkern registriert werden. Folgende Malignitätskriterien sind bei der zytologischen Analyse zu berücksichtigen:

Zell- und Kernpolymorphie, nukleäre Hyperchromasie, Störung des Zellmusters durch schichtweise übereinanderliegende Zellen, Bildung von Zellkonglomeraten, vermehrtes Auftreten von unterschiedlich großen Kernnukleolen bzw. prominenten Nukleolen, Verschiebung der Kernplasmarelation zu Gunsten des Kernes, Anstieg der Mitoseaktivität und Zelldissoziation.

Tabelle 96a. Schematische Darstellung der reproduzierbaren zytologischen Gradierung des Prostatakarzinoms durch Bestimmung der Ausprägung von sechs verschiedenen diagnostischen Kriterien. Der schwarze Punkt rechts oben stellt jeweils die Größe der Erythrozyten dar. (Nach Böcking 1981)

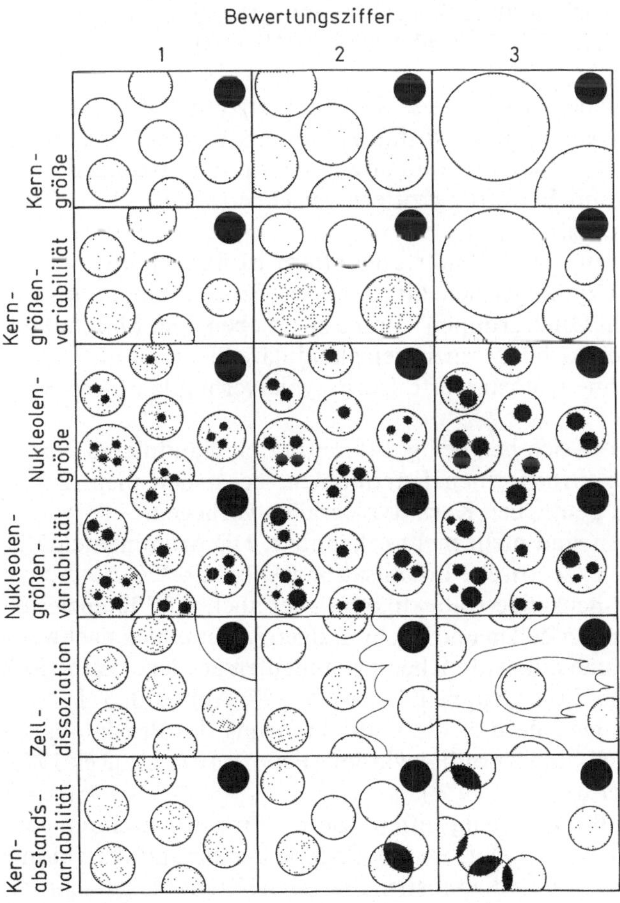

Tabelle 96b. Zytologisches Grading des Prostatakarzinoms (nach Müller et al. 1980)

Morphologische Diagnose – Kriterien	Bewertungsziffer		
	Gering	Mäßig	Stark
1. Mittlere Kerngröße	(1)	(2)	(3)
2. Kerngrößenvariabilität	(1)	(2)	(3)
3. Mittlere Nukleolengröße	(1)	(2)	(3)
4. Nukleolenvariabilität (Größe, Form, Zahl)	(1)	(2)	(3)
5. Zell- und Kerndissoziation	(1)	(2)	(3)
6. Kernordnung	(1)	(2)	(3)

Eine Summe von 6–10 entspricht Differenzierungsgrad I
11–14 entspricht Differenzierungsgrad II
15–18 entspricht Differenzierungsgrad III

Mitunter können auch mikroglanduläre Strukturen im zytologischen Ausstrichpräparat gefunden werden (Müller 1973; Faul 1975a, b; Nienhaus 1977; Leistenschneider u. Nagel 1984).

Der Pathologisch-Urologische Arbeitskreis „Prostatakarzinom" hat 1980 im Rahmen des zytologischen Gradings des Prostatakarzinoms folgende diagnostische Kriterien für die Diagnose eines Prostatakarzinoms im zytologischen Ausstrichpräparat aufgestellt und mit Bewertungsziffern versehen (Müller et al. 1980; Böcking 1980, 1981) (Tab. 96a, b.).

Aufgrund der Summe der einzelnen Bewertungsziffern ist ähnlich wie bei der WHO bzw. beim histologisch-zytologischen Grading des Prostatakarzinoms ein Malignitätsgrad I, II und III mit Untergruppen a und b zu erheben. Der Malignitätsgrad I ist mit der Diagnose eines hochdifferenzierten glandulären Karzinoms mit mikroglandulären Komplexen ohne nennenswerte Kernatypie verbunden (Abb. 367–368).

Der Malignitätsgrad II findet sich bei wenig differenzierten glandulären Karzinomen und teilweise auch bei kribriformen Karzinomen, bei denen mehr solide Gruppen von Tumorzellen mit deutlichen Kernatypiegraden vorliegen.

Mikroglanduläre Strukturen sind nicht mehr erkennbar. Die prominenten Nukleolen zeigen zunehmend eine exzentrische Lokalisation (Abb. 369–370).

Der Malignitätsgrad III ist bei solide-trabekulären, aber auch undifferenzierten Karzinomen mit sehr polymorphen Zellen und hochgradigen Kernatypien nachweisbar. Auch kribriforme Karzinome mit zahlreichen prominenten großen, exzentrisch gelegenen Nukleolen gehören in diese Gruppe (Tab. 94, 95, 97; Abb. 370, 371).

Insgesamt ist festzuhalten: Je schlechter die Differenzierung des Prostatakarzinoms ist, desto stärker ist die Zell- und Kerndissoziation (Esposti 1971; Zajicek 1973; Faul 1975a, b; Leistenschneider u. Nagel 1984).

Während die Diagnose mäßig bis wenig differenzierter Prostatakarzinome am zytologischen Aspirat relativ leicht gelingt, ist die Gruppe der Prostatakarzinome Malignitätsgrad Ia äußerst schwierig zu diagnostizieren, da die Tumorzellen sehr sel-

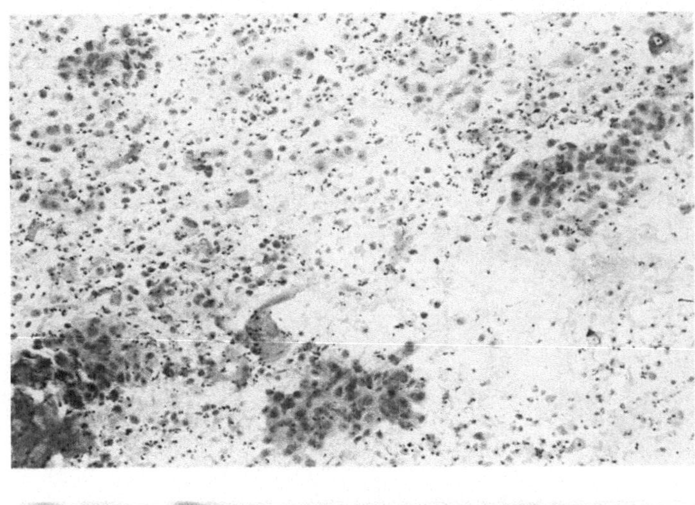

Abb. 366. Reichlich Zelldetritus bei Prostatakarzinomzellverbänden. Hämatoxylin-Eosin

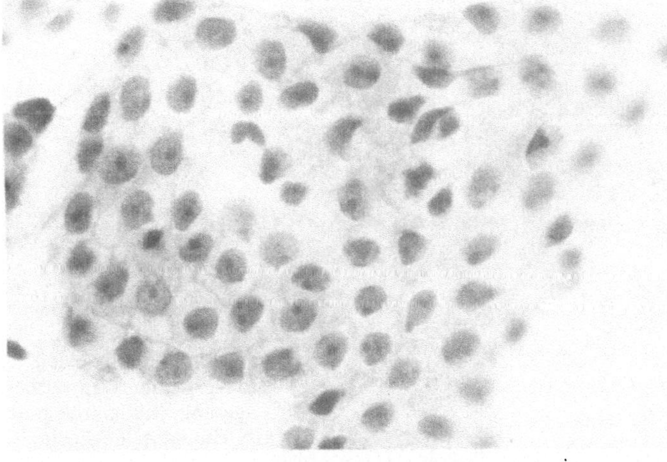

Abb. 367. Hochdifferenziertes Prostatakarzinom, Malignitätsgrad Ia. Hämatoxylin-Eosin

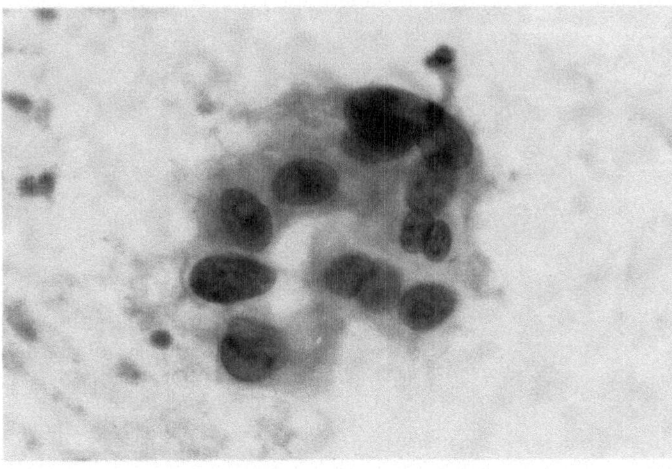

Abb. 368. Hoch- bis mäßig differenziertes Prostatakarzinom. Malignitätsgrad Ib. Hämatoxylin-Eosin

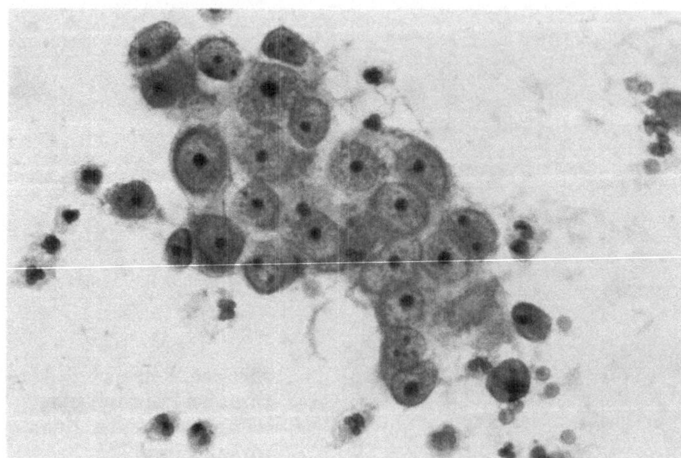

Abb. 369. Mäßig differenziertes glanduläres Prostatakarzinom mit prominenten solitären Nukleolen und zentraler Lagerung. Malignitätsgrad IIa. Hämatoxylin-Eosin

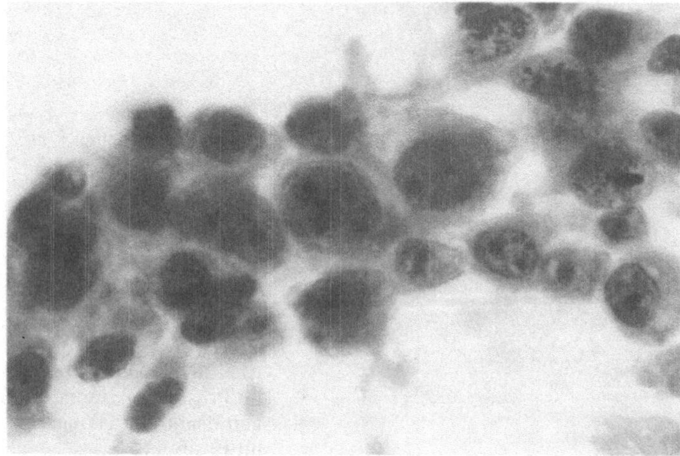

Abb. 370. Wenig differenziertes Prostatakarzinom mit mehreren Nukleolen pro Kern und exzentrischer Lagerung. Malignitätsgrad IIb. Hämatoxylin-Eosin

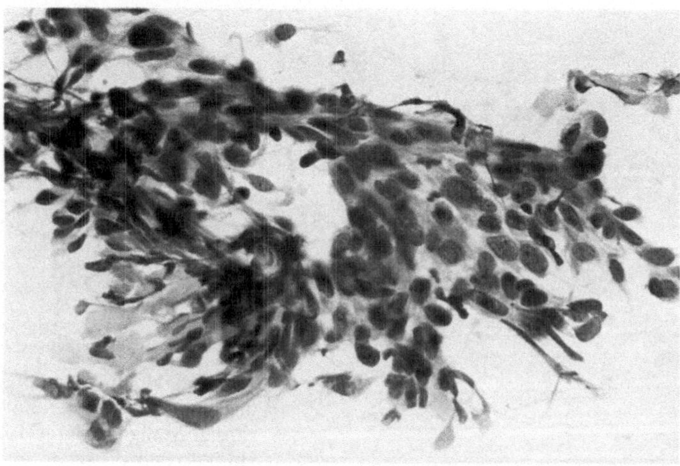

Abb. 371. Wenig bis undifferenziertes Prostatakarzinom mit erheblicher Hyperchromasie und dadurch maskierten Nukleolen. Hämatoxylin-Eosin

Tabelle 97. Prozentuale Verteilung von Prostataerkrankungen (n = 2656)

Zytologische Diagnosen	%
Nicht auswertbar	11,1
Unverdächtig	48,5
Hyperplasie	4,7
Prostatitis	
akut	1,4
chronisch (6 × granulomatös)	2,6
Atypien	
leicht	5,3
mäßig/schwer	7,4
Karzinome	
G Ia	0,6
G Ib	6,2
G IIa	6,2
G IIb	2,4
G III	0,3
Regressive Karzinome	
Grad I (gering)	2,1
Grad II (mäßig)	0,9
Grad III (deutlich)	0,3

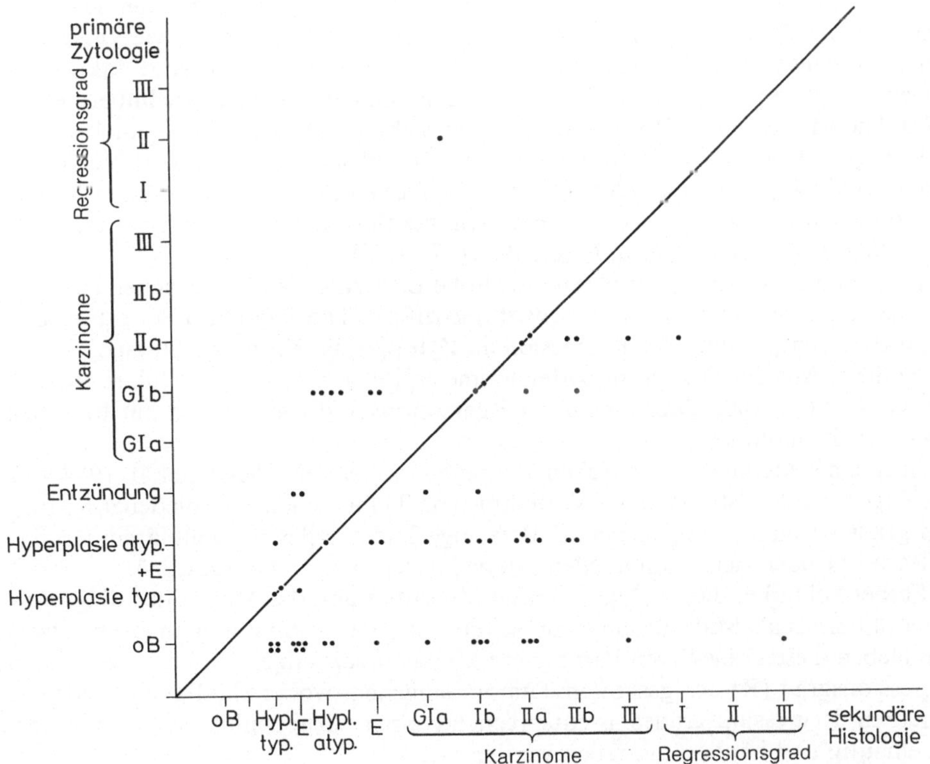

Abb. 372. Korrelation von primärer Zytologie und sekundärer Histologie bei verschiedenen Prostataerkrankungen

ten prominente Nukleolen aufweisen. Vielfach besteht nur eine glanduläre, feinkörnige Struktur des Kernes oder – wenn ein kleiner Nukleolus vorliegt – ist dieser konzentrisch gelegen.

Bei den ebenfalls histologisch hochdifferenzierten glandulären Prostatakarzinomen, jedoch mit mäßiggradigen Kernatypien (Malignitätsgrad Ib), ist die Diagnose schon leichter zu stellen, da in diesen Fällen mitunter bereits prominente Einzelnukleolen in exzentrischer Lage erkennbar sind. Der relativ hohe Prozentsatz zytologischer Diagnosen „Atypie II oder III" korreliert daher mit den tatsächlichen zytologischen Befunden dieser Prostatakarzinomgruppe (Abb. 372).

Insgesamt ist die Klassifikation und das Grading von Prostatakarzinomen durch die zytologische Aspirationstechnik – unter Voraussetzung ausreichenden und gut beurteilbaren Zellmaterials – vor allem auch unter Einsatz modernster reproduzierbarer VDNA-Messungen sicher zu erstellen, so daß auch therapeutische Konsequenzen bei eindeutigem Befund ableitbar sind (Böcking 1988; Böcking et al. 1988).

6.9 Zytologie des Prostatakarzinoms unter Behandlung

Ähnlich wie im histologischen Präparat zeigen sich auch zytologisch unter Therapie Regressionszeichen des Zellkernes wie Verkleinerung und Pyknose sowie Verkleinerung oder Schwund der Nukleolen (Abb. 373, 374). Im Zytoplasma sind Vakuolisierungen, Rupturen und Reduktionen des Zellvolumens meßbar (Schubert et al. 1973). Die Mitose- bzw. DNA-Syntheseraten nehmen ab (Rabes u. Faul 1973).

Die verschiedenen Regressionszeichen an Zytoplasma, Zellkern und Nukleolen werden unabhängig voneinander bewertet und die verschiedene Ausprägung der Regressionszeichen mit verschiedenen Bewertungsziffern belegt (Böcking et al. 1984, 1985, 1987; Leistenschneider u. Nagel 1984) (Tab. 98).

Zeichen des ZelluntergANGES erhalten hohe Bewertungsziffern, Zeichen einer reversiblen Zellschädigung niedrige Bewertungsziffern (Tab. 99). Die 3 Bewertungsziffern 0–2 als Ausprägung der Regression an Zytoplasma, Kern und Nukleolus werden addiert. Aus der Bewertungsziffersumme ergibt sich dann der zelluläre Regressionsgrad r (Tab. 100). Diese zellulärer Regressionsgrad r gilt jedoch nur für einen gegebenen Zellkomplex.

In einem weiteren diagnostischen Vorgang – wie er von Böcking et al. 1984 vorgeschlagen worden ist – wird das Verhältnis von Tumorzellen verschiedener Regressionsgrade zueinander angegeben. Z. B. wenige Tumorzellen mit zellulärem Regressionsgrad r1 oder viele Tumorzellen mit zellulärem Regressionsgrad r3.

Ferner sollte bei dieser Regressionsgradbestimmung die Menge des diagnostischen Materials als Maß für die Repräsentativität der Bestimmung angegeben werden. Neben diesen objektiven Parametern können auch subjektive Faktoren in den Regressionsgrad (R) des gesamten Tumors eingehen, wobei Häufigkeitsgrade des zellulären Regressionsgrades r entsprechend einer Gruppenbildung von selten, mittelhäufig und häufig angegeben werden.

Wichtig ist, daß Plattenepithelmetaplasien, Verdeutlichungen der Kernmembranen, regelmäßige Chromatinverteilung, Auflockerung der Chromatinstruktur und

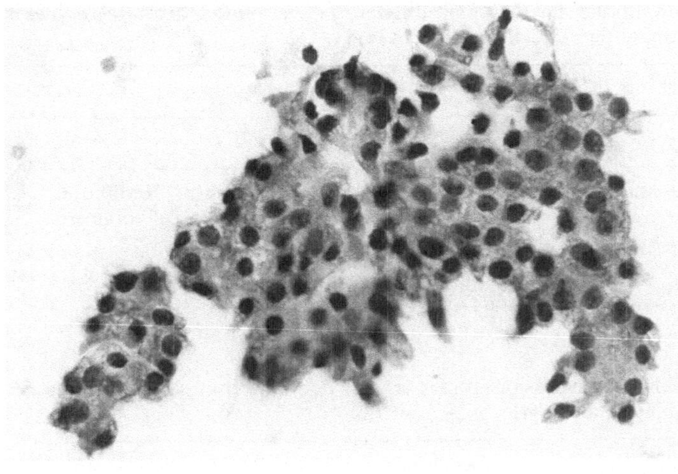

Abb. 373. Geringe Regressionszeichen eines Prostatakarzinoms (Regressionsgrad I) nach Hormontherapie. Hämatoxylin-Eosin

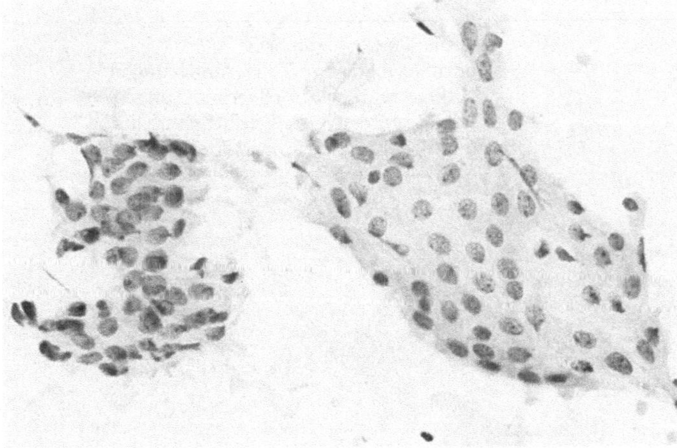

Abb. 374. Gute Regression bei glandulärem Prostatakarzinom nach Strahlentherapie. Regressionsgrad II bis III. Hämatoxylin-Eosin

Vakuolisierung des Kernes keine Zeichen der zytologischen Tumorregression sind (Böcking et al. 1984).

Dieses zytologische Regressionsgrading des Prostatakarzinoms ist kompatibel mit dem histologisch-zytologischen Regressionsgrading von Dhom (1981).

Auch bei der zytologischen Regressionsgradbestimmung ist die definitive Beurteilung des Therapieeffektes nach Hormonen oder Bestrahlung erst nach 6 bis 12 Monaten möglich (Esposti 1971; Cox u. Stoffel 1977; Faul et al. 1978; Leistenschneider u. Nagel 1980, 1984).

Leistenschneider u. Nagel (1980, 1982, 1984) und die Arbeitsgruppe Böcking et al. haben über ein zytologisches Regressionsgrading und seine prognostische Bedeutung beim Prostatakarzinom unter Östrogen- und Kastrationsbehandlung, Therapie mit Antiandrogenen, Estrazyt, Zytostatika sowie Bestrahlung, Östrogen und Kastration berichtet. Es konnte eine eindeutige Korrelation zwischen schlechtem The-

Tabelle 98. Zytodiagnostische Kriterien der therapiebedingten Regression des Prostatakarzinoms mit unterschiedlichen Bewertungsziffern (Böcking et al. 1984)

	Bewertungsziffer		
	0	1	2
Zytoplasma	Keine Änderung	Vakuolisierung	Ruptur, Reduktion des Zellvolumens
Zellkern	Keine Änderung	Verkleinerung	Pyknose
Nukleolen	Keine Änderung	Verkleinerung	Schwund

Tabelle 99. Ableitung des zellulären Regressionsgrades (r) aus der Bewertungsziffernsumme der diagnostischen Kriterien (Böcking et al. 1984)

Bewertungs-ziffernsumme	Zellulärer Regressionsgrad r	Bedeutung
0	0	Keine Tumorregression
1–2	I	Geringe regressive Zellveränderungen
3–4	II	Mäßige regressive Zellveränderungen
5–6	III	Starke regressive Zellveränderungen
	X	Keine Tumorzellen nachweisbar

Tabelle 100. Ermittlung des Regressionsgrades R für den Gesamttumor aus der Häufigkeitsverteilung und der Stärke der zellulären Regressionsgrade r (Böcking et al. 1984)

	Zellulärer Regressionsgrad		
	r_I	r_{II}	r_{III}
Selten (20%)	R_I	R_I	R_{II}
Mittelhäufig (50%)	R_{II}	R_{II}	R_{II}
Häufig (80%)	R_{II}	R_{III}	R_{III}

rapieeffekt und schlechter klinischer Prognose hergestellt werden, entsprechend der Korrelation zwischen geringem Atypiegrad, d.h. günstigem histologischem Grading und hoher Überlebenszeit bzw. hoher Kernatypie und geringer Überlebenswahrscheinlichkeit (Böcking 1980, 1983, 1988; Böcking u. Auffermann 1987; Böcking et al. 1984, 1985, 1988).

6.10 Wertigkeit der Prostata-Aspirations-Zytologie

Die Aspirationszytologie der Prostata wird vor allem zum Nachweis von Karzinomen eingesetzt. Sie hat eine sehr hohe Sensitivitäts- und Spezifitätsrate von 90–95% (Kline et al. 1982; Faul 1983; Piscioli et al. 1985; Carter et al. 1986; Chodak et al. 1986; Ljung et al. 1986). Auch vergleichende Untersuchungen mit histologischen Befunden haben hohe Übereinstimmungsraten von 70–95% ergeben (Ackermann u. Müller 1977; Müller u. Wünsch 1981; Faul 1983; Faul u. Zobel 1984). Aufgrund technischer Gegebenheiten ist mit der Aspirationsmethode in der Regel nur das periphere klassische Prostatakarzinom erfaßbar, das etwa 90% der Fälle ausmacht. Die zytologischen Kriterien zum Nachweis von Prostatakarzinomzellen in drei Malignitätsgraden sind hinreichend bekannt (Böcking 1981, 1983; Faul 1983; Müller et al. 1980; Helpap 1985b; Helpap et al. 1985a, b). Das Grading ist durch DNA-zytophotometrische automatisierte Bildanalyse, zellkinetische und immunhistochemische Analysen untermauert worden (Leistenschneider u. Nagel 1984; Seppelt 1984; Jonas et al. 1984; Müller 1984; Tanke et al. 1984; Vogel u. Helpap 1986).

Die Diskussionen über die Wertigkeit dieses primären Tumorzellgradings haben aber gezeigt, daß Karzinomzellen vom Typ Malignitätsgrad I, mit oder ohne Untergruppen, äußerst schwierig diagnostizierbar sind und bei Kenntnis der zytologischen Variationsbreite atypischer Prostatahyperplasien in gleichem Maße auch in diesen morphologischen Kreis hineinreichen können (Müller 1984). Dabei ist es von Wichtigkeit zu wissen, daß etwa 10% der Prostatakarzinome zentral wahrscheinlich über eine mäßige und schwere atypische Hyperplasie entstehen mit gleichartiger zytologischer Variationsbreite (Kastendieck 1984, 1987; Helpap 1985b).

Unter Berücksichtigung der Kenntnis der schweren atypischen Prostatahyperplasie Grad III ist die Gruppe zytologischer Befunde mit zellulären verdächtigen Merkmalen – im Vergleich zu den zytologischen Analysen anderer Autoren ohne die Gruppe „Atypie“ – prozentual höher. In der Befundübermittlung sollten die differentialdiagnostischen Überlegungen dem Urologen mitgeteilt werden und es sollte auf die verschiedene Lokalisation evtl. manifester Karzinome hingewiesen werden. In solchen Fällen sind dann weitere diagnostische (Resektions-) Maßnahmen angezeigt. Auch bei der Prostataaspirationszytologie muß betont werden, daß bei ausreichendem Zellmaterial in den Ausstrichpräparaten mit klaren zytologischen Kriterien eine zytologische Karzinomdiagnose durchaus den Urologen berechtigt, bei entsprechenden weiteren klinischen Parametern und entsprechendem Stadium eine gezielte, karzinomspezifische Therapie vorzunehmen.

Hormon- und Strahlentherapie führen, wie dies an ausführlichen histologischen Beiträgen gezeigt worden ist, zu charakteristischen Veränderungen an den Prostatakarzinomzellen (Alken et al. 1972, 1975, 1977; Dhom 1981; Dhom u. Degro 1982; Kastendieck et al. 1976; Helpap 1985b, c). Der Einsatz eines Regressionsgradings hat, unter strenger Einhaltung der vorgegebenen Kriterien und ausreichendem Untersuchungsmaterial, zu reproduzierbaren Ergebnissen geführt (Helpap 1985c). Das zytologische Regressionsgrading hat sich dagegen noch nicht allgemein durchgesetzt. Verschiedene Vorschläge von Esposti (1971); Faul (1975a, b, 1983); Spieler et al. (1976); Leistenschneider u. Nagel (1980, 1982, 1984); Böcking (1981, 1983); Toggenburg et al. (1984) haben gute Ansätze ergeben. An einem größeren Untersuchungsgut muß die Reproduzierbarkeit noch überprüft werden. Die Überarbeitung des von Böcking vorgeschlagenen Regressionsgrades hat sich unter strenger Anlehnung an das histologische Regressionsgrading bewährt, ebenso unter zytophotometrischer Untersuchungstechnik (Böcking 1983; Böcking et al. 1984; Seppelt 1984; Helpap 1985c).

Prognostische Studien, die gezeigt haben, daß Prostatakarzinomträger der Malignitätsgruppen Ib und IIa mit hohen Anteilen diploider Tumorzellkerne deutlich günstigere Fünf- und Zehnjahresüberlebensraten aufweisen als Prostatakarzinomträger der Malignitätsgruppen IIb und III mit hohen Anteilen aneuploider Tumorzellkerne, haben dazu geführt, daß auch in der zytologischen Analyse diese Unterteilung durchgeführt wird (Müller 1984; Al-Abadi u. Nagel 1987). Auf die Schwierigkeiten der zytologischen Charakterisierung der Malignitätsgruppe Ia wurde bereits hingewiesen. Sofern ausreichendes Untersuchungsmaterial vorliegt, ist dieses Subgrading aber durchaus durchführbar und hat sich am eigenen Material bei zusätzlichen histologischen Kontrollen bestätigt (Helpap 1985b). Bei tumorfreien Aspiraten können entzündliche Zellbeimengungen vor allem Bilder einer chronischen granulierenden und granulomatösen Prostatitis differentialdiagnostische Schwierigkeiten aufwerfen (Leistenschneider u. Nagel 1979, 1984). Der Nachweis von Riesenzellen erleichtert die differentialdiagnostische Eingrenzung, wobei unbedingt dem Pathologen mitgeteilt werden muß, ob eine Elektroresektion vorausgegangen ist (Hak-Hagir 1985). Das Bild der TUR-Prostatitis nach durchgeführter primärer Elektroresektion eines tumorösen oder hyperplastischen Prozesses an der Prostata kann vor allem in dem langwierigen Abheilungsstadium, durch Ausbildung bizarrer Fibroblasten und Makrophagen, z.T. mit Ausbildung prominenter Nukleolen, entsprechende differentialdiagnostische Probleme aufwerfen (s.a. Helpap u. Vogel 1986a, b). Schließlich sind auch parasitäre Erkrankungen aufgrund zytologischer Analysen klar definierbar.

Ebenso wie die zytologische Analyse des abführenden Urotheltraktes ist auch die der Prostata aus dem diagnostischen Spektrum nicht mehr wegdenkbar. Die Prostataaspirationszytologie hat ihren festen Platz im Rahmen primärer diagnostischer Maßnahmen zur (Früh-) Erkennung eines Prostatakarzinoms und zur Abgrenzung gegenüber entzündlichen und hyperplastischen Prozessen. Die Prostataaspirationszytologie ist auch zu einer feststehenden klinischen Kontrollmaßnahme bei therapierten Karzinomen geworden (Yatani et al. 1985; Carter et al. 1986; Chodak et al. 1986).

Die prostatische Aspirationszytologie ist jedoch nur von Aussagekraft in der Hand eines erfahrenen Zytologen und Pathologen. Bei nicht eindeutiger zytologischer Aussage sollte der zytologische Befund histologisch kontrolliert werden. Evtl. sind hierzu auch zusätzliche moderne Untersuchungsverfahren wie Zytophotometrie und Immunzytologie heranzuziehen, vor allem um beim Karzinom das Subgrading zu gewährleisten (Böcking 1983; Seppelt 1983, 1984; Zimmermann et al. 1983; Müller 1984; Seppelt et al. 1985; Helpap u. Vogel 1986a, b).

Kritischer Ausblick

Diagnostische Probleme bieten in der Pathologie der ableitenden Harnwege und der Prostata weniger die Dokumentation anatomischer Fehlbildungen oder funktionell-morphologische Veränderungen, als vielmehr entzündliche hyperplastisch-dysplastische bzw. atypische Prozesse und die Übergänge von Manifestationen gut- und bösartiger Tumoren. Akut entzündliche Vorgänge im Bereich der ableitenden Harnwege und der Prostata sind überwiegend durch das klinische Bild gekennzeichnet. Die vielfältigen morphologischen Erscheinungsbilder einer Urozystitis und Prostatitis nach vorausgegangener transurethraler Resektion (sog. TUR-Urozystoprostatitis) haben modellhaften Charakter für das Studium immunologisch induzierter Entzündungen im Bereich der ableitenden Harnwege und Prostata und können vor allem hilfreich bei der noch unklaren Ätiologie und Pathogenese der chronisch-interstitiellen Urozystitis (Hunner-Ulkus) und unspezifischen granulomatösen Prostatitis sein.

Die chronisch rezidivierenden Entzündungen sind jedoch das eigentliche morphologische Problem, da Urothel wie Prostataepithel im Rahmen dieser Prozesse regeneratorisch/reparativ überschießend Atypien ausbilden können und differentialdiagnostisch zu Schwierigkeiten gegenüber der Abgrenzung tumorös-atypischer Vorgänge führen können. Die histologischen und zytologischen Aspekte urothelialer und prostatischer Atypien spielen im Rahmen der zytologischen Analysen von Zell- oder Gewebsproben eine immer bedeutendere Rolle. Vom Morphologen verlangt der Kliniker Aussagen, die auf rein zytologischer Basis weitreichende therapeutische Folgerungen nach sich ziehen können.

Die Schwarz-Weiß-Zeichnung im Hinblick auf zytologische Analysen „hier eindeutig gutartige Zellen, hier eindeutig bösartige Zellen“, trifft die krankhaften Gewebsveränderungen nicht immer, da aus der histologischen Analyse mehrstufige Übergänge von leichten, mäßigen und schweren Atypien bis hin zum manifesten Tumor bekannt sind. Aber auch histologisch ist diese Abgrenzung bei Anwendung konventioneller Färbe- und Aufarbeitungsmethoden nicht immer möglich. Immunhisto- und zytochemische Untersuchungen unter Einsatz vielfältiger Zell- und Gewebsmarker haben sich in jüngster Zeit hier als hilfreich erwiesen. Auch die zellkinetischen Analysen unter Einsatz vor allem der DNA-Zytophotometrie bzw. der schnellen DNA-Messung mit TV-Bildanalysesystem samt automatischem Mikroskop haben hier weitere Fortschritte erbracht (Böcking 1988; Böcking et al. 1987, 1988). Diese neuen, allerdings sehr kostspieligen Methoden werden jedoch auch in Zukunft auf spezielle Zentren beschränkt sein und den Morphologen außerhalb dieser Zentren auch in Zukunft nicht zur Verfügung stehen. Mit den derzeitig verfügbaren Methoden ist jedoch festzuhalten, daß im Rahmen zytologischer und histologischer Analysen von Biopsiematerial aus den ableitenden Harnwegen entzündlich bedingte, atypische Proliferationen von primär-neoplastischen Proliferationen ausreichend differenzierbar sind, wobei der zytologischen Gruppe urotheliale Atypien bei der Suche und Aufdeckung von manifesten Karzinomen und der postchirurgischen Kontrolle bei Nachweis von Rezidiven eine ganz entscheidende Rolle zukommt.

Die Differenzierung von manifesten urothelialen, papillären und soliden Karzinomen in 2 Untergruppen der jeweiligen Malignitätsgrade unter Anwendung zellkinetischer und immunhistochemischer Methoden hat das Konzept von Koss (1985a, b), daß 2 Tumorzellpopulationen vorliegen, gestützt.

Dabei können sich unter einem fast identischen histologischen Bild in der Gruppe der G-II-Karzinome solche mit exophytischem, kaum invasivem und solche mit solidem, vornehmlich tief-invasivem Wachstum verbergen.

Therapeutische Konsequenzen und prognostische Aussichten werden durch diese Malignitätsgradbestimmung entscheidend beeinflußt und sind pathogenetisch schlüssig mit den leichten, mäßiggradigen und schweren urothelialen Atypien bis hin zum Carcinoma in situ korrelierbar. Retrospektive morphologische Analysen zur Prognose unterschiedlich differenzierter urothelialer Karzinome sollten daher diese Subklassifikation auch im Experiment bei der Überprüfung der Wirksamkeit von Karzinogenen berücksichtigen.

Hier sei vor allem nochmals auf die Möglichkeit der Synchronisation stimulierter urothelialer Zellproliferation in einem experimentiellen Zystektomiemodell hingewiesen.

Die Frage nach neoplastischen Vorstufen von der Prostata hängt mit der noch nicht vollständig geklärten Genese des Prostatakarzinoms zusammen. In Tierexperimenten ist die Entwicklung des Prostatakarzinoms aus der Progression atypisch-hyperplastischer Läsionen z. T. nachvollzogen worden, wobei jedoch die Faktoren, die den Übergang aus einer hyperplastischen Läsion in ein Karzinom induzieren, noch nicht bekannt sind. Die Kenntnis der atypischen Hyperplasie, ihr zellkinetisches Verhalten und ihre hohe Koinzidenz zum manifesten Karzinom stützt die Vorstellung, daß es ein zentrales und ein peripheres Prostatakarzinom gibt. Beide Karzinome werden bei den meisten Patienten erst im fortgeschrittenen Stadium diagnostiziert. Durch die technische Vervollkommnung der totalen Prostatektomie wird jedoch ein großer Teil dieser Tumoren bereits operativ behandelt. Das Problem ist das inzidente Karzinom, das fast ausschließlich dem zentralen paraurethral gelegenen Karzinom entspricht, und das als Vorstufe die atypische glanduläre Prostatahyperplasie aufweist.

Die Diagnose eines inzidenten Karzinoms ist ein rein morphologischer Vorgang und erfordert eine exakte Aufarbeitung des zumeist TUR-Materials, eine genaue Klassifikation und ein genaues Grading des Karzinoms, da der pT_{1a} (früher A_1) Typ des inzidenten Karzinoms nicht unbedingt einer weitreichenden chirurgischen oder konservativen Therapie bedarf, während das zumeist schlechter differenzierte und in größeren Arealen nachweisbare pT_{1b} (früher A_2) inzidente Karzinom wie ein peripheres manifestes Karzinom zu behandeln ist.

Ferner stellt sich die Frage, ob Staging, Grading und Klassifikation des Prostatakarzinoms, im Hinblick auf die Therapie des Tumors, die Prognose bzw. die Überlebenswahrscheinlichkeiten oder Absterberaten verbessert bzw. verringert haben.

Das klinische Stadium wird durch die totale Prostatektomie oft korrigiert (Kastendieck u. Hüsselmann 1982). In 85% der angenommenen lokoregionalen Prostatakarzinome liegt bereits ein multifokales Wachstum mit Kapseleinbruch oder Lymphknotenmetastasen vor (Stamey 1982). Damit ist nicht selten ein klinisches Understaging vorgenommen worden. Dennoch wird das klinisch operative Staging als Grundlage für klinische Kontrollstudien nach operativer Behandlung und Strahlentherapie benutzt (Scardino et al. 1986).

Unter der Voraussetzung, daß genügend Untersuchungsmaterial für das morphologische Grading vorgelegen hat, haben retrospektive Studien günstige Überlebenswahrscheinlichkeiten bzw. niedrigere Absterberaten für Patienten mit Prostatakarzinom Malignitätsgrad Ib–IIa erbracht. Prostatakarzinomträger Malignitätsgrad Ia brauchen in Abstimmung mit dem Urologen in der Regel nicht therapiert werden. Dies gilt auch für die hochdifferenzierten glandulären inzidenten Karzinome G Ia, deren Ausbreitungstyp pT_{1a} durch komplette pathologisch-anatomische Aufarbeitung gesichert sein muß (Newman et al. 1982). Prostatakarzinome Malignitätsgrad II–III sind jedoch unbedingt einer Therapie zu unterziehen (Helpap u. Weißbach 1984a, b).

Kontrollierte Studien zum Regressionsgrading nach wiederholten Stanzbiopsien, aber auch nach Aspirationszytologie, haben gezeigt, daß 2–18 Monate nach Therapiebeendigung auf Strahlen 60–80% der Karzinome angesprochen haben und daß nach 1,5–3 Jahren nach Abschluß der Therapie vielfach noch histologisch eine gute Regression erkennbar ist. Vornehmlich handelt es sich hier um drüsig differenzierte Karzinome (Alken et al. 1977; Kopper et al. 1984). Der Nachweis einer morphologischen Regression schließt jedoch nicht aus, daß auch nach Hochvoltbestrahlung oder interstitieller Strahlentherapie zu einem späteren Zeitpunkt eine Progression des Karzinoms einsetzen kann. Dies entspricht Beobachtungen, nach denen Prostatakarzinomträger mit negativen Kontrollbiopsien in 18% nach 5 Jahren und in 32% nach 10 Jahren lokale Rezidive entwickeln können (Scardino et al. 1986).

Insgesamt kann davon ausgegangen werden, daß differenzierte, glanduläre Karzinome langfristig eine höhere Regressionsrate zeigen als hochmaligne Karzinome mit hoher Wachstumsfraktion. Dies gilt sowohl für Hormon- als auch Strahlentherapie (Dhom 1981, 1985; Helpap 1985c).

Im Einzelfall ist jedoch nicht vorauszusagen, wie ein Karzinom nach exakter Einstufung und entsprechendem Grading und Staging auf eine bestimmte Therapie reagieren wird.

Entscheidend für die Prognoseabschätzung ist nach wie vor die Bestimmung des Malignitätsgrades, kombiniert mit der Bestimmung des Tumorstadiums, wobei eine bereits vorliegende Metastasenbildung das Schicksal des Patienten ungünstig beeinflußt, trotz intensiver konservativer Therapie.

Kurativ ist nur die totale Prostatektomie bei loko-regionalem Prostatakarzinom. Bei aller Diskussion um verbesserte aggressive Therapieschemata sollte berücksichtigt werden, daß ein gewisser Prozentsatz von Patienten mit zumeist hochdifferenzierten Prostatakarzinomen bei dem charakteristisch langsamen Wachstum dieser Tumoren auch ohne Therapie nicht den Tod durch das Prostatakarzinom erleidet, sondern an anderen Leiden stirbt. Diese Differenzierung ist jedoch nur möglich, wenn ein exaktes histologische und zytologisches Grading durchgeführt wird (Gaeta 1983).

Literatur Prostata

Abadi Al-H, Nagel R (1988) Prognostische Bedeutung von Ploidie und proliferativer Aktivität beim Prostatakarzinom. Verh Dtsch Ges Urol 39

Ablin RJ (1976) Immunological aspects of cryosurgery. Low Temp Med 2:61–73

Ablin RJ, Fontana G, Helpap B (1981) Cryoimmunotherapy: a conference report. Tumordiagnostik 2:246–249

Ablin RJ, Guinan P, Bush IM (1974) Antibodies to epithelium in benign prostatic hypertrophy and carcinoma of prostate. Exacerbation to hyperplasia and neoplasia and possible clue to cancer. Urology 3:373–375

Ablin RJ, Soanes WA, Gonder MJ (1973) Elution of in vivo bound antiprostatic epithelial antibodies following multiple cryotherapy of carcinoma of prostate. Urology 2:276–279

Ablin RJ, Danaher J, Soanes WA, Gonder MJ (1974) Antibodies reactive with autologous prostatic tissue in adenocarcinoma of prostate. Urology 3:491–493

Abrahamsson PA, Wadström LB, Alumets J, Falkmer S, Grimelius L (1986) Peptide-hormone- and serotonin-immunoreactive cells in normal and hyperplastic prostate gland. Path Res Pract 181:675–683

Ackermann R, Müller H-A (1977) Retrospective analysis of 645 simultaneous perineal punch biopsies and transrectal aspiration biopsies for diagnosis of prostatic carcinoma. Europ Urol 3:29–34

Ackermann R, Müller H-A (1981) Der Wert der perinealen Stanzbiopsie zur Beurteilung des histologischen Differenzierungsgrades des Prostata-Carcinoms. Verh Dtsch Ges Urol 32:79–81

Albertsen P (1982) Histologic grading and the practicing urologist. Prostate 3:333–338

Alguacil-Garcia A (1986) Artifactual changes mimicking signet ring cell carcinoma in transurethral prostatectomy specimens. Am J Surg Pathol 10:795–800

Alison MR, Wright NA (1981) Growth kinetics. In: Ducan W (ed) Recent results in cancer research. Prostate cancer. Springer, Berlin Heidelberg New York, pp 29–43

Alken CE, Dhom G, Hohbach CH, Sachse D, Schröder FH, Straube W (1972) Therapie des Prostatacarcinoms und Therapiekontrolle. Urologe A 11:216–220

Alken CE, Dhom G, Straube W, Braun JS, Kopper B, Rehker H (1975) Therapie des Prostatacarcinoms und Verlaufskontrolle (III). Urologe A 14:112–116

Alken CE, Dhom G, Kopper B, Rehker H, Dietz R, Kopp S, Ziegler M (1977) Verlaufskontrolle nach Hochvolttherapie des Prostatacarcinoms. Urologe A 16:272–278

Almagro UA (1985) Argyrophilic prostatic carcinoma: Case report with literature review on prostatic carcinoid and "carcinoid like" prostatic carcinoma. Cancer 55:608–614

Altenähr E (1982) Pathologie des Prostatakarzinoms. In: Klosterhalfen H, Altenähr E, Franke HD (Hrsg) Das Prostatakarzinom. Pathologie, Diagnostik, Therapie. Thieme, Stuttgart New York, S 1–72

Altenähr E, Kastendieck H, Burchardt B (1979) Licht- und elektronenmikroskopische Strukturveränderungen des Prostatacarcinoms nach kombinierter Therapie und Auswertung des Therapieeffektes anhand einer Verlaufsstudie. Verh Dtsch Krebsgesellschaft 1. Fischer, Stuttgart New York, S 260

Altenähr E, Kastendieck H, Siefert H (1979) Koinzidenz von Prostatacarcinomen und Dysplasie bei totalen Prostatektomien und bei Autopsien. Verh Dtsch Ges Path 63:415–418

Altenähr E, Böcking A, Dhom G, Faul P, Göttinger H, Helpap B, Hohbach Ch, Kastendieck H, Leistenschneider W, Müller H-A (1981) Empfehlungen zur Technik der Prostatabiopsie für Histologie und Zytologie. Verh Dtsch Ges Urol 32

Altwein JE (1978) Strahlentherapie, Hormontherapie und palliative Behandlungsverfahren des Prostatakarzinoms. Med Welt 29:1210–1215

Altwein JE (1979) Urologie. Enke, Stuttgart

Ansari M, Pintozzi R, Choi Y (1981) Diagnosis of carcinoid-like metastatic prostatic carcinoma by an immunoperoxidase method. Amer J Clin Pathol 76:94–98

Antony J, Reddy PS (1986) An unusual presentation of carcinoma of the prostate. J Urol 135:595–596

Aumüller G (1972) Histochemische Untersuchungen an der menschlichen Prostata. Acta Histochem 42:29–40

Aumüller G (1979) Prostate gland and seminal vesicles. In: Handbuch mikroskopische Anatomie des Menschen, Bd 7: Harn- und Geschlechtsapparat. Springer, Berlin Heidelberg New York Tokyo, S 3–182

Aumüller G (1983) Morphologic and endocrine aspects of prostatic function. Prostate 4:195–214

Aumüller G (1983) Morphologie der normalen Prostata und experimentelle Modelle der Prostataforschung. In: Helpap B, Senge Th, Vahlensieck W (Hrsg) Die Prostata, 1: Die Prostatahyperplasie. Pharm und Medical Inform, Frankfurt, S 15–30

Aumüller G (1984) Immunzytochemie beim Prostatakarzinom. In: Helpap B, Senge Th, Vahlensieck W (Hrsg) Die Prostata, 2: Prostatakarzinom. Pharm und Medical Inform, Frankfurt, S 165–174

Aumüller G, Enderle-Schmitt U, Seitz J (1988) 5α-Reduktase und Aromatase-Zielenzyme innovativer Therapieansätze der benignen Prostatahyperplasie. In: Helpap B, Senge Th, Vahlensieck W (Hrsg) Die Prostata 4: Prostataerkrankungen. Pharm und Medical Inform, Frankfurt, S 78–85

Ayala AG, Srigley JR, Ro JY, Abdul-Karim FW, Johnson DE (1986) Clear cell cribriform hyperplasia of prostate. Report of 10 cases. Am J Surg Pathol 10:665–671

Azzopardi JG, Evans DJ (1971) Argentaffin cells in prostatic carcinoma: differentiation from lipofuscin and melanin in prostatic epithelium. J Pathol Bact 104:247–251

Bain G, Koch M, Hanson J (1982) Feasibility of grading prostatic carcinomas. Arch Pathol Labor Med 106:265–267

Bandhauer K (1986) Erkrankungen des männlichen Genitaltraktes. In: Bandhauer K, Frohmüller H (Hrsg) Urologie in der Praxis. VCH Verlagsgesellschaft, Weinheim, S 401–413

Banerjee SS, Harris M (1988) Angiotropic lymphoma presenting in the prostate. Histopathol 12:667–683

Barnes R, Hirst A, Rosenquist R (1976) Early carcinoma of the prostate. Comparison of stages A and B. J Urol 115:404–405

Barresi G, Tuccari G (1984) Lactoferrin in benign hypertrophy and carcinomas of the prostate gland. Virchows Arch Abt A Pathol Anat 403:59–66

Bartsch G, Rohr HP (1977) Ultrastructural stereology, a new approach to the study of prostatic function. Invest Urol 14:301–306

Bartsch G, Rohr H-P (1979) Die Bedeutung des Stromas bei der Pathomorphogenese der menschlichen Prostatahyperplasie. Akt Urol 10:137–143

Bartsch G, Rohr H-P (1982) Stereology – a new method to assess normal and pathological growth of the prostate. In: Jacobi EH, Hohenfellner R (eds) Prostate cancer. International perspectives in urology, 3. Williams and Wilkins, Baltimore London, pp 433–459

Battaglia S, Barbolini G, Botticelli AR (1978) Prostatakarzinom im Frühstadium (Stadium A). IV Kriterien zur Methodik der pathohistologischen Diagnostik. Verh Dtsch Ges Path 62:377

Battaglia S, Barbolini G, Botticelli AR, Berri G, Nigrisoli E (1981) Histologische Bauart und klinischer Verlauf des prostatischen Mikrokarzinoms. Verh Dtsch Ges Path 65:513

Battaglia S, Nigrisoli E Botticelli AR, Barbolini G (1985) Prostate cambial (stem) zone and microcarcinoma: immunohistochemical and morphometric study approach. Appl Pathol 3:255–261

Baumann MA, Holoye PY, Choi H (1984) Adenocarcinoma of prostate presenting as brain metastasis. Cancer 54:1723–1725

Becker H, Klosterhalfen H, Voigt KD (1973) Neue Ergebnisse über den Stoffwechsel von 3 H-Testosteron und ^{3}H-5a-Di-Hydrotestosteron in Prostata und Prostataadenomen. Urol Internat 28:350–355

Bellin HJ, Bhagavan BS (1973) Coccidioidomycosis of the prostate gland. Report of a case and review of the literature. Arch Pathol 96:114–117

Ben-Erza J, Sheibani K, Kendrick FE, Winberg CD, Rappaport H (1986) Angiotropic large cell lymphoma of the prostate gland: an immunohistochemical study. Human Pathol 17:964–967

Benson RC, Tomera KM, Zincke H, Fleming TR, Utz DC (1984) Bilateral pelvic lymphadenectomy for adenocarcinoma confined to the prostate. J Urol 131:1103–1105

Bernstein RA, Grumet KA, Wetzel N (1983) Metastasis of prostatic carcinoma to intracranial meningeoma. J Neurosurg 58:774–777

Bissada NK (1977) Accuracy of transurethral resection of the prostate versus transrectal biopsy in the diagnosis of prostatic carcinoma. J Urol 118:61–68

Bleichner JC, Chun B, Klappenbach RS (1986) Pure small-cell carcinoma of the prostate with fatal liver metastasis. Arch Pathol Lab Med 110:1041–1044

Böcking A (1980) Grading des Prostatakarzinoms. Habilitationsschrift, Freiburg

Böcking A (1981) Reproduzierbares zytologisches Malignitätsgrading des Prostatakarzinoms. Akt Urol 12:278–282

Böcking A (1983) Zytologische Diagnostik der Prostata. Urologe A 22:134–143

Böcking A (1988) Malignitäts- und Regressionsgrading des konservativ behandelten Prostatakarzinoms durch schnelle DNA-Messungen mit einem neuen TV-Bildanalysesystem samt automatischem Mikroskop. In: Helpap B, Senge Th, Vahlensieck W (Hrsg) Die Prostata 4: Prostataerkrankungen. Pharm und Medical Inform, Frankfurt, S 136–144

Böcking A, Auffermann W (1987) Cytological grading of therapy-induced tumor regression in prostatic carcinoma – proposal of a new system. Diagnostic Cytopathology 3:108–111

Böcking A, Sinagowitz E (1980) Histological grading of prostatic carcinoma. Path Res Pract 168:115–125

Böcking A, Sommerkamp H (1981) Histologisches Malignitätsgrading des Prostatacarcinoms. Prognostische Validität, Reproduzierbarkeit und Repräsentative. Verh Dtsch Ges Urol 32:63–65

Böcking A, Kiehn J, Heinzel-Wache M (1982) Combined histologic grading of prostatic carcinoma. Cancer 50:288–294

Böcking A, Helpap B, Müller H-A, Kastendieck H (1984) Zytologisches Regressionsgrading des Prostatakarzinoms. Verh Dtsch Ges Path 68:399

Böcking A, Auffermann W, Jocham D, Contractor H, Wohltmann D (1985) DNA-grading of malignancy and tumor regression in prostatic carcinoma under hormone therapy. Appl Pathol 3:206–214

Böcking A, Chatelain R, Orthen U, Gien G, Kalckreuth von G, Jocham D (1988) DNA-grading of prostatic carcinoma: prognostic validity and reproducibility. Anticancer Res 8:129–136

Bostwick DG, Brawer MK (1987) Prostatic intra-epithelial neoplasia and early invasion on prostate cancer. Cancer 59:788–794

Bostwick DG, Mann RB (1985) Malignant lymphomas involving the prostate. A study of 13 cases. Cancer 56:2932–2938

Bostwick DG, Kindrachuk RW, Rouse RV (1985) Prostatic adenocarcinoma with endometrioid features. Clinical, pathologic and ultrastructural findings. Amer J Surg Pathol 9:595–609

Brandes G (1966) The fine structure and histochemistry of prostatic glands in relation to sex hormones. Int Res Cytol 20:207–276

Brawer MK, Pechl DM, Stamey TA, Bostwick DG (1985) Keratin immunoreactivity in the benign and neoplastic human prostate. Cancer Res 45:3663–3667

Brawn PN (1982) Adenosis of the prostate: a dysplastic lesion that can be confused with prostatic adenocarcinoma. Cancer 49:826–833

Brawn PN (1983) The dedifferentiation of prostate carcinoma. Cancer 52:246–251

Brawn PN, Ayala AG, von Eschenbach AC, Hussey DH, Johnson DE (1982) Histologic grading study of prostate adenocarcinoma: the development of a new system and comparison with other methods – a preliminary study. Cancer 49:525–532

Bressel M (1987) Spätergebnisse nach radikaler Prostatektomie. Verh Dtsch Ges Urol 38

Byar DP, Mostofi FK (1972) Carcinoma of the prostate: prognostic evaluation of certain pathologic features in 208 radical prostatectomies. Examined by the step section-technique, Cancer 30:5–13

Cachia PG, McIntyre MA, Dewar AE, Stockdill G (1987) Prostatic infiltration in chronic lymphatic leukaemia. J Clin Pathol 40:342–345

Carter HB, Riehle RA, Koizumi JH, Amberson J, Vaughan ED (1986) Fine needle aspiration of the abnormal prostate: a cytohistological correlation. J Urol 135:294–298

Castaldo JE, Bernat JL, Meier FA, Schned AR (1983) Intracranial metastases due to prostatic carcinoma. Cancer 52:1739–1747
Catalona WJ, Scott WW (1978) Carcinoma of the prostate: a review. J Urol 119:1–8
Catalona WJ (1987) Surgical staging of genitourinary tumors. Cancer 60:459–463
Catalona WJ, Stein AJ, Fair WR (1982) Grading errors in prostatic needle biopsies: relation to the accuracy of tumor grade in predicting pelvic lymph node metastases. J Urol 127:919–922
Cho KR, Epstein JI (1987) Metastatic prostatic carcinoma to supradiaphragmatic lymph nodes. A clinicopathologic and immunohistochemical study. Amer J Surg Pathol 11:457–463
Chodak GW, Steinberg GD, Bibbo M, Wied G, Straus FS, Vogelzang NJ, Schoenberg HW (1986) The role of transrectal aspiration biopsy in the diagnosis of prostatic cancer. J Urol 135:299–302
Cleary KR, Choi HY, Ayala AG (1983) Basal cell hyperplasia of the prostate. Amer Clin Pathol 80:850–854
Coffey DS, Isaacs JT (1981) Prostate tumor biology and cell kinetics theory. Urology Suppl 17:40–53
Cox JD, Stoffel TJ (1977) The significance of needle biopsy after irradiation for stage C adenocarcinoma of the prostate. Cancer 40:156–160
Devesa SS, Horm JW, Percy CL, Myers MH, McKay FW, Fraumeni JF Jr (1987) Cancer incidence and mortality. Trends among whites in the Unites States, 1947–1984. J Natl Cancer Institutes 79:701–707
Dhom G (1974) Differentialdiagnostische Probleme des Prostatacarcinoms. Erfahrungen mit dem Prostatacarcinom – Register. Beitr Path 153:203–220
Dhom G (1977) Classification and grading of prostatic carcinoma. In: Grundmann E, Vahlensieck W (eds) Tumors of the male genital-system. Recent results in cancer research. Springer, Berlin Heidelberg New York
Dhom G (1978) Das Prostatakarzinom. Vorsorge, Früherkennung, Diagnose, Therapie. Stellungnahme des wissenschaftlichen Beirates der Bundesärztekammer. Dtsch Ärzteblatt 75:2413–2416
Dhom G (1978) Aktuelle Probleme der Epidemiologie und Pathologie des Prostatacarcinoms. Fischer, Stuttgart New York. Verh Dtsch Krebsges 1:193–203
Dhom G (1978) Die Strategie der Krebsfrüherkennung konsequent fortsetzen. Dtsch Ärzteblatt 75:2553–2561
Dhom G (1979) Frühe neoplastische Veränderungen der Prostata. Verh Dtsch Ges Path 63:218–231
Dhom G (1981) Pathologie des Prostatacarcinoms. Verh Dtsch Ges Urol 32:9–16
Dhom G (1983) Erkrankungen der Prostata. In: Frommhold W, Gerhardt P (Hrsg) Klinisch-radiologisches Seminar, vol 13. Thieme, Stuttgart New York, S 1–9
Dhom G (1984) Immunhistochemische Befunde beim unbehandelten und beim behandelten Prostatakarzinom. In: Helpap B, Senge Th, Vahlensieck W (Hrsg) Die Prostata, 2: Das Prostatakarzinom. Pharm und Medical Inform, Frankfurt, S 320–324
Dhom G (1985) Histopathology of prostate carcinoma. Diagnosis and differential diagnosis. Path Res Pract 179:277–303
Dhom G (1985) Kommentar zu der Arbeit von J. Gorski und J. Schubert: Zum biologischen Verhalten des Prostatakarzinoms. In: Mitteilung: Fermenthistochemische Aktivitätsdarstellungen am Primärtumor. Urologe A 24:59
Dhom G, Degro S (1982) Therapy of prostatic cancer and histopathologic follow-up. Prostate 3:531–542
Dhom G, Hautumm B (1975) Die Morphologie des klinischen Stadiums 0 des Prostatacarcinoms (incidental carcinoma). Urologe A 14:105–111
Dhom G, Hohbach Ch (1982) Pathology and classification of prostate malignancies: experiences of the german prostate cancer registry. In: Jacobi EH, Hohenfellner R (eds) Prostate cancer. International perspectives in urology, vol 3. Williams and Wilkins, Baltimore London, pp 95–113
Dhom G, Mohr G (1977) Urothelcarcinom in der Prostata. Urologe A 16:70–72
Dhom G, Wernert N, Goebbels R, Seitz G (1986) Immunhistochemische Untersuchungen von Bindungstellen für das Erdnußlektin (PNA) in der Prostata. Verh Dtsch Ges Path 70:452
Droese M, Soost H-J, Voeth C (1976) Zytodiagnostik des Prostatakarzinoms nach transrektaler Saugbiopsie. Urologe A 15:13–16

Drost Kh, Müller H-A (1988) Häufigkeit und Formen der Prostatitis in Saug- und Stanzbiopsien sowie deren Beziehung zum Prostata-Karzinom. In: Helpap B, Senge Th, Vahlensieck W (Hrsg) Die Prostata 4: Prostataerkrankungen. Pharm und Medical Inform, Frankfurt, S 13–19

Duncan W (1978) Prostate cancer. In: Allfrey VG, Rentchnick P (eds) Recent results in cancer research. Springer, Berlin Heidelberg New York, p 78

Dworak O, Vahlensieck W (1988) Histologische Differenzierung von Prostatakongestion und Prostatitis. In: Helpap B, Senge Th, Vahlensieck W (Hrsg) Die Prostata 4: Prostataerkrankungen. Pharm und Medical Inform, Frankfurt, S 20–24

Ekfors TO, Aho HJ, Kekomäki M (1985) Malignant rhabdoid tumor of the prostatic region. Virchows Arch Abt A 406:381–388

Elbadawi A (1980) Benign proliferative lesions of the prostate gland. In: Spring-Mills E, Hafez ESE (eds) Male accessory sex glands. Biology and pathology. Elsevier North Holland Biomedical Press, pp 387–408

Elder JS, Gibbons RP, Correa RJ, Brannen GE (1985) Efficacy of radical prostatectomy for stage A 2 carcinoma of the prostate. Cancer 56:2151–2154

Ellis DW, Leffers S, Davies JS, Ng ABP (1984) Multiple immunoperoxidase markers in benign hyperplasia and adenocarcinoma of the prostate. Amer J Clin Pathol 81:279–284

Epstein JI, Eggleston JC (1984) Immunohistochemical localization of prostate-spezific acid phosphatase and prostate-specific antigen in stage A 2 adenocarcinoma of the prostate. Hum Pathol 15:853–859

Epstein JI, Hutchins GM (1984) Granulomatous prostatitis: distinction among allergic, nonspecific and posttransurethral resection lesions. Hum Pathol 15:818–825

Epstein JI, Woodruff JM (1986) Adenocarcinoma of the prostate with endometrioid features. A light microscopic and immunohistochemical study of ten cases. Cancer 57:111–119

Epstein JI, Kuhajda FP, Lieberman PH (1986) Prostate-specific acid phosphatase immunoreactivity in adenocarcinomas of the urinary bladder. Hum Pathol 17:939–942

Epstein NA (1976) Prostatic biopsy. A morphologic correlation of aspiration cytology with needle biopsy histology. Cancer 38:2078–2087

Epstein NA (1976) Prostatic carcinoma. Correlation of histologic features of prognostic value with cytomorphology. Cancer 38: 2071–2077

Epstein NA, Fatti LE (1976) Prostatic carcinoma. Some morphological features affecting prognosis. Cancer 37:2455–2465

Esposti PL (1971) Cytologic malignancy grading of prostatic carcinoma by transrectal aspiration biopsy. A five-year follow-up study of 469 hormone-treated patients. Scand J Urol Nephrol 5:199–209

Esposti PL (1982) Aspiration biopsy and cytological evaluation for primary diagnosis and follow-up. In: Jacobi GH, Hohenfellner R (eds) Prostate cancer. International perspectives in urology. vol 3, pp 71–92. Williams and Wilkins, Baltimore London

Evans N, Barnes RW, Brown AF (1942) Carcinoma of the prostate: correlation between the histologic observations and the clinical course. Arch Path 34:473–483

Faller A (1980) Der Körper des Menschen, 9. Aufl. Thieme, Stuttgart New York

Faul P (1975) Parameter zur Verlaufskontrolle der Therapie des Prostatacarcinoms. In: Senge Th, Neumann F, Richter K-D (Hrsg) Physiologie und Patho-Physiologie der Prostata. Thieme, Stuttgart

Faul P (1975) Prostata-Zytologie. In: Vahlensieck W (Hrsg) Fortschritte der Urologie und Nephrologie, Bd 6. Steinkopff, Darmstadt

Faul P (1983) Diagnostische und prognostische Bedeutung des zytologischen Differenzierungsgrades beim Prostatacarcinom. Urologe A 22:127–133

Faul P, Partecke G (1988) Klinische Bedeutung und Problemstellung des inzidenten Prostata-Karzinoms. In: Helpap B, Senge Th, Vahlensieck W (Hrsg) Die Prostata 4: Prostataerkrankungen. Pharm und Medical Inform, Frankfurt, S 93–112

Faul P, Praetorius M (1973) Die cytologische Diagnose des Prostatacarcinoms und seine verschiedenen Malignitätsgrade. Urologe A 12:259–267

Faul P, Zobel H (1984) Vergleichende morphologische Untersuchungen histologischer und zytologischer Präparate bei identischen Patienten mit Prostatacarcinom. In: Helpap B, Senge Th, Vahlensieck W (Hrsg) Die Prostata, II: Prostatacarcinom. Pharm und Medical Inform, Frankfurt, S 198–203

Faul P, Eisenberger F, Elsässer E (1985) Metastatischer Befall pelviner Lymphknoten in Abhängigkeit vom morphologischen Differenzierungsgrad und klinischen Stadium des Prostatakarzinoms. Urologe A 24:326–329

Faul P, Schmiedt E, Kern R (1978) Die prognostische Bedeutung des zytologischen Differenzierungsgrades beim östrogen-behandelten Prostata-Carcinom. Verlaufskontrolle 496 östrogenbehandelter Prostata-Carcinom-Kranker bis zu einem Zeitpunkt von 5 Jahren. Urologe A 17:377–381

Feiner HD, Avitabile AM (1984) Reparative granulomas of the prostate. Amer J Surg Pathol 8:797–798

Feiner HD, Gonzales R (1986) Carcinoma of the prostate with atypical immunohistological features. Clinical and histologic correlates. Am J Surg Pathol 10:765–770

Fetissof F, Dubois MP, Arbeille-Brassart B, Lanson Y, Boivin F, Jobard P (1983) Endocrine cells in the prostate gland, urothelium and Brenner tumors. Virchows Arch Cell Pathol Abt B 42:53–64

Fetissof F, Bruandet P, Arbeille B, Penot J, Marbeuf Y, Roux le J, Guilloteau D, Beaulieu JL (1986) Calcitonin-secreting carcinomas of the prostate. An immunohistochemical and ultrastructural analysis. Amer J Surg Pathol 10:702–710

Fisher ER, Sieracki JC (1970) Ultrastructure of human normal and neoplastic prostate. Path Ann 5:1–26

Flocks RH (1969) Carcinoma of the prostate. J Urol 101:741–749

Ford T, Butcher DN, Masters JRW, Parkinson MC (1985) Immunocytochemical localisation of prostate specific antigen: specificity and application to clinical practice. Brit J Urol 57:50–55

Fowler JE, Whitmore WF (1981) The incidence and extent of pelvic lymph node metastases in apparently localized prostatic cancer. Cancer 47:2941–2945

Fowler JE, Fisher HAG, Kaiser DL, Whitemore WF (1984) Relationship of pretreatment transurethral resection of the prostate to survival without distant metastases in patients treated with 125 J-implantation for localized prostatic cancer. Cancer 53:1857–1863

Fox M (1963) The natural history and significance of stone formation in the prostate gland. J Urol 89:716–727

Franks LM (1954) Atrophy and hyperplasia in the prostate proper: J Path Bakt 68:617–622

Franks LM (1954) Latent carcinoma of prostate. J Path Bact 68:603–616

Franks LM (1977) Biology and epidemiology of human prostatic disorders. In: Tannenbaum M (ed) Urologic pathology: the prostate. Lea and Febiger, Philadelphia

Franzen S, Gierz D, Zajicek J (1960) Cytological diagnosis of prostatic tumors by transrectal aspiration biopsy. Brit J Urol 32:193–196

Friedmann W, Steffens J, Lobeck H (1984) Immunhistochemische Diagnose des metastasierenden Prostatakarzinoms. Onkol 7:337–341

Friedmann W, Steffens J, Lobeck H, Scholman HJ, Jahn G (1984) Immunhistochemische Charakterisierung von Metastasen des Prostatakarzinoms. Verh Dtsch Ges Path 68:115–117

Frohmüller H, Grups J (1985) Behandlung des inzidentellen Prostatakarzinoms. Helv Chir Acta 52:527–531

Frohmüller H, Grups J, Wirth M (1985) Die transurethrale Stanzresektion der Prostata (cold punch). Ergebnisse und Komplikationen. Urologe A 24:184–188

Gaeta JE (1981) Glandular profiles and cellular patterns in prostatic cancer grading. National prostatic cancer project system. Urology Suppl 17:33–37

Gaeta JF (1983) Histology of prostate cancer: diagnostic and prognostic features. Clin Oncol 2:301–308

Gaeta JF, Asirwatham JE (1983) Prostate cancer grading: the NPCP system. Seminars Urol 1:193–201

Gardner WA (1982) Histologic grading of prostate cancer: a retrospective and prospective overview. Prostate 3:555–561

Gentry JF (1986) Pelvic lymph node metastases in prostatic carcinoma. The value of touch imprint cytology. Am J Surg Pathol 10:718–727

Ghali VS, Garcia RL (1985) Prostatic adenocarcinoma with carcinoidal features producing adrenocorticotropic syndrome: immunohistochemical study and review of the literature. Cancer 54:1043–1048

Ghazizadeh M, Kagawa S, Takigawa H (1983) Specific red cell adherence test in benign and malignant lesions of the prostate. Brit J Urol 55:405–407

Ghazizadeh M, Kagawa S, Izumi K, Maebayashi K, Takigawa H, Saiki T, Kawano A (1984) Immunohistochemical detection of carcinoembryonic antigen in benign hyperplasia and adenocarcinoma of the prostate with monoclonal antibody. J Urol 131:501–503

Gleason DF (1966) Classification of prostatic carcinomas. Cancer Chemother 50:125–130

Gleason DF (1981) Histologic grading and staging of prostatic carcinoma. Amer J Surg Pathol 5:193

Gleason DF (1985) Atypical hyperplasia, benign hyperplasia, and well-differentiated adenocarcinoma of the prostate. Amer J Surg Pathol 9, Suppl 3:53–67

Gleason DF, Mellinger GT, Veterans Administration cooperative urological research group (1974) Prediction of prognosis for prostatic adenocarcinoma by combined histological grading and clinical staging. J Urol 111:58–63

Gleason DF, VACURG (1977) Histologic grading and clinical staging of prostatic carcinoma. In: Tannenbaum M (ed) Urologic pathology: the prostate. Lea and Febiger, Philadelphia, pp 171–198

Goebbels R, Amberger L, Wernert N, Dhom G (1985) Urothelial carcinoma of the prostate. Appl Pathol 3:242–254

Goebbels R, Seitz G, Wernert N, Dhom G (1986) Immunhistochemische Darstellung des Proteinase-Inhibitors alpha 1-Antichymotrypsin in normaler Prostata und im Prostatakarzinom. Verh Dtsch Ges Path 70:451

Golimbu M, Morales P (1979) Stage A 2 prostatic cancer. Urology 13:592

Gore RM, Sparberg M (1982) Metastatic carcinoma of the prostate to the esophagus. Amer J Gastroent 77:358–359

Gorelic LS, Lamm DL, Ramzy I, Radwin H, Shain SA (1987) Androgen receptors in biopsy specimens of prostate adenocarcinoma. Cancer 60:211–219

Gorski J (1985) Erwiderung zum Kommentar von G. Dhom zu der Arbeit von J. Gorski und J. Schubert: Zum biologischen Verhalten des Prostatakarzinoms I. Mitteilung: Fermenthistochemische Aktivitätsdarstellungen am Primärtumor. Urologe A 24:346

Göttinger H, Schmiedt E (1979) Therapie des Prostatakarzinoms. Fortschr Med 42:1881–1886

Grayhack JT, Assimos DG (1983) Prognostic significance of tumor grade and stage in the patient with carcinoma of the prostate. Prostate 4:13–31

Grayhack JT, Keeler TC, Kozlowski JM (1987) Carcinoma of the prostate. Hormonal therapy. Cancer 60:589–601

Greene LF, O'Dea MJ, Dockerty MB (1976) Primary transitional cell carcinoma of the prostate. J Urol 116:761–763

Gros R, Richter S, Bechar L (1984) Prostatic carcinoma with concomitant non-Hodgkin lymphoma. Urol Int 39:121–122

Guinan P, Rubenstein M (1987) Methods of early diagnosis in genitourinary cancer. Cancer 60:668–676

Guzman J, Wittekind C, Böhm N (1984) Mammacarcinom bei Gynäkomastie oder Metastase eines Prostatacarcinoms. Ber Pathol 100:249

Habib FK, Odoma S, Busuttil A, Chisholm GD (1986) Androgen receptors in cancer of the prostate. Correlation with stage and grade of the tumor. Cancer 57:2351–2356

Hafiz MA, Toker C, Sutula M (1984) An atypical fibromyxoid tumor of the prostate. Cancer 54:2500–2504

Hak-Hagir A (1985) Dysurie nach transurethralen Elektroresektionen von Adenomen mit Begleitprostatitis. Urologe A 24:122–123

Hanke P, Götting B., Burk K, Schneider M, Weber W (1987) Prognose und Beurteilung von Prostatakarzinomen. Ein Vergleich der Klassifikation nach Dhom und der kombinierten, histologisch-zytologischen Klassifikation des onkologischen Arbeitskreises Prostatakarzinom. Verh Dtsch Ges Urol 38:216–218

Hanke P, Schneider M, Götting B, Jonas D (1988) Prognose und Beurteilung von Prostatakarzinomen – ein Vergleich der Klassifikation nach Dhom und der kombinierten, histologisch-zytologischen Klassifikation des onkologischen Arbeitskreises Prostatakarzinom. In: Helpap B, Senge Th, Vahlensieck W (Hrsg) Die Prostata 4: Prostataerkrankungen. Pharm und Medical Inform, Frankfurt, S 130–135

Harada M, Mostofi FK, Corle DK, Byar DP, Trump BF (1977) Preliminary studies of histological prognosis in cancer of the prostate. Cancer Treat Rep 61:223–225

Heatfield BM, Sanefuji H, Trump BF (1982) Studies on carcinogenesis of human prostate III long term explant culture of normal prostate and benign prostatic hyperplasia: transmission and scanning electron microscopy. J Nat Cancer Inst 69:757–766

Hedelin H, Johansson S, Nilsson S (1981) Focal prostatic granulomas: a sequel to transurethral reaction. Scand J Urol Nephrol 15:193–196

Heine M, Leßmeister E (1985) Morphologie und Morphogenese des kleinzelligen Prostatakarzinoms. Pathologe 6:323–326

Heising J, Cremer H, Davidts H (1985) Das maligne fibröse Histiozytom der Prostatakapsel. Urologe A 24:118–121

Helpap B (1980) Der kryochirurgische Eingriff und seine Folgen. Morphologische und zellkinetische Analyse. Thieme, Stuttgart New York

Helpap B (1980) The biological significance of atypical hyperplasia of the prostate. Virchows Arch Abt A Path Anat Histol 387:307–317

Helpap B (1980) Zellkinetische in vivo und in vitro Untersuchungen mit ^{3}H- und 14-C-Thymidin an Gewebsbiopsien von Experimental- und Human-Tumoren. Westdeutscher Verlag, Opladen

Helpap B (1981) Cell kinetic and cytological grading of prostatic carcinoma. Virchows Arch Abt A Path Anat 393:205–214

Helpap B (1982) Atypical hyperplasia of the prostate. In: Levy E (ed) Advances in pathology (anatomical and clinical), vol 2. Pergamon Press, Oxford New York Toronto Sydney Paris Frankfurt, pp 335–338

Helpap B (1982) Zur Morphologie des Prostatacarcinoms. Extract Urol 5:491–517

Helpap B (1983) The morphological consequences in thermosurgery. Res Exp Med 183:215–225

Helpap B (1983) Die lokale Gewebsverbrennung. Folgen der Thermochirurgie. Springer, Berlin Heidelberg New York

Helpap B (1983) Morphologie der Prostatahyperplasie. In: Helpap B, Senge Th, Vahlensieck W (Hrsg) Die Prostata 1: Prostatahyperplasie. Pharm und Medical Inform, Frankfurt, S 31–55

Helpap B (1983) Praeneoplasien der Prostata. Extract Urol 6:287–317

Helpap B (1984) Entzündungsformen der Prostata. Extr Urol 7:435–454

Helpap B (1985) Zur Morphologie der Prostatitis. In: Helpap B, Senge Th, Vahlensieck W (Hrsg) Die Prostata, 3: Prostatakongestion und Prostatitis. Pharm und Medical Inform, Frankfurt, S 27–48

Helpap B (1985) Bedeutung von Klassifikation, Grading und Regressions-Grading für Prognose und Therapie des Prostatacarcinoms. Ber Pathol 101:3–13

Helpap B (1985) Treated prostatic carcinoma. Histological, immuno-histochemical and cell kinetic studies. Appl Pathol 3:230–241

Helpap B (1985) Morphologische und zellkinetische Untersuchungen an Prostatakarzinomen. Ein Beitrag zum Grading. Urol Inter 40:36–42

Helpap B, Senge Th, Vahlensieck W (1988) Die Prostata, 4: Prostataerkrankungen. Pharm und Medical Inform, Frankfurt

Helpap B (1988) Die Wertigkeit von Nukleolen bei der morphologischen Diagnostik von Prostataerkrankungen. In: Helpap B, Senge Th, Vahlensieck W (Hrsg) Die Prostata 4: Prostataerkrankungen. Pharm und Medical Inform, Frankfurt, S 113–129

Helpap B (1988) Frequency and localization of nucleoli in nuclei from prostatic carcinoma and atypical hyperplasia. Histopathology 12:203–211

Helpap B, Altenähr E, Böcking A, Dhom G, Faul P, Göttinger H, Hohbach Ch, Kastendieck H, Leistenschneider W, Müller H-A (1983) Empfehlungen zur Technik der Prostatabiopsie für Histologie und Zytologie. In: Faul P, Altwein J (1983) Aktuelle Diagnostik und Therapie des Prostatakarzinoms. Informed, Gräfeling bei München

Helpap B, Otten J (1982) Histologisch-cytologisches Grading von uniformen und pluriformen Prostatacarcinomen. Pathologe 3:216–222

Helpap B, Stiens R (1975) The cell proliferation of epithelial metaplasia in the prostate gland. Virchows Arch B Cell Path 19:69–76

Helpap B, Vogel J (1986) Morphological pattern of TUR-prostatitis. In: Weidner W, Brunner H, Krause W, Rothauge CF (eds) Therapy of prostatitis. Klinische und experimentelle Urologie, 11. Zuckschwerdt, München Bern Wien San Francisco, pp 186–192

Helpap B, Vogel J (1986) TUR-prostatitis. Histological and immunhistochemical observations on a special type of granulomatous prostatitis. Path Res Pract 181:301–307

Helpap B, Wegner G (1980) Das Adenocarcinom der Harnblase mit Schleimbildung (urachales Carcinom). Urologe A 19:100[1]03

Helpap B, Weißbach L (1984) Klassifikation, Zellkinetik und Grading des manifesten Prostatakarzinoms. In: Helpap B, Senge Th, Vahlensieck W (Hrsg) Die Prostata, 2: Prostatakarzinom. Pharm und Medical Inform, Frankfurt, S 102–132

Helpap B, Weissbach L (1984) Retrospektive Untersuchungen über Behandlung und Verlauf des Prostatakarzinoms auf der Basis eines histologisch-zytologischen Gradings. Verh Dtsch Ges Path 68:376

Helpap B, Senge Th, Vahlensieck W (Hrsg) (1985) Prostatakongestion und Prostatitis. In: Die Prostata, 3. Pharm und Medical Inform, Frankfurt

Helpap B, Stiens R, Brühl P (1974) Autoradiographische Untersuchungen an inkubierten Prostatapunktaten mit 3 H- und 14 C-Thymidin nach Doppelmarkierung. Beitr Path Anat 151:65–74

Helpap B, Stiens R, Brühl P (1976) The proliferative pattern of the prostatic carcinoma before and under hormonal treatment. Z Krebsforsch 87:311–320

Helpap B, Böcking A, Dhom G, Kastendieck H, Leistenschneider W, Müller H-A (1985) Klassifikation, histologisches und zytologisches Grading sowie Regressionsgrading des Prostatakarzinoms. Eine Empfehlung des pathologisch-urologischen Arbeitskreises „Prostatakarzinom". Urologe A 24:156–159

Helpap B, Böcking A, Dhom G, Kastendieck H, Leistenschneider W, Müller H-A (1985) Klassifikation, histologisches und zytologisches Grading sowie Regressionsgrading des Prostatakarzinoms. Eine Empfehlung des pathologisch-urologischen Arbeitskreises „Prostatakarzinom". Pathologe 6:3–7

Hermanek P (1986) Neue TNM/pTNM-Klassifikation und Stadieneinteilung urologischer Tumoren ab 1987. Urologe B 26:193–297

Hermanek P, Sobin LH (1987) TNM classification of malignant tumours. UICC. 4th edn. Springer, Berlin Heidelberg New York Tokyo

Hindson DA, Knight LL, Ocker JM (1985) Small cell carcinoma of the prostata: transient complete remission with chemotherapy. Urology 26:182–184

Hofstädter F (1986) Diagnostische Schwerpunkte der Tumormarker: Tumoren des männlichen Urogenitalsystems. Verh Dtsch Ges Path 70:172–183

Hofstetter AG, Eisenberger F (1986) Urologie für die Praxis. Bergmann, München

Hohbach Ch (1979) Die funktionelle Cytomorphologie des Drüsenepithels der Prostata – dargestellt an der Prostata des Hundes. Habilitationsschrift Homburg/Saar

Hohbach Ch (1981) Neuere Aspekte zur Pathogenese und Morphologie der benignen nodulären Hyperplasie der Prostata. Therapiewoche 31:4160–4166

Hohbach Ch (1981) Zur Pathologie des Prostatakarzinoms. Therapiewoche 31:4171–4181

Hohbach Ch (1981) Anatomie und Physiologie der Prostata. Therapiewoche 31:4155–4159

Hohbach Ch, Dhom G (1980) Die granulomatöse Prostatitis – eine klinische und pathoanatomische Differentialdiagnose des Prostatacarcinoms. Verh Dtsch Ges Path 64:344–349

Hokamura K, Kurozumi T, Tanaka K, Yamaguchi A (1985) Carcinosarcoma of the prostate. Acta Pathol Jap 35:481–487

Huben R, Natarajan N, Pontes E, Mettlin C, Smart CR, Murphy GP (1982) Carcinoma of prostate in men less than fifty years old. Urology 20:585–588

Hutchinson GB (1981) Incidence and etiology of prostate cancer. Suppl Urol 17:4–10
Isaacs JT (1984) The aging ACI/Seg versus Copenhagen male rat as a model for the study of prostatic carcinogenesis. Cancer Res 44:5785–5796
Jacobi GH, Hohenfellner R (1982) Prostate cancer: international perspectives in urology, vol 3. Williams and Wilkins, Baltimore London
Jacobi GH (1977) Pathogenetische Untersuchungen zur Prostatahyperplasie an normalen und adenomatösen Drüsen des Menschen und des Hundes: 3-Alpha-Reduktion von Dihydrotestosteron. Endokrinologie 70:158–168
Jacobi GH (1978) Experimentalwissenschaftliche Aspekte zur Pathogenese des Prostataadenoms. Akt Urol 9:73–80
Jacobi GH, Lönne C, Riedmiller H (1982) Iatrogen induzierte Metastasierungstendenz beim Prostatakarzinom? Analyse von 509 transrektalen Serienbiopsien. Akt Urol 13:317–323
Jacobi GH, Moore RJ, Wilson JD (1978) Studies on the mechanism of 3-alpha-androstandiol induced growth of the dog prostate. Endocrinology 102:1748–1755
Jewett HJ (1975) The present status of radical prostatectomy for stage A and B prostatic cancer. Urol Clin North Amer 2:105–124
Jonas U, Tanke HJ, Ploem TS (1984) Automatisierte Bildanalyse von zytologischen Präparaten zur Diagnose und Graduierung des Prostatakarzinoms. In: Helpap B, Senge Th, Vahlensieck W (Hrsg) Die Prostata, 2: Prostatakarzinom. Pharm und Medical Inform, Frankfurt, S 204–211
Jurewicz WA, Brough WA, Whitaker RH (1983) Atypical (endometrial) carcinoma of the prostate. J Roy Soc Med 76:372–378
Karstens JH, Durben G, Ammon J (1979) Prostatakarzinom. Aktuelle Gesichtspunkte der systematisierten radiologischen Diagnostik. Dtsch Med Wschr 104:1750–1753
Kastendieck H (1977) Ultrastruktur-Pathologie der menschlichen Prostatadrüse. Progress in Pathology 106:1–167
Kastendieck H (1980) Morphologie des Prostatacarcinoms in Stanzbiopsien und totalen Prostatektomien. Untersuchungen zur Frage der Relevanz bioptischer Befundaussagen. Pathologe 2:31–43
Kastendieck H (1980) Prostatic carcinoma. Aspects of pathology, prognosis, and therapy. J Cancer Res Clin Oncol 96:131–156
Kastendieck H (1980) Correlations between atypical primary hyperplasia and carcinomas of the prostate. A histological study of 180 total prostatectomies. Path Res Pract 169:366–387
Kastendieck H (1984) Klassifikation, Morphologie und Pathogenese des inzidenten Prostatakarzinoms. In: Helpap B, Senge Th, Vahlensieck W (Hrsg) Die Prostata, 2: Prostatakarzinom. Pharm und Medical Inform, Frankfurt
Kastendieck H (1985) Das Mikrokarzinom der Prostata. Helv Chir 52:503–519
Kastendieck H (1987) Klinisches versus inzidentes Prostatakarzinom: pathomorphologische Aspekte als Therapiegrundlage. In: Nagel R (Hrsg) Konservative Therapie des Prostatakarzinoms. Springer, Berlin Heidelberg New York Tokyo, S 1–19
Kastendieck H, Altenähr E (1975) Morphogenese und Bedeutung von Epithelmetaplasien in der menschlichen Prostata. Eine elektronenmikroskopische Studie. Virchows Arch A Path Anat 365:137–150
Kastendieck H, Bressel M (1980) Vergleichende Analyse der klinischen und morphologischen Klassifikation (Staging) von 165 Prostatacarcinomen nach radikaler Prostatektomie. Urologe A 19:331–339
Kastendieck H, Hüsselmann H (1982) Postoperative pathomorphologische Klassifikation des Prostatacarcinoms. Empfehlungen zur Bearbeitung totaler Prostatektomien und Relevanz der Befunde. Pathologe 3:278–286
Kastendieck H, Bressel M, Henke A, Hüsselmann H (1980) Häufigkeit regionärer Lymphknotenmetastasen beim operablen Prostatakarzinom. Dtsch Med Wschr 105:1348–1354
Kastendieck H, Altenähr E, Burchardt P, Becker H, Franke H-D, Klosterhalfen H (1976) Morphologische und klinische Behandlungsergebnisse nach kombinierter Hormon- und Strahlentherapie des Prostatakarzinoms. Dtsch Med Wschr 101:571–576
Kazzaz BA (1974) Argentaffin and argyrophil cells in the prostate. J Pathol 112:189–193
Kernion de JB (1983) Aspiration biopsy of the prostate: the urologist's viewpoint. Seminar Urol 1:166–171

Kerr JFR, Searle J (1973) Deletion of cells by apoptosis during castration-induced involution of the rat prostate. Virchows Arch B Cell Pathol 13:87–102

Kerr JFR, Searle J (1980) Apoptosis: In: Meyn RE, Withers HR (eds) Its nature and kinetic role in radiation biology in cancer research. Raven, New York, pp 367–384

Kerr JFR, Wyllie AH, Currie AR (1972) Apoptosis, a basic biological phenomenon with wide ranging implication in tissue kinetics. Brit J Cancer 26:239–257

Khalifa NM, Jarman WD (1976) Study of 48 cases of incidental carcinoma of prostate followed 10 years or longer. J Urol 116:392–331

Kirchheim D (1980) Das Prostatacarcinom. Heutiger Stand der Behandlung. Dtsch Ärztebl 77:807–814

Kirchheim D, Györkey F, Brandes D, Scott WW (1964) Histochemistry of the normal, hyperplastic, and neoplastic human prostate gland. Invest Urol 1:403–421

Kitano T, Nakahara M, Yasukawa A, Usui T, Aoki Y, Miyachi Y (1983) Metastatic breast carcinoma of prostatic origin. Urol Int 38:182–184

Klein LA, Stoff JS (1983) Prostaglandins and the prostate: an hypothesis on the etiology of benign prostatic hyperplasia. Prostate 4:247–251

Klein PJ, Vierbuchen M, Schulz KD, Farrar G, Fischer J, Uhlenbruck G, Fischer R (1983) Histochemical tumor markers for evaluation of hormone dependence in breast cancer. Cancer Detect Prevent 6:199–206

Kline T, Kohler P, Kelsey D (1982) Aspiration biopsy cytology (ABC). Its use in diagnosis of lesions of the prostate gland. Arch Labor Med 106:136–139

Klosterhalfen H (1982) Diagnostik und Therapie des Prostatakarzinoms. In: Klosterhalfen H, Altenähr E, Franke H-D (Hrsg) Das Prostatakarzinom. Pathologie – Diagnostik – Therapie. Thieme, Stuttgart New York, S 73–134

Kopolovic J, Rivkind A, Sherman Y (1984) Granulomatous prostatitis with vasculitis. A sequel to transurethral prostatic reaction. Arch Pathol Labor Med 108:732–733

Kopper B, Dhom G, Dietz R, Ziegler M (1984) Die lokale Behandlung des Prostatakarzinoms durch Hochvolttherapie. In: Helpap B, Senge Th, Vahlensieck W (Hrsg) Die Prostata, 2: Prostatakarzinom. Pharm und Medical Inform, Frankfurt, S 271–280

Kopper B, Dhom G, Mast G, Konrad G, Ziegler M (1983) Staging des „incidental carcinoma" der Prostata durch diagnostische transurethrale Nachresektion. Akt Urol 14:277–280

Kopper B, Dhom R, Goebbels R, Wernert N, Amberger L (1986) Das Urothelkarzinom der Prostata. Verh Dtsch Ges Urol 37:247–249

Koss LG, Woyke St, Schreiber K, Kohlberg W, Freed SZ (1984) Thin-needle aspiration biopsy of the prostate. Urol Clin North Amer 11:237–251

Kovi J (1985) Microscopic differential diagnosis of small acinar adenocarcinoma of prostate. Pathol A 20:157–196

Kovi J, Jackson MA, Heshmat MY (1985) Ductal spread in prostatic carcinoma. Cancer 56:1566–1573

Kovi J, Mostofi FK, Heshmat MY, Enterline JP (1988) Large acinar atypical hyperplasia and carcinoma of the prostate. Cancer 61:555–561

Kramer StA, Farnham R, Glenn JF, Paulson DF (1981) Comparative morphology of primary and secondary deposits of prostatic adenocarcinoma. Cancer 48:271–273

Krieg M, Tunn S (1988) Altersabhängige Veränderungen der 5α-Reduktase in der menschlichen Prostata. In: Helpap B, Senge Th, Vahlensieck W (Hrsg) Die Prostata 4: Prostataerkrankungen. Pharm und Medical Inform, Frankfurt, S 46–50

Kuban DA, El-Mahdi AM, Schellhammer PF, Babb Th (1985) The effect of transurethral prostatic resection of the incidence of osseous prostatic metastasis. Cancer 56:961–964

Kuhajda FP, Mann RB (1984) Adenoid cystic carcinoma of the prostate. A case report with immunoperoxidase staining for prostate-specific acid phosphatase and prostate-specific antigen. Amer J Clin Pathol 81:257–260

Kuhajda FP, Gipson Th, Mendelsohn G (1984) Papillary adenocarcinomas of the prostate. An immunohistochemical study. Cancer 54:1328–1332

Lämmel A, Krieg M, Klosterhalfen H, Bressel M, Voigt KD (1986) Bestimmung von Steroidrezeptoren im Prostatakarzinom: Möglichkeiten und Grenzen. Urologe A 25:59–62

Lahtonen R, Bolton NJ, Kontturi M, Vihko R (1983) Nuclear androgen receptors in the epithelium and stroma of human benign prostatic hypertrophic glands. Prostate 4:129–139

Lampante L, Lüchtrath H, Sparwasser H (1985) Das sogenannte papilläre Prostatagangkarzinom. Akt Urol 16:187–192

Langhammer H, Steuer G, Gradinger R, Sintermann R, Pabst HW (1980) Die Skelettmetastasierung des Prostatakarzinoms unter Berücksichtigung des histologischen Typs und des lokalen Tumorstadiums. Schweiz Med Wschr 110:11–15

Lee G, Shepherd N (1983) Necrotising granulomata in prostatic resection specimens – a sequel to previous operation. J Clin Pathol 36:1067–1070

Leistenschneider W (1981) Prostatacarcinom, Zytologie. Verh Dtsch Ges Urol 32:17–26

Leistenschneider W (1982) Zytodiagnostik. In: Hohenfellner R, Zingg EJ (Hrsg) Urologie in Klinik und Praxis, Bd I. Thieme, Stuttgart New York

Leistenschneider W, Nagel R (1979) The cytologic differentiation of prostatitis. Path Res Pract 165:429–444

Leistenschneider W, Nagel R (1980) Zytologisches Regressions-Grading und seine prognostische Bedeutung beim konservativ behandelten Prostatakarzinom. Aktuelle Urol 11:263–275

Leistenschneider W, Nagel R (1982) Zytologische Primärdiagnostik und Therapiekontrolle beim Prostatacarcinom. Extr Urol 5:581–597

Leistenschneider W, Nagel R (1983) Zytologische Therapiekontrolle des konservativ behandelten Prostatakarzinoms. Klassifikation und klinische Bedeutung. Urologe A 22:144–150

Leistenschneider W, Nagel R (1983) Einzelzellzytophotometrische Zellkern-DNS-Analysen beim behandelten, entdifferenzierten Prostatakarzinom und ihre klinische Bedeutung. Urologe A 22:157–161

Leistenschneider W, Nagel R (1984) Praxis der Prostatazytologie. Springer, Berlin Heidelberg New York Tokyo

Lenk S, Guddat H-M, Rothkopf M, Brien G (1987) Die tuberkulöse Prostatitis im Rahmen der Urogenitaltuberkulose. Pathogenetische und diagnostische Aspekte. Z Urol Nephrol 80:9–15

Lewi HJE, White A, Cassidy M, Mc Callum HM, Spilg WGS, Scott R, Hutchinson AG (1984) Lymphocytic infiltration of the prostate. Brit J Urol 56:301–303

Lindenberg K (1978) Prostatakarzinom – Diagnostik und Therapie heute. Therapeutische Umschau 35:830–840

Linehan WM, Kish ML, Chen SL, Andriole GL, Santora AC (1986) Human prostate carcinoma causes hypercalcemia in athymic nude mice and produces a factor with parathyroid hormone-like bioactivity. J Urol 135:616–620

Link K, Kracht J (1981) Malakoplakie der Urethra. Eine außergewöhnliche Lokalisation. Pathologe 2:106–110

Ljung B-M, Cherrie R, Kaufman JJ (1986) Fine needle aspiration biopsy of the prostate gland: a study of 103 cases with histological follow-up. J Urol 135:955–958

Lowsley OS (1912) The development of the human prostate gland. Am J Anat 13:299–349

Lupp W, Lampante L, Sparwasser HH (1985) Die lokale Wirksamkeit von Streptokinase – Streptodornase in der Nachbehandlung von transurethralen Elektroresektionen der Prostata. Urologe B 25:21–23

Lyngdorf P, Nielsen K (1987) Prostatic cancer with metastasis to the testis. Urol Int 42:77–78

Magasi P, Ruszinko B (1976) Autoradiographische Untersuchung bei Erkrankungen der Prostata. Zschr Urol 69:257–260

Mahadevia PS, Koss LG, Tar IR (1986) Prostatic involvement in bladder cancer. Prostate mapping in 20 cystoprostatectomy specimens. Cancer 58:2096–2102

Mandell GH (1986) Prostatic tissue sampling. Human Pathol 17:1078

Mao P, Nakao K, Bora R, Geller J (1965) Human benign prostatic hyperplasia. Arch Path 79:270–283

McGowan DG, Bain GO, Hanson J (1983) Evaluation of histological grading (Gleason) in carcinoma of the prostate: adverse influence of highest grade. Prostate 4:111–118

Mc Neal JE (1965) Morphogenesis of prostatic carcinoma. Cancer 18:1659–1666

Mc Neal JE (1968) Regional morphology and pathology of the prostate. Am J Clin Pathol 49:347–357

Mc Neal JE (1969) Origin and development of carcinoma in the prostate. Cancer 23:24–34

Mc Neal J (1975) Structure and pathology of the prostate. In: Goland M (ed) Normal and abnormal growth of the prostate. C. Thomas, Springfield/Illinois Charles, pp 55–65
Mc Neal JE (1983) The prostate gland. Morphology and pathobiology. In: Monographs in urology, vol 4, no 1. Custom Publishing Services. Inc Princeton, New Jersey
McNeal JE (1988) Normal histology of the prostate. Amer J Surg Pathol 12:619–633
Mc Neal JE, Bostwick DG (1986) Intraductal dysplasia. A premalignant lesion of the prostate. Human Pathol 17:64–71
Mc Neal JE, Reese JH, Redwine EA, Freiha FS, Stamey TA (1986) Cribriform adenocarcinoma of the prostate. Cancer 58:1714–1719
Melicow MM, Pachter MR (1967) Endometrial carcinoma of prostatic utricle (uterus masculinus). Cancer 20:1715–1722
Melicow MM, Tannenbaum M (1971) Endometrial carcinoma of prostatic utricle (uterus masculinus). Report of 6 cases. J Urol 106:892–902
Melicow MM, Uson AC (1976) A spectrum of malignant epithelial tumors of the prostate gland. J Urol 115:696–700
Mellinger GT, Gleason DF, Bailar J III (1967) The histology and prognosis of prostatic cancer. J Urol 97:331–337
Merkel KHH, Kopper B, Obe M, Dhom G (1984) Malignitätsgrad des Prostatacarcinoms und lymphogene Metastasierung. Verh Dtsch Ges Path 68:111–114
Mies C, Balogh K, Stadecker M (1984) Palisading prostate granulomas following surgery. Amer J Surg Pathol 8:217–221
Mihatsch MJ, Ohnacker H, Oberholzer M, Spichtin HP, Eichenberger T, Perret E, Tohorst J (1983) Wie zuverlässig ist die Karzinomdiagnose in der Nadelbiopsie aus der Prostata? Urologe A 22:202–207
Mihatsch MJ, Oberholzer M, Eichenberger T, Geschwind R, Rutishauser G (1986) Ergeben Kernformveränderungen beim Prostatakarzinom prognostische Zusatzinformationen? Verh Dtsch Ges Path 70:419
Mihatsch MJ, Rist M, Ohnacker H, Oberholzer M, Spichtin HP, Schmassmann A, Perret A, Tohorst J, Rutishauser G (1983) Das Prostatakarzinom. Die Zuverlässigkeit des klinischen Staging und die prognostische Bedeutung von Alter, klinischem Stadium und Tumormorphologie. Z Urol Nephrol 76:281–297
Mills StE, Fowler JE (1986) Gleason histologic grading of prostatic carcinoma. Correlations between biopsy and prostatectomy specimens. Cancer 57:346–349
Montasser AY, Ong MG, Mehta VT (1979) Carcinoid tumor of the prostate associated with adenocarcinoma. Cancer 44:307–310
Moore GH, Lawske B, Murphy J (1986) Diagnosis of adenocarcinoma in transurethral resectates of the prostate gland. Amer J Surg Pathol 10:165–169
Moore RA (1935) The morphology of small prostatic carcinoma. J Urol 33:224–234
Moore RA (1943) Benign hypertrophy of the prostate. The morphological study. J Urol 50:680–710
Moskovitz B, Kerner H, Levin DR (1987) Testicular metastasis from carcinoma of the prostate. Urol Int 42:79–80
Mostofi FK (1975) Grading of prostatic carcinoma. Cancer Chemother Rep 59:111–117
Mostofi FK (1976) Problems of grading carcinoma of prostate. Semin Oncol 3:161–169
Mostofi FK (1986) Prostate sampling. Amer J Surg Pathol 10:175
Mostofi FK, Price EB (1973) Tumors of the male genital system. Atlas of tumor pathology. Sec Ser Fasc 8 Washington AFIP
Mostofi FK, Sesterhenn J, Sobin LH (1980) Histological typing of prostate tumours. International histological classification of tumours. No 22. World Health Organisation, Geneva
Moyana TN (1987) Adenosquamous carcinoma of the prostate. Amer J Surg Pathol 11:403–407
Müller H-A (1973) Das Erscheinungsbild des Prostatacarcinoms in succedanen Saug- und Stanzbiopsien. Verh Dtsch Ges Path 57:329–333
Müller H-A (1984) Zytologische Aspekte bei der Beurteilung von Prostatakarzinomen. In: Helpap B, Senge Th, Vahlensieck W (Hrsg) Die Prostata, II: Prostatacarcinom. Pharm und Medical Inform, Frankfurt am Main, S 185–192
Müller H-A, Ackermann R, Frohmüller HGW (1980) The value of perineal punch biopsy in estimating the histological grade of carcinoma of the prostate. Prostate 1:303–309

Müller H-A, Altenähr E, Böcking A, Dhom G, Faul P, Göttinger H, Helpap B, Hohbach Ch, Kastendieck H, Leistenschneider G (1980) Über Klassifikation und Grading des Prostatacarcinoms. Verh Dtsch Ges Path 64:609–611

Mukamel E, Kernion de JB, Hannah J, Smith RB, Skinner DG, Goodwin WE (1987) The incidence and significance of seminal vesicle invasion in patients with adenocarcinoma of the prostate. Cancer 59:1535–1538

Murphy GP, Whitmore WF (1979) A report of the workshops on the current status of the histologic grading of prostate cancer. Cancer 44:1480–1494

Murphy GP (1976) Diagnosis of prostatic cancer. Cancer 37:589–596

Murphy WM, Dean PJ, Brasfield JA, Tatum L (1986) Incidental carcinoma of the prostate. How much sampling is adequate. Amer J Surg Pathol 10:170–174

Myers RP, Neves RJ, Farrow GM, Utz DC (1982) Nucleolar grading of prostatic adenocarcinoma: light microscopic correlation with disease progression. Prostate 3:423–432

Nadji M, Tabei SZ, Castro A, Chu TM, Murphy GP, Wang MC, Morales AR (1981) Prostatic-specific antigen: an immunohistologic marker for prostatic neoplasms. Cancer 48:1229–1232

Nagakura K, Hayakawa M, Mukai K, Aikawa A, Nakamura H (1986) Mucinous adenocarcinoma of prostate: a case report and review of the literature. J Urol 135:1025–1028

Nagel R (1975) Der heutige Stand der Diagnostik und Therapie des Prostatakarzinoms. Schweiz Rundschau Med (Praxis) 64:1529–1536

Newman AJ, Graham MA, Carlton CE, Lieman S (1982) Incidental carcinoma of the prostate at the time of transurethral resection: importance of evaluating every chip. J Urol 128:948–950

Nienhaus H (1977) Aspiration biopsy, cytology of prostate carcinoma. In: Grundmann E, Vahlensieck W (eds) Tumors of the male genital system. Rec Res Cancer Res 60:53–60

Nordenskjöld B, Zetterberg A, Löwhagen T (1974) Measurement of DNA synthesis by 3H-thymidine incorporation into needle aspirates from human tumors. Acta Cytol 18:215–221

Odom DG, Donatucci CF, Deshon GE (1986) Mucinous adenocarcinoma of the prostate. Human Pathol 17:863–865

Olsson CA (1983) Aspiration biopsy of the prostate: editorial comment. Seminar Urol 1:176

Owen WL (1976) Cancer of the prostate: a literature review. J Chron Dis 29:89–114

Oyasu R, Bahnson RR, Nowels K, Garnett JE (1986) Cytological atypia in the prostate gland: frequency, distribution and possible relevance to carcinoma. J Urol 135:959–962

Papanicolaou GN (1954) Atlas of exfoliative cytology. Harvard Univ, Cambridge/Mass

Parfitt HE, Smith JA, Gliedman JB, Middleton RG (1983) Accuracy of staging in A1 carcinoma of the prostate. Cancer 51:2346–2350

Paz GF, Fainman N, Homonnai ZT, Kraicer PF (1980) The effect of massage treatment of prostatic congestion on the prostatic size and secretion of citric acid. Andrologia 12:30–33

Petersen RO (1986) Urologic pathology. JB Lippincott Company, Philadelphia London Mexico City New York St Louis Sao Paulo Sydney

Pilepich MV, Krall JM, Sause WT, Johnson RJ, Russ HH, Hanks GE, Perez CA, Zinninger M, Martz KL (1987) Prognostic factors in carcinoma of the prostate. Analysis of RTOG study 75-06. Int J Radiation Oncology Biol Phys 13:339–349

Piscioli F, Scappini P, Luciani L (1985) Aspiration cytology in the staging of urologic cancer. Cancer 56:1173–1180

Proia AD, McCarty KS, Woodard BH (1981) Prostatic mucinous adenocarcinoma. A cowper gland carcinoma mimicker. Am J Surg Pathol 5:701–706

Rabes H, Faul P (1973) Bestimmung der Proliferationsaktivität von menschlichen Prostatapunktaten durch Thymidin-^{3}H-Autoradiographie. Verh Dtsch Ges Path 57:318–322

Remmele W, Weber A, Harding P (1988) Primary signet-ring cell carcinoma of the prostate. Hum Pathol 19:478–480

Rismyhr B, Eide TJ, Stalsberg H (1980) The diagnosis of carcinoma in transurethral resectates of the prostate. A study of the probability of overlooking malignant tissue when only part of the material is embedded for histological examination. Acta Pathol Microbiol Scand Sect A 88:211–215

Ro JY, Tetu B, Ayala AG, Ordonez NG (1987) Small cell carcinoma of the prostate. II Immunohistochemical and electron microscopic studies of 18 cases. Cancer 59:977–982

Ro JY, El-Naggar A, Ayala AG, Mody DR, Ordonez NG (1988) Signet-ring cell carcinoma of the prostate. Electron-microscopic and immunohistochemical studies of eight cases. Am J Surg Pathol 12:453–460

Rohr LR (1987) Incidental adenocarcinoma in transurethral resections of the prostate: partial versus complete microscopic examination. Amer J Surg Pathol 11:53–58

Rothauge CF, Kraushaar J, Gutschank S (1983) Die spezifische Immuntherapie des Prostatakarzinoms. Urol Int 38:84–90

Saito R, Davis BK, Ollapally EP (1984) Adenosquamous carcinoma of the prostate. Hum Pathol 15:87–89

Sanefuji H, Heatfield BM, Trump BF (1982) Studies on carcinogenesis of human prostate. II long term explant culture of normal prostate and benign prostate hyperplasia: light microscopy. J Nat Cancer Inst 69:751–756

Sant Agnese PA di, Mesy Jensen Kl de, Churukian CJ, Agarwal MM (1985) Human prostatic endocrine-paracrine (APUD) cells. Arch Pathol Labor Med 109:607–612

Sant Agnese PA di, Mesy Jensen KL de (1987) Neuroendocrine differentiation in prostatic carcinoma. Human Pathol 18:849–856

Sause WT, Richards RS, Plenk HPO (1986) Prostatic carcinoma: 5-year follow-up of patients with surgically staged disease undergoing extended field radiation. J Urol 135:517–519

Scardino PT, Frankel JM, Wheeler TM, Meacham RB, Hoffman GS, Seale C, Wilbanks JH, Easley J, Carlton CE (1986) The prognostic significance of post-irradiation biopsy results in patients with prostatic cancer. J Urol 135:510–516

Schmassmann A, Mihatsch MJ (1983) Das Prostatakarzinom. Die Häufigkeit und Bedeutung des Stadium I – präklinisches Karzinom. Urologe A 22:388–392

Schmidt JD (1965) Non-specific granulomatous prostatitis: classification, review and report of cases. J Urol 94:607–615

Schmitt K (1973) Zur Morphologie der histiozytären granulomatösen Prostatitis. Verh Dtsch Ges Path 57:464

Schned AR (1984) Prostatic granulomas. Amer J Surg Pathol 8:797

Schnorr D, Guddat H-M, Neuser D, Correns HJ, Dörner G, Mau S (1979) Diagnostik und Therapie des Prostatakarzinoms. Zbl Chir 104:436–445

Schröder FH (1983) Der lokoregionäre Tumor – Kritische Wertung und therapeutische Konsequenz. In: Faul P, Altwein J (Hrsg) Aktuelle Diagnostik und Therapie des Prostata-Karzinoms. Erasmus Druck, Informed Mainz, S 142–147

Schröder FH, Belt E (1975) Carcinoma of the prostate: a study of 213 patients with stage C tumors treated by total perineal prostatectomy. J Urol 114:275–260

Schröder FH, Mostofi FK, Belt F (1978) Malignitätsgrad und Prognose des Prostata-Carcinoms. Verh Dtsch Krebsges 1:255–256

Schroeder FH, Blom JHM, Hop WCJ, Mostofi FK (1985) Grading of prostatic cancer (II) The prognostic significance of the presence of multiple architectural patterns. Prostate 6:403–415

Schroeder FH, Blom JHM, Hop WCJ, Mostofi FK (1985) Grading of prostatic cancer (I) An analysis of the prognostic significance of single characteristics. Prostate 6:81–100

Schroeder FH, Hop WCJ, Blom JHM, Mostofi FK (1985) Grading of prostatic cancer (III) Multivariante analysis of prognostic parameters. Prostate 7:13–20

Schron DS, Gipson T, Mendelsohn G (1984) The histogenesis of small cell carcinoma of the prostate. Cancer 53:2478–2480

Schubert GE, Ziegler H, Völter D (1973) Vergleichende histologische und zytologische Untersuchungen der Prostata unter besonderer Berücksichtigung oestrogen-induzierter Veränderungen. Verh Dtsch Ges Path 57:315–318

Schubert J, Gorski J (1983) Zum biologischen Verhalten des Prostatakarzinoms. II Mitteilung: Klinisch-operative Studien zur lymphogenen Metastasierung des Prostatakarzinoms. Urologe A 22:356–359

Schujman E, Mukamel E, Slutzker D (1983) Prostatic transitional cell carcinoma: concept of its pathogenesis and classification. Isr J Med Sci 19:794–800

Schulze H, Barrack ER (1988) Immunzytochemische Darstellung von Östrogen-Rezeptoren in der normalen und benigne hyperplasierten Hundeprostata. In: Helpap B, Senge Th, Vahlensieck W (Hrsg) Die Prostata 4: Prostataerkrankungen. Pharm und Medical Inform, Frankfurt, S 70–77

Schulze H, Isaacs JT (1986) Biology and therapy of prostatic cancer. Cancer Surveys 5:487–503

Schulze H, Isaacs JT, Senge T (1988) Neuere Aspekte zur Pathogenese und Therapie des Prostatakarzinoms. Urologe A 27

Schütze U (1984) Das latente Prostatakarzinom. Eine autoptische Untersuchung bei Männern über 50 Jahren. Zbl Allg Pathol Pathol Anat 129:357–364

Schütze U (1984) Korrelationen zwischen dysplastischen Läsionen und latenten Karzinomen der Prostata. Eine Analyse an 100 Autopsien. Z Urol Nephrol 77:529–535

Schweikert H, Neumann F, Tunn UW (1988) Endokrinologische Aspekte der benignen Prostatahyperplasie. In: Helpap B, Senge Th, Vahlensieck W (Hrsg) Die Prostata 4: Prostataerkrankungen. Pharm und Medical Inform, Frankfurt, S 51–59

Scott R, Mutchnik DL, Laskowski TZ, Schmalhorst WR (1969) Carcinoma of the prostate in elderly men: incidence, growth characteristics, and clinical significance. J Urol 101:602–607

Seitz G, Wernert N, Dhom G (1986) Immunhistochemischer Östrogenrezeptornachweis an der Prostata und dem Prostatakarzinom. Verh Dtsch Ges Path 70:579

Seitz G, Wernert N (1987) Immunohistochemical estrogen receptor demonstration in the prostate and prostate cancer. Pathol Res Pract 182:792–796

Seitz G, Kolles H, Niemeyer A-H, Wernert N, Dhom G (1988) Zur Epidemiologie des Prostatacarcinoms im Saarland. Verh Dtsch Ges Urol 39

Senge Th (1983) Hormonstoffwechsel und Rezeptoren in der Prostata. In: Helpap B, Senge Th, Vahlensieck W (Hrsg) Die Prostata, 1: Prostatahyperplasie. Pharm und Medical Inform, Frankfurt, S 87–95

Senius KEO, Pietilä J, Arvola I, Tuohimaa P (1974) A simple method for the clinical determination of the mitotic activity of the human prostate in vitro. J Clin Pathol 27:880–882

Seppelt U (1983) Das Prostatakarzinom. DNS-Zytophotometrie und Hormone. Zuckschwerdt, München Bern Wien

Seppelt U (1984) DNS-Zytophotometrie beim Prostatakarzinom. In: Helpap B, Senge Th, Vahlensieck W (Hrsg) Die Prostata, 2: Prostatakarzinom. Pharm und Medical Inform, Frankfurt, S 331–338

Seppelt U, Sprenger E, Hedderich J (1985) Untersuchungen zur Frage einer DNS-orientierten automatisierten Malignitätsdiagnostik und des Malignitäts-Grading beim Prostatakarzinom. Urol Int 40:76–81

Söderström K-O (1987) Lectin binding to prostatic adenocarcinoma. Cancer 60:1823–1831

Søndergaard G, Vetner M, Christensen PO (1987) Prostatic calculi. Acta Pathol Microbiol Scand Sect A 95:141–146

Sorensen FB, Marcussen N (1987) Iatrogenic granulomas of the prostate and the urinary bladder. Pathol Res Pract 182:822–830

Spieler P, Gloor F, Egle N, Bandhauer K (1976) Cytological findings in transrectal aspiration biopsy on hormone- and radio-treated carcinoma of the prostate. Virchows Arch Abt A Path Anat Histol 372:149–159

Staehler W, Ziegler H, Völter D, Schubert GE (1975) Zytodiagnostik der Prostata. Grundriß und Atlas. Schattauer, Stuttgart New York

Stamey TA (1982) Cancer of the prostata. An analysis of some important contributions and dilemmas. Monographs in Urology 3:67–93

Starling JJ, Sieg SM, Beckett ML (1982) Monoclonal antibodies to human prostate and bladder-tumor-associated antigens. Cancer Res 42:3084–3089

Steffens J, Leistenschneider W (1983) Utrikuluskarzinom der Prostata. Akt Urol 14:183–186

Steffens J, Friedmann W, Lobeck H, Jahn G (1984) Immunzytochemische Marker von Prostata- und Urothelkarzinomen. Verh Dtsch Ges Path 68:377

Stein BS, Petersen RO, Vangore S, Kendall AR (1982) Immunoperoxidase localization of prostate-specific antigen. Amer J Surg Pathol 6:553–557

Stiens R, Helpap B (1978) Histologische Untersuchungen zum Zellverlust in der Rattenprostata nach Kastration. Verh Dtsch Ges Path 62:492

Stiens R, Helpap B (1981) Die Regression der Rattenprostata nach Kastration. Histologisch, morphometrische und zellkinetische Untersuchungen unter Berücksichtigung der Apoptose. Path Res Pract 172:73–87

Stiens R, Helpap B (1981) Experimentelle Untersuchungen zum Zellverlust und zur Zellneubildung der Rattenprostata nach Kastration und Androgenzufuhr. Urol Int 36:88–99

Stiens R, Helpap B, Brühl P (1975) The proliferation of prostatic epithelium in chronic prostatitis. Urol Res 3:21–24

Stiens R, Helpap B, Weißbach L (1982) Heterophagocytotic (apoptotic) cell deletion in prostatic cancer before and after antiandrogenic therapy. Verh Dtsch Krebsges 3:635

Stiens R, Helpap B, Weißbach L (1981) Quantitative Untersuchungen zum Zellverlust in Prostatacarcinomen. Klinisch-morphologische Aspekte. Verh Dtsch Ges Urol 32:73–74

Studer U, Kraft R, Wiedmer-Bridel J (1982) Die Feinnadelpunktion des Prostatakarzinoms. Schweiz Med Wschr 112:810–816

Sugiura H, Tsugaya M (1981) Histochemical observations of cholesterol on benign prostatic hyperplasia and prostatic carcinoma. Acta Histochem Cytochem 14:1–6

Sutor DJ, Wooley SE (1974) The cristalline composition of prostatic calculi. Brit J Urol 46:533–535

Svanholm H, Mygind H (1985) Prostatic carcinoma reproducibility of histologic grading. Acta Pathol Microbiol Scand Sect A 93:67–71

Taenzer V, Weber P, Rost A, Kelami A (1974) Lymphographische Befunde beim Prostatakarzinom. Fortschr Röntgenstr 121:230–236

Tanke HJ, Jonas U, Ploem TS (1984) Analytische Zytologie: Die quantitative Analyse von Zellen-Anwendung zum Studium des Prostatakarzinoms. In: Helpap B, Senge Th, Vahlensieck W (Hrsg) Die Prostata, 2: Prostatakarzinom. Pharm und Medical Inform, Frankfurt, S 212–219

Tannenbaum M (1977) Histopathology of the prostate gland. In: Tannenbaum M (ed) Urologic pathology: the prostate. Lea and Febiger, Philadelphia

Tannenbaum m (1983) Aspiration biopsy of the prostate: the pathologist's viewpoint. Seminar Urol 1:172–175

Tannenbaum M (1983) Prostate cancer grading: light and electron microscopy. Seminars Urol:186–192

Tannenbaum M, Droller MJ (1987) Primary atypical epithelial hyperplasia of prostate gland: a premalignant lesion. World J Urol 5:92–95

Taylor HG, Blom J (1983) Transitional cell carcinoma of the prostate. Response to treatment with adriamycin and cis-platinum. Cancer 51:1800–1802

Tchertkoff V (1987) Prostatic tissue sampling. Human Pathol 18:761

Tetu B, Ro JY, Ayala AG, Johnson DE, Logothetis ChJ, Ordonez NG (1987) Small cell carcinoma of the prostate Part I. A clinico-pathologic study of 20 cases. Cancer 59:1803–1809

Toggenburg H, Bandhauer K, Spieler P (1984) Wert der Zytodiagnostik für die Verlaufskontrolle des Prostata-Karzinoms. In: Helpap B, Senge Th, Vahlensieck W (Hrsg) Die Prostata, 2: Prostatakarzinom. Pharm und Medical Inform, Frankfurt am Main, S 325–330

Toggenburg H, Nemeth T (1983) Ist die konventionelle heterosexuelle Therapie beim metastasierenden Prostatakarzinom noch berechtigt? Helv Chir Acta 40:277–282

Towfigi JS, Sadeghee S, Wheeler JE, Enterline HT (1972) Granulomatous prostatitis with emphasis on the eosinophilic variety. Amer J Clin Pathol 58:630–641

Tulinius H (1977) Epidemiology of prostate carcinoma. In: Grundmann E, Vahlensieck W (eds) Tumors of the male genitale system. Rec Res Cancer Res 60:3–13

Tunn UW, Schweikert HU (1983) Endokrinologische Aspekte der Pathogenese der benignen Prostatahyperplasie. In: Helpap B, Senge Th, Vahlensieck W (Hrsg) Die Prostata, 1: Prostatahyperplasie. Pharm und Medical Inform, Frankfurt, S 67–86

Vahlensieck W (1985) Die Prostatakongestion. In: Helpap B, Senge Th, Vahlensieck W (Hrsg) Die Prostata, 3: Prostatakongestion und Prostatitis. Pharm und Medical Inform, Frankfurt, S 1–9

Venable DD, Hastings D, Misra RP (1983) Unusual metastatic patterns of prostate adenocarcinoma. J Urol 130:980–985

Vernon SE, Williams WD (1983) Pre-treatment and post-treatment evaluation of prostatic adenocarcinoma for prostatic specific acid phosphatase and prostatic specific antigen by immunohistochemistry. J Urol 130:95–98

Vogel H, Helpap B (1986) Vergleichende histologisch-zytologische, autoradiographische und immunhistochemische Untersuchungen an Prostatakarzinomen. Verh Dtsch Ges Path 70:332–338

Vogel J, Helpap B (1988) Die Zellkinetik und Immunhistochemie des Prostatakarzinoms. In: Helpap B, Senge Th, Vahlensieck W (Hrsg) Die Prostata 4: Prostataerkrankungen. Pharm und Medical Inform, Frankfurt, S 173–192

Vogel J, Helpap B, Jaeger N (1987) Vergleichende immunhistochemische und autoradiographische Untersuchungen an Prostatakarzinomen. Verh Dtsch Ges Urol 38:213–215

Vollmer RT (1986) Prostate cancer and chip specimens. Complete versus partial sampling. Human Pathol 17:285–290

Vuitch MF, Mendelsohn G (1981) Relationship of ectopic ACTH production of tumor differentiation: a morphologic and immunohistochemical study of prostatic carcinoma with Cushing's syndrome. Cancer 47:296–299

Wacker U, Müller HA (1986) Immunhistochemischer Nachweis von Prostata-spezifischer saurer Phosphatase (PSAP), Prostataspezifischem Antigen (PSA) und epithelialem Membran-Antigen (EMA) mit monoklonalen Antikörpern an Stanz-Biopsien aus der Prostata. Verh Dtsch Ges Path 70:325–328

Walker PD, Karnik S, Kernion JB de, Pramberg JC (1984) Cell surface blood group antigens in prostatic carcinoma. Amer J Clin Pathol 81:503–506

Walsh PC (1986) Fine needle aspiration of the prostate – why has it taken so long to accept? J Urol 135:334–335

Walsh PC, Jewett HJ (1980) Radical surgery for prostatic cancer. Cancer 45:1906–1909

Walsh PC, Lepor H (1987) The role of radical prostatectomy in the management of prostatic cancer. Cancer 60:526–537

Wasserstein PW, Goldman RL (1979) Primary carcinoid of prostate. Urology 13:318–320

Weidner W, Brunner H, Krause W, Rothauge CF (1986) Therapy of prostatitis. In: Klinische und experimentelle Urologie, Bd 11. Zuckschwerdt, München Bern Wien San Francisco

Weidner W (1988) Neue Aspekte in der Therapie der infektiösen Prostatitis mit Gyrasehemmern. In: Helpap B, Senge Th, Vahlensieck W (Hrsg) Die Prostata 4: Prostataerkrankungen. Pharm und Medical Inform, Frankfurt, S 1–12

Wernert N, Dhom G (1984) Morphologie und Differentialdiagnose der cribriformen Prostatahyperplasie. Pathologe 5:27–32

Wernert N, Dhom G (1988) Immunhistochemie der Prostata und des Prostatakarzinoms – Neue Aspekte der Histogenese. In: Helpap B, Senge Th, Vahlensieck W (Hrsg) Die Prostata 4: Prostataerkrankungen. Pharm und Medical Inform, Frankfurt, S 157–172

Wernert N, Goebbels R, Dhom G (1986) Malignitätsgrad und klinisches Stadium T_0–T_3 beim Prostatakarzinom. Urologe A 25:55–58

Wernert N, Seitz G, Achtstätter Th (1987) Immunohistochemical investigation of different cytokeratins and vimentin in the prostate from the fetal period up to adulthood and in prostate carcinoma. Path Res Pract 182:617–626

Wernert N, Seitz G, Dhom G (1986) Verhalten verschiedener Cytokeratine und von Vimentin in der normalen Prostata von der Foetalzeit bis zum Erwachsenenalter und im Prostatakarzinom. Verh Dtsch Ges Path 70:613

Wernert N, Goebbels R, Seitz G, Dhom G (1986) Immunhistochemische Darstellung von Bindungsstellen für das Erdnußlektin (PNA) in unbehandelten und antiandrogen therapierten Prostatacarcinomen. Verh Dtsch Ges Path 70:329–331

Wernert N, Seitz G, Goebbels R, Dhom G (1986) Immunhistochemical demonstration of cytokeratins in the human prostate. Path Res Pract 181:668–674

Wernert N, Lüchtrath H, Seeliger H, Dhom G, Schäfer M (1984) Lokalisation, Morphologie und immunhistochemisches Verhalten papillärer Prostatakarzinome. Zur Frage der Histogenese und Entität des sogenannten endometrioiden Karzinoms. Verh Dtsch Ges Path 68:545

Wernert N, Gerdes J, Loy V, Seitz G, Scherr O, Dhom G (1988) Investigations of the estrogen (ER-ICA-test) and the progesterone receptor in the prostate and prostate carcinoma on immunohistochemical basis. Virchows Arch A Patholog Amat Histopathol 412:387–391

Wernert N (1987) Morphologische und immunhistochemische Untersuchungen zur Orthologie und Pathologie der menschlichen Prostata. Habilitationsschrift Homburg/Saar

Wilson JW, Morales A, Bruce AW (1983) The prognostic significance of histological grading and pathological staging in carcinoma of the prostate. J Urol 130:481–483

Wolf RM, Schneider SL, Pontes JE, Englander L, Karr JP, Murphy GP, Sandberg AA (1985) Estrogen and progestin receptors in human prostatic carcinoma. Cancer 55:2477–2481

Wullstein HK, Müller H-A (1973) Zur zytologischen Diagnose der granulomatösen Prostatitis im Prostata-Aspirat. Verh Dtsch Ges Path 57:333–336

Wünsch P, Müller HA (1982) Hemangiopericytoma of the prostate. A light microscopic study of an unusual tumor. Path Res Pract 173:334–338

Wynder EL, Mabuchi K, Whitmore WF Jr (1971) Epidemiology of cancer of the prostate. Cancer 28:344–360

Yam LT, Winkler CF, Janckila AJ, Li CY, Lam KW (1983) Prostatic cancer presenting as metastatic adenocarcinoma of undetermined origin. Immunodiagnosis by prostatic acid phosphatase. Cancer 51:283–287

Yatani R, Shiraishi T, Soga T, Ybana T, Chigusa I, Shibata H (1985) Reliability of cytological grading of prostatic carcinoma compared with histological grading. Path Res Pract 180:68–73

Yatani R, Shiraishi T, Akazaki K, Hayashi T, Heilbrun LK, Stemmermann GN (1986) Incidental prostatic carcinoma: morphometry correlated with histological grade. Virchows Arch Pathol Anat 409:395–405

Young R, Clement PB (1987) Sclerosing adenosis of the prostate. Arch Pathol Lab Med 111:363–366

Young RH, Scully RE (1987) Pseudosarcomatous lesions of the urinary bladder, prostate gland, and urethra. Arch Pathol Lab Med 111:354–358

Zajicek J (1973) Transrektale Aspirationsbiopsie der Prostatatumoren. Verh Dtsch Ges Path 57:148–151

Zaridze DG, Boyle P, Smans M (1984) International trends in prostatic cancer. Int J Cancer 33:223–230

Zimmermann A, Truss F, Blech M, Schröter W, Barth M (1983) Bedeutung der Impulszytophotometrie für Diagnose und Prognose des Prostatakarzinoms. Urologe A 22:151–156

Zondervan PE, Kwast TH van der, Jong A de, Visser WJ, Bruijn WC de (1986) Lysosomal localization of secretory prostatic acid phosphatase in human hyperplastic prostate. Urol Res 14:331–335

Sachverzeichnis